myBook+

W0363397

Ihr Portal für alle Online-Materialien zum Buch!

Arbeitshilfen, die über ein normales Buch hinaus eine digitale Dimension eröffnen. Je nach Thema Vorlagen, Informationsgrafiken, Tutorials, Videos oder speziell entwickelte Rechner – all das bietet Ihnen die Plattform myBook+.

Ein neues Leseerlebnis

Lesen Sie Ihr Buch online im Browser – geräteunabhängig und ohne Download!

Und so einfach geht's:

- Gehen Sie auf **https://mybookplus.de**, registrieren Sie sich und geben Ihren Buchcode ein, um auf die Online-Materialien Ihres Buchs zu gelangen.
- **Ihren individuellen Buchcode finden Sie am Buchende**.

Wir wünschen Ihnen viel Spaß mit myBook+ !

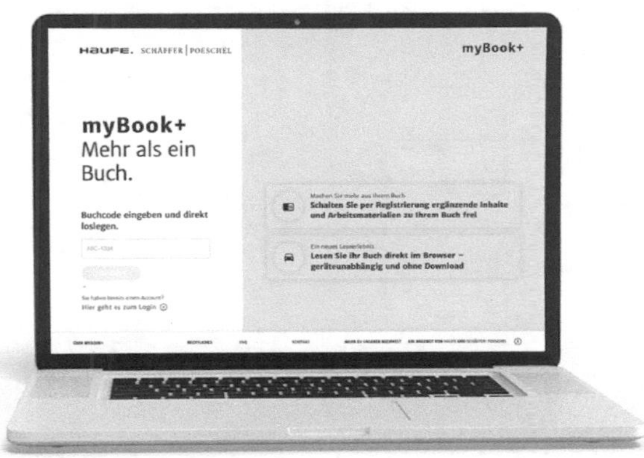

https://mybookplus.de

Shared Leadership

Randolf Jessl, Dr. Thomas Wilhelm

Shared Leadership

Zu mehr Engagement und besseren Ergebnissen dank geteilter Führung

1. Auflage

Haufe Group
Freiburg · München · Stuttgart

Bibliografische Information der Deutschen Nationalbibliothek

Die Deutsche Nationalbibliothek verzeichnet diese Publikation in der Deutschen Nationalbibliografie; detaillierte bibliografische Daten sind im Internet über http://dnb.dnb.de/ abrufbar.

Print: ISBN 978-3-648-16829-5 Bestell-Nr. 10864-0001
ePub: ISBN 978-3-648-16830-1 Bestell-Nr. 10864-0100
ePDF: ISBN 978-3-648-16831-8 Bestell-Nr. 10864-0150

Randolf Jessl, Dr. Thomas Wilhelm
Shared Leadership
1. Auflage, Mai 2022

© 2023 Haufe-Lexware GmbH & Co. KG, Freiburg
www.haufe.de
info@haufe.de

Bildnachweis (Cover): © iStock.com/jacoblund

Produktmanagement: Kerstin Erlich
Lektorat: Juliane Sowah

Dieses Werk einschließlich aller seiner Teile ist urheberrechtlich geschützt. Alle Rechte, insbesondere die der Vervielfältigung, des auszugsweisen Nachdrucks, der Übersetzung und der Einspeicherung und Verarbeitung in elektronischen Systemen, vorbehalten. Alle Angaben/Daten nach bestem Wissen, jedoch ohne Gewähr für Vollständigkeit und Richtigkeit.

Sofern diese Publikation ein ergänzendes Online-Angebot beinhaltet, stehen die Inhalte für 12 Monate nach Einstellen bzw. Abverkauf des Buches, mindestens aber für zwei Jahre nach Erscheinen des Buches, online zur Verfügung. Ein Anspruch auf Nutzung darüber hinaus besteht nicht.

Sollte dieses Buch bzw. das Online-Angebot Links auf Webseiten Dritter enthalten, so übernehmen wir für deren Inhalte und die Verfügbarkeit keine Haftung. Wir machen uns diese Inhalte nicht zu eigen und verweisen lediglich auf deren Stand zum Zeitpunkt der Erstveröffentlichung.

Inhaltsverzeichnis

Vorwort Autoren

Alles hat seine Zeit. Für dieses Buch war sie reif.

Lange Jahre haben wir beide uns mit Leadership beschäftigt. Der eine als Executive Coach und Leadership Trainer, der andere als Führungskraft in der Medienindustrie, Fachjournalist und Berater.

Unsere Überzeugung: Gute Führung ist ein Muss in allen Bereichen – von Staat, Wirtschaft und Gesellschaft. Unsere Erfahrung: Gute Führung hat einen Kern, der zeitlos ist. Und eine Schale, die sich ändert. Neue Werte, neue Technologien, neue Herausforderungen wirken darauf ein, wie Führung gelebt wird und wann sie erfolgreich ist.

Dabei gilt: Gute Führung muss Ergebnisse zeitigen. Sie geschieht nie um ihrer selbst willen. Und Führung gelingt nie ohne effektives Folgen. Sie entsteht im Austausch zwischen Menschen. Sie ist die Folge davon, wie wir miteinander kommunizieren und was eine konkrete Situation einer Gruppe, einem Team, einer Organisation abverlangt.

Wichtig zu verstehen ist auch: Gute Führung ist nicht allein eine Frage der Persönlichkeit derer, die führen. Sie ist auch eine Frage des Prozesses, in dem andere beschließen zu folgen. Führung ist nie und nirgends eine Individualleistung! Sie passiert in Gruppen – und nicht allein deswegen, weil eine Chefin oder ein Chef im Raum anwesend ist.

Es ist auch Zeit, mit Missverständnissen aufzuräumen: Führung basiert nicht notwendig auf der Ausübung von Macht. Sie kann auch die Folge von zugeschriebener Autorität oder erworbenem Einfluss sein. Wer führt, braucht nicht unbedingt Titel, Funktion und Rang. Sie oder er kann auch als Primus inter Pares vorangehen und andere zum Mitmachen bewegen.

Das eröffnet neue Horizonte. Vieles wird möglich.

Führung kann sich in Gruppen langsam herausschälen, anstatt in Verteilungskämpfen und Auswahlritualen von Vorgesetzten verliehen zu werden. Führung kann informell ausgeübt werden, anstatt an Jobfunktionen zu kleben. Führung kann geteilt und weitergegeben werden, anstatt ausgewählten Individuen auf Gedeih und Verderb überantwortet zu werden.

Ist dies der Fall, sprechen wir von *Shared Leadership*. Dieses Konzept bietet immense Chancen und hat dennoch Grenzen. Wo sie liegen und wie man als Person, Gruppe und ganze Organisation ihr Potenzial hebt, thematisiert dieses Buch.

1 Einführung: Wenn alle führen und alle folgen

Vom Führen zu reden, ist schick und geschieht fast inflationär. Vom Folgen zu reden, hat dagegen einen schalen Beigeschmack und wird nach Kräften vermieden. Wir tun hier beides, denn das eine ist ohne das andere weder denkbar noch praktizierbar. *Shared Leadership* impliziert *Shared Followership*, verteiltes Führen heißt auch verteiltes Folgen.

Doch unser Blickwinkel ist ein anderer als der, den klassische Führungsliteratur gemeinhin einnimmt. Wir drehen die Perspektive von vertikal auf horizontal. Wir lösen uns von der Vorstellung, es gehe beim Führen und Folgen immer um Über- und Unterordnung in strenger Hierarchie. Stattdessen erkunden wir, wie Kollaboration auf Augenhöhe zwischen Führenden und Folgenden gelingt. Ganz wie der Marinekapitän in unserem einleitenden Beispiel.

1.1 Kurskorrektur in Sachen Leadership: das Beispiel des Atom-U-Boots Santa Fe

Ein atomgetriebenes U-Boot der Kriegsmarine ist sicher kein Ort für basisdemokratische Entscheidungsprozesse und gruppentherapeutische Selbsterfahrung. Hier arbeiten Menschen in klarer Hierarchie und genau aufgeteilten Funktionsbereichen zusammen. Jeder Handgriff muss sitzen. Jede Entscheidung ist von ungeheurer Tragweite. Jeder muss wissen, was wann zu tun ist. Und das häufig unter Druck und in unklarer Gefechtslage.

Klare Anweisungen in einer Befehlskette vom Kapitän bis hinunter zum Maschinisten sind dafür der Schlüssel. Sollte man meinen. Doch Kapitän L. David Marquet des US-amerikanischen Atom-U-Boots Santa Fe kamen Zweifel. Er probierte es anders – und machte damit aus einem U-Boot und seiner Crew, die in allen vorgeschriebenen Tests und internationalen Manövern zu den schlechtesten der Flotte gehörten, ein mehrfach preisgekröntes Vorzeigeboot der US-Marine.

Wie ihm das gelang und warum er sich gegen vieles stellte, was er auf der Naval Academy in Leadership-Fragen gelernt hatte, beschreibt Marquet in seinem 2013 erschienenen Buch *Turn the Ship Around. A True Story of Turning Followers Into Leaders* (Penguin Books, 2013). Die deutsche Übersetzung aus dem Jahr 2020 erschien unter dem Titel *Reiß das Ruder rum. Eine wahre Geschichte über Führung und darüber, wie Mitarbeiter zu Mitgestaltern werden* (Dpunkt.verlag, 2020).

Das Buch wurde in den Staaten zum Bestseller und erhielt Lob aus der Wirtschaft, der Wissenschaft und der Fachwelt. Es bescherte dem Autor nach seinem Ausscheiden aus der US Navy eine Karriere als Führungskräftecoach, Redner und Kommunikationstrainer. Marquets wahre Geschichte führt uns auf packende Weise hinein in Fragen des Führens und Folgens, die wir auf den kommenden Seiten beantworten wollen.

Marquets Zweifel an der Art, wie U-Boote und ihre Besatzungen geführt werden, speisen sich aus vielen Quellen. Alles beginnt jedoch mit einer Anweisung des Kapitäns, die unsinnig war, aber befolgt wurde. Das ist wenig verwunderlich in einem auf Befehl und Gehorsam basierenden System. Aber auch brandgefährlich an einem Ort, wo Torpedos abgeschossen werden, komplexe technische Abläufe funktionieren müssen und die Moral der Besatzung über Sieg oder Niederlage entscheidet.

Was also ließe sich dem entgegensetzen? Marquet lässt uns teilhaben an seinem Weg, besser zu verstehen, worauf es ankommt, wenn Menschen in hoher Präzision und Verantwortung effektiv und engagiert zusammenwirken müssen. Er beschreibt auch die Hürden, die es zu nehmen gilt, um eine Kultur von Weisung und Kontrolle in eine des Mitdenkens, Mitentscheidens und Mitgestaltens zu überführen.

Im Grunde schildert uns L. David Marquet, wie man aus Leadership in Gestalt einer One-Man-Show des Kapitäns das macht, was unserem Buch den Titel gibt: *Shared Leadership*, geteilte Führung.

Auch wenn sie seinen Schilderungen nicht explizit zugrunde liegen, beleuchtet Marquet dabei die drei Hebel, die auch unsere Betrachtungen im weiteren Verlauf des Buches durchziehen:

- die Haltung aller Beteiligten zu Führung und Zusammenarbeit,
- nötige Kompetenzen, Instrumente und Methoden, um effektiv gemeinschaftlich zu führen und zu folgen und
- Rahmenbedingungen, in denen verteilte Führung oder *Shared Leadership* überhaupt möglich werden.

Entgegen den Statuten der US Navy, welche die Gesamtverantwortung und Befehlsgewalt ganz klar beim Kapitän verorten, machte Marquet sich und seinen Leuten klar: Es darf nicht alles am Kapitän hängen. Und es kann auch nicht alles am Kapitän hängen. Die Entscheidungs- und auch Weisungsbefugnis müssen dorthin, wo das Wissen und die Erfahrung sitzen. Auch Kapitäne machen Fehler – und niemand an Bord kann von der Last und Verantwortung befreit werden, mitzudenken, zu entscheiden und Verantwortung zu übernehmen. Doch genau das ist der Fall, wenn oben entschieden wird, was unten ausgeführt werden soll.

Dazu müssen die, die folgen, auch führen dürfen. Dort, wo sie eben dieses Wissen und die Erfahrung haben, die der Kapitän nicht hat (sie kennen das Gewässer, in dem der Kommandierende noch nie gewesen ist). Dort, wo sie Lösungen für Probleme finden, die andere noch suchen (sie sparen Energie, indem sie die Turbinen anders steuern). Dort, wo sie Missstände beobachten und aus der Welt schaffen können, die andere übersehen oder negieren (sie erleichtern den unnötig komplizierten Umgang mit Berichtspflichten, indem sie andere Abläufe entwerfen).

Was sich nach gesundem Menschenverstand anhört, ist dort, wo über Befehl und Gehorsam geführt wird, keine Selbstverständlichkeit. Kontrolle abzugeben, auf Weisung zu verzichten, andere entscheiden zu lassen und dennoch die Gesamtverantwortung zu übernehmen, widerspricht vielem, was L. David Marquet in der Naval Academy beigebracht wurde.

Die Wirklichkeit in hierarchischen Top-down-Systemen wie einer U-Boot-Besatzung, mit der es zu brechen galt, beschreibt Marquet so: »Wir hatten 135 Männer an Bord und nur fünf davon verwendeten ihre Zeit und Kraft darauf, zu beobachten, zu analysieren und Probleme zu lösen.«[1] Die fünf gehören dem obersten Führungskreis des Bootes an. Das aber erhöht die Wahrscheinlichkeit von Fehlern und verschleudert Potenzial, das in der Besatzung steckt.

Was Marquet dagegen setzte, war die feste Überzeugung: Jeder kann und jeder soll führen! Angesichts des immensen Aufwands, den die US Navy bei der Ausbildung von Führungsfähigkeiten in ihren Offiziersrängen treibt, kommt diese Haltung einem Sakrileg gleich. Doch damit auch Maschinisten und Kadetten in Führung gehen können, müssen sie dazu befähigt werden.

Geteilte Führung im U-Boot braucht einen Rahmen an Regeln und Routinen, in dem sie möglich wird. Und alle, die wechselweise führen und folgen, brauchen Kompetenzen und Methoden, die dieses Wechselspiel erst möglich machen. Beides lässt sich im U-Boot des L. David Marquet auf zwei Begriffe herunterbrechen: Freiraum und Kommunikation.

Entschlossen und konsequent entschlackte der Kapitän die Abläufe und Berichtspflichten auf seinem Boot. Urlaubsscheine müssen nicht mehr durch die gesamte Hierarchie nach oben gereicht werden. Über einen Ticker einlaufende Nachrichten werden gemeinsam kurz durchgesprochen, statt sie auf vorgeschriebenen Berichtswegen die Hierarchie hinab- und wieder hinaufzuleiten. Das schafft Zeit, um sich um wirkliche Probleme zu kümmern.

Die Erledigung umfangreicher Inspektionsaufgaben, die es auf dem Boot zu leisten galt, wurden vom Kapitän nicht länger persönlich überwacht. Vielmehr ließ sich Marquet das Ergebnis der Inspektion von den Betroffenen berichten. »Mein Ziel war es«, so Marquet in seinem Buch, »den Männern mehr Kontrolle über ihre eigene Arbeit zu überantworten, mehr Entscheidungsbefugnisse zuzubilligen und ihnen insgesamt weniger Aufgaben aufzubürden.«[2]

Für Marquet beinhaltet das, eine Arbeitsumgebung zu schaffen, in der jeder die bestmögliche Kompetenz hat, um Probleme zu beurteilen und selbst oder in Absprache mit anderen Entscheidungen zu treffen. Aus- und Weiterbildung, Exzellenz im eigenen Aufgabengebiet und Verständnis der Zusammenhänge, waren hierfür der Schlüssel. Weiterhin ging es darum, statt Details in der Kommandozentrale zu regeln, allen an Bord Ziel und Zweck einer Mission, einer Übung oder einer anstehenden Verbesserungsmaßnahme zu vermitteln. Die Lösung und Umsetzung obliegt dann den Fachleuten an ihrem Platz.

Aus dem neu gewonnenen Freiraum und der Entscheidungsgewalt folgt aber auch die Übernahme von Verantwortung. Peinlich genau achtet der Kapitän darauf, dass überall, wo Aufgaben übernommen, andere angeleitet oder Entscheidungen getroffenen werden, klar und deutlich wird, wer die Verantwortung für das Ergebnis übernimmt. Das wird in einschlägigen Listen deutlich vermerkt und in Diskussionen, wer sich worum kümmert, formelhaft ausgesprochen.

Zu guter Letzt geht es darum, in einem Kontext, in dem Routinen, wie man Maschinen bedient, Funksignale interpretiert, Ablaufpläne abarbeitet, das beständige Mit- und Andersdenken wachgehalten wird. Denn im Kampfeinsatz erhöht sich die Komplexität. Wo ein Gegner taktiert, auf Überraschung oder Täuschung aus ist, braucht es eine Besatzung, die zu jeder Zeit wach ist, Lösungen findet und ihr Verhalten anpasst. Es braucht das gekonnte Zusammenspiel von Führen und Folgen in allen Ecken des Bootes und auf allen Ebenen der Hierarchie.

Dies gelingt nicht ohne die Fähigkeit, angemessen zu kommunizieren. Kommunikation unter den Bedingungen geteilter Führung unterscheidet sich grundlegend von der Art, wie Vorgesetzte mit Untergebenen sprechen. Es ist Kommunikation auf Augenhöhe, die nicht zum Debattierclub verkommt, präzise ist, im Wortsinne alle ins Boot holt und Mitdenken, Mitgestalten und Mitentscheiden möglich macht. Marquet bringt sie auf einprägsame Formeln:

- **Absichten benennen** statt auf Anweisung warten oder um Erlaubnis bitten (Nicht der Kommandant ordnet an: »Das Ventil lösen!«, sondern der Verantwortliche teilt mit: »Ich beabsichtige, das Ventil zu lösen« und der Vorgesetzte oder auch Kollegen können intervenieren.).
- **Kontexte geben** und Situationen beschreiben, sodass andere sich eine Meinung bilden können, statt der militärisch üblichen Zu- und Ausrufe (»Ich beob-

achte starke Rauchentwicklung aus dem Maschinenraum« statt kurz und knapp »Feuer!«).

- **Laut und für alle hörbar nachdenken** (*think out loud*), sodass sich unter den Beteiligten ein Gespräch entwickeln kann, statt möglicherweise falsche Schlussfolgerungen der eigenen Überlegungen ultimativ zu verkünden.
- **Informationen weitergeben** statt sie als Herrschaftswissen zu bunkern.
- **Handlungen bewusst einleiten** statt sie nur routiniert, quasi im Autopiloten auszuführen (Auch in Drucksituationen vor jedem Handgriff einen Moment durchatmen und laut für alle hörbar sagen: »Ich werde jetzt die Schleusen öffnen«).
- **Anweisungen hinterfragen**, wenn Zweifel bestehen.
- **Vertrauen und persönliche Bindung** untereinander herstellen, indem man sich bewusst und immer beim Namen anspricht.
- **Anerkennung geben** – von allen für alle und nicht als Motivationsinstrument von Vorgesetzten zu Untergebenen.

Die kommunikativen Praktiken, die sich auf der Santa Fe auf ihrem Weg zu verteilter Führung herausgeschält haben, bildeten mit der Zeit die Grundlage für ein ganzes Kommunikationssystem. In diesem schult L. David Marquet, der Coach und Trainer, heute Teams aller Art. Er hat es in seinem Buch *Leadership is Language. The Hidden Power of What You Say – and What You Don't* (Portfolio/Penguin, 2020) systematisch für den Gebrauch in der Arbeitswelt aufbereitet.[3]

Seine zwei Jahre währende Mission auf der Santa Fe jedenfalls löste ein, was Marquet sich vorgenommen hatte. Das Boot erhielt bei Inspektionen, Tests und Übungen Bestnoten. Stolz und Einsatzbereitschaft der Crew suchten ihresgleichen. Die Abwanderung von unzufriedenen Besatzungsmitgliedern war gestoppt. Und wer auf andere Boote wechselte, stieg dort auf und implementierte, was auf der Santa Fe geglückt war und gewirkt hatte.

1.2 Führung als One-Man-Show: die große Illusion

Nun ist das Beispiel eines Atom-U-Boots sicher ein Extremfall von hierarchischer Organisation und einer Kultur von Weisung und Kontrolle. Dennoch zeigt das Beispiel des Kapitäns L. David Marquet, der für sich und alle Besatzungsmitglieder Führung neu definierte, wie festgefahren unsere Vorstellungen von Leadership sind.

Wenn wir an Führung und Führer denken, haben wir seit Jahrhunderten Bilder von einzelnen starken Männern vor Augen. Sie stehen an der Spitze von Staaten, Unternehmen und Bewegungen. Sie gestalten heldenhaft die Geschicke derer, die ihren Visionen und Anweisungen folgen. Sie tragen Namen wie Augustus, Karl der Große,

Napoleon, Lenin, Winston Churchill, Henry Ford, Nelson Mandela, Werner von Siemens oder Jack Welch.

Mitte des 19. Jahrhunderts packte der schottische Universalhistoriker Thomas Carlyle diese Vorstellung in eine Vorlesungsreihe, aus der die häufig zitierte *Great Man Theory* (*Theorie des großen Mannes*) hervorging. An ihr war schon damals vieles falsch. Ein halbes Jahrhundert später spießte Bertold Brecht mit spitzer Feder den wichtigsten Irrtum auf. In seinem Gedicht *Fragen eines lesenden Arbeiters* aus dem Jahr 1935 rüttelt er an der Vorstellung, dass große Männer den Weltenlauf bestimmen – und das so gut wie im Alleingang.

Wer baute das siebentorige Theben?
In den Büchern stehen die Namen von Königen.
Haben die Könige die Felsbrocken herbeigeschleppt?
Und das mehrmals zerstörte Babylon,
Wer baute es so viele Male auf? In welchen Häusern
Des goldstrahlenden Lima wohnten die Bauleute?
Wohin gingen an dem Abend, wo die chinesische Mauer fertig war,
Die Maurer? Das große Rom
Ist voll von Triumphbögen. Über wen
Triumphierten die Cäsaren? Hatte das vielbesungene Byzanz
Nur Paläste für seine Bewohner? Selbst in dem sagenhaften Atlantis
Brüllten doch in der Nacht, wo das Meer es verschlang,
Die Ersaufenden nach ihren Sklaven.
Der junge Alexander eroberte Indien.
Er allein?
Cäsar schlug die Gallier.
Hatte er nicht wenigstens einen Koch bei sich?
Philipp von Spanien weinte, als seine Flotte
Untergegangen war. Weinte sonst niemand?
Friedrich der Zweite siegte im Siebenjährigen Krieg. Wer
Siegte außer ihm?
Jede Seite ein Sieg.
Wer kochte den Siegesschmaus?
Alle zehn Jahre ein großer Mann.
Wer bezahlte die Spesen?

So viele Berichte,
So viele Fragen.[4]

Dabei liegen die Antworten auf die vom Arbeiter gestellten Fragen auf der Hand. Die *Great Man Theory* ist gleich in viererlei Hinsicht falsch.

Erstens: Es gab und gibt auch starke Frauen, die große Gemeinschaften führen. Sie heißen zum Beispiel Katharina die Große, Margarete Thatcher, Aung San Suu Kyi, Angela Merkel, Meg Whitman, Nicola Kammüller-Leibinger oder Antje von Dewitz. Auch sie kamen und kommen nicht ohne jene aus, die bereit sind, ihren Visionen und Vorgaben zu folgen.

Zweitens: Führung ist keine Einzelleistung. Selbst wo einer befiehlt, braucht es andere, die folgen. Und wie uns Historiker auch aufzeigen: Führung ist keine Einbahnstraße. Führende stehen immer unter dem Druck und der Beeinflussung derer, die ihnen folgen. Sie werden aufs Podest gehoben und zuweilen dort wieder heruntergestoßen. Außerdem gehören Führen und Folgen logisch und praktisch zusammen wie das Lehren und das Lernen, das Senden und das Empfangen, ja sogar das Leben und das Sterben. Wir können das eine ohne das andere noch nicht einmal denken, geschweige denn praktisch vollziehen. Führen und Folgen heißt immer aufeinander einwirken und zusammen etwas bewirken.

Drittens: Niemand führt ständig und folgt nie. Auch Vorstandsvorsitzende gehorchen den Anweisungen von Aufsichtsräten oder Richtern, folgen dem Rat von Fachleuten und werden von Meinungen, Moden und nahestehenden Menschen beeinflusst. Die Verteilung von Führen und Folgen lässt sich sogar beziffern. Der australische Managementprofessor Robert Spillane ließ Schuldirektorinnen und -direktoren mehrere Wochen Buch darüber führen, wann sie führten, wann sie folgten und wann sie etwas taten, was weder dem einen noch dem anderen klar zuordenbar war. Das Ergebnis lautete: ein Drittel zu einem Drittel zu einem Drittel.[5]

Viertens: Führung wird in Geschichte und Gegenwart häufig nicht allein von einer Person wahrgenommen. In der römischen Republik (ca. 500 bis 27 v. Chr.) galt das Prinzip der *Kollegialität*. Hohe Beamtenpositionen wurden zwei gleichgestellten Personen überantwortet, um Machtmissbrauch einzudämmen. Heute werden Kliniken von einem ärztlichen und einem Verwaltungsdirektor (m/w/d) geführt. Opernhäuser und Musikfestivals von einem künstlerischen und einem administrativen Leiter (m/w/d). Universitäten vom Rektor und vom Kanzler (m/w/d) – und die werden noch dazu in regelmäßigen Abständen gewählt. Das sogenannte *Top-Sharing* – gemeint sind dabei zwei Personen, die sich eine formale Führungsstelle teilen – macht in deutschen Konzernen derzeit Schule. Und nach dem Vorbild der Grünen setzen immer mehr politische Verbände auf eine Doppelspitze, die der Partei vorsteht.[6]

Wenn wir also Führung besser verstehen und praktizieren wollen, müssen wir mit diesen verkrusteten Vorstellungen aufräumen. Dann aber eröffnet sich uns ein Blick darauf, was Führung wirklich ausmacht. Und dieser Blick kann viel verändern.

1.3 Führen und Folgen als Prozess: der unaufgeregte Zugang

Führen kann ganz simpel darin gesehen werden, andere zum Mitmachen zu bewegen: mitmachen, wenn es darum geht, etwas zu unternehmen (»Lasst uns heute Nacht im Freibad schwimmen gehen«), eine Idee zu verwirklichen (»Wir sollten mal für alle Meetingregeln aufstellen«), eine Lösung für ein Problem umzusetzen (»Lasst uns eine App programmieren, die Flüchtenden hilft, eine Unterkunft zu finden«), eine Initiative zu starten und voranzubringen (»Mehr Güterverkehr auf die Schiene«) und so weiter.

Wenn wir so auf Führung blicken, dann verschiebt sich unwillkürlich der Fokus. Die Frage lautet dann: Wie kommt es, dass Menschen beschließen, bei dieser Initiative mitzumachen, diesem Vorschlag zu folgen, sich dieser Person in dieser Situation anzuschließen? Und dann gilt, was der US-amerikanische Organisationspsychologe Edwin P. Hollander etwas zugespitzt, aber zutreffend in diese Worte gefasst hat: »Leadership is a process. Not a person.« Zu Deutsch: »Führung ist ein Prozess, keine Person.«[7]

Dieser Blickwinkel ändert einiges. Denn die Diskussionen rund um Führung machen sich – und das nicht ganz zu Unrecht – meist an Persönlichkeitsfragen fest. Ist diese Person durchsetzungsstark und kooperativ? Hat sie die nötigen Kompetenzen für eine Führungsaufgabe? Welche Motive treiben sie in ihrem Tun?

Gerade in Auswahl- und Besetzungsprozessen in unseren Unternehmen suchen wir Antworten auf diese Fragen, indem wir ein Arsenal von Eignungstests und Beurteilungsverfahren einsetzen. Sie reichen vom Persönlichkeitsfragebogen, über das Gruppenauswahlverfahren im Assessment Center bis hin zum Führungs-Feedback (idealerweise 360 Grad, also durch gleichgestellte Peers, Vorgesetzte wie so genannte Untergebene).

All das ist richtig und wichtig, gerade dort, wo Führungsverantwortung auf Dauer an Menschen vergeben wird. Es verhindert aber dennoch nicht, dass Menschen in Unternehmen mit ihren Vorgesetzten oft unzufrieden sind.

Die eigene Chefin gehört zu den wichtigsten Gründen, warum Menschen bei ihrem Arbeitgeber kündigen. So hat jeder dritte Arbeitnehmer im Laufe des Jahres 2019 über eine Kündigung nachgedacht, weil er mit seiner Chefin oder seinem Chef unzufrieden war. Das ergab eine repräsentative Umfrage der Managementberatung Porsche Consulting, die vom Institut Forsa 1001 Interviews führen ließ.[8]

Auf die Frage, was die Hauptgründe seien, dass Kollegen aus ihrem Unternehmen ausscheiden, antworteten in einer weiteren Umfrage im Sommer 2022 immerhin 23 Prozent der Befragten: »Schwierige Vorgesetzte.« Durchgeführt hat diese repräsentative Umfrage unter 2.500 Erwerbstätigen in Deutschland das Meinungsforschungsinstitut Civey im Auftrag der Deutschen Employer Branding Akademie, Berlin.[9]

Doch können wir all diese Unzufriedenheit wirklich an der Persönlichkeit der Führungskraft festmachen? Und was gewinnen wir, wenn wir es tun? Sicher, wo Führung formal einer einzigen Person obliegt, können wir versuchen, diese zu ersetzen. Und da wir diese Person mit ziemlich viel Macht und Einfluss auf das Wohlergehen aller Mitarbeitenden ausgestattet und ihr Führung als Haupt- und Daueraufgabe überantwortet haben, sollten wir es auch tun.

Aber gilt dasselbe nicht auch für Mitarbeitende und Teammitglieder, die nicht guttun? Müssen wir uns nicht auch von ihnen trennen oder erfreut sein, wenn sie sich von uns trennen? Ja, natürlich. Gemäß ihrer Stellung im Getriebe der Organisation ist der Schaden, den sie anrichten, meist nur etwas geringer. Und in Zeiten des Fach- und Führungskräftemangels gilt ohnehin: Möglichst alle im Unternehmen halten und zu gedeihlicher Zusammenarbeit bewegen statt sie zu verlieren.

Es gibt also gute Gründe, unaufgeregter und genereller zu betrachten, warum sich Menschen anderen zuwenden oder sich von ihnen abwenden. Und es gibt gute Gründe, wenn Menschen sich von Führungskräften abwenden, nicht reflexartig die Ursache hierfür in der Persönlichkeit der Vorgesetzten zu suchen. Nur im Lichte der Heroisierung großer Führungspersönlichkeiten wird es zum Skandal, wenn Menschen die Zusammenarbeit mit Vorgesetzten aufkündigen und sich anderen anschließen.

Vor diesem Hintergrund muss es daher erstaunen, wie viel weniger Anstrengungen unternommen werden, das Folgen zu verstehen als das Führen. Eine Google-Suche zum Begriff *Leadership* ergibt im September 2022 atemberaubende zwei Milliarden Treffer. Eine Suche zum Begriff *Followership* dagegen nur zwei Millionen. Für die englischsprachige Managementwelt gilt: Auf 120 Veröffentlichungen zum Thema *Leadership* kommt eine zum Thema *Followership*.[10]

Das ist mehr als bedauerlich. Denn, wie wir bereits angedeutet haben und noch ausführlich betrachten werden, üben Follower weit mehr Einfluss auf den Führungserfolg aus, als wir uns gemeinhin eingestehen. Das war schon immer so und wurde in der Fixierung auf die großen Führer nur nicht ausreichend gewürdigt.

Allerdings verschiebt sich das Kräfteverhältnisse zwischen Leadern und Followern seit einigen Jahren zusätzlich zugunsten derjenigen, die folgen. Das hat mehrere Gründe.

1.3.1 Trends, die verändern, wie wir führen und folgen

Der erste Grund hat mit Veränderungen in unseren Organisationen zu tun. Wir arbeiten zunehmend an Projekten und in wechselnden Teams. Karrieren in der Linie, der lange Verbleib in einer Abteilung und der allmähliche Aufstieg im Kamin der Hierarchie sind nicht mehr das Maß aller Dinge. Oft arbeiten wir auch über Abteilungs- oder Ländergrenzen hinweg zusammen, dann meist virtuell.

Die Chefin, mit der man lange Strecken seiner Berufslaufbahn gemeinsam geht, ist nicht mehr die Regel. Der Vorgesetze, der immer in der Nähe und ansprechbar ist, schrumpft in virtueller Zusammenarbeit auf Bildschirmgröße und enge Zeitfenster der Begegnung ein. Immer öfter organisieren sich Teams auch selbst oder folgen den gerade in Führungsfragen fluideren Modellen von agiler Zusammenarbeit.

Doch auch ein Wertewandel trägt dazu bei, wie Führen und Folgen heute gelebt wird. Augenhöhe ist das Ideal, wenn Menschen gemeinsam arbeiten. Die Menschen, hier besonders Wissensarbeiter, wollen nicht Befehle empfangen, sondern Lösungen einbringen. Sie möchten am Arbeitsplatz ihre Talente entfalten und nicht einfach nur funktionieren. Sie wollen einen Sinn erkennen, in dem, was sie tun. Und sie wollen Freiraum bekommen, über ihre Arbeit zu bestimmen.[11]

Diese Einstellung wird nicht zuletzt vom Übergang von der industriellen zur post-industriellen Wirtschaftsweise unterstützt. In ihr zählt, wie der Soziologe Andreas Reckwitz in seinem Buch *Die Gesellschaft der Singularitäten* (Suhrkamp, 2018) aufzeigt, nicht mehr, dass jeder an seiner Stelle im Organigramm funktioniert. Denn Wert entsteht in dieser Wirtschaft nicht so sehr, weil Produktionsprozesse und Maschinen wie geölt laufen. Wert entsteht hier vielmehr deshalb, weil kundige und innovativ denkende Expertinnen immer wieder neue Lösungen finden und in immer neuen Konstellationen neue Produkte entwickeln.

Reckwitz nennt diese postindustrielle Wirtschaft daher auch »Kreativwirtschaft«. Sie hat in den siebziger Jahren des vergangenen Jahrhunderts in der US-amerikanischen Softwareindustrie ihren Anfang genommen. Die Abflachung von Hierarchien, das Großraumbüro, flexiblere Arten der Zusammenarbeit und Projektmethoden wie Scrum haben hier ihren Ursprung. Mittlerweile prägt diese Arbeitswelt sogar traditionsreiche Industrieunternehmen, die gerade in Forschungs- und Verwaltungsbereichen auch äußerlich mit Bällebädern, Sitzlandschaften und Kaffeküchen Kreativagenturen immer ähnlicher werden.

Zu guter Letzt verändern sich zudem das Tempo und die Komplexität unserer Außenwelt. Immer schneller kommen Innovationen auf den Markt. Aus immer entlegeneren Ecken dringen teils branchenfremde Konkurrenten in angestammte Märkte ein. Immer öfter reißen uns Störungen aus unseren Routinen. Immer häufiger schlagen Krisen zu (Lehman, Migration, Corona, Ukrainekrieg).

Für diese instabile Welt, der wir nur mit großer Flexibilität und der situationsbezogenen Abkehr vom Regelbetrieb begegnen können, hat sich das Akronym VUKA eingebürgert. Denn diese Welt ist volatil (v), unsicher (u), komplex (k) und schwer zu deuten (a wie ambigue). In ihr haben allwissende, allmächtige und alles überblickende Leader nur noch wenig Platz.

Erfolg stellt sich in dieser Welt dann ein, wenn Menschen schnell und effektiv in Arbeitsgruppen zusammenfinden und dabei Lösungen für weithin unbekannte Herausforderungen entwickeln. Führen und Folgen ist in dieser Welt in der Tat ein Prozess, der in wechselnden Konstellationen und Gemengelagen immer wieder erfolgen muss. Worin er besteht und wie er gelingt, sehen wir uns im Folgenden an.

1.3.2 Worauf es beim Führen und Folgen ankommt

Wann können wir zu Recht von Führung sprechen? Die Soziologie und die sozialpsychologische Forschung haben dazu eine klare Vorstellung. Führung und eine Person, die führt, schälen sich dann in Gruppen heraus, wenn

- es eine Herausforderung gibt, die eine oder einer allein nicht bewältigt und die der Koordination bedarf,
- jemand diese Lösung hat oder die Initiative ergreift, mit anderen diese Lösung zu finden und
- andere bereit sind, an diesem Vorhaben mitzuwirken.

Damit ist Führung keine Einzelleistung und auch kein Phänomen, das zwischen zwei Seiten, nämlich Leadern und Followern abläuft. Nein, Führung ist ein Dreiecksverhältnis, wie schon der besagte Edwin P. Hollander treffend ausgeführt hat.[12] In diesem Dreiecksverhältnis spielt die Aufgabe, die es gemeinsam anzupacken gilt, eine ganz wesentliche Rolle.

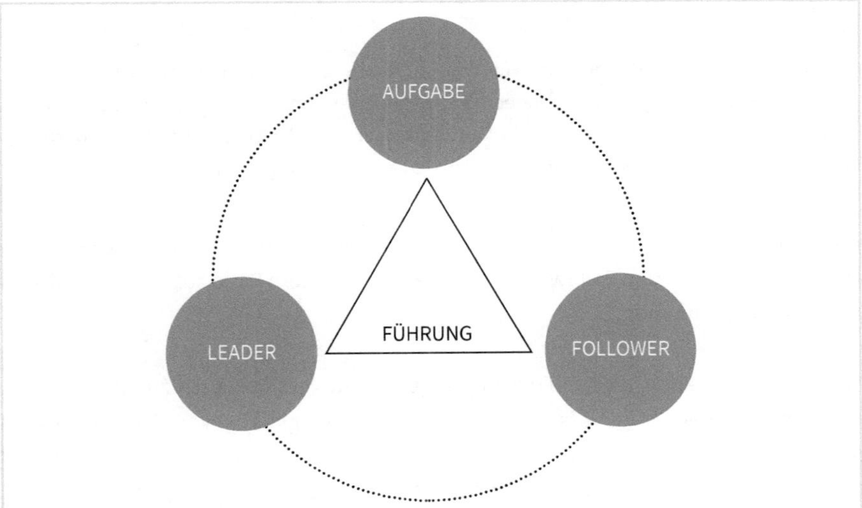

Abb. 1: Führung beschreibt ein Dreiecksverhältnis.

Und worauf kommt es dabei an? Ganz vorzüglich beschreiben das der Organisationsberater Kai Matthiesen, die Soziologin Judith Muster und der Journalist Peter Laudenbach in ihrem Buch *Die Humanisierung der Organisation* (Vahlen, 2022). Dort heißt es:

> *»Führung benötigt den kritischen Moment. Sie ist gefragt, wenn die Routinen und vertrauten Entscheidungsprämissen nicht mehr zur Handlungsorientierung ausreichen. Situationen, in denen unklar ist, wie entschieden und gehandelt werden soll, eröffnen die Möglichkeit, in Führung zu gehen. Wer sich in dieser Lage mit eigenen Vorschlägen durchsetzt und Gefolgschaft findet, führt.«*[13]

Doch wie gelingt das? Hier kommen die beiden anderen Ecken des Dreiecks ins Spiel. Denn die Follower bewerten nun, ob diejenigen, die sich als Leader anbieten, für die anstehende Aufgabe geeignet sind. Die genannten Autoren beschreiben diesen Prozess so:

> *»Die besten Sachargumente sind dabei nur eines der Einflussmittel. Wer sich Autorität erworben hat, weil sie oder er in der Vergangenheit zuverlässig Kompetenz und Sinn für gute Lösungen bewiesen hat, wird eher aufmerksame Zuhörende finden als ein unerfahrener oder unbekannter Kollege. Wer knappe Ressourcen verwaltet, kann sie als Tauschgut anbieten: Es lohnt sich, ihr oder ihm zu folgen. Wer als graue Eminenz über ein dichtes Netzwerk freundschaftlicher Verbindungen verfügt, kann es entsprechend einsetzen.«*[14]

Gleich mehrere Qualitäten und Ressourcen können also dazu führen, dass sich Menschen dafür entscheiden, einem *Emergent Leader* (wie ihn die einschlägige, englischsprachige Forschung nennt) zu folgen. Wir werden uns das noch näher ansehen.

Auf den Punkt

Festzuhalten bleibt an dieser Stelle: Führung ist in dieser Lesart ein Prozess, bei dem Menschen, die sich überlegen, einem anderen zu folgen, diesen anderen bewerten. Und eben jener angehende Leader muss die richtigen Signale senden oder bereits dafür bekannt sein, die nötigen Qualitäten mitzubringen, um von den anderen akzeptiert zu werden.

Damit kommt auch dem Ruf oder der Reputation des angehenden Leaders, der in das Urteil der bewertenden Follower einfließt, eine besondere Rolle zu. Auch darauf werden wir zurückkommen.

Klar wird damit auch, dass in Führung zu gehen und letztlich auch zu führen immer eine Gemeinschaftsaufgabe ist. Der Führungserfolg hängt daher vom Zusammenspiel von Führenden und Folgenden ab. Übrigens ganz so wie in anderen Gruppenaktivitäten auch, in denen es um Koordination einer Gemeinschaftsleistung geht.

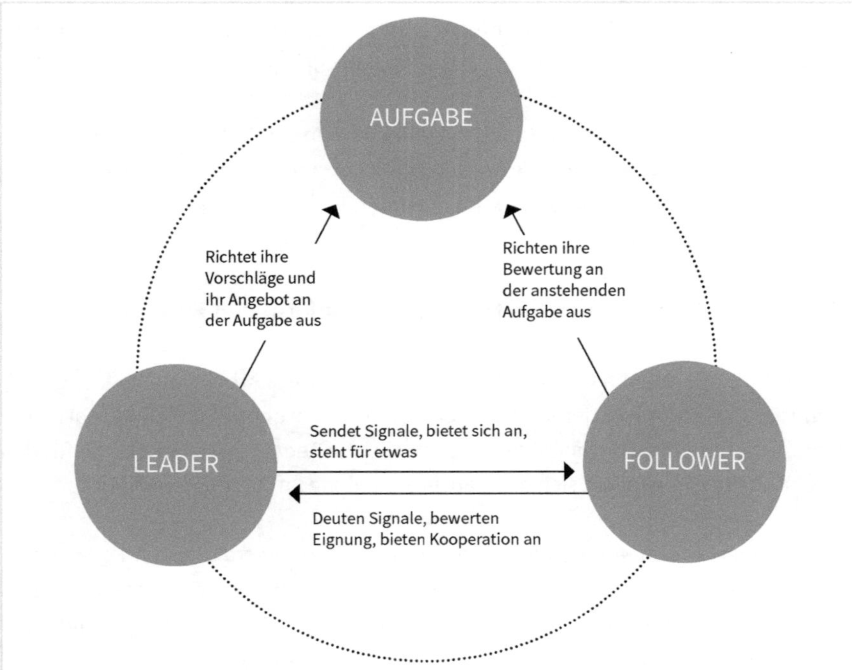

Abb. 2: In Führung gehen ist ein Bewertungsprozess.

Eine Fußballmannschaft siegt nicht allein deshalb, weil ein Führungsspieler leidenschaftliche und hilfreiche Appelle übers Feld ruft. Ein Streichquartett verzaubert seine Zuhörerinnen nicht allein deshalb, weil die erste Geige präzise Einsätze gibt. Ein Meeting gelingt nicht allein deshalb, weil eine Moderatorin gekonnt das Wort erteilt.

Und ja, selbst zwei feurige Tangotanzende dominieren in höchster Präzision und Ausdruckskraft nicht allein deshalb die Tanzfläche, weil der eine die andere so souverän führt. Noch dazu, wo gerade im Tango sowohl die Frau als auch der Mann die nötigen Impulse für anstehende Bewegungen geben.

Immer braucht es Menschen, die bereit sind, genauso souverän und leidenschaftlich zu folgen. Wie sagen doch die Angelsachsen so treffend: »It needs two to tango.«

In Gruppen, in denen das Zusammenspiel aus Führen und Folgen gelingen soll, braucht es daher ein Bewusstsein, worum es bei beidem geht und wer welchen Part wann am besten ausfüllt. Zudem braucht es Kompetenzen und Methoden, die wir im zweiten Kapitel dieses Buches eingehend beleuchten.

Sind all diese Voraussetzungen erfüllt, kann im besagten Dreieck Führung wechseln und weitergegeben werden. Follower können Einfluss nehmen, wer sinnvollerweise wann führen soll. Wer führt und wer folgt, wird dann nicht länger in Organigrammen festgeschrieben. Es bemisst sich vielmehr daran, was die jeweilige Situation erfordert.

Gerade unser Blick durch die Brille von Organigrammen verhindert dabei nur allzu oft, dass wir bemerken, wie viel von dieser verteilten Führung schon heute in unseren Organisationen geschieht. Das sollten wir kurz unter die sprichwörtliche Lupe nehmen.

1.3.3 Das Nebeneinander von formeller und informeller Führung

Unter der Oberfläche von Organigrammen, die uns unsere Arbeitswelt in klar geordneten Hierarchien präsentieren, wird bei näherem Hinsehen deutlich: Wir arbeiten anders, als es uns diese Schaubilder suggerieren. Die Bedeutung einer Person für den Gemeinschaftserfolg macht sich nicht an ihrer Stellung im Organigramm fest.

Den Blick hierfür öffnen uns Netzwerkanalysen, die zu einem eigenen Forschungs- und Beratungszweig geworden sind. Hier zeigt sich: Es gibt Menschen, die im Organigramm kaum wichtig erscheinen. Analysiert man aber näher, wer im Unternehmen wie stark in Prozesse eingebunden ist, verändert sich das Bild.

Valdis Krebs, ein amerikanischer Pionier der Netzwerkforschung mit lettischen Wurzeln, hat dies am Beispiel einer IT-Abteilung getan. Er untersuchte die Zusammenarbeit unter den IT-Experten mithilfe von Fragebögen, in denen die Befragten angaben, mit wem sie wie zusammenarbeiten. In weiteren Studien flankierte er das mit der Analyse von Kommunikationsdaten aus dem E-Mail-Verkehr.[15]

Das Bild, das sich auf diese Weise ergibt, zeigt: Es sind nicht nur die Führungskräfte (in den Abbildungen 3 und 4 jeweils die dickeren Knotenpunkte, z. B. 009, 053 …), über die viel Kommunikation läuft und die eine zentrale Stellung im Gefüge der Organisation haben. Unscheinbare Personen wie jene mit der Nummer 004 (siehe Lupe) erweisen sich in diesem Blick als gut vernetzt und offensichtlich wichtig.

Ob sie als Leader wahrgenommen werden und agieren, ist damit noch nicht zweifelsfrei beantwortet. Offensichtlich ist aber, dass sie mit großer Wahrscheinlichkeit über Qualifikationen und Einfluss verfügen, von denen Matthiesen, Muster und Laudenbach im vorigen Abschnitt sprachen.

Es sind die Menschen, zu denen andere gehen, wenn sie Rat suchen, Probleme lösen oder eine Meinung einholen wollen. Es sind Menschen, die einiges mitbringen, um ein *Emergent Leader* zu sein. Sie stellen einen Schatz dar, den es zu heben gilt. Auch mit Blick aufs Führen und Folgen. Denn Führung wird ihnen per Definition in klassischen

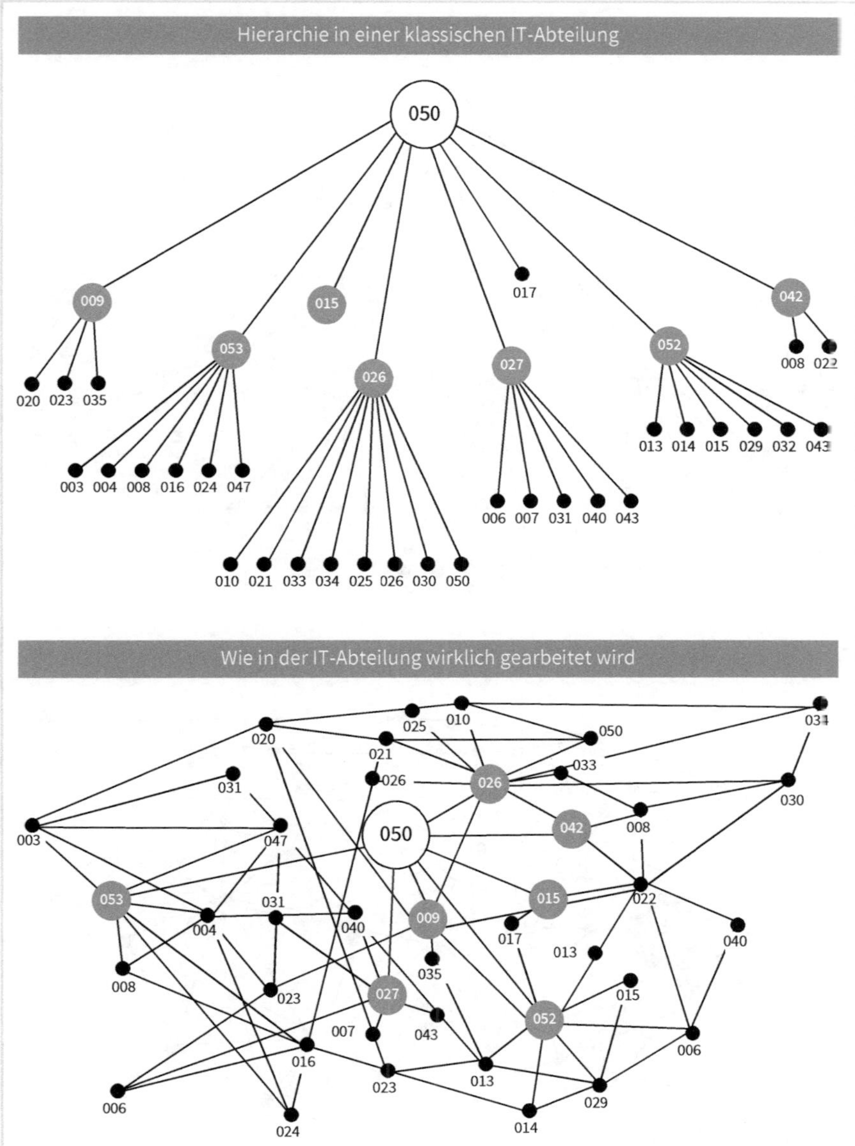

Abb. 3: Formales Organigramm und informelle Beziehungsnetzwerke am Beispiel einer IT-Abteilung

Organisationen abgesprochen. Warum das so ist, diskutieren wir im nächsten Abschnitt.

Zuvor gilt es aber festzuhalten: Unsere Arbeitswelt ist nicht frei von Hierarchien. Nicht in der formalen, in Organigrammen dargestellten pyramidalen Organisation. Aber auch nicht im Netzwerk der informellen Zusammenarbeit.

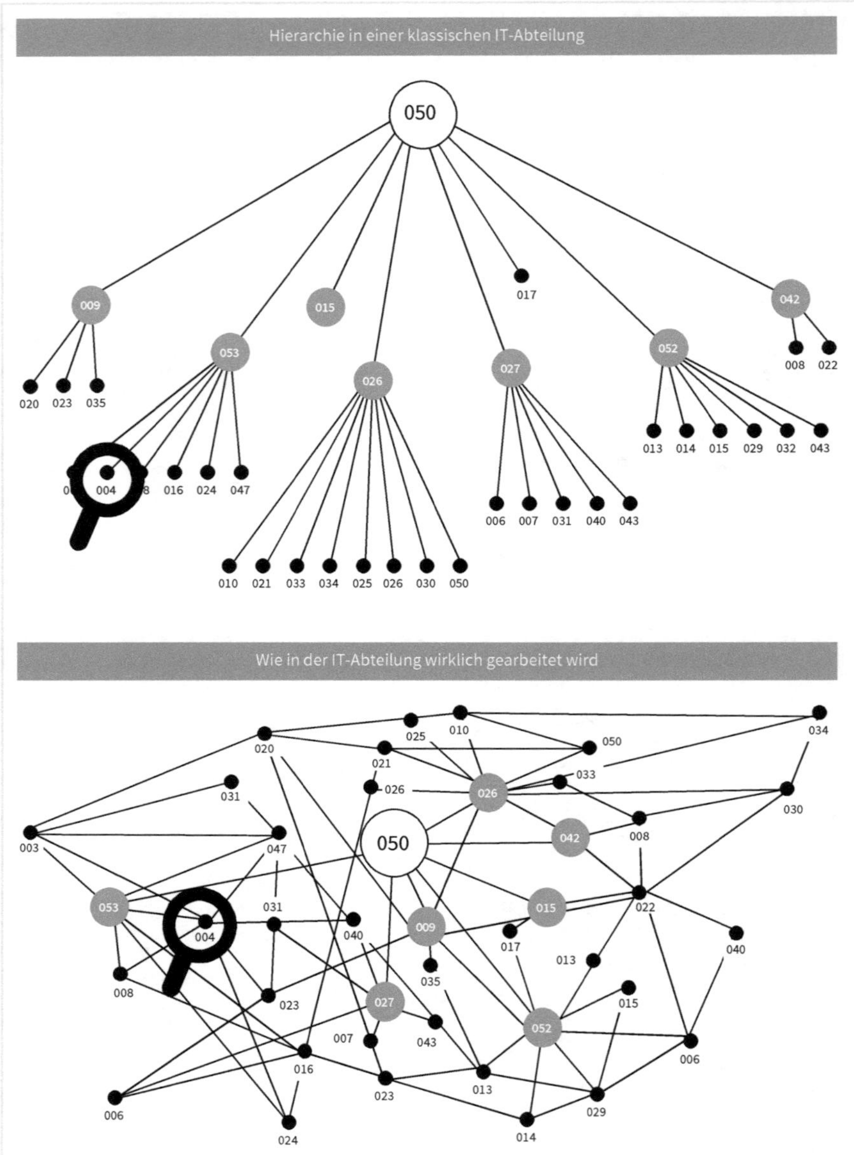

Abb. 4: Mitarbeitende ohne hierarchisch hervorgehobene Stellung erweisen sich als zentral in der Leistungserbringung.

Die Hierarchie, wie sie uns im Organigramm vorgeführt wird, zeigt, wer wo in der Organisation angesiedelt ist und wie in dieser Pyramide Information von oben nach unten und wieder zurück geleitet wird (wir erinnern uns an das Atom-U-Boot Santa Fe, wo das nicht anders war). Auch erkennen wir, welche Person wem Weisungen gibt und von wem sie Weisungen erhält. Sie zeigen aber nicht, wer welchen Einfluss auf den Gemeinschaftserfolg hat und wer mit wem zusammenarbeitet.

Dies zeigt die Analyse des Netzwerkes, in dem die Arbeit erledigt wird. Doch auch dieses Netzwerk ist nicht frei von Hierarchie oder besser ausgedrückt von Unterschieden in Bedeutung und Einfluss. Wie gesehen, gibt es auch dort Menschen, die eine bedeutendere Rolle in der Zusammenarbeit spielen und solche, deren Beitrag von weniger Bedeutung ist.

Auf den Punkt

Wir tun also gut daran, immer von einem Nebeneinander von formalisierter Führung und Zusammenarbeit sowie informellen Formen von Führung und Zusammenarbeit auszugehen.

Und das ganz gleich, ob wir es mit traditionell aufgestellten Unternehmen zu tun haben, die gewachsene Hierarchien und eine formale Top-down-Kultur aufweisen, oder ob wir junge Gründerunternehmen ansehen, die viel dafür tun, Hierarchien abzubauen, Augenhöhe zu leben und Selbstorganisation zu ermöglichen.

1.3.4 Die Abgrenzung von Leadership zu Führung und Management

Kommen wir daher zu einer weiteren wichtigen Klarstellung. Führung passiert nicht ausschließlich und schon gar nicht automatisch dort, wo eine formale Führungskraft agiert. Jede Position, die in Abbildung 4 mit einem dickeren Knotenpunkt als Führungsposition markiert ist, kann in Sachen Führung ohne jede Wirkung sein. Die Untergebenen können diese Person ignorieren, ihre Anweisungen boykottieren oder sich prinzipiell von ihr abwenden und kündigen.

Führung geschieht dort, wo Menschen bereit sind, anderen zu folgen[16]. Und genau an diesem Punkt ist es höchste Zeit eine Linie zu ziehen. Diese trennt Managerinnen von Leadern. Wer eine formale Führungsposition innehat und managt, hat den Auftrag und die damit verbundenen Befugnisse, eine Einheit zu leiten und für diese Einheit im Sinne der Rechtsordnung im Unternehmen (*governance*) Verantwortung zu übernehmen.

Was die formale Führungsposition nicht sicherstellt, ist, ob diese Person Gefolgschaft bei ihren Untergebenen findet. Deshalb möchten wir ab jetzt nicht mehr pauschal von Führung sprechen. Denn Führung beinhaltet eben auch jene formalen Aufgaben, Recht und Pflichten, die an die Managementfunktion innerhalb der Organisation geknüpft sind. Sie sind mit Begriffen wie Planung, Steuerung, Budgetierung oder Business Administration gut beschrieben.

Auf den Punkt

Uns geht es in diesem Buch um Leadership. Wir verstehen darunter all das, was zwischen Menschen passiert, wenn die einen Vorschläge machen, Anweisungen erteilen, vorangehen und die anderen bereit sind, diese Anweisungen umzusetzen, diese Vorschläge anzunehmen und sich ihrer Initiative anzuschließen.

Erst das Vermögen, andere zum Folgen zu bewegen, macht aus den kundigen, gut vernetzten und zentralen Akteuren unserer Netzwerkanalyse oben angehende Leader.

Zudem schafft erst diese Festlegung von Leadership auf die Interaktion von Menschen die Grundlage dafür, dass wir Führung teilen und von *Shared Leadership* sprechen können.

Abb. 5: Der Begriff *Führung* im Deutschen umfasst zwei Dimensionen, die es zu unterscheiden gilt.

Wir haben damit nicht gesagt, dass Manager überflüssig sind. Wir würden auch nicht abstreiten, dass es formale Führungskräfte gibt, die in beiden Dimensionen, die wir im Deutschen mit Führung verbinden, hervorragende Arbeit leisten.

Ohne Frage gibt es Chefinnen, die auf Dauer und in unterschiedlichen Gemengelagen sowohl beim Managen wie in der Mitarbeiterführung brillieren. Dass viele an diesem Doppelpack scheitern, ist angesichts der immensen Anforderungen, die beide Bereiche mit sich bringen, jedoch wenig verwunderlich.

Unser Punkt ist: Leadership hat mit Management und Rang in einer Hierarchie ursächlich wenig zu tun. Und wo es Zusammenhänge gibt, stellen sie Führung in ein fragwürdiges Licht. Denn dann verstehen wir unter Führung eigentlich Machtausübung – und verkennen, dass das zu kurz gegriffen und sogar schädlich ist.

1.4 Führen im Spannungsfeld aus Macht, Autorität und Einfluss

Führung oder – wie wir es fortan besser nennen wollen – Leadership ist »die bewusste und zielbezogene Einflussnahme auf Menschen«. So fasst der Arbeits- und Organisationspsychologe Friedemann Nerdinger den Minimalkonsens zusammen, auf den sich die einschlägige Forschung einigen konnte.[17] Nicht mehr, aber auch nicht weniger.

Deshalb beginnt jede Reflexion darüber, wie man (auch unabhängig von Rang und Jobfunktion im Unternehmen) Menschen führt, damit zu klären, wie man Einfluss auf Menschen gewinnt. Hierbei gilt es eine wichtige Unterscheidung zu treffen.

1.4.1 Worin besteht Einfluss?

Es gibt zwei Arten von Einfluss: Einen eher kurzfristigen Einfluss auf das Handeln von Personen, der dazu führt, dass diese spontan »Ja« sagen zu Angeboten, Anweisungen oder Vorschlägen, die wir machen. Und einen eher nachhaltigen Einfluss auf Menschen, der dazu führt, dass diese prinzipiell und grundsätzlich offen sind für das, was wir ihnen vorschlagen oder was wir anweisen.

Im ersten Fall lässt sich die Zustimmung auf gewisse Art durch geschicktes Auftreten und Argumentieren erschleichen. Diese Art hat niemand so intensiv erforscht wie Robert Cialdini. Der Bestseller-Autor und Professor für Psychologie und Marketing an der State University of Arizona hat in jahrzehntelanger Forschung sieben Hebel identifiziert, um andere zum Ja-Sagen zu bewegen. Er fasst sie in diese Appelle:

- Setze auf **Gegenseitigkeit** (*reciprocity*): Menschen wollen zurückgeben, wenn sie etwas erhalten haben.
- Setze auf **Verknappung** (*scarcity*): Menschen wollen besitzen, was auszugehen droht.
- Setze auf **Amtsautorität** (*authority*): Menschen lassen sich von Status, Titeln und beglaubigter Expertise beeindrucken.
- Setze auf **Prinzipientreue** (*consistency*): Menschen wollen sich, ihren Idealen und Versprechungen treu bleiben.
- Setze auf **Sympathie** (*liking*): Menschen vertrauen Menschen, die sie mögen.
- Setze auf **Gruppenverhalten** (*social proof*): Menschen orientieren sich an dem, was andere Menschen machen, gut finden und empfehlen.
- Setze auf **Zugehörigkeit** (*unity*): Menschen lassen sich eher beeinflussen von jemandem, den sie »als ihresgleichen«, »als einen von uns« wahrnehmen.[18]

Das moderne Marketing hat seine Methoden, Menschen dazu zu bringen, etwas zu kaufen, an diesen Empfehlungen erfolgreich ausgerichtet. Es setzt auf Gutscheine, die man beim Kauf einlösen kann (*reciprocity*). Es droht damit, dass nur noch zwei Plätze im Flieger zu haben sind (*scarcity*). Es malt in Werbespots ein sympathisches Bild derjenigen, die das Angebot macht, und setzt sie in ein positives Licht (*liking*). Es beruft sich auf das Urteil führender Wissenschaftler (*authority*). Es erinnert das Gegenüber an seine Ansprüche, die es mit diesem Kauf endlich zu realisieren gilt (*consistency*). Und es zeigt, dass alle wichtigen Menschen schon getan haben, wozu die Konsumentin oder der Interessent erst animiert werden soll (*social proof*).

Geschicktes Marketing kann damit tatsächlich Türen öffnen, die ohne diese Kniffe verschlossen blieben. Genau vor dieser Herausforderung stehen auch jene häufiger, die nicht verkaufen, sondern andere führen und für ihre Sache gewinnen wollen. Mit diesen Appellen bewirken auch sie eine Reaktion auf einen Reiz, den sie gezielt gesetzt haben.

Denn wir dürfen eine Erkenntnis nicht übersehen, für die der Verhaltensökonom Daniel Kahneman den Nobelpreis erhalten hat. Sie besagt: Bis zu 95 Prozent unserer Zeit verbringen wir im Reiz-Reaktions-Muster, handeln schnell, unbewusst und eher unüberlegt. Daniel Kahneman spricht von *fast thinking* im Vergleich zu *slow thinking*, das offen ist für die Abwägung von Argumenten.[19]

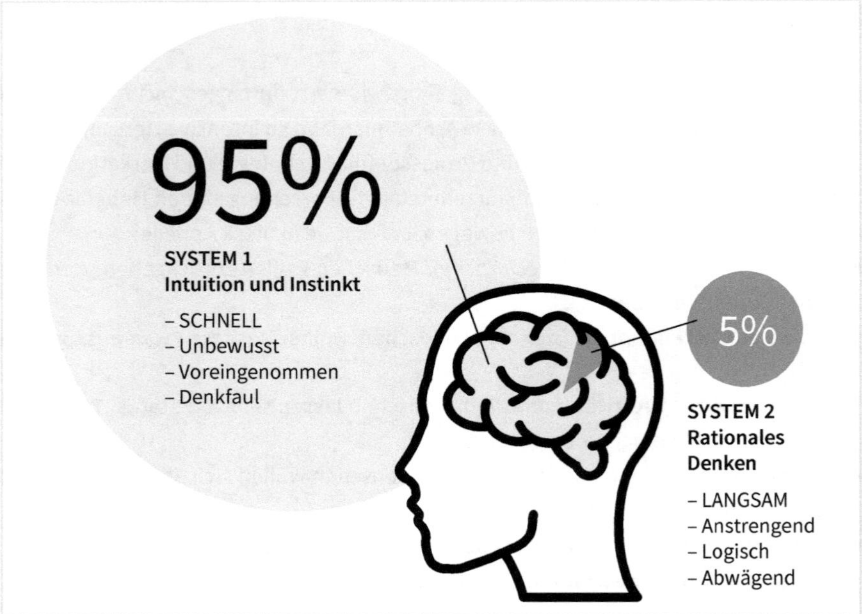

Abb. 6: Fast Thinking – Slow Thinking

Dieser Autopilot-Modus stellt quasi eine Barriere dar, die es entweder zu nutzen oder zu überwinden gilt: Genügt uns der kurzfristige Einfluss, kann man ihn durch Appelle und Argumente wie oben gezeigt erschleichen. Mögliche Botschaften, in dieser oder jener Angelegenheit zu folgen, können dann in lauterer Absicht und sofern sie der Wahrheit entsprechen durchaus durch Cialdinis Appelle »gerahmt«[20] oder verstärkt werden:

- »Lassen Sie uns diese letzte Chance nutzen!« (Verknappung, *scarcity*)
- »Wir sollten einlösen, was wir allerorten immer versprechen!« (Prinzipientreue, *consistency*)
- »Unser Vorgehen wird von allen führenden Wissenschaftlern empfohlen.« (Amtsautorität, *authority* und *social proof*)

Wollen wir dagegen dauerhaft Einfluss gewinnen, sollten wir die Barriere des schnellen Denkens prinzipiell überwinden. Die Menschen sollten sich bewusst auf uns einlassen und sich uns möglichst dauerhaft öffnen. Worauf es dabei ankommt, hat eine Kollegin von Robert Cialdini anschaulich beschrieben.

Die Yale-Professorin Zoe Chance, ihres Zeichens ebenfalls Marketing-Expertin, wählt dabei die Analogie eines Haustürgeschäftes und fragt: Wann wird eine Verkäuferin gerne und vorbehaltlos bei möglichen Kunden eingelassen, um ihr Angebot zu unterbreiten? Die Antwort liegt auf der Hand: Das gelingt nur jenen Verkäuferinnen, die in einer echten Beziehung zum Käufer stehen (*being connected*). Ihnen steht die Haustür prinzipiell offen.[21]

Somit erweisen sich Cialdinis Hebel nicht als gleichwertig. Sympathie und Zugehörigkeit sind in diesem Licht der Schlüssel, um andere dauerhaft und nachhaltig zu beeinflussen. Dazu passt, dass Cialdini selbst jüngst *unity* als einen Faktor deklariert hat, der den anderen zugrunde liegt.

Wenn wir also über die bewusste und zielbezogene Einflussnahme reden, die von Menschen, die andere führen, geleistet werden muss, sollten wir uns einen Prozess in drei Stufen und ein Handeln auf drei Ebenen zu eigen machen:

1. Um in Herzen und Hirne derjenigen vorzudringen, die im Reiz-Reaktions-Modus verhaftet sind, ist es statthaft, dem Gegenüber sein Anliegen mit den Tricks des Marketers schmackhaft zu machen. Das öffnet zumindest einmal die Tür ein Stück weit.
2. Wer dauerhaft erfolgreich führen will, sollte aber in möglichst enger, auch emotionaler Beziehung zu denen stehen, die er für die eigenen Ziele gewinnen muss. Das führt dazu, dass diese Personen für uns per se gerne ihre Türen öffnen.
3. Wer durch diese Tür gekommen ist, muss dennoch dafür sorgen, dass die, die mitziehen sollen, das auch dauerhaft und aus innerer Überzeugung tun. Dazu braucht es fortgesetzte überzeugende Kommunikation, mit der wir uns in Kapitel 2 ausgiebig befassen werden.

Vorher gilt es allerdings, noch eine weitere Herausforderung in den Blick zu nehmen. Stehen die besagten Türen nämlich offen, kommen noch Fragen von sozialem Status, Position und Rang ins Spiel. Auch sie spielen bei Beeinflussungsprozessen eine bedeutende Rolle. Auch bei ihnen zeigt sich, dass Gefolgschaft nur unter bestimmten Bedingungen auf Überzeugung und überlegter, freiwilliger Entscheidung beruht.

In vielen Fällen folgen Menschen nämlich nur deshalb, weil sie glauben, es zu müssen. Das allerdings schleift die stabile, vertrauensgeleitete Basis, die es braucht, damit das Zusammenspiel von Führen und Folgen dauerhaft gelingt.

Gut beschrieben haben das bereits Ende der fünfziger Jahre des vorigen Jahrhunderts die amerikanischen Sozialpsychologen John R. P. French and Bertram Raven. Sie identifizierten fünf Quellen von Macht und Einfluss auf andere Menschen. Sie nennen sie:

1. Zwang (*coercive power*),
2. Belohnung (*reward power*),
3. Legitimität (*legitimate power*),
4. Expertise (*expert power*),
5. emotionale Bindung (*referent power*).[22]

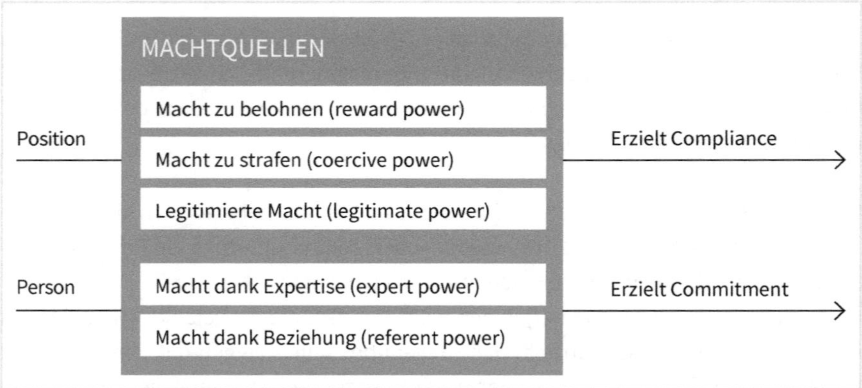

Abb. 7: Fünf Quellen von Macht und Einfluss

Wichtig zu verstehen ist, dass drei der fünf Quellen auf einer formalen Position in Organisationen und auf dem Einsatz von formalen Machtmitteln beruhen. So folgen Menschen im Falle von *coercive power* einem Vorschlag, einer Anweisung oder einem Rat, weil ihr Gegenüber über Mittel verfügt, sie zu zwingen und bei Zuwiderhandlung zu bestrafen. Im betrieblichen Kontext sind das das Weisungsrecht, der Eintrag in die Personalakte, aber auch Drohungen, bei Beförderungen oder Gehaltsverhandlungen die Person zu benachteiligen.

Nicht anders, nur spiegelbildlich verkehrt, verhält es sich mit der *reward power*. Hier folgen Menschen, weil ihr Gegenüber mit Belohnung lockt und Vorteile verspricht. Das können in Unternehmen die genannte Beförderung, die karriereförderliche Empfehlung, monetäre Anreize wie Tantiemen oder einfach auch nur öffentliches Lob sein.

Auch die *legitimate power* kommt nicht ohne einen formalen Status in einer Hierarchie aus. Hier folgen Menschen ihrem Gegenüber nicht deshalb, weil sie seinen Vorschlag oder ihre Anweisung plausibel finden. Sie folgen, weil sie davon ausgehen, dass das Gegenüber prinzipiell legitimiert ist, Vorschläge zu machen, Anweisungen zu geben oder Rat zu erteilen. Es gilt gleichsam: Die Person wird schon wissen, was sie tut. Sie hat das Recht zu handeln, wie sie handelt. Ein Chefposten, eine zertifizierte Expertenstellung (*Chief Technology Officer*), eine offiziell der Person erteilte Befugnis im Rahmen ihrer Jobfunktion (Personalentwicklerinnen dürfen Personal entwickeln, ob wir es wollen oder nicht) bilden hierfür die Grundlage.

Einfluss auf Basis dieser drei Machtquellen zu nehmen, gelingt daher auch, wenn eigentlich die Türen beim Gegenüber verschlossen sind und der Wille zu kooperieren nicht gegeben ist. Die Menschen folgen, aber murren. Wer auf dieser Grundlage Einfluss nimmt, erzielt nichts weiter als Regeltreue (*compliance*).

Nachhaltig ist diese Art, Einfluss auf andere zu nehmen, nicht. Einfluss aufgrund einer hierarchischen Stellung und unter Einsatz von Machtmitteln setzt zudem nicht die Energie und Einsatzbereitschaft frei, die Menschen auszeichnen, die freiwillig und aus innerer Überzeugung anderen folgen (*commitment*). Das geschieht eher auf Grundlage der beiden anderen Quellen von Einfluss.

So folgen Menschen anderen Menschen, wenn sie diese in der Sache, um die es gerade geht, für kompetent halten. Sie schätzen die *expert power* dieser Person und entscheiden zu folgen aufgrund von Überlegungen wie etwa solche: »Was die Person vorschlägt, wird das Problem lösen helfen. Ihr Vorschlag basiert auf jahrelanger Erfahrung. Auf diesem Gebiet gibt es keine bessere als sie. Ihre Anweisung erfolgt, weil niemand besser weiß als sie, dass genau das jetzt nötig ist.«

Zu guter Letzt folgen Menschen aber auch deshalb, weil sie in einer emotionalen Beziehung zu ihrem Gegenüber stehen. Sie wollen diese Person nicht enttäuschen, sie nicht hängenlassen, ihr gefallen oder ihr zur Seite stehen. French und Raven nennen das die *referent power* dieser Person. Sympathie und Zugehörigkeit, wie wir sie im Lichte der Forschung von Robert Cialdini und Zoe Chance bereits thematisiert haben, bilden ihr Fundament.

Expert power und *referent power* sind die beiden Quellen von Macht und Einfluss, die keiner formalen, hervorgehobenen Stellung in Hierarchien oder Organigrammen bedürfen. Jeder angehende Leader (*emergent leader*) ohne Rang und Titel kann aus ihnen schöpfen. Diese beiden Quellen hängen einzig und allein an der Expertise und Persönlichkeit desjenigen, der Einfluss auf andere nimmt und in Führung geht.

Auf den Punkt

Wer Führung teilen und unabhängig von Rang und Jobprofil machen will, muss daher auf diese beiden Einflussquellen – *expert power* und *referent power* – setzen.

Der angehende Leader wird dafür reichlich belohnt: Denn wer so in Führung geht, erzielt damit nachhaltige, echte Einsatzbereitschaft, während unter den drei anderen Prämissen eher Dienst nach Vorschrift zu erwarten ist.

Damit haben wir uns an ein weiteres Thema herangetastet, das für das wirksame Zusammenspiel aus Führen und Folgen, noch dazu wenn es in wechselnden Konstellationen einer geteilten Führung stattfindet, entscheidend ist: die Frage von Macht und Autorität im Zusammenwirken der Personen.

1.4.2 Was ist Autorität?

Eines müssen wir uns klarmachen: Macht und Autorität sind nicht dasselbe. Und nur eine dieser beiden Kraftquellen, nämlich Autorität, ist förderlich, wenn es darum geht, Führung dynamisch zu verteilen und unabhängig von hierarchischen Positionen in einer Organisation zu machen. Worin sich Macht und Autorität unterscheiden, veranschaulicht die folgende Episode aus unserer Coaching-Praxis.

Im Mittelpunkt dieser Episode steht Janine. Sie ist Mitglied einer aus vier Personen bestehenden Geschäftsleitung eines mittelständischen Familienunternehmens. In ihrem Geschäftsfeld steht sie unter Druck. Es gilt als wenig zukunftsträchtig und soll zurückgefahren werden. Das sieht Janine anders, dringt aber trotz aller Bemühungen mit ihren Vorstellungen und Umbauplänen weder beim Vorsitzenden der Geschäftsführung noch bei den Gesellschaftern durch.

Janine zieht Konsequenzen und kündigt. Allerdings lässt sie sich auf einen Handel ein. Weil jenseits der strategischen Differenzen die Chemie zwischen den Akteuren eigentlich stimmt, erklärt sie sich bereit, so lange noch im Unternehmen zu bleiben und ihrer Einheit vorzustehen, bis ein Nachfolger gefunden ist. Allerdings zieht sie sich offiziell und für alle sichtbar aus allen Gremien zurück, in denen Weichen gestellt werden, die sie nicht gutheißen kann.

Die Konstellation, die ein gutes halbes Jahr andauert, erfüllt alle Kriterien, um Janine zur Frühstücksdirektorin oder einer *lame duck* zu machen. So kommt es auch. Wo es darum geht, Dinge in Gremien durchzuboxen, an entscheidenden Stellen im Unternehmen Entscheidungen zu treffen, den direkten Draht in die Gesellschafterfamilie zu nutzen wird Janine von niemandem mehr konsultiert. Nicht von den eigenen Leuten, nicht von anderen.

Janine ist abgeschnitten von allen Zentren und Stellschrauben der Macht. Dafür kommen nach wie vor Menschen zu ihr und fragen sie um Rat in kniffligen Angelegenheiten. Sie wollen ihre Einschätzung hören, von ihren Kontakten profitieren, von ihrer Erfahrung zehren. Sie wollen, dass sie bei Meinungsverschiedenheiten schlichtet oder Tipps gibt, was man besser machen kann, wohin man sich entwickeln sollte und derlei mehr.

»Wissen Sie«, sagt Janine im Coaching-Gespräch einmal eher beiläufig, »irgendwie scheint es mir, dass Autorität das ist, was bleibt, wenn die Macht weg ist.« Und da ist Janine vollumfänglich zuzustimmen.

Denn Janine ist nur als Managerin kaltgestellt. Als Leader, der Rat erteilt, die Richtung weist und immer noch andere für ihre Ideen begeistern kann, entfaltet sie weiterhin Wirkung. Immer noch zehrt sie von gewachsenem Vertrauen in ihre Fähigkeiten und ihre Urteilskraft. Ihre *expert power* und ihre *referent power* bestehen fort.

Was also ist es, was Autorität ausmacht – dank der wir Gefolgschaft finden können, auch wenn uns die Macht und ihre Mittel abhandengekommen sind? Antworten darauf finden sich in unzähligen Büchern, die von Soziologen, Psychologinnen, Theologen, Philosophinnen, Politikwissenschaftlern und nicht zuletzt natürlich auch von Pädagoginnen verfasst wurden.[23]

Auf den Punkt

Wir wollen hier eine Synthese wagen. Sie besagt: Autorität ist für uns das Vermögen, die freiwillige Gefolgschaft anderer und deren Vertrauen in unser Handeln zu gewinnen.

Und wir stellen klar: Autorität ist nichts, was einem von Geburt an mitgegeben wird. Niemand wird als Autorität geboren (selbst wenn der eine Säugling dominanter aufzutreten scheint als andere). Autorität, so wie wir sie im Folgenden verstehen, wird einer Person von anderen zugeschrieben oder abgesprochen.

Autorität liegt damit im Auge des Betrachters. Sie verhält sich ähnlich wie das Phänomen des In-Führung-Gehens, das wir in Kapitel 1.3.2 schon beschrieben haben. In beiden Fällen nehmen Menschen eine Bewertung vor. In der Frage, ob eine Person für mich eine Autorität darstellt, gilt es zu beurteilen: Zeigt diese Person Eigenschaften, Kompetenzen und Verhaltensweisen, die sie für mich zu einer Autorität machen? Und bin ich bereit, mich dieser Autorität anzuvertrauen und in gewisser Weise auch unterzuordnen?

Worauf solche Entschlüsse beruhen, wollten wir noch besser verstehen. Wir haben uns daher in unserer Beraterpraxis mittels einer Bevölkerungsumfrage darüber ein Bild verschafft. Tausend Deutsche haben wir im Jahr 2018 nach repräsentativen Quoten online dazu befragt, was sie mit Autorität verbinden und woran sie glauben, die Autorität von Menschen zu erkennen.[24]

Ihre Antworten haben wir nach statistisch abgesicherter Kohärenz geclustert und in ein Modell überführt, mit dem wir die Zusammenhänge veranschaulichen wollen (Abbildung 8).

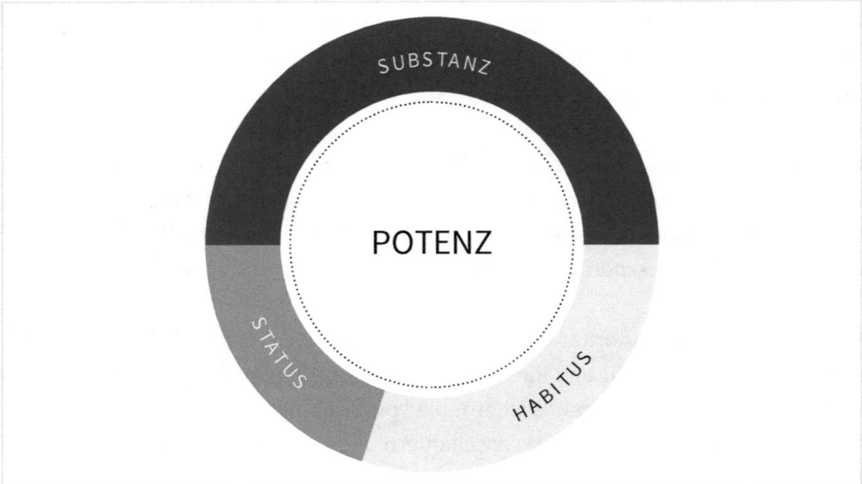

Abb. 8: Vier Dimensionen der Autoritätsbeurteilung

Dieses Modell besagt Folgendes: Es sind vier Merkmalsbündel, die darüber entscheiden, ob Menschen in anderen so etwas wie Autorität erkennen oder nicht. Menschen entschlüsseln dafür Signale, die andere aussenden. Wir sprechen deshalb auch von einem *Autoritätscode*.

Am wichtigsten für die Bewertung einer Person als Autorität ist, ob die Menschen in ihr so etwas wie Kraft, Stärke oder – wie wir es nennen – *Potenz* wahrnehmen. Es ist diese wahrgenommene herausragende Stellung, auf die sich der Respekt und das Ansehen der Person gründen, die als Autorität wahrgenommen wird.

Dabei ist es erst einmal unerheblich, ob sich diese Potenz aus einer formalen Stellung und den damit einhergehenden Machtmitteln und Befugnissen (Amtsautorität) oder einer außergewöhnlichen Expertise und Kompetenz auf einem Gebiet (Sachautorität) speisen. Die von uns Befragten jedenfalls gaben fast durchweg an, dass es einer solchen Form von »Überlegenheit« bedürfe, damit sie in einer Person so etwas wie Autorität erkennen.

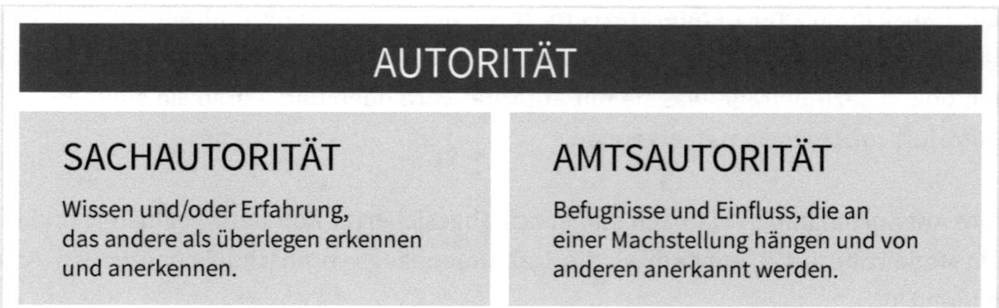

Abb. 9: Zwei Ausprägungen von Autorität: Sach- und Amtsautorität

Diese vermutete Stärke ist es auch, die andere dazu bewegt, einer Autorität in dem zu folgen, was sie vorschlägt, anordnet, unternimmt. Wer würde sich nicht lieber der Chirurgin mit dem besten Ruf und der höchsten Sachautorität unters Messer legen als einem Kollegen, der keinerlei Anerkennung für seine Fähigkeiten auf diesem Gebiet genießt? Und wer würde einen Strafzettel fürs geparkte Auto von einem Passanten akzeptieren, der sich nicht als Gemeindevollzugsbeamter und damit als legitimierte Amtsautorität ausweisen kann?

Interessant und aufschlussreich ist allerdings folgende Konstellation. Stellen wir uns eine Amtsautorität wie zum Beispiel den ärztlichen Direktor der Orthopädie vor, der aber keinerlei Sachautorität mehr genießt. Das könnte der Fall sein, wenn sich herumgesprochen hat, dass in letzter Zeit alle seinen Operationen nicht ohne bleibende Schäden ausgingen und der Orthopäde offensichtlich sein Fachgebiet nicht (mehr) gut beherrscht. Wenn dieser Direktor eine ausgefallene Operation empfiehlt und selbst vornimmt, werden viele zögern, sich ihm freiwillig unters Messer zu legen. Er hat seine Potenz trotz Rang und Titel verspielt. Sachautorität erweist sich gegenüber Amtsautorität als die härtere Währung, um das Vertrauen anderer zu gewinnen.

Aber leider gibt es auch den umgekehrten Fall. Wer sich mit Verschlüsselungstechnologien selbst nicht auskennt, wird der Amtsautorität des betrieblichen Chief Information Security Officers (CISO) bei Lösungsvorschlägen eher trauen (»Der muss es doch wissen!«) als den Empfehlungen der Werkstudentin. Selbst wenn diese sich als Doktorandin an der Universität genau damit beschäftigt. Wer nichts weiter als seine – noch nicht durch Titel und Zeugnisse beleumundete – Sachautorität in die Waagschale werfen kann, ist bei Unkundigen meist im Hintertreffen.

Und wehe, die Praktikantin liegt falsch mit ihrem Vorschlag. Dann ist ihre Stellung schneller in Gefahr als die des CISO, der ebenfalls daneben lag, aber über Amt und Position ein Stück weit abgesichert ist. Genau deshalb, um Autorität über längere Zeit und gegen Anfeindungen zu stabilisieren, wurden Ämter, Zertifikate und Titel erfunden

Auf den Punkt

Wir können daher an diesem Punkt bereits festhalten: Autorität, hier besonders die Sachautorität, muss sich in den Augen derer, die sie einer Person zuschreiben oder absprechen, immer wieder aufs Neue beweisen. Erfolge in dem, was man tut, vorschlägt, rät, festigen die eigene Autorität. Misserfolge nagen an ihr. Autorität in den Augen anderer erwirbt man sich in einem langen Prozess. (Siehe auch Kapitel 1.4.4)

Nun stellt sich noch die Frage: Woran erkennen andere eigentlich diese Kraft, Stärke und Überlegenheit der Menschen, denen sie Autorität zuschreiben? Hier variierten die Antworten der Befragten stärker. Die Zeichen und Signale, anhand derer die Menschen diese Potenz erkennen, lassen sich jedenfalls in drei Merkmalsbündeln clustern. Wir haben sie grob nach der Häufigkeit ihrer Nennung durch die Befragten gewichtet. Es sind dies Merkmale, die wir in drei Gruppen zusammengefasst haben:

- Substanz
- Habitus
- Status

Substanz umfasst dabei Zeichen und Signale, die auf das Wissen, die Erfahrung, das Können und die Ideen einer Person, die als Autorität gesehen wird, Rückschlüsse erlauben. Diese Signale werden ausgesendet, wenn wir zu anderen sprechen oder unsere Gedanken in Texte fassen. Plausible Argumentation, Zahlen-Daten-Fakten, die nachprüfbar sind, präzise Formulierungen, Bezug zu anerkannten Quellen und neuen Erkenntnissen, selbst gemachte und verbürgte Erfahrungen – all das zeigt anderen Menschen: Diese Person weiß offensichtlich, wovon sie spricht oder was sie tut.

Mit einer Einschränkung: sofern wir in der Lage sind, die Sache als solche aufgrund unseres Wissens zu bewerten (erinnert sei an die Werkstudentin und ihren CISO). Sind wir das nicht, neigen wir automatisch dazu, den beiden anderen Merkmalsbündeln mehr Gewicht zu geben. Und das sind Habitus und Status.

Habitus umfasst Zeichen und Signale im Auftreten, im Sprechen und Handeln, die für die Befragten auf das Vorhandensein der genannten Potenz hindeuten. Wirkt die Person entschlossen, tritt sie selbstsicher und routiniert auf, formuliert sie prägnant und überzeugend, entscheidet sie beherzt, vermittelt sie, welche Werte und Prinzipien sie leiten? All das zeigt anderen Menschen: Diese Person ist sich ihrer Sache sicher, vertritt sie glaubwürdig und agiert berechenbar.[25]

Zu guter Letzt gibt es noch Zeichen und **Signale**, die den hervorgehobenen **Status** einer Person markieren. Das können Titel, Auszeichnungen oder Zertifikate sein. Die Frau Professor, der Herr Geschäftsführer, der Chief Technology Officer, das Harvard Certificate, der MBA-Titel, der Distinguished Engineer, aber auch die Verkäuferin des Monats, die Best-Paper-Award-Gewinnerin und viele mehr zählen hierzu.

In diesem Zusammenhang wird noch etwas immer wichtiger. Wir hatten es bereits bei Robert Cialdini im Blick: Das Urteil und die Empfehlung von anderen Menschen sowie neuerdings auch unzählige Follower und Likes in sozialen Medien. Auch sie tragen dazu bei, dass das Ansehen einer Person und damit die Wahrnehmung als jemand, der wichtig ist und etwas zu sagen hat, wachsen (*social proof*).

Wichtig dabei ist: Wie ausschlaggebend die drei Merkmalsbündel sind, damit Menschen anderen Autorität zuschreiben, kann von Person zu Person unterschiedlich sein. Es kann durchaus Menschen geben, die Status und Habitus wesentlich höher gewichten als Substanz, wenn es darum geht, das Gegenüber als Autorität zu bewerten.

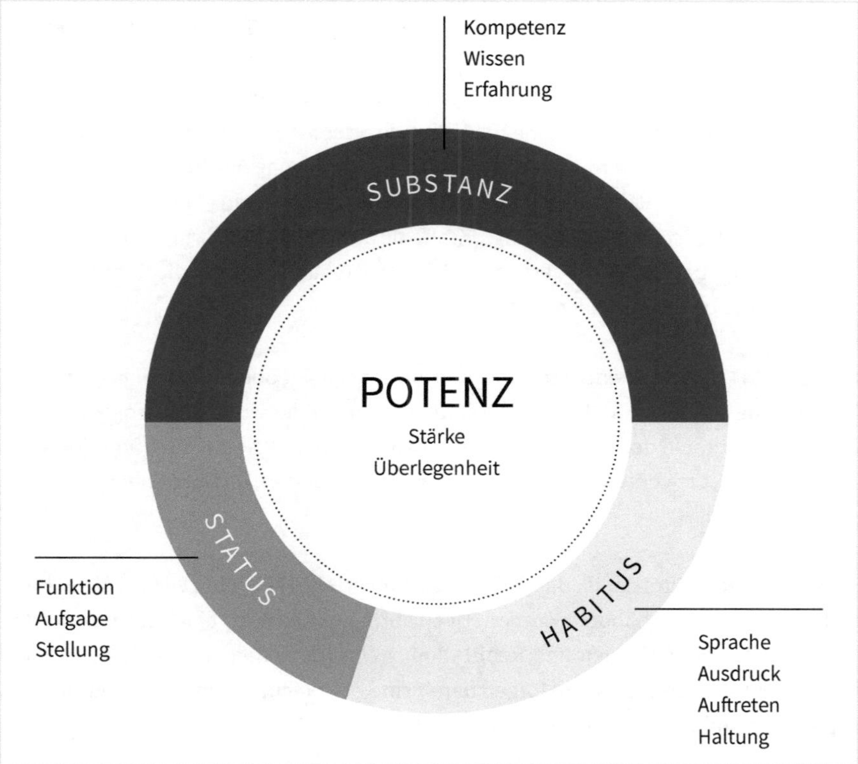

Abb. 10: Signale von Substanz – Habitus – Status vermitteln Autorität.

Wenn es diese Menschen nicht gäbe, hätte beispielsweise Donald Trump wohl nicht so viele Anhänger.

Im Durchschnitt unserer Befragung ergab sich allerdings das umgekehrte Bild. Hier rangierte Substanz deutlich vor Habitus und noch deutlicher vor Status. Das veranschaulicht die Größe des Tortenstücks, das wir in Abbildung 10 darstellen. Wir vermuten, dass es hier einen Unterschied macht, wie bewusst wir anderen Autorität zuschreiben. Im Autopilot-Modus nach Kahneman (*fast thinking*) greifen wir mit Sicherheit eher auf Habitus und Status zurück als die Signale der Sachautorität mühsam zu deuten (*slow thinking*).

Zusammengefasst

Halten wir daher fünf wichtige Erkenntnisse fest.

1. Autorität ist eine besondere Stärke – die die einen in anderen erkennen. Ob sie wirklich besteht, ist damit nicht unbedingt erwiesen.
2. Autorität wird von den einen durch ihr Auftreten und ihr Handeln vermittelt und von den anderen entschlüsselt – und zwar anhand der Signale von Subs-

tanz, Habitus und Status. Den Ausschlag, ob jemand zur Autorität wird, geben die angehenden Follower.

3. Autorität wächst mit der Zeit und muss sich immer wieder beweisen. Je öfter ich mit meiner Empfehlung richtig lag, je öfter meine Initiative Erfolg hatte, desto robuster wird die Wahrnehmung, dass ich eine Autorität bin und man sich meinem Rat und meiner Führung anvertrauen kann.
4. Autorität ist eine Art Führungs-Kraft, die auf Wissen, Erfahrung und Persönlichkeit beruht. Sie bedarf keiner Machtmittel und ist quasi die Summe aus *expert power* und *referent power.*[26]

Autorität hat nur in einem bestimmten Wissensgebiet oder Zuständigkeitsbereich Geltung. Niemand ist Autorität für alles und jedes – und nur wenige sind eine Autorität in den Augen aller und für ewig.[27] Daher agieren multifunktionale Chefinnen, die vorgeben, alles zu können und zu wissen, oft auf dünnem Eis und ohne Autorität.

So verstandene Autorität ist damit die Basis für verteilte Führung, wie wir sie in Kapitel 1.5 ausführlich behandeln werden. Doch vorher gilt es noch einen Blick zu werfen auf die Rolle von Vertrauen und Reputation, wenn Menschen andere bewerten und darüber entscheiden, ob sie zu folgen bereit sind oder nicht. Denn die Bedeutung von Reputation und Vertrauen ist erheblich.

1.4.3 Welche Rolle spielt Vertrauen?

Da wir Vertrauen in Kapitel 2.2.2 noch genauer beleuchten werden, sei hier so viel gesagt: Autorität gründet auf Vertrauen – denn die, die in anderen eine Autorität sehen und ihr zu folgen bereit sind, vertrauen darauf, dass diese den Erwartungen an ihr herausragendes Wissen und erfolgreiches Handeln gerecht werden. Das heißt, angehende Follower vertrauen darauf, dass die vermeintlichen Autoritäten wirklich mehr wissen und können als andere, dass sie die besseren Entscheidungen treffen und die aussichtsreicheren Initiativen anstoßen.[28]

Und warum braucht es dafür Vertrauen? Weil wir die wirkliche Überlegenheit des anderen, wie oben gesehen, ja eben nicht immer sicher beurteilen können. Ein Grund kann sein, weil wir selbst mit Blick auf das Fachgebiet oder die Entscheidungssituation, um die es geht, nicht so viel Wissen oder Erfahrung haben. Die Virologin hat sich mit Viren einfach tiefer befasst als der Laie, der sie nach Rat fragt. Der erfahrene Seemann ist einfach öfter in den Gewässern gekreuzt als der neue Kapitän, der dies zum ersten Mal tut.

Ein anderer Grund, warum es Vertrauen in die Autorität braucht, liegt darin begründet, dass es oft um Entscheidungen unter Unsicherheit geht. Ob die Weichenstellungen, die die Chefin bei der Restrukturierung ihres Geschäftsbereichs vornehmen will, mit hundertprozentiger Sicherheit zum Erfolg führen, kann eben niemand objektiv vorab beurteilen. Wir liefern uns den Versprechungen und Prognosen, die die Chefin macht, ein Stück weit aus.

Einer Autorität zu folgen, in dem, was sie mit uns tun will, in dem, was sie vorschlägt oder rät, heißt damit für die Follower auch, Risiken einzugehen und sich verletzlich zu zeigen. Man kann eben Nachteile erleiden und am Ende der Dumme sein. Der aus den Medien bekannte Finanzfachmann, eine Koryphäe auf seinem Gebiet, empfiehlt die falsche Aktie und wir verlieren Geld. Unsere geschätzte Hausärztin, die uns schon von allem möglichen kuriert hat, rät uns zu einer neuartigen Therapie – und die macht uns kränker als zuvor.

Wichtig zu verstehen ist auch: Genauso wie Autorität gründet auch Vertrauen auf einem Bewertungsprozess. Denn ob wir vertrauen wollen oder nicht, bleibt immer uns selbst überlassen. Und wir begegnen auch hier wieder dem Phänomen, dass Expertise und Persönlichkeit (*expert power* und *referent power*) zusammenspielen.

Ein häufig zitiertes Modell in der Vertrauensforschung[29] besagt, dass Menschen anderen vertrauen, wenn diese drei Bedingungen erfüllen. Sie werden wahrgenommen als

- kompetent (sie wissen und beherrschen, was sie tun und vorschlagen),
- integer (sie sagen, was sie tun, und sie tun, was sie sagen) und
- wohlwollend und zugewandt (sie wollen uns nichts Böses und stehen mit uns in enger Beziehung).

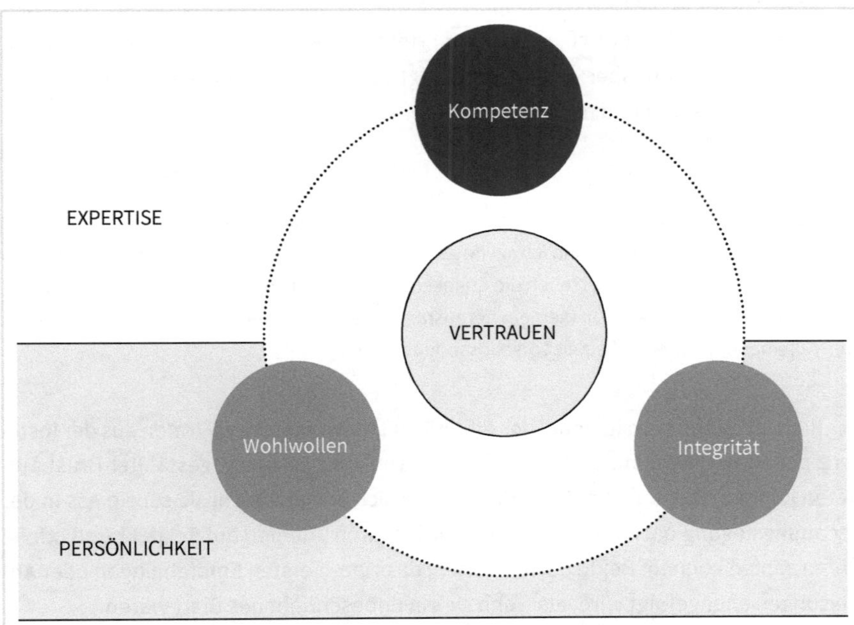

Abb. 11: Kompetenz – Integrität – Wohlwollen begründen Vertrauen.

Zu guter Letzt zeigt sich, dass sich Autorität und Vertrauen auch in einer weiteren Hinsicht ähnlich verhalten. Beide fallen nicht vom Himmel, sondern wachsen mit der Zeit. Je öfter ich erlebe, dass mein Vertrauen in jemanden gerechtfertigt ist, desto stärker wird mein Vertrauen in diese Person. Je öfter ich erlebe, dass die Person, der ich bereit bin zu folgen, mit ihren Vorschlägen, Einschätzungen und Initiativen richtig liegt, desto mehr wächst ihre Autorität in meinen Augen.

Deshalb gilt, wer seine Autorität stärken und andere führen will, muss zuerst das Vertrauen der anderen in einen selbst stärken und ausbauen. Das gilt umso mehr in all jenen Fällen, wo die Autorität und der Führungsanspruch sich nicht auf Ämter, Titel oder Machtmittel stützen und Follower eben freiwillig oder gar nicht folgen.

Für Menschen ohne diese Insignien der Macht und des Amtes gibt es aber dennoch etwas, was es ihnen leichter macht, das Vertrauen anderer zu erwerben und sie zum freiwilligen Folgen zu bewegen. Das ist ihr Ruf.

1.4.4 Welche Rolle spielt Reputation?

In der Tat hat Autorität auch viel mit Reputation zu tun. Eine Person, die sich Autorität erworben hat, steht für etwas, dass sie besser kann als andere, wo sie mehr weiß als andere oder mehr Erfahrung hat.

Dieser Ruf fließt in die Bewertungsprozesse ein, die wir beleuchtet haben. Auch hier gilt: Dieser Ruf verfestigt sich, je öfter wir Erfolge einfahren und unserem Ruf gerecht werden. Hinzu kommt aber: Der Ruf verfestigt sich auch, je mehr Menschen von unseren Erfolgen erfahren und darüber berichten.

Auf den Punkt

Es gilt: Reputation ist das, was Leute über mich denken, die mich gar nicht kennen. Knüpft sich an meinen Ruf die Botschaft, ich sei (in gewissen Dingen) kompetent, integer und anderen gegenüber wohlwollend, stehen die Chancen gut, dass man mir vertraut. Erzählt man sich von meinen Erfolgen, von meinem herausragenden Wissen und Können, darf ich im ersten Aufeinandertreffen auf einen Vorschussbonus hoffen.

Der neue Vorstandsvorsitzende, der öffentlichkeitswirksam drei Firmen aus der Insolvenz geholt hat, wird in der vierten Firma in ähnlicher Lage mit gestählter Brust auftreten können. Die neue Controllerin, von der sich alle erzählen, sie sei ein Ass in der Rechnungslegung nach IFRS-Standard, wird in ihren Themen auf Respekt und offene Ohren zählen können. Beide dürfen hoffen, dass ihren ersten Empfehlungen oder Anweisungen eher gefolgt wird, als wenn sie ein unbeschriebenes Blatt wären.

Wenn wir also darüber reden, wie man Vertrauen gewinnt, wie sich Autorität ausbildet und wie man Reputation aufbaut, bietet sich eine Analogie an, die der eingangs erwähnte Sozialpsychologe Edwin P. Hollander in seinen Schriften verwendet.[30] Sie ist auch in der Reputationsforschung beliebt. Es ist die Analogie vom Punktekonto.

Das Vermögen, die Gefolgschaft anderer zu gewinnen, wird hier buchstäblich zu einer Frage unseres Kontostands. Mit jedem Mal, wo wir das in uns gesetzte Vertrauen rechtfertigen, wächst der Stand auf unserem Vertrauenskonto. Mit jedem Erfolg, den wir in unserem Zuständigkeitsbereich oder auf unserem Wissensgebiet erzielen, wächst der Stand auf unserem Autoritätskonto. Und mit jeder Stimme, die wohlwollend von unseren Erfolgen und Qualitäten berichtet, wächst der Stand auf unserem Reputationskonto.

Je besser unser Konto gefüllt ist, desto höher die Chancen, dass andere uns folgen. Und das gilt sogar, wenn zu folgen diesen Menschen nicht leichtfällt oder ihnen Opfer abverlangt. Wer ein gut gefülltes Vertrauens-, Autoritäts- und Reputationskonto aufweist, kann andere Menschen eben auch für neuartige Behandlungsmethoden, gewagte Finanztransaktionen oder umstrittene Entscheidungen gewinnen.

Wie gesehen, führen Misserfolge oder Fehleinschätzungen allerdings dazu, dass sich unser Kontostand schnell wieder reduziert. Man muss sich daher die Gefolgschaft anderer im Wortesinne hart verdienen. Vor allem dann, wenn man nicht auf Amtsautorität und die Mittel der Macht setzen kann.

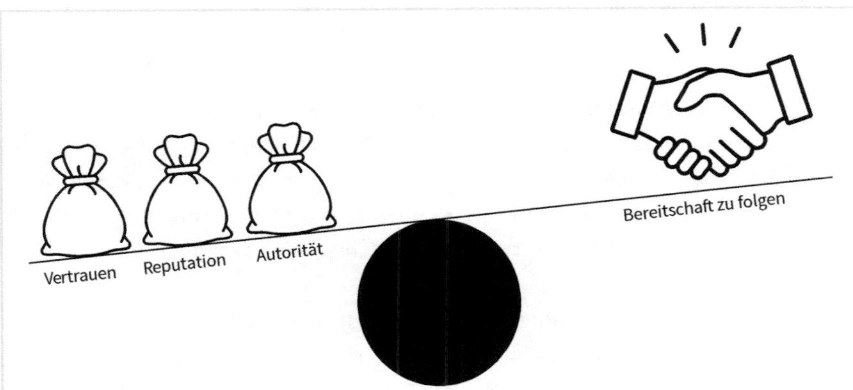

Abb. 12: Vertrauen – Autorität – Reputation sind Kapital, mit dem sich Gefolgschaft erwirken lässt.

1.4.5 Das Gesamtbild: der Motor des Führens und Folgens

Führen wir die Fäden daher wieder zusammen. Wir tun dies mithilfe einer mechanistischen Analogie. Alle Ingenieure bitten wir dabei um Nachsicht. Und all jenen, die nicht müde werden zu betonen, dass weder Menschen noch Organisationen Maschinen sind, sei gesagt: Ja, ihr habt recht.

Wie also bringt ein Formel-1-Pilot seine PS auf die Straße? Richtig: Er benötigt gewisse Fähigkeiten als Fahrer, vor allem aber ein schnittiges Auto mit einem leistungskräftigen Motor. Ohne letzteres ist er bei jedem Wettrennen dieser Welt chancenlos – und wird noch nicht einmal zugelassen. Im Unterschied dazu kann er mit einem Boliden unter dem Gesäß auch als wenig versierter Fahrer zumindest an den Start gehen.

Was wir in diesem Kapitel beschrieben haben, sind die Zusammenhänge, wie Menschen, die in Führung gehen und führen, andere zum Mitziehen gewinnen. Wir haben quasi den Motor des Führens und Folgens beschrieben, der dazu führt, dass der Leader die PS, die im Zusammenwirken mit seinen Followern stecken, auch wirklich auf die Straße bekommt.

Und da braucht es zuerst den Kraftstoff. Im Auto ist er die Basis, um chemische Energie in mechanische Energie umzuwandeln, um durch seine Verbrennung Energie freizusetzen, die sich auf die Kolben, von dort über Kurbelwelle und Keilriemen auf die Räder übertragt und das Fahrzeug in Bewegung versetzt.

Diese Funktion haben in unserer Analogie entweder Macht (der Diesel unter den Führungs-Kraftstoffen) oder Autorität (der leichtgängigere Benziner unter den Führungs-Kraftstoffen). Wer als Leader auf ausreichend Macht oder Autorität bauen kann, weiß, dass er den Motor des Führens und Folgens in Gang setzen kann. Wessen Tank leer ist, braucht in Sachen Führung nicht an den Start zu gehen.

Der Vorteil des Macht-Kraftstoffs ist: Der Motor spart sich einige technische Details, ist weniger komplex und ziemlich kraftvoll. Wer mit Macht und Amtsautorität führt, kann Gefolgschaft auch erzwingen und Menschen in Bewegung bringen, die daran wenig Interesse und innerlich dazu kaum bereit sind. Die Räder rollen, sobald der Pilot aufs Gas drückt. Der Nachteil: Der Verbrauch und Verschleiß sind sehr hoch.

Der Autoritäts-Benziner des Führens und Folgens dagegen ist komplexer. Er weist ein paar Regler und Ventile auf, die im Dieselmotor des Führens und Folgens nicht unbedingt nötig sind. Da ist zum Beispiel das Einlassventil, durch das der Kraftstoff in den Verbrenner gelangt. Beim Macht-Diesel öffnet es sich gleichmäßig und gleich weit. Beim Autoritäts-Benziner bestimmt dagegen die Menge und Qualität von Vertrauen gegenüber dem Leader, ob es sich öffnet.

Besitzt unser Leader am Steuer kein Vertrauen bei denen, die mit ihm die PS am Ende auf die Straße bringen, fließt beim Autoritäts-Benziner kein Kraftstoff in den Verbrenner. Die Ingenieure der Macht haben sich diesen Abhängigkeiten bewusst entzogen und daher das Einlassventil bei ihrem Motor vom Vertrauen der Follower entkoppelt. Welche Rennpilotin will sich schon von ihren Rädern vorgeben lassen, ob gefahren wird oder nicht?

Der Autoritäts-Benziner kann daher niemals vom Piloten allein in Gang gesetzt werden. Aufs Gaspedal drücken reicht nicht. Damit der Motor läuft, muss die Wechselwirkung zwischen Leader und Follower gesteuert werden. Erst dann entfaltet der Kraftstoff seine Wirkung und im Verbrenner entsteht die Energie, die das Fahrzeug in Bewegung setzt.

Sensoren sind dabei unverzichtbar. Sie gleichen ab, welche Signale der Pilot sendet und was bei den Rädern ankommt. Sie beziehen sich, wie wir gesehen haben, auf Aspekte der Expertise und Substanz, Auftreten und Haltung sowie der Reputation des Leaders. Sie öffnen das Einlassventil mal mehr, mal weniger.

Einer umsichtigen Fahrerin spiegeln die Sensoren zudem zurück, wie es um die Räder steht und mit welcher Leistung sie das Rennen wird bestreiten können. Wie gut und filigran die Signale entschlüsselt werden, hängt an der Intensität ihrer Verarbeitung auf beiden Seiten.

Im Falle des Führens und Folgens ist dieser Abgleich eine Frage, in welchem Beeinflussungsmodus die Gehirne der Akteure sind: Routinemodus oder wache Verarbeitung? Im Verbrennungsmotor ist das mechanisch gar nicht mehr zu leisten. Es braucht eine elektronische Steuerung, die Informationen und Signale verarbeitet.

Unnötig kompliziert? Mag sein. Aber sicherer und nachhaltiger. Und im postindustriellen Zeitalter fast alternativlos. Denn hier gilt es, optimal alle Ressourcen einzusetzen und die Räder, die Karosserie und letzten Endes auch den Fahrer nicht zu verschleißen. Außerdem gleicht die Rennpiste auch keiner glatt asphaltierten Kurvenstrecke mehr, sondern eher einem Hindernisparcours in unwegsamem Gelände und in schnell wechselnder Wetterlage.

Ein Motor, der vom Piloten wie von den Rädern gleichermaßen beeinflusst wird, ist hier von Vorteil. Selbst Räder, die mitdenken und mitsteuern, sind willkommen um Fahrer einzuhegen, die der Route nicht gewachsen sind. Genau betrachtet ruft der hohe Grad an Informationsverarbeitung und Steuerungslogik sogar nach dem Umstieg vom Verbrenner auf filigranere Elektromobilität. Doch damit auch genug.

1.4.6 Reverse Influence und die Bedeutung der Follower

Halten wir daher fest: Führung war noch nie eine Einbahnstraße, in der Leader einseitig auf Follower Einfluss nehmen. Leader und Follower wirken wechselseitig auf sich ein. Nur fällt das in Hierarchien, wo Amtsautoritäten auf Zwang, Belohnung und Legitimität setzen, nicht so auf.

In einer Welt, wo Menschen gern und freiwillig jenen folgen, unter deren Führung sie sich am ehesten den Erfolg in einer Sache versprechen, wächst die Bedeutung und der Einfluss der Follower. Leader müssen sie überzeugen und gewinnen.

Damit verschiebt sich noch etwas auf unserer Waage, die in der traditionell hierarchisch und von Amtsautoritäten geprägten Welt des Führens und Folgens ganz klar dem Leader mehr Gewicht verlieh.

Es geht um die Frage, wie bedeutend der Führungsanspruch des (angehenden) Leaders im Vergleich zur Führungsermächtigung des Leaders durch die Follower ist. Hier zeigt sich die Welt der formalen Führungskräfte als recht simpel und geordnet. Führungskräfte werden in geregelten Prozessen *entwickelt*, in Auswahlprozessen *auf Herz und Niere* getestet, im Idealfall durch eine professionelle HR-Abteilung auf ihre Führungsaufgabe vorbereitet (Führungskräfteentwicklung) und von übergeordneten Stellen in ihr Amt eingesetzt.

Der Job als *Führungskraft* beinhaltet den Anspruch zu führen – und wer keine Führungskraft ist, von dem wird erwartet, den formalen Chefs zu folgen. Nur selten werden Teammitglieder einbezogen in die Frage, wer sie führen soll und von wem sie sich eigentlich gerne führen lassen würden. Sie bringen also kaum Gewicht auf die Waage.

Im Gegenzug müssen sich formale Führungskräfte in unseren Organisationen früh und verbindlich dafür entscheiden, ob sie führen wollen. Und wenn sie sich dazu entschieden haben, müssen sie ihren Führungsanspruch permanent verteidigen:
- gegen Menschen, die nie gefragt wurden, ob sie sich von dieser Person führen lassen wollen,
- gegen Menschen, die sich nicht für die richtigen halten, in dieser Angelegenheit die Führung zu übernehmen,
- gegen Menschen, die gerne ihren Job hätten,
- gegen Menschen, die die Machtprobe suchen und die Chefin mal richtigen testen wollen.

Natürlich haben diese Chefs die Möglichkeit – und sollten sie auch nutzen –, andere in Entscheidungen einzubeziehen, Ideen anderer zu hören, Kolleginnen zu mehr Initiative zu ermuntern. Aber Führung ist und bleibt Teil ihrer Jobbeschreibung.

Man stelle sich vor, wie ein Team in traditionellen Unternehmen darauf reagieren würde, wenn die Chefin sagt: »Ich übergebe Ihnen hiermit die Führung in dieser Angelegenheit!« Erwartbare Reaktionen – vielleicht nicht immer ausgesprochen: »Werden nicht eigentlich Sie dafür bezahlt?« – »Ist das nicht eigentlich deine Aufgabe?« – »Jetzt macht sie sich aber einen schlanken Fuß.« – »Die will sich wohl aus der Verantwortung stehlen?«

Dagegen lebt die Welt der verteilten Führung, um die es uns hier geht, zu einem viel größeren Anteil von der Ermächtigung der Leader durch ihre Follower. Wie man diese Ermächtigung ausgestalten kann, werden wir uns in Kapitel 1.5.8 näher ansehen.

An dieser Stelle wollen wir nur einen kurzen Blick darauf werfen, wie der Druck, seinen Führungsanspruch zu verteidigen, sich im Alltag anfühlt. Und wie befreiend es im Gegenzug ist, sich zur Führung ermächtigen zu lassen.

Wer seinen Führungsanspruch formulieren muss, ist als Leader in permanentem Begründungs- und Verteidigungsmodus.

Ich will euch führen, ich bestimme hier, ich erwarte euer Einverständnis, weil
- ich die Chefin bin,
- das von mir hier erwartet wird,
- ich das gut geprüft habe,
- ich es besser weiß und kann.

Wer als Leader von seinen Followern ermächtigt wird, hört dagegen Sätze wie:

Wir wollen, dass du uns führst, in dieser Angelegenheit entscheidest, in dieser Sache den Weg weist, weil
- du so viel Ahnung davon hast,
- du der Richtige für diese Aufgabe bist,
- wir dir das zutrauen,
- wir möchten, dass du uns hier zum Erfolg führst,
- keiner außer dir dazu in der Lage ist.

Spüren Sie den Unterschied? Auch als formale Führungskraft in hierarchisch aufgestellten Organisationen tut es daher gut, sich hin und wieder von denen, die folgen, zur Führung ermächtigen zu lassen. In der Welt verteilter Führung ist diese Ermächtigung eines der leitenden Grundprinzipien.

Auf den Punkt

Zudem gilt: Ein Führungsanspruch, den ich selbst erhebe und beständig verteidige, erweist sich mit Blick auf das Engagement von Followern als weniger robust als die Führungsermächtigung, die mir andere erteilen und die damit automatisch mit mir in einem Boot sitzen und quasi zu Komplizinnen werden.

Wer Engagement in Teams und Belegschaften fördern will, sollte daher wo immer möglich die Artikulation von Führungsansprüchen zurückdrängen und Elemente der Führungsermächtigung installieren und stärken. Solches sind Wahlen, wer in dieser oder jener Angelegenheit führen soll, oder die Ernennung der am besten geeigneten Person durchs Team, sofern diese Person dazu bereit ist, oder einfach nur bestätigendes Feedback, das der Leader von den Followern zu seiner Führung einholt.

1.4.7 Autorität als bessere Alternative zu Macht: das Ende der One-Man-Show

Schließen wir dieses Kapitel daher noch mit einem letzten Blick auf das Konstrukt der Macht. Macht wird häufig in ein negatives Licht getaucht: »Macht korrumpiert«, »Macht verdirbt den Charakter« und so weiter.

Das ist unfair und wird dem Phänomen auch nicht gerecht. Auch bei Macht und den Mitteln, die sie einem an die Hand gibt, über andere zu entscheiden, über sie zu verfügen und sie zu beeinflussen, gilt: Es kommt darauf an, was man daraus macht.

In der Tat ist es allerdings gut belegt, welchen Einfluss Macht auf Menschen hat, die sie lange innehaben.[31] In der Literatur finden sich Effekte wie diese: Wer lange über Macht verfügt, läuft Gefahr,

- alle Erfolge auf das eigene Tun zurückzuführen und sein eigenes Wissen und Können zu überschätzen (*overconfidence*),
- Einfühlungsvermögen in andere, ja überhaupt Interesse an anderen zu verlieren (da man auf sie immer weniger angewiesen ist),
- moralische Standards zu schleifen und illegale Handlungen vorzunehmen (da man sich zunehmend der Transparenz und Kontrolle entziehen kann).

Außerdem hinterlässt die Art, wie wir an Macht gelangen, Spuren. Da man Positionen, die einem Machtmittel zur Verfügung stellen, oft nur dann ergattert, indem man sich gegen andere in Auswahlverfahren durchsetzt (mit mehr oder weniger rabiaten Mitteln), ist ein gewisses Dominanzstreben in den Olymp der Mächtigen gewissermaßen einprogrammiert.[32]

Die beiden Sozialpsychologinnen Battilana und Casciaro empfehlen daher als Korrektiv und Prävention gegen diese Begleiterscheinungen von Macht:

- das Prinzip der zeitlichen Begrenzung von Macht (*impermanence*) und
- die Stärkung der gegenseitigen Abhängigkeit von Mächtigen und denen, über die sie Macht besitzen (*interdependance*).

Sie reden damit einer Stärkung der Führungsermächtigung durch Follower das Wort. Sie fordern zudem, beim Führen und Folgen weniger auf die Akteurinnen zu fokussieren als auf das gemeinsame Ziel (*purpose*). Führen und Folgen sind Teamsport mit dem Ziel, gemeinsam erfolgreich zu sein. Und sie halten bei Lichte besehen in ihrem Buch *Power, for All* (Simon and Schuster, 2022) ein leidenschaftliches Plädoyer für geteilte Führung oder eben *Shared Leadership*.

Ein Appell, der von immer mehr Experten geteilt wird. Er zieht sich durch immer mehr Publikationen – selbst wenn das Konzept des *Shared Leadership* nicht explizit erwähnt oder darauf Bezug genommen wird.[33]

Eine griffige Formel für das Potenzial von geteilter Führung und funktionierenden, dynamischen Prozessen des Führens und Folgens haben Sabine Endres und Jürgen Weibler, der eine Professor für Leadership an der Fern-Universität Hagen, die andere ebendort Assistant Professor, in ihrem Buch *Plural Leadership* geprägt:

> *»Plural Leadership ist eine der vielversprechendsten Alternativen zur transformationsschädlichen One-Man-Show.«*[34]

Um wenig später den ganz praktischen Appell an Leader und Follower zu ergänzen, die das Führen und Folgen als Wechselspiel leben wollen:

> *»Begreifen Sie sich weder als ›Führungskraft‹ noch als ›Mitarbeiterin oder Mitarbeiter‹, sondern als Teilhabende an einem gemeinschaftlichen Einflussprozess, den Sie getragen von wertebasierter Zielsetzung zusammen verantwortungsbewusst gestalten.«*[35]

1.5 Führung teilen: Möglichkeiten und Grenzen von Shared Leadership

Damit haben wir zusammengetragen, was uns einen tieferen Blick in die Theorie und Praxis rund um verteilte Führung beziehungsweise *Shared Leadership* ermöglicht

1.5.1 Shared Leadership: gängige Definitionen

Eine der gängigsten Definitionen, worum es sich dabei handelt, stammt von zwei Pionieren in der Erforschung von *Shared Leadership*[36]. Es sind dies Craig L. Pearce und Jay A. Conger, zwei US-amerikanische Management- und Leadership-Professoren an den Universitäten Pennsylvania State und Southern California.

Sie lautet im englischen Original:

> *»Shared leadership is a dynamic, interactive influence process among individuals in groups for which the objective is to lead one another to the achievement of group or organizational goals or both. This influence process often involves peer, or lateral, influence and at other times involves upward or downward hierarchical influence.«*[37]

Unsere Übersetzung ins Deutsche formulieren wir so:

> *»Verteilte Führung ist ein dynamischer, interaktiver Prozess der Beeinflussung zwischen Individuen in Gruppen, die das Ziel verfolgen, einander zu führen, um ein Gruppen- oder Organisationsziel oder beides zu erreichen. Dieser Beeinflussungsprozess umfasst häufig Einfluss unter Gleichgestellten, aber zuweilen auch vertikalen Einfluss in Hierarchien von oben nach unten oder von unten nach oben.«*

Aus einer eher praxisorientierten Sicht haben die Berater Bernd Oesterreich und Claudia Schröder in ihrem sehr lesenswerten Buch *Das kollegial geführte Unternehmen* (Vahlen, 2016) dasselbe so beschrieben:

> *»Kollegiale Führung ist die auf viele Kollegen und Kolleginnen dynamisch und dezentral verteilte Führungsarbeit anstelle von zentralisierter Führung durch einige exklusive Führungskräfte.«*[38]

An anderer Stelle ergänzen sie das schöne Bonmot:

> *»Führung ist zu wichtig, um sie nur Führungskräften zu überlassen.«*[39]

1.5.2 Ausprägungen von Shared Leadership

Die konkreten Formen von Führung und Zusammenarbeit, in denen sich *Shared Leadership* ausdrückt, haben wir in Kapitel 1.1 bereits kurz angerissen. Die Leadership-Forscher Endres und Weibler haben das Feld noch etwas systematischer geordnet.[40] Sie unterscheiden dabei drei Aspekte:

1. Wie intensiv wird Führung geteilt? Oder in unseren Worten: Wie intensiv wechseln die Beteiligten vom Führen ins Folgen und wieder zurück?
2. Wie viele Menschen sind am Prozess geteilter Führung beziehungsweise des wechselseitigen Führens und Folgens beteiligt?
3. Wie offensichtlich und erkennbar ist die Rollenverteilung zwischen denen, die als Leader, und jenen, die als Follower agieren?

Die Autoren kommen dabei zu der in Abbildung 13 gezeigten Aufteilung.

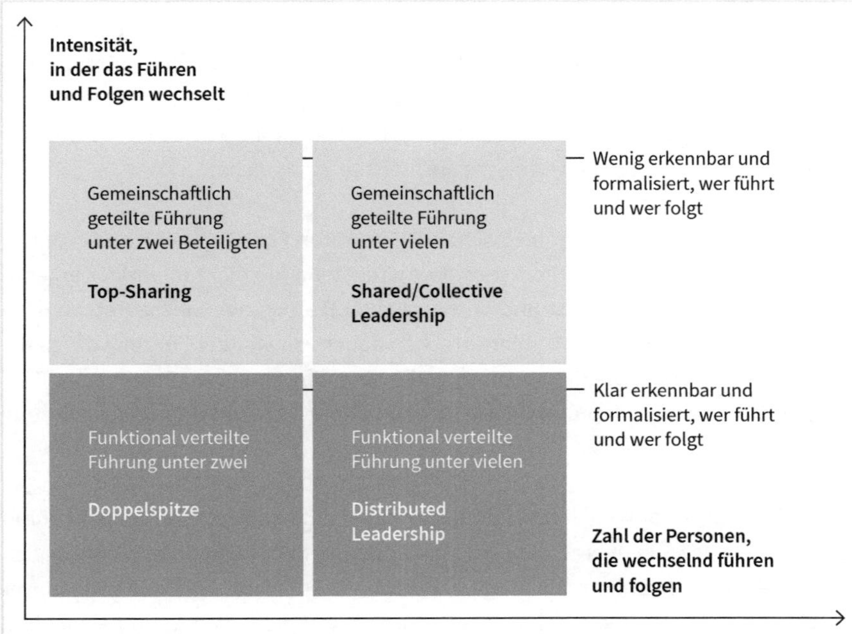

Abb. 13: Vier Varianten von geteilter Führung (eigene adaptierte Darstellung nach Endres/Weibler)

Die Unterschiede sind beträchtlich. So gestaltet sich das Führen und Folgen beim *Top-Sharing*, also der einen mit zwei Personen besetzten formalen Führungsposition (häufig in Teilzeitmodellen), wie folgt: Beide führen jene, die zu führen ihre formale Aufgabe ist. Allerdings teilen sie sich diese Aufgabe. Sie müssen gemeinsam zu Entscheidungen kommen, gemeinsam Initiativen anstoßen, gemeinsam die Verantwortung tragen – auch für Sachverhalte, in denen sich der andere Co-Leader im internen Austausch durchgesetzt hat. Wer also wann wem in diesem Tandem gefolgt ist, ist für alle jene, die ihren beiden formalen Chefs folgen, nicht unbedingt klar. Wir beleuchten dieses Modell konkret an einem Beispiel aus dem Softwarekonzern SAP in Kapitel 3.5.

Bei der funktional verteilten Doppelspitze verhält sich das anders. Hier teilen sich zum Beispiel eine ärztliche Direktorin und ein Verwaltungsdirektor Führung und Verantwortung für die Klinik. Sie haben ihre Zuständigkeiten genau geklärt und jeder von ihnen beansprucht formal das letzte Wort in seinem Bereich. Gleiches gilt für eine Doppelspitze wie die Geschäftsführerin (CEO) und den kaufmännischen Leiter (CFO) et cetera. Auch hier betrifft das Führen und Folgen eine sehr überschaubare Menge an Personen: nämlich zwei. Allerdings ist für alle wesentlich ersichtlicher, wer wo führt und von wem wann Gefolgschaft erwartet wird.

Ähnlich klar ist es in dem Modell, das auch als *Distributed Leadership* bezeichnet wird. Hier teilen sich mehrere Menschen Führungsaufgaben – jeweils gemäß eines

Funktionsbereichs. Das Geschäftsleitungsgremium oder der Vorstand eines Großunternehmens wird gemeinschaftlich geführt von beispielsweise einem Sprecher der Geschäftsführung, einer Finanzchefin, einem Marketing-Chef, einer HR-Chefin und so weiter. Auch hier ist relativ klar geregelt und für alle erkennbar, wer welche Verantwortung trägt und wer in welchen Gebieten am meisten zu sagen hat.

Bleibt noch das Modell der »gemeinschaftlich geteilten Führung unter vielen«, auch *Shared Leadership* genannt. Hier ist es für Außenstehende nicht mehr klar erkennbar, wer wann eigentlich führt und unter welchen Bedingungen diese Person dazu den Auftrag hat. Endres und Weibler sprechen daher von »fluider Führung durch die Gruppenmitglieder«[41]. Die Gruppenmitglieder sind eingespielt im Prozess des Führens und Folgens und wissen, wann sie sich zurücknehmen und wann sie in Führung gehen.

Wie in einer eingegroovten Jazzband reagiert jeder auf feine Signale und geht voran oder folgt. Im Jazz animieren die einen die anderen, mit einem Solo in Führung zu gehen, die Tonart zu ändern, das Tempo anzuziehen et cetera. Am Ende können weder die Beteiligten noch die Zuhörer genau sagen, wer eigentlich wann geführt hat. Es spielt auch keine besondere Rolle mehr. Denn das Kollektiv oder Ensemble hat das Gemeinschaftsprojekt realisiert und zusammen wunderbare Musik gemacht.[42]

Diese Art dynamisch geteilter Führung begegnet uns in der Arbeitswelt – derzeit – vor allem in eingespielten Projektteams ohne formalen Leader oder mit einer formalen Führungskraft, die sich bewusst zurücknimmt und keine hervorgehobene Führungsrolle beansprucht. Ansonsten ist es der bestimmende Modus, wann immer Privatmenschen sich zu einer Initiative zusammenschließen, Freunde eine gemeinsame Aktivität planen (Straßenfest, Fahrradtour) oder unterschiedliche Akteurinnen in einem Netzwerk unter formal gleichgestellten Fachleuten (Arbeitsgruppe Corona-Notfallplan) ein Problem zu lösen versuchen[43].

In unserem Buch legen wir den Schwerpunkt auf dieses vierte Modell, wie sich Führung auf formal Gleichgestellte verteilen lässt – oder in unseren Worten: Wie Führung und Zusammenarbeit so geregelt werden, dass jede Leadership zur richtigen Zeit zeigen kann. Und weil diese Perspektive allein nicht ausreicht, muss hinzukommen, dass jeder in diesem Fall auch bereit ist, dem jeweiligen Leader zu folgen.

Diese Auffassung vom Führen und Folgen ist übrigens alles andere als neu – trotz der Vernebelung unseres Blickes aufs Thema, den die »Great Man Theory« mit sich gebracht hat. Schon 1924 wies die amerikanische Managementvordenkerin, Philosophin und Sozialarbeiterin Mary Parker Follett in ihrem Buch *Creative Experience* darauf hin, dass Leadership sich bei genauerem Hinsehen in der Zusammenarbeit unter Menschen im Alltag entwickle und keine Frage von formalem Rang in Hierarchien sei.[44]

Auf den Punkt

In unseren Worten: Es geht bei *(Shared) Leadership* um Führungskraft und nicht um Führungskräfte!

1.5.3 Wie verbreitet ist Shared Leadership?

Doch wie verbreitet ist diese Art, das Führen und Folgen unter Gleichgestellten zu verteilen? Die Antwort lautet: Als bewusste Entscheidung in unseren Firmen und als systematisiert und reflektiert verfolgter Prozess ist *Shared Leadership* bislang eher wenig präsent.

So haben Carsten C. Schermuly, Professor für Wirtschaftspsychologie an der SRH-Hochschule Berlin, und Matthias Meifert, Gründer der Unternehmensberatung HR Pepper, im Sommer 2022 eine Onlineumfrage unter 581 Unternehmensvertretern durchgeführt. Hier gaben 15 Prozent der Befragten an, *Shared Leadership* im Unternehmen zu praktizieren.[45]

Die Studie beansprucht nicht, repräsentativ zu sein. Es ist zudem davon auszugehen, dass viele hier nicht zustimmen, weil sie mit dem neuartigen Begriff noch nichts verbinden. Etwas näher an der Materie dürften die 298 HR-Verantwortlichen gewesen sein, die das Fraunhofer-Institut für Arbeitswirtschaft und Organisation (IAO) mit Partnern im Rahmen ihrer Initiative Connected Work im Februar 2022 befragte.

In dieser Studie ging es um die Anforderungen an Führung und Zusammenarbeit in einer zunehmend hybriden Arbeitswelt, die vom Nebeneinander von Büroarbeit sowie Zeiten im Homeoffice geprägt ist. Die Studienautoren wollten wissen: »Welche organisatorischen Ausgestaltungen für Führung braucht es Ihrer Meinung nach in der hybriden Arbeitswelt?«. Folgende für uns relevante Trends schätzten die Befragten dabei als »in ihrer Bedeutung zunehmend« ein:

- Führung auf Zeit (36 Prozent Zustimmung),
- geteilte Führung (42 Prozent Zustimmung),
- Führung ohne disziplinarische Kompetenz (49 Prozent Zustimmung).[46]

Alle drei abgefragten Aspekte haben mit dem, was wir unter *Shared Leadership* verstehen, zu tun. Es verwundert dabei wenig, dass ihnen gerade im Kontext von hybrider Zusammenarbeit eine zunehmende Bedeutung zugemessen wird.

Wie wir in Kapitel 1.3.1 beschrieben haben, haben gerade Umweltveränderungen (so zum Beispiel die Zwischenschaltung von Monitoren in unsere Gespräche oder die zunehmende Selbstführung, wenn wir weit weg von formaler Führungskraft und Team unseren Aufgaben nachgehen) einen Einfluss darauf, wie wir führen und folgen.

Doch wie bildet sich eine Kultur verteilter Führung in Organisationen heraus? Wie führt man *Shared Leadership* in Unternehmen ein?

1.5.4 Wie Shared Leadership ausbilden und einführen?

Den Weg zu einem Unternehmen, in dem *Shared Leadership* erfolgreich gelebt wird, würden wir im Idealfall als dreistufigen Prozess beschreiben. Zugrunde liegt, wie wir gesehen haben, dass alle Beteiligten ein hoher Grad von Selbstführung auszeichnet.

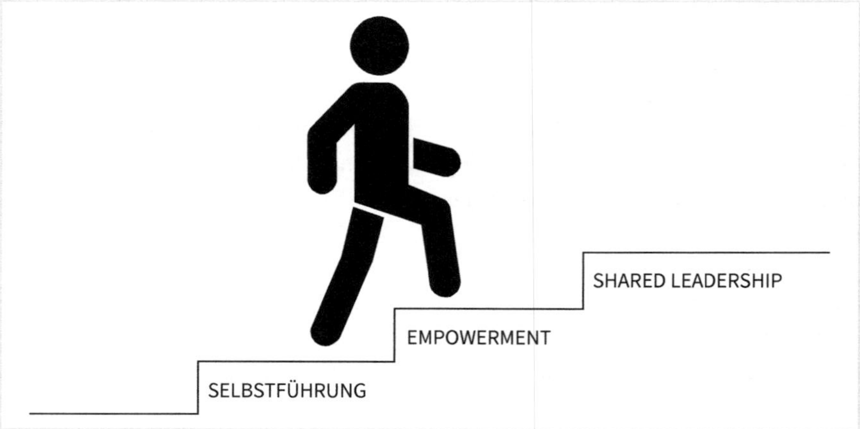

Abb. 14: Ausbildung verteilter Führung als dreistufiger Prozess

Wer führen will, muss zuerst sich selbst organisieren und **sich selbst führen** können. Diese Person muss sich Ziele setzen, den Weg zu ihrer Erreichung definieren und (notfalls gegen den inneren Schweinehund) diesen Weg konsequent gehen. Sie sollte dabei einem inneren Wertekompass folgen, für die Umwelt und ihre Signale empfänglich sein und ihre Stärken und Schwächen permanent reflektieren. Ein konkretes Instrument, sich diese Fähigkeit zu erarbeiten, stellen wir in Kapitel 2.6 vor.

Diese Eigenschaften und Fähigkeiten gilt es auszubilden und zu unterstützen bei allen Personen, die an einem gelingenden Prozess dynamisch wechselnder Führung teilhaben wollen. Bewährte Mittel hierzu sind die gestützte Selbstreflexion mit einem Coach, das entwicklungsorientierte Mentoring durch andere oder einschlägige Trainings aus den Bereichen Life Coaching, Selbstmanagement, Achtsamkeit, persönliches Leadership-Ideal.

Die zweite Stufe, die in Organisationen zu erklimmen ist, die *Shared Leadership* einführen wollen, ist **ermächtigende Führung** (*empowering leadership*). Auch und besonders, wenn stark hierarchische, top-down-orientierte Führung die Kultur im Unternehmen beherrscht.

Auf dieser Stufe ruht noch die gesamte Verantwortung auf den Schultern der formalen Führungskräfte. Erst ihre Art zu führen und die Rahmenbedingungen, die sie im Kontext von *empowering leadership* schaffen, ermöglichen es überhaupt, die dritte Stufe des *Shared Leadership* im Unternehmen zu realisieren.

Worum es bei *Ermächtigung* oder *Empowerment* geht, hat die US-amerikanische Leadership-Professorin Gretchen Spreitzer erforscht. Sie lehrt an der Ross School of Business in Michigan und wird einer Schule zugerechnet, die das Positive in Menschen und Organisationen stärken will, statt sich permanent an ihren Ineffizienzen und Schwächen abzuarbeiten (die so genannte *positive organizational scholarship*).

Für sie setzt Ermächtigung oder Empowerment zum einen an den einzelnen Menschen in Unternehmen, zum anderen aber auch an den Strukturen an, in denen sie arbeiten.[47]

Mit Blick auf die Stärkung des Einzelnen, sich in der Arbeitswelt bestmöglich mit all dem, was die Person weiß und kann, einzubringen, empfiehlt Spreitzer den formalen Führungskräften: Helfen Sie den Mitarbeitenden,

- den Sinn und Zweck dessen, was sie in der Arbeit tun, zu erkennen (*purpose*),
- ihre Kompetenzen auszubauen (*mastery*),
- ihre Ziele, Arbeitsbedingungen und Tätigkeiten weitgehend selbst zu bestimmen (*autonomy*) und
- mit dem, was sie tun, einen echten Beitrag zum Gemeinschaftserfolg zu leisten (*impact*).

Mit Blick auf die organisatorischen Rahmenbedingungen geht es für Spreitzer bei Empowerment um folgende Maßnahmen:

- Einführung partizipativer Wege der gemeinsamen Entscheidungsfindung auf möglichst allen Ebenen,
- Honorierung von Teamleistung statt Einzelleistung,
- Transparenz und offener Informationsfluss von oben nach unten und von unten nach oben,
- Training von Führungskraft und Leadership-Skills, wo immer sie gebraucht werden.

Eine Kultur des Empowerments im Unternehmen ist damit eine Kultur, in der Macht, Information, Wissen und Erfolge geteilt werden. Sie zeichnet sich bereits durch eine gewisse Augenhöhe zwischen Führungskräften und Mitarbeitenden aus.

Unternehmen, die diese Voraussetzungen für Führung und Zusammenarbeit schaffen, profitieren laut Forschung in mehreren Bereichen. Ihre Mitarbeitenden berichten von besserer Arbeitszufriedenheit und weniger Arbeitsbelastung. Sie sind loyaler und engagierter bei der Arbeit. Auch wird von positiven Auswirkungen auf Leistung und Produktivität sowie Innovation berichtet.

Aber auch innerhalb von Teams, in denen Empowerment gepflegt wird, zeigen sich positive Effekte. Die Literatur verweist auf mehr Verbesserungsvorschläge, bessere Arbeits- und Produktqualität und in der Folge mehr Zufriedenheit bei Kunden. Insgesamt steige die Neigung aller Beteiligten, die Initiative zu ergreifen und sich Veränderungsnotwendigkeiten auszusetzen.

Wer auf *empowering leadership* setzt, ist ein großes Stück weitergekommen auf dem Weg zu einem *Unternehmen voller Leader* (*A Company of Leaders*, Jossey-Bass 2001). So hat Spreitzer eines ihrer Bücher betitelt. Sehr schön zum Ausdruck kommt diese Haltung in einem Positionspapier, das Petra Kama-Welle, Vice President Corporate HR, Leadership Culture, Transformation and Organizational Development bei Bosch, unter dem Titel *Führung geht alle an* auf dem Unternehmensblog des schwäbischen Autozulieferers veröffentlich hat. Sie schreibt:

> *»Führungskräfte (bei Bosch; Anm. der Autoren) haben mehr die unterstützende Rolle von Coaches, die ihren Mitarbeitenden eine gute Arbeitsumgebung schaffen. Die Mitarbeitenden sind wiederum die Experten, die entsprechend Verantwortung für ihre Fachaufgabe tragen. Wir wollen weniger Manager, die ihren Fokus darauf legen, die Prozesse zu lenken und somit klassisches Management betreiben. Vielmehr ist es die wesentliche Aufgabe von Führung, Hindernisse aus dem Weg zu räumen, damit das Team bestmöglich arbeiten kann.*
> *Wenn wir das ernst nehmen und die Menschen so einsetzen, dass sie ihre Talente und Potenziale optimal entfalten können, stellt sich Höchstleistung wie von selbst ein. Wir wollen uns als Bosch nicht nur mit tollen technischen Produkten und Innovationen einen Namen machen, sondern auch mit exzellenter, menschenzugewandter Führung – ganz im Sinne von »We lead Bosch«: Führung betrifft jeden, jeder führt auch sich selbst und Führung dient immer Menschen – und somit dem Erfolg des Unternehmens.«*[48]

Dennoch fehlt auf der Empowerment-Stufe noch etwas, was für *Shared Leadership* in unserem Sinne unbedingt nötig ist. Es ist die systematische Reflexion zum Prozess des Führens und Folgens und die Klärung der damit verbundenen Aufgaben. Und zwar unter allen Beteiligten: unter den formalen Führungskräften, so es diese Rolle im Unternehmen oder Team gibt, genauso wie unter den Mitarbeitenden ohne Rang und formelle Weisungsbefugnis.

Wir werden uns die notwendigen Absprachen mit Blick darauf, wie die Akteure im Prozess des wechselseitigen Führens und Folgens agieren wollen, in Kapitel 2.7.2 noch anschauen, wenn wir das Format der Shared-Leadership-Konferenz behandeln. Wichtig ist uns, bereits an dieser Stelle darauf hinzuweisen, zweierlei sicherzustellen:

1. Absprachen sollten nicht im Ungefähren und Unverbindlichen bleiben. Vielmehr sollte man sie möglichst konkret fassen und verbindlich vereinbaren. Eine Ver-

schriftlichung in Form einer *Team-Charta*, eines, einer *Leitlinie der Führung und Zusammenarbeit auf Augenhöhe*[49] bieten sich dafür an.

2. Absprachen müssen immer wieder daraufhin überprüft werden, ob sie noch eingehalten werden und ob sie überhaupt noch tragen. Ein Zyklus von *Absprachen und Aussprachen* im Zweiwochenrhythmus hat beispielsweise die Zusammenarbeit in Teams beim Softwarehaus Lexware in Freiburg i. Br. sehr verbessert.

Erst auf dieser Stufe und im Rahmen dieser Klärung findet dann zusammen, was wir für *Shared Leadership* als nötige Haltung, nötige Fähigkeiten, Methoden und Instrumente sowie unabdingbare Rahmenbedingungen bereits angerissen haben. Wir werden das in Kapitel 2 noch ausführlich darlegen und auch darauf eingehen, dass es mindestens zwei Wege gibt, wie *Shared Leadership* in Unternehmen Einzug hält: als ein eher geplantes und gesteuertes Vorhaben oder als eher spontaner, aus konkreten Situationen entstehender Prozess, der nach wechselseitigem Führen und Folgen verlangt.

Doch welche Führungsaufgaben lassen sich überhaupt teilen? Um die Antwort vorwegzunehmen: Weit mehr, als die meisten meinen.

1.5.5 Welche Führungsaufgaben kann man teilen?

Sehen wir uns zunächst an, was als Führungstätigkeiten in der Literatur beschrieben wird[50]:

- eine Vision vermitteln,
- eine Strategie erarbeiten und vermitteln,
- ein Team zusammenstellen,
- Ziel und Mission der Zusammenarbeit definieren,
- die Arbeit planen und überwachen,
- die Beteiligten anleiten und entwickeln,
- Störungen beseitigen und Probleme lösen,
- Entscheidungen herbeiführen oder treffen,
- in Konflikten vermitteln und sie beilegen,
- informieren und Orientierung geben in Unternehmensbelangen,
- Rückmeldung zu Leistung und Verhalten anderer geben,
- Zu- und Abgänge im Team anstoßen,
- Mitarbeitende zu mehr oder besserer Leistung bewegen,
- Ressourcen beschaffen und zuteilen,
- für eine gute Arbeitsatmosphäre, *Alignment* (Orientierung an den übergeordneten Zielen) und Gruppenzusammenhalt sorgen,
- den wirtschaftlichen Erfolg im Blick behalten und sicherstellen.

Mit Sicherheit erfasst diese schon umfangreiche Liste nicht alles, was von formalen Führungskräften erwartet und in vielen Fällen auch erbracht wird. Sie zeigt aber eindrücklich, wie hoch die Latte liegt, wenn all das von einer Person geleistet und verantwortet werden soll.

Machen Sie gerne selbst den Test und kreuzen Sie an, was aus Ihrer Sicht durchaus zu delegieren oder auf mehrere Schultern zu verteilen wäre. In unseren Workshops und Coachings findet sich kaum eine Tätigkeit, die sich widerspruchslos allein einer formalen Führungsposition zuordnen ließe.

Wenn diese Tätigkeiten unabdingbar als Aufgabe der formalen Führungskraft gesehen werden, dann stecken dahinter meist eher Fragen

- der gelebten Praxis (»Das ist halt bei uns so«),
- der Rechtsordnung (»Die Führungskraft trägt ja auch formell die Verantwortung«),
- der Befähigung (»Das muss jemand machen, der darin geschult ist«),
- der unnötigen Verkomplizierung, manchmal verbunden mit Qualitätsverlust (»Zu viele Köche verderben den Brei«),
- des Geschwindigkeitsverlustes (»Sich dazu abzustimmen dauert ewig«) oder
- der internen Organisation (»Da haben ja andere als die Führungskraft gar nicht den nötigen Einblick«).

Nicht all diese Einwände sind unbegründet – und wir werden die Potenziale und Grenzen von geteilter Führung in Kapitel 1.5.11 noch eingehend beleuchten.

Aber jeder dieser Einwände lässt sich aus der Welt schaffen, wenn man die entsprechenden organisatorischen Rahmenbedingungen schafft und die notwendigen Kompetenzen, Instrumente und Methoden für *Shared Leadership* vermittelt. Die hier aufgeführten Einwände zeugen meist eher von einer (oft unreflektierten) Grundhaltung der Personen, dass diese Führungsaufgaben zu teilen nicht denkbar, sinnvoll oder möglich wäre.

Nähern wir uns also einer Antwort auf die Frage, was sich in Führungsfragen wie teilen lässt, indem wir uns die einzelnen Akteurinnen in Systemen verteilter Führung näher ansehen. Von Bedeutung wird dabei die Unterscheidung zwischen Leadership und Management sein, die wir bereits in Kapitel 1.3.4 vorgenommen haben.

Als wesentliche Akteure in Systemen verteilter Führung definieren wir:

1. formale Führungskräfte in der Hierarchie (Managerinnen),
2. alle Menschen im Unternehmen, die formell oder informell in Führung gehen und führen (Leader),
3. alle Menschen, die formalen Führungskräften oder informell Führenden zu folgen bereit sind (Follower).

1.5.6 Die Rolle der formalen Führungskräfte im Shared Leadership

Mit Blick auf die Bedeutung formaler Führungskräfte möchten wir klarstellen: Wir sehen weder Sinn noch Notwendigkeit, formale Hierarchien aus unseren Organisationen komplett zu verbannen und die Rolle der formalen Chefin abzuschaffen.

Hierarchien geben Organisationen Halt. Sie sind ein Instrument, mit dem vielfältige Effekte erzielt werden: Dank ihrer können wir

- Verantwortung lokalisieren und transparent machen,
- Haftung im Rechtssinne ermöglichen (Organisationsverschulden),
- Informationsflüsse kanalisieren,
- Ressourcen überwachen und verteilen,
- Abgleich zwischen Geschäftseinheiten sicherstellen und
- Eskalationen sowie letztinstanzliche Entscheidungen ermöglichen.

Hierarchien bedürfen der formalen Führungsrolle, die dazu auserkorene Managerinnen und Manager wahrnehmen. Diese müssen über die für diese Aufgabe und Verantwortung nötigen Befugnisse, Einblicke und Skills verfügen. Dazu gehören folgerichtig all jene Befugnisse, Einblicke und Skills, die die Erfüllung der rechtlichen Anforderungen sowie der Geschäftssteuerung im Sinne der Unternehmensstrategie ermöglichen.

Hierunter fallen je nach Hierarchiestufe sicherlich folgende Aspekte:

- Planungs-, Budgetierungs- und Steuerungskompetenz,
- Wissen und Erfahrung in der Anwendung arbeits-, gesellschafts- und handelsrechtlicher Vorgaben,
- Zugang zu entsprechenden formellen Abstimmungs- und Entscheidungsgremien,
- tiefes Verständnis von markt-, branchen- und wettbewerbsbezogenen Zusammenhängen rund um das eigene Unternehmen.

Zudem generieren Hierarchien auch Macht und Ansehen, die mit besonderer Verantwortung für die formalen Führungskräfte einhergehen. Je höher in der Hierarchie sie angesiedelt sind, desto mehr.

Wenn es um Repräsentationsaufgaben[51] sowie die Ansprüche an moralisches Verhalten und die Vorbildfunktion geht, müssen Managerinnen und Manager höchsten Ansprüchen genügen. Denn ob sie wollen oder nicht: Sie sind und bleiben Orientierungspunkt für alle übrigen, die über keine vergleichbar exponierte Stellung im Unternehmen verfügen.

Dass aber die am Anfang des vorigen Kapitels 1.5.5 genannten Aufgaben vornehmlich oder ausschließlich von formalen Führungskräften wahrgenommen werden müssen, dafür findet sich kaum eine stichhaltige Begründung.

Auf den Punkt

Leadership im Sinne unserer Definition – Beeinflussung anderer in der Absicht, gemeinsam ein Ziel zu erreichen – samt aller damit einhergehenden Interaktionen zwischen Menschen ist damit kein Privileg mehr von Chefinnen. Vielmehr kann und soll diese Aufgabe im Prozess des Führens und Folgens von möglichst vielen im Unternehmen zur richtigen Zeit an der richtigen Stelle übernommen werden.

Das heißt natürlich nicht, dass auch die hervorgehobene Rolle der Manager nicht ungemein davon profitiert, wenn Leadership-Kompetenz an den Stellen gezeigt wird, wo sie im Alltag von formalen Führungskräften gebraucht wird.

An der Unternehmensspitze für eine Vision oder Strategie zu werben (die nicht zwingend aus dem Hirn des CEO entsprungen sein muss), den Konflikt zwischen Menschen als Letztinstanz zu moderieren und zu schlichten, in den eigenen Gremien Entscheidungen herbeizuführen oder im eigenen Verantwortungsbereich Entscheidungen zu vertreten, sind allesamt Gelegenheiten, in denen auch formale Führungskräfte nicht ohne Leadership-Kompetenz auskommen.

Ansonsten steckt in formalen Führungsrollen aber auch jede Menge Expertenwissen. Wenn wir daher Leadership vom Managerprofil lösen und als Auftrag an alle verstehen, dann eröffnen sich neue Blickwinkel auf die Managementfunktion. Dieser Blickwinkel führt an den Ursprung dieser Funktion zurück.

Wir können dann in der Managementrolle wieder eine Expertenfunktion rund um *Business Adminstration, Planung und Steuerung* sowie *Governance* erkennen. Als eine solche wurde sie ursprünglich auch verstanden.[52] Wenig überraschend ist es daher, dass sie an vielen Kaderschmieden für angehende Manager auch als solch eine Expertenfunktion mit einem klaren Kanon an Expertenwissen gelehrt wird.

Dass Leadership-Kompetenzen trotz groß angelegter Programme der Führungskräfteentwicklung nicht automatisch mit Managementrollen einhergehen, wird besonders augenfällig in Runden, wo formale Chefinnen als Gleichgestellte aufeinandertreffen (der selbstorganisierte Arbeitskreis *Vorbereitungen zu unserem Werteleitbild*, die Managementprojektgruppe zur *Vereinheitlichung unserer Mitarbeiterbeurteilungskriterien* et cetera).

In unserer Beratungs- und Coachingpraxis erleben wir immer wieder, dass hier dieselben Probleme zutage treten wie in selbstorganisierten Teams auf Mitarbeiterebene. Ja, mehr noch: Die Prägung durch hierarchische Top-down-Führung erschwert es unserer Beobachtung nach in Gruppen aus formalen Führungskräften sogar häufig, ähnlich erfolgreich auf Augenhöhe und wechselseitig zu führen und zu folgen. Diesbezüglich tun sich Menschen, die nie in hierarchischer Stellung gearbeitet haben, oft leichter. Wechselseitig zu führen und zu folgen, ist daher auch und besonders ein Lern- und Trainingsfeld auf Führungskräfteebene.

Auf den Punkt

Leadership ist in Systemen verteilter Führung kein Privileg von Führungskräften mehr, sondern geht jede und jeden an. Alle sollen und dürfen in Führung gehen und andere führen, wo es auf die Unternehmensziele einzahlt, sie dazu befähigt erscheinen und von anderen in dieser Rolle akzeptiert werden.

Leadership und die Ausbildung der dafür nötigen Kompetenzen sind damit nicht länger Spitzensport in unseren Unternehmen, sondern Breitensport.

Doch auch im Breitensport gibt es Trainer, Sportchefinnen und Vereinsvorstände. Und dafür werden in hierarchisch geprägten Unternehmen nach wie vor – und aus unserer Sicht sogar alternativlos – die formalen Führungskräfte gebraucht.

Das hat seine Gründe. Formale Führungskräfte setzen immer noch den organisationalen Rahmen, in dem alle agieren. Sie prägen die Kultur und leben vor, was von allen erwartet wird. Sie haben Zugriff auf Ressourcen, die es zur Schaffung von *Shared Leadership* braucht. Nicht zuletzt haben gerade die formalen Führungskräfte die Macht und den Einfluss, neu und anders zu definieren, was alle unter Führen und Folgen im Unternehmen verstehen.

Deshalb kommt den formalen Führungskräften, von der Vorständin bis hinunter zum Teamleiter, besonders die Aufgabe zu, für ein neues Verständnis von Führen und Folgen zu werben, entsprechendes Verhalten vorzuleben und die nötigen Rahmenbedingungen zu schaffen.[53]

Stephan Fischer, Personalmanagement-Professor an der Hochschule Pforzheim, und André Häusling, Organisationsberater nach agilen Prinzipien, haben dazu ein einprägsames Bild entworfen.[54] Aspekte davon werden Sie in unserem Vier-Raum-Modell in Kapitel 2 wiederfinden.

Es zeigt, dass formale Führungskräfte prinzipiell vier große Handlungsfelder bespielen müssen, wenn sie Systeme verteilter Führung im Unternehmen einführen und fördern wollen.

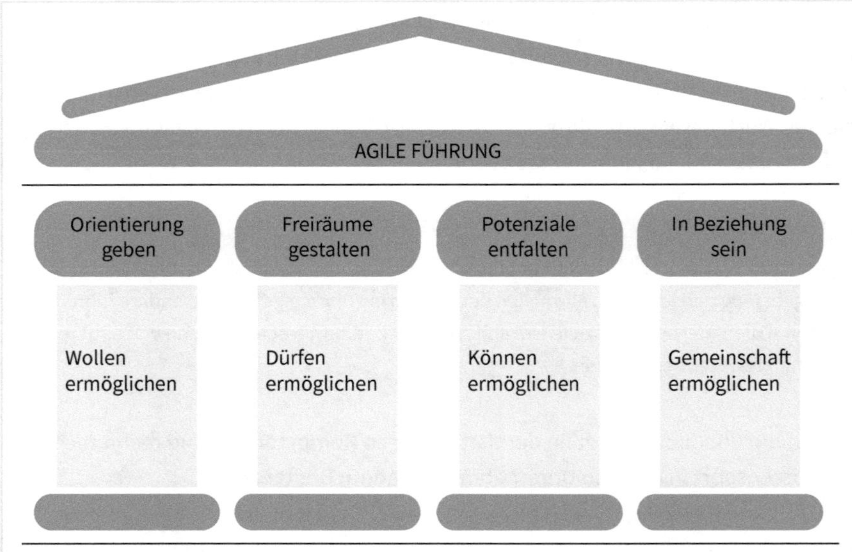

Abb. 15: Vier Handlungsfelder für formale Führungskräfte im *Shared Leadership* (Darstellung nach Fischer und Häusling)

Orientierung – Wollen

Das erste Feld bezieht sich darauf, **Orientierung zu geben** und **Wollen zu ermöglichen**. Hierunter fällt für uns: erklären, warum Leadership kein Privileg mehr von formalen Führungskräften ist, worin die Vorteile dieser Herangehensweise liegen und wie das funktionieren kann. Erst vor diesem Hintergrund ermöglichen Chefinnen, dass einfache Mitarbeitende überhaupt den Wunsch entwickeln, auch ohne formalen Auftrag die Initiative zu ergreifen, in Führung zu gehen, andere hinter sich zu scharen und für ihre Vorschläge und Weichenstellungen die Verantwortung zu übernehmen.

Wichtig ist aber auch, Orientierung zu geben, wie Einzelinitiative sich in das große Ganze des Unternehmens einfügen kann. Auch dynamisch wechselnde Führung muss immer noch auf die wirtschaftlichen und strategischen Ziele eines Unternehmens einzahlen.

Freiräume – Dürfen

Das zweite Handlungsfeld bezieht sich darauf, **Freiräume zu gestalten** und **das Dürfen zu ermöglichen.** Wir verstehen darunter, dass Chefs im Sinne des in Kapitel 1.5.4 thematisierten Empowerments Freiraum für autonome Arbeitsgestaltung, partizipative Mitentscheidung, persönliche Wirksamkeit und Weiterentwicklung gestalten.

Wie gesehen, gehört dazu auch, die nötige Kultur des Teilens und der Teamorientierung (statt Ego- und Führenden-Kult) zu fördern. Erst dann können alle im Unternehmen realisieren, was sie dank der neuen Haltung zu Führung und Zusammenarbeit jetzt auch dürfen.

Potenziale – Können

Das dritte Handlungsfeld von formalen Führungskräften zahlt darauf ein, die **Potenziale aller Beteiligten zu entfalten.** Denn Führen und Folgen geht jetzt jeden an – und was früher nur formale Führungskräfte in Sachen Leadership beherrschen sollten, müssen nun möglichst viele können. Wichtig ist hierbei, was formalen Führungskräften häufig schwerfällt: Vom Grundsatz her alle gleich zu behandeln. Wer als formale Chefin suggeriert, mit Leadership seien gewisse Personen im Team ohnehin überfordert, muss für verteilte Führung erst gar nicht werben.

Da Führung aber vom Einzelnen nicht in jeder Lebenslage und auf jedem Wissensgebiet erwartet wird, sollten alle Beteiligte mit Blick auf Selbstführung Klarheit darüber erlangen, wo sie stark sind, was ihre Motive und Führungsideale sind und in welchen Situationen sie sich wohlfühlen, mehr Verantwortung und eine hervorgehobene Stellung einzunehmen. Das müssen Chefinnen fördern. Und da Führung zudem stark an der jeweiligen Expertise für die gestellte Aufgabe gemessen wird, ist es ebenso wichtig, dass formale Führungskräfte sich dafür einsetzen, dass alle auf ihren Gebieten zu großer Könnerschaft heranreifen.

Beziehung – Gemeinschaft

Als viertes und letztes Handlungsfeld definieren Fischer und Häusling das **In-Beziehung-Sein**. Wie wir in Kapitel 1.4 gesehen haben, ist das die Voraussetzung, um überhaupt Einfluss auf Menschen zu nehmen und Veränderung zu bewirken. Wo Menschen im Prozess des Führens und Folgens aber abwechselnd die Initiative ergreifen und vorneweg gehen sollen, ist es zusätzlich wichtig, dass formale Führungskräfte in ihrem Bereich vorab ein ausgeprägtes Gemeinschaftsgefühl geschaffen und gegenseitiges Vertrauen gefördert haben.

Es geht für formal Vorgesetzte daher auch darum, sich selbst stärker als Manager im Sinne der *Governance* zu positionieren und *Leadership* als Auftrag an alle zu postulieren.

Das bedeutet aber auch, sich als Chefin in Sachen Leadership ein Stück weit aus dem Spiel zu nehmen. Wir formulieren hier mit Bedacht *ein Stück weit*, denn dieser Rückzug bedeutet für formale Führungskräfte eine Gratwanderung.

Treffend formuliert die St. Gallener Leadership-Forscherin Heike Bruch, selbst eine große Verfechterin verteilter Führung: »Loslassen heißt nicht alleinlassen.« In einem Beitrag auf dem Haufe Personalportal führt sie aus:

> *»Loslassen und die Weitergabe der Führung an Teams zeigt allerdings eine Nähe zu der kontraproduktivsten Form der Führung, die traditionell bekannt ist und in der neuen Arbeitswelt eine noch verheerendere Wirkung zeigt: Laissez-faire (...). Laissez-faire bedeutet nicht nur ein Nichthandeln, -entscheiden oder -verantworten (durch die formalen Führungskräfte; Anm. der Autoren), sondern auch fehlende soziale Beziehung, fehlendes Feedback und geringe Wertschätzung. In Konsequenz empfinden Mitarbeitende Laissez-faire nicht nur als mangelnde fachliche Führung, sondern auch als persönliche Vernachlässigung oder Beziehungsbruch. (...)«*[55]

Aus diesem Grunde sollten formale Führungskräfte weiterhin als letzte Instanz für Eskalationen und Entscheidungen, die im Prozess des wechselseitigen Führens und Folgens nicht gelöst werden können, zur Verfügung stehen. Auch sollten sie ein Interesse an der Entwicklung eines jeden zeigen. Wo sie führen, sollten sie das, so Heike Bruch, im Sinne einer »ermächtigenden Führung« tun:

> *»Negative Effekte von Laissez-faire können durch das Team ausgeglichen werden, (...) wenn Mitarbeitende selbst Führungsaufgaben im Team aufteilen. (...) Idealerweise wird Shared Leadership aber durch eine aktive empowernde Führung (durch die formalen Führungskräfte; Anm. der Autoren) unterstützt.«*

Doch auch das Gegenteil ist gefährlich. Der Fall nämlich, wenn sich Vorgesetzte unnötig oder vorauseilend in das Führungshandeln informeller Leader einmischen. Darauf weisen Fabiola H. Gerpott, Professorin für Personalführung an der WHU – Otto Beisheim School of Management, und Rudolf Kerschreiter, Professor für Sozial-, Organisations- und Wirtschaftspsychologie an der Freien Universität Berlin, hin.[56]

Ihren Untersuchungen zufolge agieren Führungskräfte, die Shared Leadership leben wollen, zwischen diesen beiden Extrempolen gelingender und misslingender verteilter Führung:

- Im Idealfall geben die Chefinnen Führung komplett ab und die Teammitglieder nehmen sie situativ komplett an.
- Im schlimmsten Fall aber können die Chefinnen und Chefs vom Führen nicht lassen, haben aber den Wunsch und Willen der Mitarbeitenden geweckt, selbst situativ in Führung zu gehen.

Die Folge dieses zweiten, kontraproduktiven Entwicklungspfades ist dann ein beständiger Kampf um Führung, der das Thema *Shared Leadership* auf Dauer diskreditiert und Führung und Zusammenarbeit vergiftet. In diesem Falle wären alle Beteiligten lieber bei klassisch hierarchischer Führung oder bei *empowering leadership* nach Gretchen Spreitzer geblieben.

Auf den Punkt

Formale Führungskräfte bleiben in Systemen des wechselseitigen Führens und Folgens ihrer formalen Aufgabe und Verantwortung als Manager treu. In Sachen Leadership nehmen sie sich dagegen weitestmöglich zurück, ohne das Team im Stich zu lassen.[57]

Dadurch erreichen sie dreierlei:

1. Sie leben vor, was es heißt, Raum zu geben, sodass jede in Führung gehen kann.
2. Sie schaffen Anreize für andere, in diese *Leerräume* mit eigenen Initiativen und Führungsanliegen hineinzustoßen.
3. Sie stellen sicher, dass sie am Ende des Tages ihrer Verantwortung als formaler Führungskraft gerecht werden können, ohne Leader und Follower aus dem Team vorschnell aus ihrer neuen Verantwortung zu entlassen.

Worauf es bei Leadern und Followern aus dem Team in diesem Zusammenspiel ankommt, sehen wir uns nun an.

1.5.7 Die Rolle der (informellen) Leader im Shared Leadership

Im System verteilter Führung kann, wie beschrieben, dem Grundsatz nach jede und jeder in Führung gehen und andere führen, so diese anderen bereit sind der Person zu folgen. Was hierfür den Ausschlag gibt (Expertise, Persönlichkeit, Beziehung, Vertrauen, Reputation, Autorität), haben wir uns in Kapitel 1.4 näher angesehen.

Führung kann dabei vielfältige Aufgaben umfassen, wie wir in Kapitel 1.5.6 dargelegt haben. In Gruppen, die bestmöglich aufeinander eingespielt und auf höchstem Niveau verteilt führen und folgen, löst sich damit für Außenstehende – aber auch für die Gruppenmitglieder selbst – bald jede Wahrnehmung dessen auf, wer eigentlich gerade führt oder folgt. Darauf hatte bereits die Matrix von Endres und Weibler aus Kapitel 1.5.2 zu den vier Spielarten verteilter Führung aufmerksam gemacht.

Dennoch gibt es unserer Beobachtung nach fünf Momente – wir möchten sie im Folgenden *Kristallisationspunkte* nennen –, an denen sich Führung im Flusse der Zusammenarbeit auch in derart eingespielten Gruppen deutlich artikulieren muss. In diesen Momenten der Zusammenarbeit müssen alle spüren, wer hier führt und dass jemand führt. Die fünf Kristallisationspunkte von informeller Führung sind:

1. Initiative ergreifen und in Führung gehen (sowie spiegelbildlich von der Führung zurücktreten),
2. andere zum Mitmachen bewegen und, wo nötig, anleiten,
3. Konflikte lösen,
4. Entscheidungen herbeiführen,
5. Verantwortung organisieren und übernehmen.

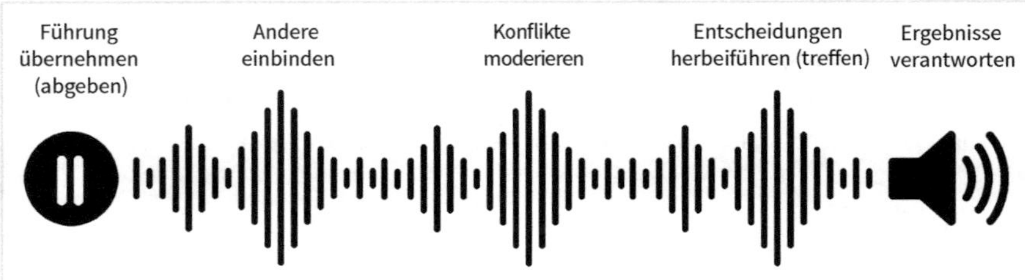

Abb. 16: Die fünf Kristallisationspunkte informeller Führung

Sehen wir uns diese fünf Anlässe etwas genauer an.

Kristallisationspunkt 1: Führung übernehmen/abgeben

Da ist zuerst der Moment, den wir in Kapitel 1.3 ausführlich beschrieben haben. Es ist der Zeitpunkt, wenn ein Problem, ein Störfall, eine Herausforderung unsere Routinen stört und nach einer Lösung, einer Entscheidung, einer Wegweisung – kurzum nach koordinierter Aktion und Führung verlangt.

In klassischen Organisationen ist das der Moment, wo der Ruf nach den Führungskräften ertönt. In Systemen des wechselseitigen Führens und Folgens sind alle aufgefordert, die für die Bewältigung der Herausforderung das nötige Rüstzeug mitbringen, sich hier deutlich als Leader anzubieten und den weiteren Weg aufzuzeigen.

Von ihnen wird im Grunde nichts anderes verlangt als von formalen Führungskräften in derselben Situation auch – nur dass sie es reflektierter und deutlicher tun müssen. Denn ihre Führungsrolle ist im Gegensatz zu formalen Chefinnen ja nicht gesetzt.

Zu den Maßnahmen, die angehende Leader im Moment des In-Führung-Gehens ergreifen müssen, zählen mindestens diese drei:

1. Klar das Problem, den eigenen Lösungsvorschlag und die dafür nötige Gruppenanstrengung skizzieren. Zum Beispiel so:

   »Wir sollten dringend unsere Kundenhotline besser schulen. Das wird Zusatzaufwand bedeuten, denn wir müssen das Managementteam von der Notwendigkeit überzeugen und brauchen ein Konzept für die anstehenden Maßnahmen. Da müssen sich ein paar von uns zusammentun.«

2. Sich als die Person anbieten, die vorangeht, die Verantwortung übernimmt und den Zusammenhalt und die Zusammenarbeit der Gruppe sicherstellt. Zum Beispiel so:

   »Ich weiß, dass wird jetzt vielen gerade im Kundenservice nicht schmecken, wenn wir das Fass aufmachen. Wenn ihr aber auch glaubt, dass wir das nicht

länger so laufen lassen können, werde ich die nötige Überzeugungsarbeit leisten und dafür sorgen, dass alle, die hier mitarbeiten, sich um diese Abstimmungen nicht kümmern müssen.«

3. Möglichst klarmachen, was diejenigen, die zu folgen bereit sind, vom Leader erwarten dürfen. Zum Beispiel so:

   »Ich werde dafür sorgen, dass wir die nötigen Zeitressourcen bekommen.« – »Ihr kennt mich, ich breche da nichts vom Zaun.« – »Ich könnte da meine Drähte zur Personalentwicklung spielen lassen und uns erfahrene Trainerinnen für die Call Center Agents organisieren.«

Wie das kleine Beispiel schon zeigt, sind Überzeugungsarbeit und Kommunikation der Schlüssel. Aber es braucht auch Mut und Einsatzbereitschaft, um in Führung zu gehen und andere zum Folgen zu bewegen. Nur am Rande sei erwähnt, dass Menschen häufig froh sind, wenn andere vorangehen und sie selbst nur mitmachen müssen.

Wer in Führung geht, muss bereit sein, ein Stück weit aus der grauen Masse herauszutreten, sich zu exponieren, Risiken einzugehen, Verantwortung zu übernehmen und sich im Ernstfall auch in den rauen Wind zu stellen. Die Bereitschaft dazu prüfe immer, wer in dieser oder jener Situation führen will.

Da Führung im *Shared Leadership* aufgabenbezogen und nie auf Dauer angestrebt und auch vergeben wird, ist das logische Gegenstück zum In-Führung-Gehen das Zurücktreten. Es ist der Moment, in dem die Führung beendet oder an andere weitergegeben wird. Dieser Schritt sollte ebenso deutlich markiert werden, wie die Formulierung des Führungsanspruchs zu Beginn der Zusammenarbeit. Denn Führung klebt hier nun einmal nicht an einem Amt oder einer Person. Sie wechselt ständig.

Piloten haben hierfür ein eindrückliches Ritual entwickelt (das auch unserem U-Boot-Kapitän L. David Marquet gefallen würde). Zieht sich der Pilot aus dem Cockpit zurück und soll der Co-Pilot das Flugzeug übernehmen, sagt der Pilot: »Dein Flugzeug.« Und der Co-Pilot bestätigt: »Mein Flugzeug.« Diese Klarheit tut auch dem Führen und Folgen gut, wenn es nicht mehr durch formale Führungspositionen bestimmt wird.[38]

Im Alltag des wechselseitigen Führens und Folgens werden sich Gespräche etwas anders als im Cockpit gestalten. Zum Beispiel so:

»Wir kommen jetzt an einen Punkt, wo ich wirklich nicht mehr die nötige Erfahrung, ausreichend Beziehungen und auch nicht genügend Wissen mitbringe, um hier weiter die Leitung zu übernehmen. Ich denke, Reiner oder Svetlana wären viel besser geeignet, uns durch die Schulungsphase mit den Trainern zu steuern

und noch die letzten Hürden im Budgetkampf mit der Personalentwicklung zu nehmen. Ich unterstütze gerne, wo immer ihr mich braucht. Hat jemand Einwände oder andere Vorschläge? Und wäre jemand von euch beiden oder eine Dritte dazu bereit?«

Es sind diese eindringlichen Momente, in denen das Führen und Folgen wechselt, die verteilte Führung mit der Zeit in der DNA eines Teams und einer Organisation verankern. Gerade sie gilt es besonders zu akzentuieren, ja besser noch zu zelebrieren.

Kristallisationspunkt 2: andere einbinden

Auch die Art, wie andere zum Mitmachen gewonnen und eingebunden werden, ist entscheidend, wenn *Shared Leadership* gelingen soll. Sie unterscheidet sich ein Stück weit von den Praktiken in hierarchischen Kontexten. Denn die Möglichkeiten mit Macht, Weisung und Kontrolle zu führen, sind bei verteilter Führung sehr begrenzt.[59] Es gilt, andere für seine Sache zu gewinnen und sie im Prozess bei der Stange zu halten. Denn Freiwilligkeit ist das oberste Prinzip.

Die Einbindung der anderen ist dabei eine Aufgabe, die in verschiedenen Phasen der Zusammenarbeit unterschiedliche Herausforderungen bereithält und nach unterschiedlichen Kompetenzen, Methoden und Instrumenten verlangt. Die dafür nötige Haltung bei jenen, die führen wollen, ist aber immer dieselbe. Sie gründet in der festen Überzeugung,

- dass man nur gemeinsam zu Ergebnissen kommt.
- dass andere von Hause aus und prinzipiell wichtige Beiträge leisten können, sofern sie ihre Stärken ausspielen und es wirklich wollen.
- dass es Situationen geben wird, die es nötig und sinnvoll machen, dass andere als man selbst die Führung übernehmen.

Daher geht es bei der Anbahnung der Zusammenarbeit, wie gezeigt, vor allem um die Überzeugungsarbeit, warum die anstehende Aufgabe wichtig ist, was zu tun ist und warum man selbst die oder der Richtige sein könnte, hier die Führung zu übernehmen. Die Fähigkeit klar zu argumentieren, sich in andere und ihre Bedürfnisse hineinzuversetzen und diese Menschen für eine gemeinsame Sache zu begeistern, sind hier unabdingbar. Auch auf die in Kapitel 1.4.1 behandelten Methoden des *Framings* zurückzugreifen, ist statthaft.

Eine weitere wichtige Kompetenz ist, Gemeinschaft herzustellen. Menschen, die bereit sind mitzumachen, gilt es zusammenzubringen und aus ihnen ein Team zu formen (*team building*). Dies gelingt, indem die führende Person ein gemeinsames Ziel schlüssig vorgibt (*purpose*), den Ton in der Ansprache eines jeden einzelnen trifft und die Beteiligten – wie es so schön heißt – dort abholt, wo sie gerade stehen. Hierbei ist Wissen um Zyklen der Teamdynamik (*forming, norming, storming, performing* nach Bruce W. Tuckman) nötig und anzuwenden.[60]

Wir gehen auf diese Aspekte und darauf, was sie an Kommunikation erfordern, in Kapitel 2 noch ausführlich ein.

Auf den Punkt

Wichtig zu verstehen und zu beachten ist: Menschen gewinnen und einbinden ist in der Menschenführung prinzipiell wichtig und angeraten – in Systemen des wechselseitigen Führens und Folgens auf freiwilliger Basis ist diese Aufgabe unabdingbar. Wir sehen in ihr eine Fähigkeit, die informelle Leader in Systemen verteilter Führung virtuos beherrschen müssen.

Kristallisationspunkt 3: Konflikte lösen

Da auch in der Zusammenarbeit unter den Bedingungen verteilter Führung nicht alles glatt läuft und immer eitel Sonnenschein herrscht, kommt auch der Moderation und Beilegungen von Konflikten eine große Bedeutung zu. Hier zeigt sich, ob der informell und situativ eingesetzte Leader seinem Führungsanspruch gerecht wird und ob seine Autorität ausreicht, um auch Widerstand, Missstimmung und Streit aus der Welt zu schaffen.

Die nötige Vermittlung darf in reifen Gruppen, die auf Augenhöhe zusammenarbeiten, nicht als alleinige Aufgabe des informellen Leaders gesehen werden. *Shared Leadership* bedeutet ja, dass sich niemand verantwortungslos zurücklehnt, wenn Spannungen aufkommen oder Missstände zu beseitigen sind. Jede im Team kann und soll hier einen Beitrag zur Klärung leisten. Dennoch trägt die führende Person besondere Verantwortung für den Gruppenerfolg und die gemeinsame Initiative.

Der Moment, wo Spannungen aufkommen, ist der Moment, in dem die zur Führung ermächtigten Personen zeigen können und müssen, dass sie diesen Auftrag auch angenommen haben, den Konflikt aus der Welt schaffen, die Gemüter beruhigen und das Projekt wieder auf Kurs bringen. Auf rauen Wind wie diesen haben wir daher im vorigen Abschnitt schon hingewiesen.

Was zur Beilegung von Konflikten nötig ist, behandeln wir ausführlich in Kapitel 2.7.3. Wichtig an dieser Stelle ist darauf hinzuweisen, dass gerade hier Reibungen zwischen formalen Chefinnen und informellen Leadern besonders häufig auftreten. Denn zum einen neigen in (ehemals) hierarchischen Systemen die Menschen dazu, sich in Konflikten an die formale Führungskraft zu wenden. Das hat man über lange Jahre so gelernt.

Zum anderen wissen formale Chefinnen, dass ihnen sowohl von den eigenen Vorgesetzten wie von den Mitgliedern ihrer Organisationseinheit nichts so sehr zur Last gelegt wird, wie in solchen Situationen am Rande zu stehen und zuzusehen (wir erinnern uns an Heike Bruch und ihren Appell »Loslassen heißt nicht alleinlassen«).

Doch bei Konflikten als formale Chefin genau abzuwägen, ob und wann man eingreift, genau darauf kommt es an. Wir gehen auf dieses spannungsreiche Feld in Kapitel 2 noch genauer ein.

Kristallisationspunkt 4: Entscheidungen herbeiführen

Kommen wir zum vierten Kristallisationspunkt im Prozess des Führens und Folgens, der für *Shared Leadership* von besonderer Bedeutung ist. In Workshops und Coachings, die wir zum Thema machen, kommt auf die Frage, was Führungskräfte denn vornehmlich tun, am häufigsten die Antwort: entscheiden! Kein Wunder also, dass gerade in der Presse Manager auch als *Entscheider* bezeichnet werden.

Entscheidungen sind auch deshalb so eng mit Führung verbunden, weil sie immer eine Weichenstellung bedeuten. Investieren oder nicht? Dieses Material oder jenes? Auf Konfrontation oder Ausgleich setzen? Und das meist unter Abwägung von Vor- und Nachteilen oder bei ungewissem Ausgang. Entscheiden heißt daher führen und die Verantwortung für das, wie entschieden wurde, zu übernehmen.

Entscheiden heißt aber nicht, dass es notwendigerweise die Person tun muss, die führt. Es gibt viele Wege, als Leader zu Entscheidungen zu kommen. Eine recht bekannte und sinnvolle Zusammenstellung der Möglichkeiten ist diese hier:

1. **Verkünden**: Ich entscheide und teile der Gruppe meine Entscheidung mit.
2. **Verkaufen**: Ich entscheide und versuche die Gruppe von der Richtigkeit meiner Entscheidung zu überzeugen.
3. **Befragen**: Ich hole mir vor meiner Entscheidung den Rat der Gruppe.
4. **Einigen**: Wir diskutieren unsere Lösungen und finden einen Konsens (oder handeln nach dem Konsent-Prinzip).
5. **Beraten**: Ich unterstütze die Gruppe darin, selbst zu entscheiden.
6. **Erkundigen**: Ich lasse die Gruppe entscheiden und mich über den Ausgang informieren.
7. **Delegieren**: Ich mische mich in keiner Weise ein und bleibe außen vor.

Diese Übersicht basiert auf Arbeiten der Managementforscher Robert Tannenbaum und Warren H. Schmidt aus den 1950er-Jahren. Der holländische Managementvordenker Jurgen Appelo hat daraus ein nützliches Kartenspiel gemacht (*Delegation Poker*). Gruppen können es verwenden, um von Fall zu Fall zu entscheiden, wie sie entscheiden wollen.[61]

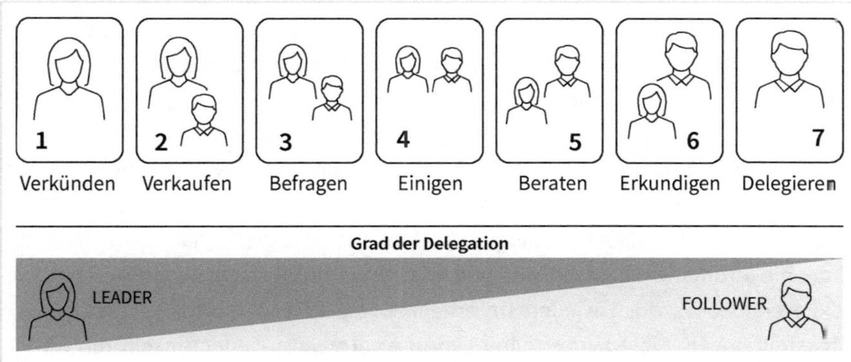

Abb. 17: Varianten des Entscheidens in Gruppen (eigene Darstellung nach *Delegation Poker* von J. Appelo)

Wir werden uns in Kapitel 2.8 noch eingehender mit Methoden und Anforderungen ans Entscheiden befassen. Daher halten wir an dieser Stelle lediglich fest: Wichtig ist, eine Entscheidung herbeizuführen. Wenn dazu Bedarf besteht und es niemand anders in die Hand nimmt, ist es die Pflicht der Person, die führt, diese Aufgabe zu übernehmen. Und noch etwas sei betont.

Auf den Punkt

Wer in Systemen des wechselseitigen Führens und Folgens arbeitet, wird im Alleinentscheid eher die Ausnahme sehen.

Es gilt bei jeder Entscheidung, blinde Flecken aller Art zu schließen. Andere in Entscheidungsprozesse einzubeziehen, die Wissen und Perspektiven addieren, ist daher immer eine gute Wahl.

Der Gruppenentscheid – nach welcher Methode auch immer – liegt daher Menschen, die *Shared Leadership* praktizieren, besonders am Herzen. Der Alleinentscheider erscheint ihnen als genauso fragwürdig wie der Allmächtige oder die Alleskönnerin in der Führungsrolle.

Kristallisationspunkt 5: Verantwortung übernehmen

Bleibt noch Punkt fünf, an dem sich zeigt, ob informell Führende ihrer Rolle und ihrem Auftrag gerecht werden. Es geht um die Frage, wer im Prozess des gemeinsamen Führens und Folgens welche Verantwortung trägt und worin sich das äußert. Hier müssen wir zunächst etwas systematischer darauf blicken, was Verantwortung ist und was sie ausmacht.

Im Grunde erklärt das Wort selbst schon ein Stück weit, was es aussagt. Eine Person, die Verantwortung trägt, muss Antwort darauf geben, was sie tut. Es geht darum, gegenüber jemand anderem Rechenschaft abzulegen für die Folgen des eigenen Tuns.

Verantwortung entsteht damit überall dort, wo andere vom eigenen Tun betroffen sind, berechtigterweise diese Rechenschaft einfordern und es akzeptierte Maßstäbe (Normen) gibt, an denen man das Tun misst.

Es gibt daher Bereiche, in denen sich niemand aus der Verantwortung stehlen kann. Dort nämlich, wo universelle Normen und Regeln gelten. Das ist in Fragen der Moral (Man lügt nicht und will nicht belogen werden) oder des geltenden Rechts (Man beachtet die Straßenverkehrsordnung und folgt dem Prinzip »rechts vor links«) der Fall. Auf dieser Ebene ist auch in jedem Unternehmen dieser Welt – sei es eher hierarchisch aufgestellt oder in Richtung verteilter Führung unterwegs – jeder für sein Tun verantwortlich.

Dann aber gibt es Bereiche, in denen geklärt werden muss, wer wem Rechenschaft schuldet und welcher Maßstab dabei anzulegen ist. Hier haben Hierarchien, starre Regelwerke und formale Führung in klassischen Unternehmen für viel Klarheit gesorgt. Was Entscheidungen und die eigene Arbeit anbelangt, ist jede Person der nächsthöheren Hierarchiestufe Rechenschaft schuldig. Woran das gemessen wird, ist oft durch internes Regelwerk (das Führungsleitbild, der *Code of Conduct*, die Unternehmensstrategie, die Zielvereinbarung et cetera) und sowieso durch geltendes Wirtschaftsrecht bestimmt.

Zudem kann es fallweise zwischen Vorgesetzten und Untergebenen ausgehandelt werden: »Okay, Chef, ich werde zu dieser Kundin fahren und mit einem Nachlass auf unser Angebot versuchen, dass sie uns die Treue hält. Ich brauche dafür aber die Budgetfreigabe und deinen Rückhalt, wenn das Controlling wieder mosert, dass wir Nachlässe geben.«

Der Untergebene definiert also sein Vorgehen und stellt Bedingungen, unter denen er bereit ist, für sein Tun die Verantwortung zu übernehmen. Mit Vorgehen und Bedingungen steht der Rahmen, an dem der Mitarbeiter am Ende Rechenschaft abgeben kann: »Okay, ich gebe zu, du hast mir den Rücken gestärkt und das Controlling besänftigt – und es hat doch nicht geklappt. Ich fürchte, ich habe die Kundin falsch eingeschätzt und sie jetzt doch verloren. Klar übernehme ich hierfür die Verantwortung.«

Dass er die Verantwortung übernimmt, kann für den betroffenen Kollegen nun handfeste Konsequenzen haben. Vielleicht ist das Halten von Kunden Teil seiner Zielvereinbarung und mit Boni verknüpft. In diesem Fall müsste er einen Abschlag auf die Zahlung akzeptieren.

Gerade solche Absprachen dominieren die Frage der Übernahme von Verantwortung in Systemen des wechselseitigen Führens und Folgens. Und es ist der informelle Leader, der diese anstoßen und für Klarheit sorgen muss. Denn vieles, was in Hierarchien schon geklärt ist, muss beim verteilten Führen erst verabredet werden.

Das beginnt schon beim Grundsatz »Man ist seiner formalen Chefin Rechenschaft schuldig«. Wir haben im vorigen Abschnitt beleuchtet, welche Schwächung des informellen Leaders es bedeutet, wenn dieses Prinzip weiter besteht. Gruppen, die wechselseitig führen und folgen, müssen daher klarer und eindeutiger aussprechen, wer wem Rechenschaft schuldet.

Ein Stück weit tritt der informelle Leader an die Stelle der formalen Chefin und sollte das auch bei jeder Gelegenheit unterstreichen. Da aber auch hier die Führung wechselt, kann der Moment Rechenschaft abzugeben eintreten, wenn der informelle Leader schon gewechselt hat.

Daraus ergibt sich, was eigentlich in gut funktionierenden Teams aus erwachsenen Menschen ohnehin gang und gäbe sein sollte: Wer Vorschläge macht, etwas tut, Weichen in die eine oder andere Richtung stellt, sollte dafür prinzipiell und immer die Verantwortung übernehmen. Und wer in Gruppen arbeitet, sollte prinzipiell bereit sein, jedem zu jeder Zeit Rechenschaft abzulegen.

Nicht nur das Führen und Folgen geschieht bei *Shared Leadership* im Wechsel, auch das Rechenschaft-Ablegen ist eine Gemeinschaftsaufgabe. Jede und jeder sollte sich in der Pflicht sehen, dem Team Rechenschaft abzugeben.

In dieser Haltung liegt auch der Fortschritt von Systemen des wechselseitigen Führens und Folgens gegenüber der traditionellen hierarchischen Welt. Denn Zurücklehnen und Verantwortung an den Chef abdrücken, funktioniert bei *Shared Leadership* nicht – und käme den Akteurinnen, die aus Überzeugung wechselseitig führen und folgen, auch gar nicht in den Sinn.

Der Technologiekonzern Continental zum Beispiel ist sich der Herausforderungen bewusst, die es bedeutet, auf möglichst allen Ebenen die Menschen darin zu bestärken, Verantwortung zu übernehmen (*ownership*). Das für Personal zuständige Vorstandsmitglied Ariane Reinhart berichtet auf der Business-Plattform LinkedIn davon:

> *»Einerseits ist ›Ownership‹ heute für Unternehmen von existenzieller Bedeutung, damit sie schnell und flexibel auf sich immer schneller ändernde Gegebenheiten reagieren können. Zum anderen ist ›Ownership‹ wichtig für eine Steigerung der Arbeitszufriedenheit bei den Mitarbeitenden. Indem sie Verantwortung übernehmen, fühlen sich unsere Mitarbeitende eingebunden und erfahren substanziell Sinn in ihrer Arbeit.«*[62]

Der Konzern hat daher das Programm *Living Ownership* aufgelegt. Ariane Reinhart begründet seine Notwendigkeit so: »Unsere Mitarbeitenden treffen jeden Tag Entscheidungen und übernehmen dafür Verantwortung. Da wir alle wissen, dass Risiken eingeht, wer Entscheidungen trifft, wollen wir unsere Kolleginnen und Kollegen dabei unterstützen.«

Der Konzern sensibilisiert in diesem Programm seine Mitarbeitenden für die Spannungsfelder, die sich mit Blick auf Verantwortung auftun. Es gelte, so Reinhart, die Balance zu finden zwischen

- Selbstbestimmung und Vorgabentreue *(autonomy and alignment)*,
- persönlicher und geteilter Verantwortung (*individual and shared accountability*),
- Mut und Sicherheit (*courage and safety*).

Insgesamt 900 *Ownership-Champions* halten als geschulte Multiplikatoren weltweit Workshops und Veranstaltungen ab, die dazu dienen, eben jene Spannungsfelder anzusprechen, Hemmnisse für die Übernahme von Verantwortung aus dem Weg zu räumen, Erfahrungen weiterzugeben und voneinander zu lernen.[63]

Wir sehen, auch Verantwortung zu übernehmen, bedarf intensiver Kommunikation und Aussprachen – selbst in einem Umfeld, das wie bei Continental nach wie vor stark hierarchisch ausgerichtet ist und damit viele Fragen eigentlich über Richtlinien, formale Befugnisse, Durchgriffsrechte sowie Weisung und Kontrolle aus der Welt schaffen könnte.

In der Frage, unter welchen Bedingungen man Verantwortung übernehmen kann, ist gerade in Systemen der verteilten Führung noch ein weiterer Grundsatz unbedingt zu beachten. Er wird in der Organisationslehre als *Kongruenzprinzip der Organisation* bezeichnet und besagt, dass man für Handlungen und Entscheidungen nur dann Verantwortung übernehmen kann, wenn man sie direkt selbst beeinflussen und mitgestalten konnte. Damit sind der Gruppenentscheid und die Gewährung von Autonomie, wie sie *empowering leadership* vorsieht, eigentlich zwingende Voraussetzungen, um die Möglichkeit und Bereitschaft zur Übernahme von Verantwortung unter allen Beteiligten zu erhöhen.

Dabei kann es aber immer zum Problem kommen, dass Zweifelnde nicht vollständig hinter Entscheidungen stehen. Dieses Problem löst das Konsent-Prinzip des Gruppenentscheids auf recht brauchbare Weise: Legt jemand ein Veto ein, sagt die Person damit, dass sie die Verantwortung keinesfalls tragen kann. Sie muss damit verbunden aber einen Gegenvorschlag machen, unter dem sie bereit wäre, die Verantwortung mitzutragen. Wem es das nicht wert ist, trägt – so besagt es die im Konsent-Modus allgemein verbindliche Regel – die Verantwortung mit, auch wenn die Person von der Entscheidung nicht vollumfänglich überzeugt ist.

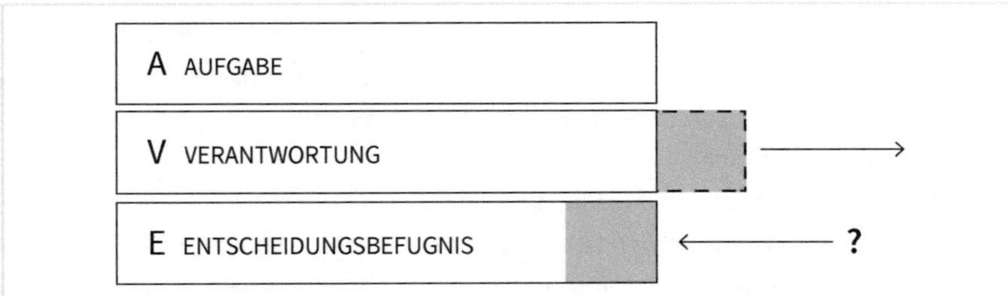

Abb. 18: Das Kongruenzprinzip der Organisation beschreibt den Zusammenhang von Aufgabe – Verantwortung – Entscheidungsbefugnis.

Allerdings zeigt sich am Kongruenzprinzip auch, welcher Zerreißprobe sich formale Vorgesetzte in einer Welt des *Shared Leadership* ausgesetzt sehen. Sie können sich qua Unternehmensverfassung und geltendem Recht prinzipiell nicht aus der Verantwortung ziehen und werden immer und überall dafür belangt, was in ihrem Bereich passiert.

Es bleibt formal Vorgesetzten daher nichts anderes übrig, als genau das zu akzeptieren und die Folgen zu lindern, die es bedeutet, sich in gewissen Situationen aus der Führung zu verabschieden.

Der Risikovorsorge wie der eigenen Beruhigung dient es dabei, enge Bindungen zu den Akteurinnen zu bewahren und sich von Entwicklungen und Ergebnissen, die man am Ende qua hierarchischer Stellung verantworten muss, als formal Vorgesetzte berichten zu lassen.

Dies muss auf eine Art geschehen, die nicht als permanente Einmischung und misstrauisches Mikromanagement gesehen wird. Zudem muss die formale Führungskraft ein Vetorecht besitzen, damit sie verantworten kann, worin sie sich freiwillig und aus innerer Überzeugung heraus nicht mehr (oder kaum noch) einmischt.

Erst wenn das gegeben ist, haben verteilte Führung und die Übernahme von Verantwortung auf allen Ebenen und von allen Akteuren (formale Chefin, informeller Leader, Follower) eine reale Chance.

1.5.8 Die Rolle der Follower im Shared Leadership

Damit kommen wir zu den Akteuren, die – wie gesehen – im Prozess des Führens und Folgens lange nicht genug Beachtung fanden, die aber in Systemen verteilter Führung besonders viel Einfluss haben: die Follower. Also jene Menschen, die beschließen, einem (informellen) Leader zu folgen bei dem, was diese Person vorschlägt, anregt und tun will.

Auch hier sehen wir im Prozess des Führens und Folgens Kristallisationspunkte, an denen Followership besonders greifbar wird und bewusst und deutlich ausgestaltet werden muss. Es sind unserer Beobachtung nach diese vier:

1. den Leader ermächtigen,
2. Anleitung akzeptieren und mit allen konstruktiv kooperieren,
3. Absprachen und Verhalten von Leader und Team überwachen,
4. den Leader abberufen und verabschieden.

Abb. 19: Die vier Kristallisationspunkte gelingenden *Followerships*

Kristallisationspunkt 1: Leader ermächtigen

Wir hatten uns im vorigen Kapitel damit befasst, wie angehende Leader ihren Führungsanspruch anmelden und ihre Ziele, Vorgehensweisen und Grundsätze einer Gruppe, die sie führen wollen, vermitteln müssen. Die Klarheit, die es auf ihrer Seite braucht, braucht es auch auf Seiten derjenigen, die beschließen, darauf einzugehen und zu folgen.

Angehende Follower müssen deutlich darlegen, was sie brauchen, um aus voller Überzeugung und mit voller Kraft den vorgeschlagenen Weg mitzugehen und (siehe die vorangegangenen Ausführungen) auch Verantwortung für das gemeinsame Tun zu übernehmen.

Im Beispiel aus Kapitel 1.5.7, in dem es um die Schulung des Kundenservices ging, könnte deutlich markiertes Followership so aussehen. Clara sagt: »Okay, überzeugt, wir sollten uns das wirklich ans Bein binden. Ich bin allerdings so zu mit Arbeit, ich kann allenfalls mal bei einem Brainstorming Ideen reingeben!« Klaus ergänzt: »Auf mich kannst du zählen, solange ich im Hintergrund bleiben kann. Ich habe gerade in meinem Projekt so viele Abstimmungsrunden und renne von Pontius zu Pilatus. Aber ja, das muss jetzt passieren.« Richard meint: »Okay, dann mache ich da auch mit. Aber eines muss klar sein: Die Schulungseinheiten, die die Kollegen im Service dann bekommen, dürfen nicht die Verfügbarkeit der Hotline schmälern.« Und Caroline fügt an: »Du sprichst mir aus der Seele. Ja, das müssen wir anpacken. Ich freue mich riesig, dass du das angehst und trage gerne dazu bei, wo immer ich nützlich bin. Lass uns loslegen. Und lass dir nicht den Schneid abkaufen, die Kolleginnen vom Service werden nicht begeistert sein.«

Nicht nur wird hier klargemacht, dass die Gruppe die Initiative schätzt und stützt. Clara, Robert und Caroline sagen aber auch deutlich, in welcher Weise sie sich einbringen können. Und gerade Caroline tut, was genauso wichtig ist: Sie stärkt den angehenden Leader (»Lass dir nicht den Schneid abkaufen«). Denn wer sich nicht auf Titel oder offizielle Ämter stützten kann, braucht den Rückhalt seiner Gruppe umso mehr. Informelle Leader müssen besonders empowered werden.

Wir haben uns das als Führungsermächtigung bereits in Kapitel 1.4.6 angesehen und darin die besondere Qualität und Intensität von Prozessen des wechselseitigen Führens und Folgens erkannt. Diese Stärkung des informell Führenden wird im weiteren Ablauf der gemeinsamen Arbeit so lange von großer Bedeutung sein, wie die Gruppe mit dem Leader zufrieden ist und ihn bei der Stange halten will. Diesen Aufwand können sich Gruppen in hierarchischen Systemen mit formalen Chefs in der Regel sparen – denn ihre Chefs müssen qua Jobbeschreibung in Sachen Führung ohnehin bei der Stange bleiben. (Wir ahnen allerdings, dass selbst in diesen Systemen etwas Zuspruch auch formal Vorgesetzten hilft, Berge zu versetzen.)

Kristallisationspunkt 2: konstruktiv kooperieren

Während die Ermächtigung des angehenden Leaders auf klare Momente einzugrenzen ist (die allerdings im Verlauf der Zusammenarbeit immer einmal wiederkehren sollten), beweist sich der folgende Aspekt von *Followership* quasi täglich. Es geht ums konstruktive Kooperieren, was weder leicht noch selbstverständlich ist (wie wir alle in unserem Arbeitsalltag immer wieder erfahren).

Diesem Verhalten liegt die Überzeugung zugrunde, dass da wirklich jemand den Hut aufhat und in vielerlei Hinsicht das Sagen hat, also akzeptierter Leader ist. Und dass die eigene Rolle als Follower darin besteht, unter der Führung dieser Person bestmöglich mit Wissen und Einsatzkraft zum Gruppenergebnis beizutragen. Wir reden also über Tugenden wie Disziplin, Loyalität, Umsetzungsbereitschaft – aber auch Mitdenken, Mitgestalten und Mitentscheiden auf Seiten der Follower.

Auch hier tun sich Spannungsfelder auf. Ausführlich untersucht hat diese Robert Kelley, Management-Professor an der Carnegie Mellon Universität in Pittsburgh. Er verortet Followership zwischen den Polen einer eher aktiven/passiven auf der einen sowie einer eher kritischen/unkritischen Grundhaltung auf der anderen Seite. Sein Modell beschreibt fünf Arten zu folgen.[64]

Sehen wir uns an, welche Art zu folgen nach Kelley am wenigsten zum Gruppenerfolg beiträgt. Er beschreibt sie als Kombination aus eher passiver Grundeinstellung (man muss diese Menschen zum Jagen tragen) und unkritischer Grundhaltung zu allem, was an Vorschlägen, Vorgaben und Anweisungen kommt. Menschen, die auf solche Weise folgen, nennt Kelley wenig charmant, aber treffend **Schafe**.

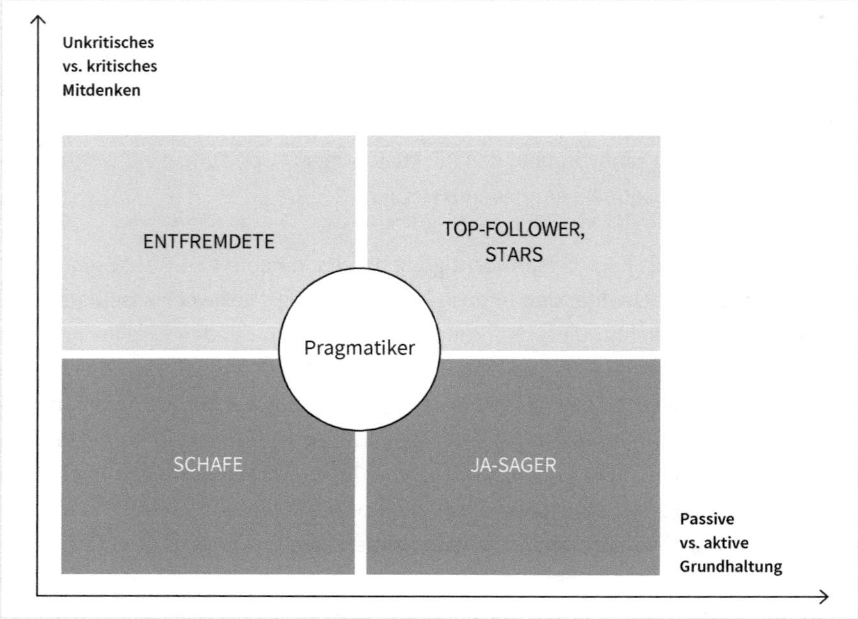

Abb. 20: Fünf Arten zu folgen (nach Robert E. Kelley)

Ebenfalls passiv, dafür aber wenigstens kritisch mitdenkend verhalten sich die **Entfremdeten** einer Gruppe. Sie stellen alles, was vom Leader kommt, infrage und verweigern sich der Gruppenaktivität. Mit ihnen ist kaum etwas anzufangen, zudem vergiften sie das Gruppenklima.

Zwar aktiv, dafür unkritisch bringen sich die so genannten **Ja-Sager** ein. Sie sind von Natur aus loyal, hinterfragen nichts, werfen sich dafür bei der Umsetzung umso mehr ins Zeug. Wer als Leader sein Team auf den Holzweg schickt, kann das mit diesen Personen quasi im Turbolader tun.

Wir ahnen, dass für den Gruppenerfolg – und nicht notwendigerweise für das Wohlbefinden des Leaders – jene Personen am wertvollsten sind, die hohe Einsatzbereitschaft mit kritischem Denken verbinden. Kelley nennt sie **Stars** oder exemplarische Follower. Sie bilden sich eine eigene Meinung, bringen ihr Wissen und ihre Bedenken ein, setzen sich aber für Lösungen, die sie überzeugen, mit aller Kraft ein und stärken das Team und den Leader.

Wer so folgt, kann übrigens im nächsten Moment, wo er über die notwendige Expertise, Erfahrung und Bereitschaft verfügt, bruchlos ins Führen übergehen. In jedem effektiven Follower steckt ein effektiver Leader – und jeder effektive Leader beweist seine Führungseignung auch ein Stück weit durch effektives Folgen.

Die vielleicht wichtigste Gruppe von Followern ist jene, die sich in allen Dimensionen als Mittelmaß erweist. Kelley nennt sie die **Pragmatiker**. Diese Personen sind im Prinzip willens und fähig, sich einzubringen und kritisch mitzudenken. Sie müssen nur erst wachgeküsst werden. Wer als angehender Leader Überzeugungskraft und Begeisterungsfähigkeit aufbringt, kann auch und gerade mit ihnen die PS seiner Initiative auf die Straße bringen.

Wer aber als Follower bewusst mit der eigenen Rolle umgeht und im System wechselnden Führens und Folgens auch einmal Leadership zeigen will, wird aus freien Stücken danach streben, effektiv zu folgen. Follower in diesem Sinne werden es sich auch aufs Schärfste verbitten, von irgendjemandem wachgeküsst zu werden.

Der Spiegelbildlichkeit des Führens und Folgens eingedenk, hat der deutsche Wirtschaftspsychologe Carsten C. Schermuly in seinem Buch *New Work Utopia* (Haufe, 2022) ein cleveres Tool entwickelt. Er nennt es »Mitarbeitendenleitbild« und lehnt es direkt an das »Führungsleitbild« seines fiktiven Unternehmens Stärkande an.[65]

Was im Führungsleitbild aus Sicht des Leaders gedacht ist, wird im Mitarbeitendenleitbild um 180 Grad gedreht und aus Follower-Sicht beschrieben. Das Gerüst hierfür bilden die bereits beschriebenen Aspekte ermächtigender Führung (*empowering leadership*) nach Gretchen Spreitzer.

Rolle	Führungsleitbild	Mitarbeitendenleitbild
Sinnstifterin	Du erklärst den Sinn von Arbeitsaufgaben und hilfst den Kollegen, eine attraktive Zukunftsvision zu entwickeln …	Du gehst aktiv auf die Suche nach dem Sinn in deiner Arbeit … Du fragst nach dem *Warum* und bemühst dich, darauf eigene Antworten zu geben …
Coach	Du gehst auf die Interessen und Kompetenzen deiner Kollegen individuell ein … und nimmst dir Zeit, sie zu verstehen und mit ihnen zu diskutieren …	Du interessierst dich dafür, wie es deinem Leader geht … Du versuchst zu verstehen, warum er eine andere Meinung hat und lehnst diese nicht grundlos ab …
Beteiligerin	Du informierst über alles Wichtige, lässt andere selbst entscheiden oder sie an Entscheidungen teilhaben und hörst, was andere zu sagen haben …	Du informierst den Leader (und die Kolleginnen) über alles Wichtige, was deine und ihre Arbeit betrifft … Bei wichtigen Entscheidungen holst du dir Rat vom Leader (oder den Kollegen) …
Emächtiger bzw. Selbstermächtiger	Du bietest verantwortungsvolle Aufgaben an … handelst als Makro- und nicht als Mikromanagerin … und baust bürokratische Hürden ab …	Du übernimmst Verantwortung für dich und andere … Du wartest nicht, bis Probleme auftreten, sondern handelst vorausschauend …

Rolle	Führungsleitbild	Mitarbeitendenleitbild
Personalentwicklerin bzw. Selbstentwicklerin	Du hilft deinen Kollegen, jeden Tag besser zu werden … gibst regelmäßig Feedback …	Du klärst, was du kannst und was nicht … und versuchst, deine Stärken zu stärken …
Vorbild	Du agierst authentisch und aufrichtig, lebst vor, was du von anderen einforderst …	Du handelst aufrichtig … und lebst vor, was du auch von einem Leader (und den Kolleginnen) erwartest …

Tab. 1: Mitarbeitenden- und Führungsleitbild nach Schermuly

Kristallisationspunkt 3: Leader und Team überwachen

Kommen wir nun zum dritten Punkt, an dem sich effektives Folgen deutlich zeigen muss. Es geht darum, Leistung, Verhalten und Absprachen in der Gruppe aufmerksam zu beobachten und Missstände klar anzusprechen. Das ist keine angenehme Aufgabe – und wird gerade deshalb in klassischen Systemen hierarchischer Führung gerne an die formalen Chefs delegiert (»Die werden doch dafür bezahlt!« – »Haben die das nicht neulich erst in ihrem Führungskräfteseminar trainiert?«).

Ohne Frage gilt auch in Systemen des wechselseitigen Führens und Folgens, dass der informelle Leader hier eine besondere Verantwortung dafür hat, dass diese Dinge angesprochen und geklärt werden. Allerdings darf sich gerade mit Blick aufs Feedback-Geben und Missstände-aus-der-Welt-Schaffen beim *Shared Leadership* niemand zurücklehnen.

Das ergibt sich zwingend aus der Haltung, aus der heraus zusammengearbeitet wird. Bei verteilter Führung

- folgen alle aus Überzeugung und freien Stücken (und verpflichten sich im Zuge der Selbstführung auf Einhaltung von Absprachen und volle Leistung).
- sind alle bestmöglich eingebunden und dem Gruppenerfolg verpflichtet (und können sich daher nicht herausreden, für Teamangelegenheiten, Gruppendynamik oder Einzelleistungen nicht verantwortlich zu sein).
- wechselt das Führen und Folgen in mehr oder weniger kurzen Abständen, weshalb ohnehin potenziell jeder früher oder später in die Verlegenheit kommt, sich als neuer informeller Leader um diese Fragen zu kümmern. (Durch diesen fortwährenden Wechsel löst sich auch die Erwartung auf, dass Feedback zu Leistung, Verhalten und der Einhaltung von Absprachen nur von Leadern ausgeht. Ritualisierte Mitarbeitergespräche zwischen einer Vorgesetzten und einem Untergebenen haben diese Erwartung quasi als Naturgesetz in unseren Köpfen verankert).

Das muss allen, die in diesen Systemen arbeiten, klar vor Augen stehen. Wer aus Systemen hierarchischer Führung hin zu *Shared Leadership* aufbricht, sollte diese Punkte in Workshops ausführlich thematisieren und an konkreten Fällen aus dem Alltag durchspielen. Anders lässt sich das Erbe nicht abschütteln, das Führungskräfte in hierarchischen Systemen über Generationen hinweg aufgebaut haben, indem sie den Gruppenerfolg, das Gruppenverhalten und die Bewertung von Gruppenmitgliedern als ihre hoheitliche Aufgabe definiert und gelebt haben.

Wer *Shared Leadership* lebt, für den gilt: Nicht nur »Führung geht alle an« (in den Worten der Personalverantwortlichen von Bosch). Zu *Shared Leadership* gehört auch die geteilte Überwachung von Leistung, Verhalten und Absprachen. Und noch heikler: Damit sind auch die Leistungen und das Verhalten gemeint, die der Leader zeigt, und die Absprachen, die er selbst herbeigeführt hat.[66]

Nicht zu vergessen ist nämlich: Gedanklich ist der informelle Leader nichts weiter als ein Erster unter Gleichen und wird für seine Führungsrolle von den Followern ermächtigt. Die können sich vor diesem Hintergrund mit einer gewissen Selbstverständlichkeit das Recht herausnehmen, den Leader auf Zeit an den gemeinsamen Maßstäben und den gemeinsamen Absprachen zu messen. Zum Beispiel so:

> *»Karim, du hast immer betont, dass die Schulung der Hotline-Mitarbeitenden nicht zu Lasten der Verfügbarkeit der Hotline geht. Und jetzt willst du, dass wir in unserem Konzept die Schulung während der regulären Schicht ansetzen, weil sonst die Chefin der Serviceabteilung auf die Barrikaden geht. Und noch schlimmer: Du hast ihr hier schon Zusagen gemacht, ohne vorher mit uns zu sprechen. Wenn unsere Auffassung hierzu nicht zählt, dann solltest du auf unsere Mitwirkung auch nicht mehr setzen! Und sei jetzt bitte nicht gleich wieder eingeschnappt. Wir müssen uns hier gegenseitig auch unschöne Dinge sagen, damit wir diese Aktion gut durch die Tür bekommen.«*

Das Beispiel zeigt: Führen und Folgen ist nichts für notorische Schönwetterkapitäne und Ja-Sagerinnen im Sinne Kelleys. Es braucht die fortwährenden Absprachen und Aussprachen, die wir in Kapitel 1.5.4 bereits erwähnt haben. Wie sie zu gestalten sind und worauf es in der Kommunikation dabei ankommt, beleuchten wir in Kapitel 2.

Kristallisationspunkt 4: Leader abberufen und verabschieden

Damit sind wir beim vierten Kristallisationspunkt von *Followership* in Systemen verteilter Führung angekommen. Es geht um den Punkt, an dem Follower und der aktuelle Leader ein letztes Mal bewusst und wertschätzend interagieren. In der Regel ist das in den folgenden drei Situationen der Fall:

1. Die gemeinsame Mission ist abgeschlossen. Es braucht weder Leader noch Follower mehr in dieser Angelegenheit.
2. Der informelle Leader sieht seine Führungsrolle als beendet an und möchte, dass auf dem weiteren Weg eine andere Person vorangeht und dass diese die gemeinsam vereinbarten Leitungsaufgaben übernimmt.
3. Die Gruppe gelangt zur Erkenntnis, dass der informelle Leader seinen Aufgaben nicht gerecht wird und daher die Gruppe auch nicht länger führen sollte.

Situation eins ist unspektakulär. Gerade in Projektorganisationen gehört sie zum gelebten Alltag. Hier wird Bilanz gezogen, zurückgeschaut und gemeinsam der Erfolg gefeiert.

In der Welt geteilter Führung läuft aber nicht jede Aktion und Initiative nach den formalen Regeln und Ritualen eines Projekts ab. Deshalb kommt es beim *Shared Leadership* besonders darauf an, hier die freiwillige Übernahme von Führungsverantwortung durch den informellen Leader und die damit verbundenen Herausforderungen anzuerkennen. Denn der Leader hat in der Regel nicht einfach seinen Job gemacht, sondern sich in den Dienst der Gruppe gestellt, obwohl er das gar nicht müsste.

Während das ritualisierte Lob des Vorgesetzten an sein Team (»Ohne euren Einsatz wäre das alles nicht möglich gewesen«) in hierarchischen Systemen schon fast zur Floskel verkommen ist, drückt das Lob des informellen Leaders (»Es war klasse, dass du die Initiative ergriffen und wie du uns hier durch schwieriges Wasser gelotst hast«) nicht nur Anerkennung aus – es zelebriert quasi das freiwillige Führen und Folgen und macht Lust auf mehr.

Doch was tun, wenn der informelle Leader den Erwartungen und gemeinsam formulierten Ansprüchen nicht gerecht wird? Dann besteht in reifen und partnerschaftlich agierenden Gruppen dennoch kein Grund, diesen Leader vom Hof zu jagen (es sei denn, es gab Verfehlungen, die man auch jedem Teammitglied nicht hätte durchgehen lassen). Auch das ergibt sich aus der Grundhaltung, in der wechselseitiges Führen und Folgen praktiziert wird.

Shared Leadership basiert ja, wie gesehen, auf den Grundannahmen, dass

- nicht jeder zu jeder Zeit der richtige ist, um zu führen,
- Führung auch misslingen kann und
- misslingende Führung an Dramatik und Durchschlagskraft verliert, wenn sie unaufgeregt, wertschätzend und routiniert an andere weitergegeben werden kann (was in hierarchischen Systemen eben nicht der Fall ist und dort zwangsläufig mit Status- und Gesichtsverlust einhergeht).

Damit ist Kristallisationspunkt 4 zwar ein Anlass sensibler und offener Aussprachen in der Gruppe. Es ist sicher auch ein psychologisch heikler Moment für jene, die bereit waren zu führen und die jetzt erkennen müssen, dass ihre Follower sie dafür nicht länger für geeignet halten. Allerdings ist Feedback zu Leistung, Verhalten und Absprachen idealerweise in der Gruppe ohnehin die Regel – und verliert damit etwas an Wucht, wenn sie sich in diesem Fall auf die Führungsrolle bezieht.

Dennoch steht außer Frage, dass hier Follower die Empathie und Feinfühligkeit zeigen müssen, die sie sich selbst (vor allem in hierarchischen Systemen) von ihren Leadern erhoffen. Womit auch an diesem Punkt ein Reifungsprozess der Follower gefördert wird, den ihnen hierarchische Systeme kaum bieten: Wer Leader ermächtigt, muss sich auch der Situation gewachsen zeigen, sie wieder ein Stück weit zu entmachten. Schon aus gesundem Eigennutz sollten sie das auf anständige Weise tun. Denn auch sie können demnächst aufs Schild gehoben und von selbigem wieder entfernt werden. Wir werden uns die Anforderungen an Kommunikation dazu in Kapitel 2 noch ausführlich vornehmen.

Bleibt noch Situation zwei: Der Moment, in dem die Leader merken oder glauben, dass sie nicht mehr die richtige Person sind, um weiterhin voranzugehen und zu führen. Wir haben uns diese Situation aus Sicht der informellen Leader bereits angesehen. Aus Sicht der Follower gilt auch hier: entweder den Leader stärken und ihn, so die Gruppe an seine Eignung glaubt, zum Weitermachen bewegen (wir sprachen von »bei der Stange halten«) – oder diese Person mit Dank und Wertschätzung für alles, was sie auf dieser Etappe für die Gruppe und das gemeinsame Ziel geleistet hat verabschieden.

Ein bisschen verhält es sich in Systemen verteilter Führung wie mit Systemen gelingender Demokratie. Gerade wenn der Wechsel von Partei A zu Partei B (oder von Leader A zu Leader B) reibungslos gelingt, beweist das System seine Stärke. Der Regierungswechsel wird daher zu Recht als Fest der Demokratie bezeichnet. Der Führungswechsel wäre dann so etwas wie das Fest verteilter Führung. Die Follower sollten diesen Wechsel mit ihren Leadern ausgiebig feiern.

1.5.9 Förderliche Rahmenbedingungen für Shared Leadership

Wir hatten schon am Beispiel des Turnarounds auf dem Atom-U-Boot Santa Fe in Kapitel 1.1 darauf hingewiesen, dass *Shared Leadership* nur gelingt, wenn dreierlei zusammenwirkt: die richtige Haltung zum Führen und Folgen bei allen Beteiligten, die nötigen Skills, Methoden und Instrumente, damit alle Beteiligten erfolgreich wechselseitig führen und folgen können sowie organisationale Rahmenbedingungen, die diese Prozesse unterstützen.[67]

Die Münchner Wirtschaftspsychologen Simon Werther und Felix Brodbeck haben auf Basis ihrer Forschung für vier Bereiche, in denen Unternehmen einen Rahmen setzen, praktische Handlungsempfehlungen abgeleitet.[68] Es sind dies:

- Personalauswahl,
- Personalentwicklung,
- Organisationsdiagnose,
- Organisationsentwicklung.

Wer die Ausbildung von *Shared Leadership* in Unternehmen fördern will, sollte nach Mitarbeitenden und Führungskräften Ausschau halten, die hohe soziale Kompetenz und Konfliktlösungsfähigkeiten mitbringen. Für uns ist hierfür ein Set an kommunikativen Fertigkeiten unabdingbar, die wir ausführlich in Kapitel 2 darstellen. Auch sind ausgeprägtes Macht- und Dominanzstreben sowie Ich-Orientierung kontraproduktiv, weshalb sie bei der Beurteilung der Persönlichkeit von sich Bewerbenden ausgelotet werden sollten.

In der Personalentwicklung empfehlen Werther und Brodbeck, Wissen, Werte und Grundhaltungen in Coachings, Trainings oder durch Mentoring zu vermitteln, die die Ausbildung von *Shared Leadership* befördern. Wir haben in den vorangegangen Kapiteln viele Aspekte dazu zusammengetragen. Ein neuer Blick auf Autorität und Macht, formelle und informelle Führung, den Wert von Partnerschaftlichkeit und Vielfalt, Selbstführung und Empowerment sowie die Bedeutung von Vertrauen und Verantwortung bilden dabei das Fundament.

Zu wissen, zu verstehen und zu erleben, dass geteilte Führung eine Stärkung der Effektivität in der Zusammenarbeit bedeutet und dem Unternehmenserfolg dient, sollte das Ziel all dieser Maßnahmen sein.

Doch auch Teambuilding halten Werther und Brodbeck für zentral, wenn es gilt, eine Kultur verteilter und damit auch informeller Führung ohne Cheftitel und Schulterklappe zu schaffen. Sie sehen darin »eine wichtige präventive Maßnahme, um von vornherein offene oder verdeckte Macht- und Territoriumskämpfe zu unterbinden oder zumindest konstruktiv damit zu arbeiten«[69]. Für den zweitgenannten Fall haben wir das Instrument der *Shared-Leadership*-Konferenz entwickelt, das wir in Kapitel 2 vorstellen.

In der Organisationsdiagnose, die sich zum Beispiel in regelmäßigen Mitarbeiterbefragungen ausdrückt, empfehlen Werther und Brodbeck, gezielt Aspekte geteilter Führung aufzugreifen. Hier lässt sich klären, inwieweit Menschen erleben, dass sie in Führung gehen, Verantwortung übernehmen, mitentscheiden sowie gut und effektiv anderen folgen können. Das oben besprochene Führungs- und Mitarbeitendenleitbild nach Carsten C. Schermuly oder die Führungssystematik nach Fischer und Häusling halten hierfür Ansatzpunkte bereit.

Auch die in Kapitel 1.3.3 erwähnten Netzwerkanalysen, die in Deutschland sorgfältig auf Mitbestimmungs- und Datenschutzbestimmungen hin überprüft werden müssen, generieren nützliche Erkenntnisse. Sie können zeigen,

- wie sich Zusammenarbeit im Unternehmen gestaltet,
- wie eng und intensiv verflochten einzelne Abteilungen, Teams oder Akteurinnen sind,
- wer welche Rolle jenseits formaler Jobfunktionen im Gefüge einer Organisation einnimmt (in ihren deutschen/englischen Bezeichnungen zum Beispiel *Brückenbauer/Broker, Anlaufstelle/Hub, Türöffner/Gatekeeper, Grenzgänger/Boundary Spanner*) und
- wie zentral oder verteilt Führung wahrgenommen wird.

Die Organisationsentwicklung schließlich bildet so etwas wie die Klammer um alle Aktivitäten. Denn sie fördert mit all ihren Maßnahmen (wie Events, Trainings, Gesprächskreise, Leitbildprozesse, Symbolhandlungen) die Unternehmenskultur, in der verteilte Führung erst möglich wird. Für Werther und Brodbeck geht es dabei darum, das wechselseitige Führen und Folgen als »Selbstverständlichkeit« im Unternehmen zu etablieren und »das Miteinander vor das Gegeneinander«[70] zu stellen.

Damit das möglich wird, dürfen gängige Personalinstrumente und HR-Systeme nicht gegenteilige Wirkung entfalten. Besonders heikel sind unserer Beobachtung nach folgende fünf Handlungsfelder:

1. Bonussysteme sollten eher auf Team- als auf Einzelleistung abstellen.
2. Der Aufstieg in der formalen Führungshierarchie darf nicht der einzige Weg sein, um sich in Sachen Karriere und Vergütung zu verbessern. Vielmehr muss es noch weitere qualitative wie geldwerte Entwicklungspfade geben (Fachlaufbahn, Leistungszuschläge, Expertinnenrollen et cetera).
3. Feedbacksysteme wie zum Beispiel Mitarbeitergespräche dürfen nicht als exklusiver Austausch zwischen formalen Führungskräften und ihren Mitarbeitenden konzipiert sein. Sie sollten vielmehr als 360-Grad-Verfahren durchgeführt oder als wiederkehrende Rituale in den Arbeitsalltag einer Gruppe integriert werden (wie es bei der Retrospektive in agil arbeitenden Teams der Fall ist, wenn alle turnusmäßig das Geleistete und die Qualität der Zusammenarbeit reflektieren).
4. Statussymbole (wie das Chefinnenbüro, der Vorgesetztenparkplatz, die Vorstandskantine) dürfen nicht der Ausbildung von Amtsautorität und Dominanzgehabe Vorschub leisten und sollten gegebenenfalls zurückgefahren werden.
5. Richtlinien, Regelwerke und Leitfäden sollten, wo sie Fragen von Führung, Verantwortung und Haftung beinhalten, die Freiräume für *Shared Leadership* im Sinne des wechselseitigen Führens und Folgens offenhalten. Die Trennung einer Leadership-Domäne von einer Management-Domäne, wie in Kapitel 1.4 beschrieben, kann hierbei hilfreich sein.

1.5.10 Was bewirkt Shared Leadership?

Welche Effekte aber hat es, *Shared Leadership* im Unternehmen einzuführen? Schließlich ist diese Form, wechselseitig zu führen und zu folgen, wesentlich komplexer und weitaus weniger geübt als klassische hierarchische Führung. Wo es formale Chefinnen gibt, die Gefolgschaft erwarten, und Mitarbeitende, die von ihren Vorgesetzten Führung einfordern, ist vieles übersichtlicher und einfacher.

Was *Shared Leadership* bewirkt, dazu gibt es mittlerweile umfangreiche Forschung, darunter auch einige als besonders relevant angesehenen Metanalysen, die mehrere Studien bündeln und nach derselben Grundlage auswerten.[71] Wir stützen uns bei unseren Ausführungen auf die nützlichen Zusammenfassungen bei Stefan Andre Tretter[72] sowie Sigrid Endres und Jürgen Weibler.[73] Von Letzteren übernehmen wir die Dreiteilung der Effektfelder.

Folgende positive Effekte zeigen sich, wenn *Shared Leadership* in Gruppen erfolgreich praktiziert wird.

Auf der individuellen Ebene:
- **Die Arbeitsbelastung sinkt, die Arbeitszufriedenheit steigt.** Wenn das Teilen von Aufgaben aller Art und von Verantwortung funktioniert, reduziert das den Stress aller, erhöht die Work-Life-Balance und sorgt für erfüllteres Arbeiten.
- **Formale Führungskräfte fühlen sich entlastet.** Ihr Wohlbefinden steigt, weil sie nicht mehr für alles zuständig sind und sich um alles kümmern müssen.
- **Komplexität wird besser bewältigt.** Dies lässt sich dadurch erklären, dass man Stärken addiert und Perspektiven kombiniert.
- **Man tauscht sich aus und lernt dazu.** Der Druck, intensiver zu kommunizieren und auf andere einzugehen, erweitert den Horizont und macht fremdes Wissen sowie fremde Erfahrung zugänglich.
- **Die Mitarbeitenden agieren proaktiver.** Das zeigt sich daran, dass die Teammitglieder vorausschauend handeln und bereitwilliger die Initiative ergreifen.

Auf der Teamebene:
- **Die Produktivität des Teams steigt.** Das zeigt sich sowohl an objektiven Output-Größen als auch an subjektiven Einschätzungen durch Mitarbeitende und Führungskräfte.
- **Kreativität und innovationsförderliches Verhalten nehmen zu.** Das manifestiert sich in der Einbringung von Ideen und gegenseitiger geistiger Stimulation in der Gruppe.
- **Die Teamatmosphäre verbessert sich.** Die Teammitglieder sind zufriedener und offener im Umgang miteinander. Man hilft und vertraut einander mehr und schätzt die Fähigkeiten der Kolleginnen höher ein.

- **Die Qualität von Entscheidungen nimmt zu.** Das Einbringen unterschiedlicher Perspektiven sowie die ausgeprägtere Kommunikationskultur dürften hierfür die Ursache sein.
- **Einem Führungsvakuum wird vorgebeugt.** Der Ausfall einer Führungsperson kann schneller, unkomplizierter und geübter kompensiert werden, indem eine anderes Gruppenmitglied übernimmt.

Auf der gesellschaftlichen Ebene:
- ***Shared Leadership* wird gerne angenommen.** Die damit verbundenen Haltungen entsprechen dem Zeitgeist, der Partizipation und Augenhöhe viel Bedeutung beimisst.
- ***Shared Leadership* beugt Machtmissbrauch vor.** Die zeitliche Begrenzung von Führung und die Ermächtigung durch Follower (wie in Kapitel 1.4.7 bei Batillana und Casciaro thematisiert) verhindern, dass Leader sich von der Gruppe entkoppeln, Privilegien missbrauchen und sich selbst überschätzen.
- ***Shared Leadership* leistet Rechtstreue und moralischem Verhalten Vorschub.** Das erklärt sich aus der Transparenz und Kontrolle, die mit dem wechselseitigen Führen und Folgen in der Gruppe einhergehen.

Allerdings kann es, gerade in der Phase der Einführung, auch zu negativen Effekten kommen. Das Aushandeln von Regeln und Rollen kann sich als konfliktträchtig und zeitintensiv erweisen, Entscheidungsprozesse brauchen länger, über die Innenorientierung in der Gruppe geht der Blick auf die Anforderungen der Außenwelt verloren, die Gruppe kommt nicht konsequent genug in die Umsetzung, Disziplin und Konsequenz leiden.

Auch kann es sein, dass Leadership per se unzureichend angenommen und ausgeübt wird. Die Mitarbeitenden scheuen davor zurück, voranzugehen und Verantwortung zu übernehmen, weil ihnen die Aufgabe *zu führen* zu groß erscheint. Das muss einen nicht wundern, da wir Führung ja lange überhöht und heroisiert haben. In diesem Fall kommen Initiativen erst gar nicht zustande. Und wenn doch, haben Trittbrettfahrer und Eigenbrötlerinnen leichtes Spiel, weil der informelle Leader seine Aufgabe nur zaghaft anpackt. Dann schwindet der Gruppenzusammenhang, das Ziel gerät aus den Augen und die gemeinsame Mission ist nicht zu verwirklichen.

Damit all das nicht passiert, gibt es dieses Buch. Dennoch stößt das Modell verteilter Führung in gewissen Gemengelagen selbst dann an seine Grenzen, wenn alle Beteiligten guten Willens und gut vorbereitet sind. Diese sehen wir uns nun an.

1.5.11 Wo stößt Shared Leadership an seine Grenzen?

Zusammenarbeit nach den Regeln wechselseitigen Führens und Folgens empfiehlt sich dann erst, wenn in den folgenden vier Feldern entsprechende Voraussetzungen gegeben sind. Sie betreffen

1. die Art der Aufgabe, die im Modus des wechselseitigen Führens und Folgens bewältigt werden soll,
2. die Reife der Gruppe, in der verteilt geführt und gefolgt werden soll,
3. die Kultur, in die Shared Leadership eingebettet ist,
4. die Governance im Unternehmen, die Aspekte der verteilten Führung tangiert.

Von großer Bedeutung ist die Art der Aufgabe, die gemeinsam bewältigt werden soll. Die Forschung zu *Shared Leadership* arbeitet hier sehr deutlich heraus, dass sich verteiltes Führen und Folgen nur dann auszahlt, wenn

- Aufgaben vornehmlich dadurch zu bewältigen sind, dass spezialisierte Akteure intensiv zusammenarbeiten,
- Aufgaben komplex sind und ihre Umsetzung daher von der Perspektivenvielfalt und dem Wechsel im Führen und Folgen unter den Beteiligten profitieren,
- Aufgaben vor allem dadurch zu lösen sind, dass kreativ und im Modus des Ausprobierens (explorativ) an sie herangegangen wird.

Wenn dagegen eine Aufgabe mit bewährten Checklisten und dank eingespielter Arbeitsabläufe zu bewältigen ist oder wenn es keiner Orchestrierung von selbstbestimmten Einzelleistungen bedarf, sorgt *Shared Leadership* sogar für Verkomplizierung und Effizienzverlust in der Zusammenarbeit.

Eingespielte Trupps von Möbelpackern brauchen keine verteilte Führung, um die Kartons die enge Treppe hinunter aus der Wohnung zu bekommen. Eine erfahrene Vorarbeiterin, die die Örtlichkeit einschätzt, das beste Verfahren wählt (Kette bilden und die Kartons durchreichen oder sie einzeln hinuntertragen) und entsprechende Kommandos gibt, leistet hier dem Gruppenerfolg bessere Dienste.

Shared Leadership ist daher nicht von ungefähr in Theorie und Praxis immer noch eher eine Domäne von Wissensarbeitern, Kreativen und selbstorganisierten Initiativen. Durchgetaktete und auf Effizienz abzielende Teams aus Produktions- oder Servicekräften fahren mit Chefinnen alter Prägung häufig (aber nicht immer) besser.

Auch die Dynamik und das Zusammenspiel, die wir als Reife einer Gruppe bezeichnen wollen, sind von Belang. Wie sich aus allem, was wir bislang beleuchtet haben, zwangsläufig ergibt, wird *Shared Leadership* unter Menschen, die sich kaum kennen, die sich nicht aufeinander eingestellt haben, die nicht gelernt haben, sich gegenseitig zu lesen und sich zu vertrauen, nicht funktionieren.

Wechselseitig zu führen und zu folgen gelingt nur dann, wenn alle Beteiligten ihre Haltung zur Zusammenarbeit sowie Aufgaben und Rollen geklärt, Selbstführung verinnerlicht haben, die Prozesse des Führens und Folgens beherrschen sowie über die Fähigkeiten, Methoden und Instrumente verfügen, um im praktischen Alltag *Shared Leadership* zum Erfolg zu führen.

Aus diesem Grund ist immer damit zu rechnen, dass sich der Weg von einer hierarchischen hin zu verteilter Führung erst einmal als holprig erweist. Er bedeutet für alle Beteiligten (formale Führungskräfte, informelle Leader und engagierte Follower) eine Lernreise, die es zu absolvieren gilt. Zudem wird nicht jede die Neigung entwickeln, öfter informell in Führung zu gehen. Das kann in einer zaghaften Persönlichkeit begründet sein und muss dann auch Akzeptanz finden. Vom effektiven Folgen (das, wie gesehen, schon fast der Schritt ins verteilte Führen bedeutet) darf jedoch auch eine eher zaghafte Persönlichkeit nicht befreien.

Aber auch der organisatorische Rahmen muss, wie bereits an mehreren Stellen ausgeführt, *Shared Leadership* unterstützen. Sehen wir uns daher noch einmal die kulturellen Voraussetzungen an, unter denen verteilte Führung gelingt. Dieser kulturelle Rahmen wird durch eher ungeschriebene Gesetze, also durch gelebte Werte, Einstellungen und Praktiken bestimmt.

In Unternehmen, in denen Eigeninteresse, Macht- und Statusstreben sowie Konformitätsdruck ausgeprägt sind, wird sich eine Arbeitswelt, die vom wechselseitigen Führen und Folgen lebt, nur schwer ausbilden. Aus diesem Grund tun sich auch in interkulturell gemischten Teams Hürden auf. Wie wir aus der interkulturellen Leadership-Forschung wissen, sind gerade die Erwartungen an Machtdistanz (*power distance*) und das Vorherrschen von Ich- oder Gruppenorientierung (Individualismus/Kollektivismus) von Land zu Land sehr unterschiedlich.[74]

In manchen Ländern (wie zum Beispiel der arabischen, latein-amerikanischen oder südost-asiatischen Welt) wird von Führenden geradezu eine gewisse Distanz zu denen, die ihnen folgen, erwartet. Auch werden ihnen Privilegien zugebilligt (Statussymbole, Verdienst, Zugang zu Elitezirkeln), die gerade informelle Leader im *Shared Leadership* nie genießen werden. Deshalb wird verteilte Führung in einem solchen Kontext besonders schwer zu etablieren sein.

Dafür gibt es wiederum Länder, die einen höheren Grad an Gemeinschaftsorientierung aufweisen, was der Einführung von *Shared Leadership* durchaus dienlich ist. Zu ihnen werden häufig asiatische Länder wie Südkorea, Singapur, China, Thailand oder Japan, latein-amerikanische wie Guatemala, Mexiko oder Venezuela, aber auch afrikanische wie Nigeria oder Sierra Leone gezählt. Europäische Länder tendieren – vor allem, wenn sie keine kommunistische Vergangenheit aufweisen – eher zur Betonung von Individualität.[75]

Soll *Shared Leadership* gelingen, braucht es daher ein Fundament geteilter Werte und Praktiken, die Individualität und Vielfalt honorieren, Zusammenarbeit auf Augenhöhe fördern, Gruppenorientierung, intensiven Austausch und gemeinsame Anstrengung belohnen. Auch bedarf es einer Kultur, die Dynamik, Abwechslung und Innovation positiv belegt. In diesem Rahmen dennoch deutlich herauszustellen, dass Gruppen ihren Erfolg durch klare Führung und geklärte Verantwortung eher sichern als durch Konsensbedürfnis und Herdenverhalten, ist die Herausforderung, die es unbedingt zu meistern gilt.

Bleibt zum Schluss noch der Blick auf die formal niedergelegten Regeln, die die Rechtsordnung (*governance*) eines Unternehmens ausmachen. Von ihnen war auch an anderen Stellen schon die Rede. Auch hier gilt: Wer sehr dominant Regelwerke, Policies und Funktionsbeschreibungen im Unternehmen vorhält, die

- den Informationsfluss stark begrenzen und vertikal durch die Hierarchien leiten,
- die Verantwortungsübernahme und Initiative strikt daran knüpfen, dass bestimmte Jobs oder Funktionen im Unternehmen bekleidet werden,
- Macht, Einfluss und Gestaltungsfreiraum nur mit dem fortwährenden Aufstieg in der Hierarchie ermöglichen,
- Boni, Vergünstigungen und Privilegien an individuelle Leistungen statt an Gruppenerfolge knüpfen,

hat institutionelle Barrieren errichtet, die auch mit noch so gutem Willen, intensivem Training und großem Engagement nicht zu überwinden sind.

Wer in einem solchen Rahmen informell in Führung gehen und Verantwortung übernehmen will, wird quasi offiziell ausgebremst. Und die, die angehenden Leadern folgen würden, werden kaum dafür belohnt, riskieren zudem Verstöße gegen den Rechtsrahmen wie die ungeschriebenen Gesetze im Unternehmen. Sie geraten mit hoher Wahrscheinlichkeit früher oder später mit ihren formalen Führungskräften in Konflikt.

Aus diesem Grunde tun sich junge Unternehmen, die Regeln, Kultur und Praktiken vom Start weg neu und anders als traditionell hierarchisch gewachsene Unternehmen setzen können, bei der Einführung von *Shared Leadership* leichter.

Damit aber auch jene traditionsreichen Unternehmen dort, wo es sinnvoll und möglich ist, die Vorzüge des wechselseitigen Führens und Folgens realisieren können, haben wir dieses Buch verfasst. Für ihre Transformation leistet das Reflexions- und Trainingsprogramm, das wir in Kapitel 2 genauer vorstellen, besonders gute Dienste.[76]

1.6 Take-Aways

1. Führen ist keine Einzelleistung. Führen heißt, andere zum Mitmachen zu bewegen. Führen funktioniert daher nur, wenn es Menschen gibt, die bereit sind zu folgen. Trends wie New Work, neue Technologien und Organisationsformen verschieben das Kräfteverhältnis hin zu den Followern.
2. Führen geschieht in einem Dreiecksverhältnis aus Aufgabe, Follower und Leader. Eine Herausforderung erfordert eine Lösung, eine nur gemeinsam zu bewältigende Aufgabe erfordert Koordination. Menschen machen Vorschläge, geben Anweisungen, skizzieren Lösungen. Andere sind bereit, ihnen zu folgen. Insofern ist Führen eher ein Prozess, bei dem die einen vorangehen und die anderen prüfen, ob sie bereit sind mitzugehen.
3. *Shared Leadership* verstehen wir als einen dynamischen, interaktiven Prozess des wechselseitigen Führens und Folgens, der die Führungsarbeit dezentral auf mehrere oder viele Köpfe verteilt. Allerdings gibt es auch weniger komplexe Varianten geteilter Führung wie etwa die Doppelspitze, in der sich zwei formale Führungskräfte die Führungsarbeit untereinander aufteilen.
4. Im *Shared-Leadership*-Modell ermächtigen die Follower ihre Leader zur Führung. Führung wird geschenkt und muss von Leadern nicht durch Rechtsansprüche verteidigt werden.
5. *Shared Leadership* beruht daher auf einer speziellen Art von Macht und Einfluss, die in der Anerkennung von Autorität besteht. Diese Autorität basiert auf dem Zusammenspiel von Persönlichkeit und Expertise, die eine Person in den Augen der Follower prädestiniert erscheinen lassen, angesichts der anstehenden Herausforderung zu führen. Autorität ist damit das Vermögen, die freiwillige Gefolgschaft anderer und deren Vertrauen in das eigene Handeln zu gewinnen.
6. Als eine Art Führungskraft beruht Autorität auf Wissen, Erfahrung und Persönlichkeit. Jede kann zur Autorität werden. Den Ausschlag, ob jemand zur Autorität wird, geben die angehenden Follower.
7. Wer seine Autorität stärken und andere führen will, muss zuerst das Vertrauen der anderen in einen selbst stärken und ausbauen. Die Bereitschaft zu folgen steigt mit dem Grad an Vertrauen und der Reputation, als Leader im gefragten Aufgabenfeld die besten Voraussetzungen mitzubringen.
8. Autorität, Vertrauen und Reputation wachsen mit jedem erzielten Erfolg. Wir können uns daher alle drei Einflussgrößen auf die Bereitschaft anderer, einem Leader zu folgen, als Punktekonto vorstellen, das mit gelungenen Aktionen anwächst und mit Misserfolgen wieder abnimmt.
9. Die Ausbildung von *Shared Leadership* durchläuft drei Stufen: Die Einübung von Selbstführung bei jedem einzelnen, Empowerment aller durch die formale Führung und schließlich die bewusste Reflexion und Verteilung von Führungsarbeit auf möglichst viele Akteurinnen.

10. *Shared Leadership* macht Hierarchien nicht überflüssig. Hierarchien sind ein wichtiges Ordnungsprinzip zur Lokalisierung von (rechtlicher) Verantwortung, zur Steuerung von Ressourcen und zur Eskalation von ungelösten Konflikten und übergeordneten Entscheidungen.
11. Es wird immer ein Nebeneinander von formalisierter Führung und Zusammenarbeit sowie informellen Formen des Führens und Folgens geben. Management und Leadership müssen dabei voneinander unterschieden werden. Management ist vor allem Geschäfts- und Prozesssteuerung, Leadership ist Menschenführung.
12. Formelle Führungskräfte bleiben in Systemen des wechselseitigen Führens und Folgens ihrer formalen Aufgabe und Verantwortung als Manager treu. In Sachen Leadership nehmen sie sich dagegen weitestmöglich zurück, ohne das Team im Stich zu lassen.
13. Leadership ist in Systemen verteilter Führung kein Privileg von Führungskräften mehr, sondern geht jede an. In Systemen des wechselseitigen Führens und Folgens geht es um die Ausbildung von kollektiver Führungs-Kraft und nicht in erster Linie um die Entwicklung formaler Führungskräfte. Führungskraft entwickeln ist Breitensport, Führungskräfteentwicklung ist Spitzensport.
14. Followership ist in Systemen verteilter Führung alles andere als Folgsamkeit und Gehorsam. Es geht um die aktive, kenntnisreiche und kritische Mitarbeit am Gruppenerfolg bei gleichzeitig hoher Bereitschaft, den jeweils Führenden engagiert und loyal zu folgen.
15. Im Prozess des wechselseitigen Führens und Folgens muss sich Führung im Flusse der Zusammenarbeit an fünf Kristallisationspunkten deutlich bemerkbar machen: Führung übernehmen, andere einbinden, Konflikte lösen, Entscheidungen herbeiführen, Verantwortung übernehmen.
16. Aus der Sicht der Follower gibt es folgende vier Kristallisationspunkte, an denen Folgende ihre Followerrolle deutlich ausgestalten müssen: den Leader ermächtigen, kooperativ mitwirken, Absprachen und Verhalten überwachen, den Leader abberufen und verabschieden.
17. Um *Shared Leadership* zu etablieren, muss man Haltung, Skills und Arbeitsweisen sowie Rahmenbedingungen der Zusammenarbeit entsprechend ausgestalten.
18. Mit Blick auf Haltung gilt es, Sinn, Zweck und Vorteil von *Shared Leadership* anzuerkennen und zu verteidigen, den Wert von Vielfalt zu erkennen, Flexibilität in Regeln, Rollen und Aufgaben zu schätzen, Augenhöhe statt Über- und Unterordnung zu leben sowie Macht einzuhegen und gleichzeitig Autorität einer jeden zu respektieren und zu fördern.
19. Mit Blick auf nötige Fähigkeiten, Formate und Methoden der Zusammenarbeit stehen kommunikative Kompetenzen im Vordergrund, die in Kapitel 2 ausführlich beleuchtet werden.
20. Mit Blick auf die organisatorischen Rahmenbedingungen können folgende als förderlich angesehen werden: zum Beispiel auf Gruppenleistung abstellende Bonussysteme, Alternativen zu Karrierewegen innerhalb der Hierarchie, kontinuierliche

Feedbacksysteme aller mit allen, Abkehr von Statussymbolen sowie Führungsrichtlinien, die um die Aspekte gelingenden Followerships ergänzt werden.

21. *Shared Leadership* hat positive Nutzeneffekte auf individueller Ebene (Steigerung der Arbeitszufriedenheit, Entlastung der formellen Führungskräfte, besseres Lernen, proaktives Handeln), auf Teamebene (höhere Produktivität, mehr Kreativität, bessere Teamatmosphäre, bessere Entscheidungen) sowie auf gesellschaftlicher Ebene (hohe Akzeptanz, Vorbeugen von Machtmissbrauch, höhere Rechtstreue und stärkeres Einhalten ethischer Prinzipien).
22. *Shared Leadership* findet seine Grenzen überall dort, wo nicht die entsprechende Haltung ausgebildet, die entsprechenden Skills entwickelt, die notwendigen Formate und Methoden der Zusammenarbeit praktiziert und die unterstützenden Rahmenbedingungen geschaffen werden. Darüber hinaus empfiehlt sich verteilte Führung vor allem in innovationsgetriebenen und wissensbasierten Umfeldern, in denen komplexe Herausforderungen im Zusammenspiel spezialisierter Fachleute bewältigt werden müssen.

2 Shared Leadership konkret: Methoden, Skills und Instrumente

Das erste Kapitel hat den theoretischen Rahmen von *Shared Leadership* in den Fokus genommen. Jetzt wird es Zeit, den konkreten praktischen Bezug herzustellen. Wie kann *Shared Leadership* in der Praxis gelingen? Welche Instrumente und Methoden können dabei helfen, *Shared Leadership* erfolgreich umzusetzen? Auf diese Fragen werden wir Ihnen in diesem Kapitel Antworten geben.

2.1 Erfolgsbedingungen für Shared Leadership

Wir beginnen dieses Kapitel mit zwei kleinen Geschichten. Sie geben uns bereits ein paar ganz konkrete Hinweise, worum es bei *Shared Leadership* geht.

Unser erster Fall spielt in einem Laborteam. Karin ist seit zwei Jahren Laborleiterin. Sie ist mehr durch Zufall als durch einen systematischen Auswahlprozess in diese Rolle gerutscht. Karin ist – bis auf wenige Ausnahmen – leider beim Team nicht sonderlich akzeptiert. Der Grund: Karin ist unorganisiert, nahezu chaotisch. Sie verkriecht sich oft im Büro, löst keine Konflikte, bevorzugt offensichtlich ihre alten Freunde bei Diensteinteilungen und sie pflegt einen sehr ruppigen Umgangston. In den letzten beiden Jahren haben daher schon einige Kollegen das Team verlassen. Robert, der Abteilungsleiter, ist sich der Führungsproblematik sehr bewusst. Deshalb hat er Karin durch ein Coaching unterstützen lassen und er hat immer wieder Feedbackgespräche mit ihr geführt. Vor zwei Monaten hat er ihr schließlich ganz deutlich die gelbe Karte gezeigt, als wieder einmal eine Mitarbeiterin wegen Karin die Kündigung eingereicht hatte.

Im August war Karin drei Wochen in Urlaub. In dieser Zeit hat das Laborteam hervorragend funktioniert. Robert war überrascht, dass er kein einziges Mal zu einem Feuerwehreinsatz gerufen wurde. Als Glücksfall hatten sich dabei auch die zwei neuen Mitarbeiterinnen, Regina und Alina, herausgestellt. Doch die Situation schlägt schlagartig um, als Karin wieder aus dem Urlaub zurück ist. Schon am zweiten Tag nach ihrer Rückkehr stehen Alina und Regina in Roberts Büro und beklagen sich bitterlich über ihre Chefin. Robert weiß, dass er handeln muss. Er schnappt sich Karin noch am selben Tag und erklärt ihr, dass er sie bitten wird, von ihrer Leitungsstelle zurückzutreten. Gemeinsam könne man überlegen, wie das gesichtswahrend über die Bühne gehen kann. Zu seiner Überraschung willigt Karin ein. Man einigt sich darauf, dass Karin ab sofort für eine Spezialaufgabe zuständig sein wird. Als auf einer

Besprechung mit dem Team die Entscheidung verkündet wird, organisiert sich das Team kurzerhand selbst, ohne dass Robert eingreifen muss. Man einigt sich spontan, wie die bisherigen Führungsaufgaben von Karin verteilt werden sollen. Die wichtigsten Entscheidungen sollen bis auf Weiteres von einer Doppelspitze gefällt werden. Von diesem Tag an läuft die Zusammenarbeit im Team hervorragend. Seit langer Zeit sieht man Robert wieder einmal lachen und auch Karin macht einen glücklicheren Eindruck.

In unserer zweiten Geschichte geht es um ein Service&Support-Team bei Audio Interactive. Das Unternehmen vertreibt komplexe Spezialgeräte für die professionelle Musikproduktion. Das Support-Team behandelt die Techniktickets, die die Kunden eröffnen, weil irgendetwas an den Geräten nicht funktioniert. Eine große Umfrage unter den Kunden hat ergeben, dass es einige Bereiche gibt, mit denen man nicht zufrieden ist. Das Team möchte daher seine Leistung und die Kommunikation für die Kunden verbessern. Man identifiziert Handlungsfelder, die als erstes in Angriff genommen werden sollen. Darunter: Kommunikation in kritischen Fällen, Abstimmung mit der R&D-Abteilung bei komplexen Fehlerbehebungen, schnellere und einfachere Ticketerstellung. Um die verschiedenen Felder zu bearbeiten, werden kleine Kernteams gebildet, die weitreichende Vorschläge erarbeiten und auch Entscheidungskompetenz bei der Umsetzung von Maßnahmen haben. Die Teammitglieder werden dabei entsprechend ihrer Expertise und Motivation ausgewählt. Alle drei Monate wird jeweils ein neues Kernteam zusammengestellt, sodass jede einmal in eine Führungsrolle schlüpfen kann.

In beiden Geschichten finden wir erste, zarte Ansätze von *Shared Leadership*. In der ersten Episode ist der Auslöser eine Krise. Das bedeutet jedoch nicht, dass eine Krise notwendig ist, um *Shared Leadership* einzuführen. Aber Krisen erzeugen häufig den notwendigen Veränderungsdruck. In der zweiten Geschichte ist Kundenfeedback der Auslöser für Veränderungen.

Zwei Möglichkeiten, wie *Shared Leadership* entsteht

Die beiden Geschichten zeigen auch zwei Arten und Weisen, wie *Shared Leadership* entstehen kann. Es kann spontan aus der Situation heraus entstehen oder es kann verhandelt werden.

Wenn *Shared Leadership* spontan entsteht, bedeutet dies, dass jemand aus dem Team die Initiative ergreift, weil er

- das Gefühl hat, einen wichtigen Beitrag leisten zu können,
- einfach Spaß daran hat, in Führung zu gehen,
- seine Expertise einbringen möchte,
- glaubt, einfach mal an der Reihe zu sein,

- den Mut aufbringt, etwas Neues auszuprobieren und sich einer Herausforderung zu stellen oder
- durch Teammitglieder oder die Chefin angestupst, ermutigt oder gebeten wird, eine bestimmte Aufgabe zu übernehmen.

Die zweite Möglichkeit ist, dass man es bewusst zum Thema macht und aktiv Rollen, Aufgaben und Verantwortungen im Team verhandelt. Wie das in einer *Shared-Leadership*-Konferenz funktionieren kann, werden wir in Kapitel 2.7 erläutern.

In beiden Geschichten haben wir es mit funktionalen Teams zu tun, aber *Shared Leadership* kann in unterschiedlichen Teamkonstellationen praktiziert werden: in Projektteams (auch über verschiedene Business-Partner hinweg), crossfunktionalen Teams, Querschnittsteams, Teams innerhalb einer Matrixorganisation, Spontanteams und so weiter.

Damit ein dynamischer Wechsel von Führen und Folgen – entweder spontan oder verhandelt – entstehen kann, werden wir in diesem Kapitel Strategien, Tools, Methoden und Instrumente vorstellen, die helfen, *Shared Leadership* konkret in seinem Einflussbereich umzusetzen.

Dabei setzen wir auf der Teamebene an: Die Instrumente und Strategien, die wir vorstellen, können von den formalen Teamleitenden benutzt und eingesetzt werden. Sie können aber auch – initiativ – von jedem einzelnen Teammitglied eingebracht werden. Selbst wenn eine Person keine formale Führungskraft ist, können diese Instrumente helfen, die Leadership-Fähigkeiten zu steigern. Denn das ist die Grundidee von *Shared Leadership*: dass prinzipiell jede und jeder in einem Team in eine Führungsrolle schlüpfen kann.

Und je besser diese Methoden von der formalen Teamleiterin oder von den Teammitgliedern beherrscht werden, umso leichter fällt es der Teamleiterin, mal einen Schritt zurückzutreten und anderen den Vortritt zu lassen. Und umso leichter fällt es Teammitgliedern, temporär in eine Führungsrolle zu schlüpfen. Die Methoden sind Führungswissen für alle.

Wie schon klar geworden sein dürfte, verstehen wir *Shared Leadership* nicht als ein Alles-Oder-Nichts Konzept. Es handelt sich eher um einen graduellen Prozess, ein Kontinuum. Man kann in kleinen Schritten anfangen und sich auf einem stufenlosen Regler zu einem umfassenden *Shared-Leadership-System* vortasten.

Der Kern von allem: die Haltung

Bevor wir uns um die praktischen Fragen der Umsetzung von *Shared Leadership* kümmern, müssen wir eine entscheidende Grundvoraussetzung thematisieren. Ob *Shared Leadership* funktioniert, zum Erfolg wird oder zum Rohrkrepierer, ist im Kern eine Frage der **Haltung** aller beteiligten Personen. Das betrifft sowohl die formalen Teamleader als auch die Follower beziehungsweise Teammitglieder.

Was wir unter *Haltung* verstehen

Unter einer *Haltung* verstehen wir die Kernüberzeugungen oder Grundannahmen, die unserem Handeln zugrunde liegen, uns Orientierung geben und unsere Bewertungen beeinflussen. Diese Kernüberzeugungen habe eine emotionale Verankerung mit bestimmten Erwartungen, Intentionen, Werten und Präferenzen. Eine Haltung besteht in tief verwurzelten Glaubenssätzen, die uns nicht immer bewusst sein müssen. Oft kommen sie erst zum Tragen, wenn wir Entscheidungen treffen, Handlungen ausführen, Urteile fällen oder Bewertungen vornehmen.

Eine Haltung ist eine mentale Disposition, eine dauerhafte Prägung unseres Denkens und Fühlens. Sie bildet die Grundlage für unsere Gedanken oder Äußerungen.

Sich die eigenen Haltungen zu verschiedenen Themen klarzumachen, ist keine triviale Angelegenheit. Sie erfordert viel Reflexionsarbeit und Ehrlichkeit mit sich selbst.

Auch bezogen auf unser Thema *Shared Leadership* sind einige Haltungen förderlich, andere hinderlich. Beginnen wir mit den eher hemmenden. Sie begegnen uns auf der Leader-Seite aber auch – symmetrisch dazu – auf der Follower-Seite. Sichtbar werden diese eher unproduktiven Haltungen in typischen Äußerungen, die formale Teamleitende oder die Teammitglieder machen.

Auf Seite des Teamleaders hören wir Äußerungen wie:

- Das sind alles faule Säcke.
- Ohne mich geht gar nichts.
- Eine muss das Sagen haben.
- Ich muss immerhin der Kopf hinhalten.
- Ich lasse mir doch nicht in meine Entscheidungen reinreden.
- Menschen wollen manipuliert werden.
- Das ist doch ein Kindergarten hier.

Wer glaubt, dass Menschen eher faul und nicht fähig sind, dass sie keine Verantwortung übernehmen wollen, dass immer genau eine Person die Kontrolle haben muss et cetera, der wird zwangsläufig *Shared Leadership* für kein überzeugendes Konzept halten.

Auf Seiten der Teammitglieder treffen wir auf folgende Äußerungen:

- Dafür werden wir nicht bezahlt.
- Soll die (Chefin) doch machen.
- Wir haben sowieso nichts zu melden.
- Wir werden eh nicht gefragt.
- Die soll auch mal was arbeiten.

Wer auf Seiten der Follower glaubt, dass man im Grunde machtlos ist, dass man keinen Einfluss besitzt, dass es nicht zur eigenen Aufgabe gehört, dass es nicht der eigenen Rolle entspricht, Führungsfunktionen zu übernehmen, der wird ebenfalls nicht davon überzeugt sein, dass *Shared Leadership* funktioniert. Und das wird es dann auch nicht. Wer solche Überzeugungen hat, der wird nur schwerlich einen Rahmen schaffen können, in dem *Shared Leadership* gedeiht. Im Gegenteil, der Ansatz wird von Anfang an zunichte gemacht. Dabei ist der Einfluss des Teamleiters am größten.

Anders sieht es aus, wenn alle Beteiligten eine Haltung haben, die für *Shared Leadership* förderlich ist. Betrachten wir daher die nötigen Kernüberzeugungen. Welche Grundannahmen sollte man machen, damit *Shared Leadership* funktioniert?

> **Selbstreflexion: Annahmen**
>
> Bevor wir eine kleine Liste solcher Annahmen vorstellen, möchten wir Sie bitten, sich fünf Minuten Zeit zu nehmen (das Buch oder den Reader kurz beiseitelegen) und ein paar Gedanken dazu anzustellen:
>
> Welche Annahmen sollte ich machen oder mache ich bereits, damit *Shared Leadership* funktioniert?

Konstruktive *Shared-Leadership*-Haltung (KSLH)

Unsere Kernannahmen, die wir im Begriff *Konstruktive Shared-Leadership-Haltung (KSLH)* zusammenfassen, sehen wie folgt aus:

- Menschen sind lernfähig, möchten wachsen und sich weiterentwickeln.
- Menschen möchten Verantwortung übernehmen.
- Menschen wollen autonome Entscheidungen treffen.
- Menschen streben nach einem erfüllten, glücklichen Leben.
- In der VUCA-Welt kann keine Person allein die besten Entscheidungen treffen.
- Beteiligung und Offenheit sind wichtige Voraussetzungen für gute Problemlösungen.
- Wissen ist in den Köpfen der Menschen verteilt.
- Menschen ziehen es vor, in einer Arbeitswelt zu arbeiten, die von Sinn und Freude erfüllt ist.
- Menschen möchten Leistung erbringen.
- Menschen möchten ihre Stärken einsetzen.
- Alles ist delegierbar.

Diese Liste ist weder vollständig noch abgeschlossen. Sie bildet einen offenen Rahmen, der flexibel änderbar und erweiterbar ist. Was wir aber sagen können: Wer diese oder ähnliche Kernüberzeugungen teilt, dem fällt es leichter, *Shared Leadership* in die Tat umzusetzen.

Bei jeder Art von Neuerung oder Veränderung gibt es Befürworter und Unterstützerinnen, es gibt Unentschlossene und es gibt Gegner – so auch bei *Shared Leadership*: Es wird jene geben, die eine positive Haltung einnehmen, aber auch jene, die entweder noch nicht sicher (Unentschlossene) oder eher negativ (Gegner) eingestellt sind.

Die Hauptarbeit liegt darin, die Gruppe der Unentschlossenen – meistens die größte Gruppe – zu gewinnen. Die Unentschlossen sind weder völlig positiv noch gänzlich negativ eingestellt. Sie haben eher eine abwartende, leicht skeptische Haltung (»Schaun mer mal«). Diese Menschen gilt es zu gewinnen.

Der beste Weg dazu: ausprobieren, testen und sehen, wie es funktioniert. Menschen lassen sich am besten überzeugen, wenn sie erfahren und erleben, wie sich Dinge positiv verändern. Unterstützt wird dies durch den Einsatz von Tools und Instrumenten, die wir in diesem Kapitel vorstellen. Was machen wir mit ausdrücklichen Gegnern? Natürlichen wollen wir – idealerweise – auch sie für die Sache gewinnen. Wir werden auch mit dieser Gruppe Gespräche führen. Wir werden versuchen, die Motive dieser Personen zu verstehen. Wir werden sie mitwirken lassen – in der Hoffnung, dass auch sie ihre ausgesprochen negative Haltung ändern. Wir sollten jedoch nicht davon ausgehen, dass uns das so ohne Weiteres gelingt. Wir dürfen daher nicht alle Energie darauf verschwenden, die Opponentinnen umzustimmen.

Was sich unserer Erfahrung nach jedoch immer wieder zeigt: Wenn man konkret – im Arbeitsalltag – sieht und erlebt, wie Dinge anders oder besser laufen können, wenn man nur ein paar kleine Muster in seinem Verhalten ändert, dann hat dies auch eine Rückwirkung auf die Haltung anderer. Sicher, man kann auch versuchen, mit Überzeugungsarbeit Grundannahmen von Menschen zu beeinflussen. Aber die größte Einflussnahme vollzieht sich über den wahrnehmbaren und erlebbaren Erfolg.

Selbstreflexion: Wie steht es um meine Haltung?

- Welches Menschenbild habe ich?
- Welche Werte sind mir wichtig?
- Was ist meine Meinung zu *Shared Leadership*?
- Warum habe ich diese Haltung?
- Welche Vorteile und Risiken sind (für mich – aber auch für das Team) mit *Shared Leadership* verbunden?

Erfolgsbedingungen für *Shared Leadership*

Um *Shared Leadership* im Team zu etablieren, möchten wir Ihnen vier grundlegende Handlungsfelder vorstellen: die Schaffung eines Vertrauensraums, eines Leistungsraums (Wertschöpfungsraum), eines Kompetenzraums sowie eines Verantwortungsraums.

In allen diesen Handlungsbereichen ist das wichtigste Schmiermittel oder die Leitwährung die Kommunikation. Sie ist das zentrale Mittel von Beeinflussung und damit auch Führung: Wir äußern eine Bitte, geben Anweisungen oder Instruktionen, überzeugen, argumentieren, erklären, machen Vorschläge, inspirieren, appellieren, tauschen Feedback aus. All das sind Sprechakte, das heißt kommunikative Handlungen. Deshalb zeigt und beweist sich Führung im Wesentlichen in unterschiedlichen Kommunikationsformen.

Aus diesem Grund ist jeder dieser vier Handlungsbereiche auch durch eine ganz spezifische Dialogkultur geprägt. Wir werden uns im Gang dieses Kapitels deshalb genauer ansehen, welche charakteristischen Kommunikationsweisen in den einzelnen Handlungsbereichen vorherrschend sind.

Überblick über die vier Handlungsbereiche

Der erste Handlungsbereich, der **Vertrauensraum**, besteht darin, einen psychologisch sicheren Raum zu gestalten, in dem Menschen freundlich miteinander umgehen, sich angstfrei entfalten können und mit Freude zur Arbeit kommen. Ein dynamischer Wechsel von Führen und Folgen braucht einen sicheren Rahmen. Nur unter dieser Bedingung wird *Shared Leadership* möglich.

Psychisches Wohlergehen muss jedoch um einen weiteren Faktor ergänzt werden, damit Wachstum und Wertschöpfung in einem Team entstehen können. Das führt uns zum zweiten Handlungsbereich, dem **Leistungsraum**. Wir sind als Team überhaupt erst deswegen zusammengekommen, weil wir Resultate für unsere (internen/externen) Kundinnen erzielen und anspruchsvolle Ziele erreichen wollen. Führen und Folgen braucht einen Leistungsanspruch, durch den eine herausfordernde Aufgaben- und Problemlösungsdynamik entsteht. Führen wird erst da notwendig, wo Probleme gelöst und Aufgaben erfüllt werden müssen, das heißt, wo Wertschöpfung entsteht. Nur unter dieser Bedingung wird *Shared Leadership* notwendig.

Dieses Arbeiten an den Zielen und unser Wunsch, den Kunden das zu geben, was sie brauchen, erfordert einen sinnvollen Einsatz unserer Stärken und diversen Fähigkeiten. Im dritten Handlungsbereich, dem **Kompetenzraum**, ist es daher wichtig, dass wir uns um unsere Stärken, unser Diversitätspotenzial und unsere Weiterentwicklung kümmern. Führen und Folgen ruht auf unseren Kompetenzen. Nur unter dieser Bedingung werden die Möglichkeiten von *Shared Leadership* ausgeschöpft.

Am Ende läuft alles darauf hinaus, dass die Bedingungen geschaffen werden, um wertvolle Entscheidungen treffen zu können, welche in entschlossenem Handeln und in klaren Verantwortungen münden. Und das ist unser vierter Handlungsbereich, der **Verantwortungsraum**. Nur unter dieser Bedingung wird *Shared Leadership* gelebt.

Wie schon erwähnt: Ein ganz wesentlicher Faktor und die Klammer für die vier Handlungsfelder ist die Qualität der Kommunikation. Daher müssen wir uns zu jeder Zeit mit der Dialogkultur beschäftigen. *Shared Leadership* funktioniert umso besser, je besser es uns gelingt, miteinander einen Dialog zu führen. Nur unter dieser Bedingung erfüllt sich das Versprechen von *Shared Leadership*.

Wir werden aufzeigen, welche Strategien und Methoden in den jeweiligen Handlungsbereichen sinnvoll sind und welche charakteristischen kommunikativen Skills und Instrumente nützlich sein können, um *Shared Leadership* zu etablieren.

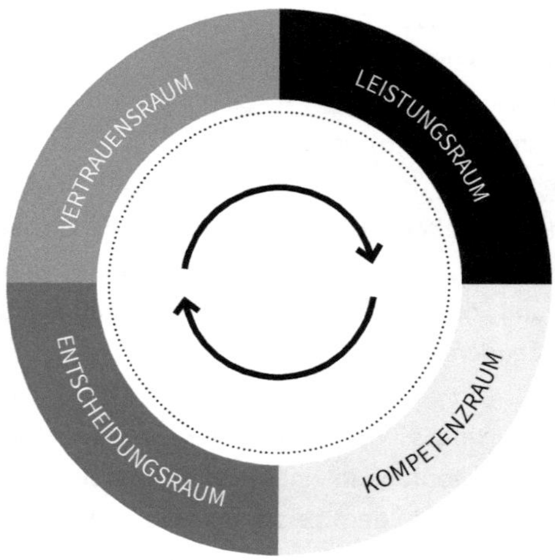

Abb. 21: Die vier Räume des *Shared Leadership*

2.2 Der Vertrauensraum: Höflichkeit, Verlässlichkeit und Fürsorge

Einer der wichtigsten Erfolgsbedingungen für *Shared Leadership* besteht darin, einen angstfreien Raum im Team zu schaffen. Wohlbefinden, Zugehörigkeit, Höflichkeit und Fürsorge sind hier die Stichworte. Nur in einem vertrauensvollen, sicheren Raum, werden die Menschen Mut entwickeln, Initiative ergreifen, Verantwortung übernehmen, sich der Kritik stellen, Fehler riskieren und entschlossen Entscheidungen treffen – alles Leadership-Handlungen, die es zu wecken gilt.

In diesem Abschnitt werden wir wichtige Faktoren vorstellen, die helfen, einen psychologisch sicheren Raum zu schaffen. Wie beschrieben, wird dabei die Art der Kommunikation eine wesentliche Rolle spielen. Es gibt Kommunikationsformen, die für die Schaffung eines sicheren Raums besonders geeignet sind. Dazu zählen Fragen

(Kapitel 2.3.1), Zuhören (Kapitel 2.3.2), entspannter Small Talk (Kapitel 2.3.3) und eine spezielle Gesprächsform, die wir WIDL (Kapitel 2.3.4) nennen.

Ebenso sei erwähnt, dass die Schaffung einer psychologisch sicheren und geschützten Sphäre auch für die interkulturelle Kommunikation eine wichtige Rolle spielt. In vielen Unternehmen treffen wir auf globale Teams, deren Mitglieder unterschiedliche kulturelle Hintergründe haben. Der Aufbau von Vertrauen spielt gerade im interkulturellen Kontext eine wichtige Rolle, da es hier leicht zu kulturell bedingten Missverständnissen kommen kann.

Jetzt aber müssen wir erklären, was es überhaupt bedeutet, einen angstfreien Vertrauensraum zu schaffen. Wo setzt man an? Welche Elemente sind entscheidend? Einen Hinweis zur Beantwortung dieser Fragen erhalten wir, wenn wir uns aus dem Blickwinkel eines Teammitglieds betrachten, was nötig ist, dass eine Person sich in einem Team aufgehoben, geborgen und sicher fühlt.

Das ist der Fall, wenn man beispielsweise folgende Fragen bejahen kann:
- Sind die Menschen in meinem Team freundlich zu mir?
- Bin ich meinen Kolleginnen wichtig?
- Sorgt man sich um mich?
- Kann ich mich auf die anderen verlassen?
- Sind meine Kollegen und meine Vorgesetzte bereit, mir zu helfen?
- Interessiert die anderen, was ich denke?
- Kann ich auch Kritik äußern beziehungsweise ist sie erwünscht?

Mit anderen Worten: Wenn jemand Wertschätzung und Respekt, Sorge und Anteilnahme, Zuverlässigkeit und Hilfsbereitschaft spürt, dann entsteht Vertrauen. Dies sind

Abb. 22: Die drei Vertrauensstufen

die entscheidenden Werte, um die es im Vertrauensraum geht. Wo es eine formale Teamleiterin gibt, gibt diese den Grundton vor. Ihr Verhalten setzt den Maßstab und hat einen erheblichen Einfluss darauf, wie die Teammitglieder miteinander umgehen. In selbst organisierten Teams ohne formale Führung müssen Impulse hierzu aus der Mitte der Gruppe kommen.

Schauen wir uns dazu die drei Level des Vertrauensaufbaus an. Level 1 besteht in einem höflichen und freundlichen Umgang miteinander. Level 2 des Vertrauens entwickelt sich durch Verlässlichkeit und Level 3 basiert auf Offenheit und Fürsorge.

2.2.1 Level 1: Höflichkeit und Freundlichkeit

Vielleicht sind Sie jetzt überrascht oder befürchten, dass wir einen Knigge für *Shared Leadership* vorstellen. Doch keine Sorge, das ist kein Buch zur Etikette des Führens und Folgens. Was wir vielmehr zum Ausdruck bringen wollen: Der einfachste Weg oder auch das ethisch-psychologische Minimum, Wertschätzung, Respekt und Vertrauen zu erreichen, ist ein höflicher und freundlicher Umgang miteinander. Das klingt so banal, dass wir uns tatsächlich – allerdings nur sehr kurz – gefragt haben, ob wir es überhaupt schreiben. Ist das nicht eine Selbstverständlichkeit? Ja, ist es. Allerdings: Die Wirklichkeit sieht oft anders aus. Folgende zwei Negativbeispiele sollen zur Veranschaulichung dienen.

Solveig ist eine junge Assistenzärztin, doch die heutige Visite wird sich für immer in ihrem Gedächtnis einbrennen. Vor den Patienten und Kolleginnen hat sie der Chefarzt dermaßen heruntergeputzt, dass sie in Tränen ausbrach. Die Bemerkung des Chefarztes – »Wer solch eine Heulsuse ist, der sollte vielleicht nicht den Arztberuf ergreifen!« – hat die Situation noch verschlimmert. Ist sie vielleicht wirklich falsch in diesem Beruf? Dabei hatte sie doch nur nicht sofort auf die Fachfrage des Chefs antworten können.

Peter ist enttäuscht. Schon das zweite Wochenende hat er drangehängt, um das Team beim Programmieren der neuen Software zu unterstützen, aber den Kollegen ist kein einziges Dankeschön, kein freundliches, anerkennendes Wort über die Lippen gekommen. Irgendwie halten es alle für selbstverständlich, dass er als alleinerziehender Vater seine spärliche Freizeit opfert, um dem Team aus der Patsche zu helfen. Im Gegenteil, manchmal wird er regelrecht angeschnauzt, weil ihm im Eifer des Gefechts ein Programmierfehler unterlaufen ist. Klar, dass bei Peter das Engagement nachlässt und er mittlerweile sogar immer wieder zu Ausreden greift (z. B. Arztbesuche), um sich nicht ausnutzen zu lassen.

Die beiden kleinen Geschichten sollen zeigen: Unhöfliche, teils aggressive Verhaltensweisen sind allgegenwärtig. Jedem von uns ist wahrscheinlich schon das eine oder andere aus folgender Liste widerfahren.

- Man muss einen cholerischen Anfall des Chefs über sich ergehen lassen.
- Man wird lächerlich gemacht, weil man einen unkonventionellen Vorschlag gemacht hat.
- Man findet kein Gehör, wenn man seine Meinung äußert.
- Man wird nicht begrüßt oder gar ignoriert und geschnitten.
- Man wird mit einer dummen Bemerkung bedacht.
- Man wird verbal angegriffen und beleidigt.
- Man erfährt kein Wort des Dankes.
- Man wird heftig und unterhalb der Gürtellinie kritisiert.

Unhöfliches, rüdes Verhalten zeigt sich häufig bereits in Mikroaggressionen des Alltags – gemeint sind Äußerungen, die als übergriffig empfunden werden. Und wahrscheinlich können wir uns selbst auch nicht davon ausnehmen, obwohl uns unhöfliches Verhalten natürlich in erster Linie bei den anderen auffällt.

Christine Porath beschreibt in ihrem Buch *Mastering Civility*, dass unhöfliches Verhalten allgemein zugenommen hat.[77] Die Ursachen dafür sind vielfältig: zunehmender Egoismus, hohe Arbeitsbelastung, unterschiedliche kulturelle Gewohnheiten, Technologien, die den Austausch auf Kurznachrichten reduzieren, der Verlust an Nähe, narzisstische Chefs et cetera. Dabei sind die meisten Menschen nicht aus bösem Willen ungehobelt, sondern aus mangelnder Selbstwahrnehmung, also einer Art Ignoranz. Sie haben einen blinden Fleck. Es fehlt ihnen die Fähigkeit, ihr eigenes Verhalten zu reflektieren. Hinzu kommt oft das Gefühl, dass in einer unhöflichen Welt nur Unhöflichkeit hilft – fight fire with fire.

Rüde Verhaltensweisen sind allerdings Stressoren und haben enorme Auswirkungen auf die Gesundheit und die Produktivität der Menschen. Wer unhöfliches Verhalten erfährt, zieht sich zurück, sucht weniger Unterstützung, teilt weniger leicht Informationen, ist bei der Problemlösung nicht mehr so konzentriert, ist weniger kreativ, misstrauischer, anfälliger für Fehler und geht auf keinen Fall in Führung. Unhöflichkeit stiehlt unsere kognitiven und emotionalen Ressourcen und nimmt uns den Mut für Eigenverantwortung. Wechselseitiges Führen und Folgen wird in einer solchen Atmosphäre von vornherein vereitelt.

Sich dabei lediglich vorzunehmen, nicht unhöflich zu sein, ist keine ausreichende Zielsetzung. Höflichkeit umfasst weit mehr als die bloße Abstinenz von Mikroaggressionen. Es erfordert eine aktive Leistung, ein bewusstes Handeln – was nach einer gewissen Mühe jedoch leicht zur zweiten Natur und zum Automatismus werden kann.

Warum lohnt es sich, freundliche Umgangsformen überhaupt an den Tag zu legen? Die Antwort ist einfach: Höfliches Verhalten kann die Menschen erheben und selbst jede kleinste Begegnung zu einem positiven Ereignis machen. Kleine Gesten der Aufmerksamkeit, Signale von Respekt und Rücksichtnahme, Zeichen von Freundlichkeit und von Wohlwollen, von Sorge und Caring: All das hat positive Effekte auf die soziale Umwelt, auf jede Einzelne.

Doch jetzt ein großes Aber: Ist es nicht so, dass uns manchmal einfach nicht nach Höflichkeit zumute ist? Verlangen wir da nicht zu viel von uns? Sich immer höflich oder freundlich zu zeigen, kann unheimlich anstrengend sein. Wie entspannend und befreiend ist es doch gelegentlich, den Griesgram oder Kotzbrocken raushängen zu lassen. »Muss ich denn immer lächeln?« Und macht es nicht auch ein bisschen Spaß, mal rüde, ungehobelt und vielleicht gemein zu sein, sich an der Kasse vorzudrängeln, den letzten Platz zu ergattern, die Musik besonders laut zu stellen, eine spitze Bemerkung vom Stapel zu lassen?

So ist es durchaus. Es gibt Tage, da haben wir schlechte Laune und daher keine Lust auf das ganze Höflichkeitsbrimborium. Und ja, wir empfinden hier und da eine diebische Freude dabei, jemandem eins auszuwischen. Wir sind schlicht nicht immer von edlen Motiven beseelt. Das ist die Realität.

Häufig passiert es uns einfach unbeabsichtigt oder unbewusst, dass wir uns unfreundlich oder unhöflich benehmen. Wir fallen ins Wort, übersehen andere, machen eine grimmige Mine, eine flapsige Bemerkung.

Höflichkeit und Freundlichkeit sind also – zumindest, wenn sie noch geübt werden wollen – mit einer gewissen Anstrengung verbunden. Es kostet Aufmerksamkeit und Energie.

Kleiner Appell

Jedem von uns sollte es wert sein, sich höflich und freundlich zu verhalten. Insofern wir in diesen Wert investieren, ist Höflichkeit eine Vorstufe der Moral.

Den Gesten der Höflichkeit liegt das ethische und moralische Ideal zugrunde, Menschen würdevoll zu behandeln und nicht zu instrumentalisieren. Höflichkeit kann als ein Signal verstanden werden, Menschen nicht einfach als Werkzeuge zu betrachten, die man beliebig benutzen und kontrollieren kann. Sie impliziert eine Anerkennung als Person. Sie bringt als Verhaltensnivellierer eine fundamentale Gleichwertigkeit zum Ausdruck. Mithin ist Höflichkeit im Grunde Anerkennung von Diversität und Inklusion. Sie symbolisiert prosoziale Werte des Respekts, der Nähe, des Vertrauens, der Wertschätzung, der Toleranz. Dieser Gleichwertigkeitsaspekt von Höflichkeit erlaubt es jedem im Team, prinzipiell eine Führungsrolle einnehmen zu können. Keine ist privilegiert oder nimmt aufgrund von Statusunterschieden eine Sonderrolle ein. Eine Sonderrolle, vielmehr eine Führungsrolle, ergibt sich dynamisch und fließend aus der Situation der Aufgabenbearbeitung. Oder sie wird einem durch das Team in einem Aushandlungsprozess zugewiesen.

Ein Statusunterschied legitimiert keinen Verhaltensunterschied (obwohl in hierarchisch orientierten Kulturen statusbezogene Etiketteregeln herrschen). Und dennoch: Denken wir nur daran, wie schnell es passiert, dass sich Menschen aufgrund eines vermeintlichen Statusunterschiedes gegenüber ihrer Umwelt erlauben, unhöflich und rüde zu sein. Der Chefarzt grüßt die Putzhilfe nicht, die wohlhabende Kundin kritisiert lautstark den Mitarbeiter an der Rezeption et cetera. Wie wohltuend, wenn der Chef alle seine Mitarbeitenden beim Namen kennt, wenn die Chefin sich nach dem Wohlbefinden jedes einzelnen erkundigt, wenn der Kunde in gemäßigtem Ton Feedback gibt und seine Wünsche äußert.

In der konfuzianischen Philosophie spielt Höflichkeit (*Li*) eine herausragende Rolle für das menschliche Miteinander. Sie ist ein Gut an sich, das es anzustreben und zu verwirklichen gilt. Aus konfuzianischer Sicht ist Höflichkeit Zeichen und Merkmal der eigenen Abhängigkeit von anderen Menschen. Wir brauchen andere für ein gelingendes Leben. Mit höflichem Verhalten ehre ich diese tiefe soziale Wahrheit. Wir sind höflich, weil wir mit anderen Menschen eine Verbindung und Beziehung eingehen wollen. *Shared Leadership* überträgt diese Erkenntnis in den Bereich professioneller Zusammenarbeit. Letztere ist im Team nur möglich, wenn wir diese gegenseitige Abhängigkeit anerkennen.

Aus asiatischer Perspektive umfasst Höflichkeit weit mehr als eine formale, oberflächliche Etikette. Sie ist Symbol für ein ethisch reiches und feinsinniges Leben und für Schönheit. *Li* – also Höflichkeit und die damit verbundenen Rituale – macht Menschen überhaupt erst vertrauenswürdig. Es ist der Beweis, dass man jemandem vertrauen kann. Höflichkeit ist das sichtbare Signal dafür, dass jemand vertrauenswürdig ist.

Erneut bedienen wir uns einer Geschichte. Robert ist Manager eines deutschen Reiseunternehmens, das sich stärker in Asien engagieren möchte. Er trifft sich mit Vertretern eines chinesischen Unternehmens, zu dem bisher nur schriftlicher und gelegentlich fernmündlicher Kontakt bestanden hat. Robert möchte zukünftige Reisekooperationen vereinbaren. Er hat sich gut vorbereitet, viel anschauliches Werbematerial mitgebracht, um das Niveau seines Unternehmens darzustellen, sowie Zahlen, die den Erfolg in anderen asiatischen Regionen eindeutig belegen. Er ist überzeugt, den Chinesen ein lukratives Geschäft vorschlagen zu können und sieht keine Probleme, schnell zu einem Abschluss zu kommen.

Der Empfang beim Geschäftsführer und einer ganzen Reihe von Angestellten ist sehr freundlich, fast erdrückend, und es werden aus Roberts Perspektive zu viele Umstände gemacht. Zunächst wird Tee in verschiedenen Variationen angeboten. Da er den grünen Tee mit den Blättern darin nicht mag, lehnt er höflich ab. Weiter geht es mit Keksen und anderen Süßigkeiten, die er auch nicht mag. (Er ist doch nicht auf einer Party!)

Obwohl er eigene Zigaretten in der Brusttasche hat und eigentlich im Moment nicht rauchen will, werden ihm Zigaretten aller im Raum vorhandenen Marken angeboten. Die Fragen drehen sich nur um seine bisherigen Reiseeindrücke von China, wobei er gar keine gesammelt hat. Schließlich ist dies ja eine Geschäftsreise, wie er vergeblich betont. Er wird nach seinem Familienstand gefragt, nach dem Wohlergehen von Frau und Kind, was er als reichlich indiskret empfindet. Mühsam quält sich Robert durch diese (aus seiner Sicht) zeitraubenden Nichtigkeiten, um endlich zur Sache kommen zu können. Geschickt macht er der Plauderei ein Ende, indem er beginnt, seine mitgebrachten Materialien zu präsentieren.

Schon während seiner Ausführungen bemerkt er, dass ihm kaum Interesse entgegengebracht wird. Die Verabschiedung kommt für ihn überraschend früh, ohne dass man überhaupt in konkrete Gespräche eingestiegen ist. Von dem einseitigen und offensichtlich von Interesselosigkeit begleiteten Verlauf seiner Präsentation ist er so verunsichert, dass er beschließt, nicht weiter zu drängen, sondern den nächsten Tag abzuwarten. Da erfährt er dann, dass seine gestrigen Gesprächspartner entweder nicht im Haus seien oder in Besprechungen und niemand anderes in dieser Sache zuständig sei oder Bescheid wisse. Auch zu einem späteren Zeitpunkt kommt es zu keinem weiteren Treffen zwischen Vertretern beider Firmen.

Wie erklärt sich diese missglückte Geschäftsanbahnung? Robert hat nicht gewusst und es auch beim Zusammentreffen nicht bemerkt, worauf es beim Business in Ostasien ankommt, nämlich Beziehungen aufzubauen. Und diese sind immer persönlicher Art und nie nur sachbezogen – was nicht nur für Asien gilt. Wir haben im ersten Kapitel bei der Diskussion von Cialdinis Kategorien bereits gesehen, wie wichtig es ist, Nähe und eine Beziehung aufzubauen. In Asien ist dieser Faktor im Vergleich zu unseren Gewohnheiten lediglich potenziert.

Roberts Haltung: Nur eine sachliche Diskussion ist businesstauglich. Aber das ist nicht der Fall. Die Chinesen hatten längst Business betrieben – nur Robert hat davon nichts mitgekriegt.

Ständig etwas abzulehnen, empfanden die Asiaten als äußerst unhöflich. Deshalb hielten sie es nicht für wert, mit Robert Geschäfte zu machen. Denn er interessierte sich gar nicht für sie als Personen. Zeichen dafür war sein – nun aus ihrer Perspektive bewertet – eher ungehobeltes Verhalten. Und so folgte dann auch kein weiteres

Gespräch, wiederum eher typisch für den asiatischen Raum. Denn Kritik wird in der dortigen Kultur eher indirekt geübt.

Kulturunabhängig kann uns Höflichkeit außerdem helfen, nicht in Stereotype zu fallen, das heißt, Menschen vorschnell zu kategorisieren. Wir fällen oft Urteile über Menschen auf einer geringen Datenbasis. Daher müssen wir verlangsamen, entschleunigen, Interaktionsmuster ausbilden. Genau dazu dienen Höflichkeitsregeln. Sie verhindern vorschnelle Meinungsbildung.

In diesem Sinn des Gleichbehandelns ist Höflichkeit ein Als-ob-Verhalten. Ich bin freundlich und höflich, weil ich damit so tue, als ob mein Gegenüber es auch ist. Wenn es mein Verhalten erwidert, dann entsteht eine gleichwertige Beziehung. Durch mein höfliches und freundliches Verhalten gebe ich einen Vertrauensvorschuss, es ist ein sogenannter *Glaubenssprung*. Das fühlt sich gut an und öffnet, sobald es erwidert wird, den Eingang zum Vertrauensraum.

Höflichkeit stellt aber nicht nur einen Wert an sich dar, sondern sie kann auch Ergebnis einer Klugheitsüberlegung sein. Porath zitiert eine Reihe von Studien, in denen gezeigt wird, dass sich Höflichkeit auszahlt. Höflichen Menschen folgt man gern. Respekt und Wertschätzung zu zeigen, ist ein wichtiger Verhaltensfaktor, um Verbindlichkeit und Engagement zu erhalten, das heißt, einen Führungseinfluss auszuüben.[78]

Es zählen nicht nur die Resultate: Menschen, die es verstehen, aufmerksam zuzuhören, Fragen zu stellen, mit Wertschätzung und Aufmerksamkeit zu reagieren, sind letzten Endes erfolgreicher. Studien zeigen auch, dass die Leistungskraft von Teams, die einen höflichen Umgang pflegen, zunimmt. Informationen werden leichter geteilt, es macht mehr Freude zu arbeiten, man fühlt sich psychologisch sicherer, es gibt weniger emotionale Erschöpfung.

Spätestens hier möchte man einwenden: Aber kennen wir nicht alle Führungskräfte, die Erfolg haben, weil sie kühl, abweisend, herrisch sind? Porath bemerkt sinngemäß zu Recht: Diese Menschen sind erfolgreich, nicht weil, sondern obwohl sie unhöflich sind. Ein Philosoph würde erklären, dass Unhöflichkeit weder notwendig noch hinreichend für Erfolg ist.

Wir wissen außerdem: Glücksgefühle können ansteckend wirken. Jede kleine Begegnung, die positiv ist, kann eine positive Auswirkung haben. Stimmungen stehen nicht für sich allein, sie sind verknüpft. Umgekehrt gilt dies auch für negative Erfahrungen. Wie auch immer die Stimmungslage ist: Wir erleben Verstärkungseffekte und einen Effekt der Weiterverbreitung wie eine Infektion. Bei einer freundlich gestimmten Haltung müssen wir nichts dagegen unternehmen, im Gegenteil. Sie darf sich munter verteilen. Ein Gegengift für eine unhöfliche Erfahrung hingegen sollte man in der Tasche haben: zum Beispiel ganz bewusst höflich oder freundlich sein. Denn so schafft man eine neue Situation, in der sich freundliches Verhalten fortsetzen kann.

Wie man sich selbst zu höflichem Verhalten motiviert

Anstrengungslos kleine Gesten höflichen Verhaltens zu zeigen, lässt sich am einfachsten ins Alltagshandeln umsetzen, wenn man sich selbst das ehrliche *Commitment* gibt, eine höfliche Person zu werden. Das heißt, Verhaltensdispositionen zu entwickeln, die – irgendwann ganz automatisiert – höfliches Verhalten darstellen. Kahneman würde wahrscheinlich von System 1 sprechen (siehe Kapitel 1.4.1, Abbildung 6). Um diese Verhaltensgewohnheiten zu entwickeln, braucht man gewissermaßen einen Meta-Wunsch, nämlich: »Ich möchte eine Person sein, die den Wunsch hat, höflich zu sein.« Diesen Meta-Wunsch erfüllt man, indem man entsprechende Gewohnheiten ausbildet (freundlich guten Tag sagen, beim Betreten eines Raums lächeln, aufmerksam zuhören et cetera) beziehungsweise entsprechende Verhaltensmuster automatisiert. Startpunkt ist die Erkenntnis, dass es wahrlich etwas wert ist, sich höflich zu verhalten. Und da sind wir wieder bei der Frage der Haltung, die uns am Anfang des Kapitels schon beschäftigt hat. Wenn man versteht, dass höfliches und freundliches Verhalten sowohl einen Wert an sich als auch einen instrumentellen Wert darstellt, dann kann man sich leichter dazu motivieren, höfliches Verhalten zu zeigen. In instrumenteller Hinsicht macht Höflichkeit fit für *Shared Leadership*. Denn Statusunterschiede werden eingeebnet, jede bringt sich leichter ein. Für jeden wird es einfacher, auch mal im Rampenlicht zu stehen und vorneweg zu marschieren.

Zum Ende dieses Kapitels müssen wir uns noch um einen naheliegenden Einwand kümmern: Ist höfliches Verhalten nicht unauthentisch, gekünstelt, eine Verstellung? Ist Höflichkeit nicht einfach ein großer Fake? Schon Rousseau hat das Thema der Manieren kritisiert. Sie seien eine Maske und jede Interaktion würde unehrlich. Höfliches Verhalten könne eine verfaulte Moral tarnen. Und es stellt sich die Frage: Sind die Menschen mit den besten Manieren nicht oft die größten Manipulatoren?

Obwohl wir gute Manieren häufig für eine bourgeoise Überflüssigkeit halten, reagieren wir entrüstet, wenn wir selbst Opfer unhöflichen Verhaltens werden.

- Der Kellner ignoriert uns und grüßt nicht.
- In der Arztpraxis wird uns keine Beachtung geschenkt.
- Die Gesprächspartnerin am anderen Ende der Leitung hat rüde den Hörer aufgelegt.
- Die Chefin fragt uns kein einziges Mal um unsere Meinung.

Klar ist: Höfliches Verhalten garantiert kein moralisch einwandfreies Verhalten. Und es gibt geschickte Manipulatoren, die sich hinter einer Fassade aus Freundlichkeit verstecken. Andererseits: Unhöfliches Verhalten ist auch kein Garant für Anständigkeit. Wenn wir gar kein manierliches Verhalten mehr zeigen würden, dann würde die menschliche Lage moralisch nicht zum Besseren stehen. Es gäbe dann immer noch Menschen, die uns manipulieren und Übles wollen. Wir können daher nur konstatieren, dass Höflichkeit zwar keine hinreichende Bedingung für moralisch korrektes Verhalten ist, aber sie stellt eine notwendige Bedingung dar.

Die konfuzianische Sicht auf die Rolle von Höflichkeit haben wir bereits betont. Nicht umsonst finden wir Beispiele für höfliches Verhalten besonders im asiatischen Kulturraum. Asien kann uns in dieser Hinsicht ein gutes Beispiel dafür geben, wie man Zugehörigkeit und eine vertrauensvolle Beziehung entstehen lässt. Lassen Sie uns eine typische Situation betrachten. Dazu gehen wir nach Japan.

In Japan ist es eine allgemeine Gepflogenheit, anderen Menschen größtmögliche Aufmerksamkeit zu schenken. Stellen Sie sich vor, Sie sind zum Abendessen in einem schicken Restaurant in Ginza, einem berühmten Stadtviertel in Tokio, eingeladen. Nachdem Sie vom Tisch aufgestanden und dabei sind, das Restaurant zu verlassen, werden Sie sich bestimmt beim Gastgeber für das wundervolle Dinner bedanken (Stufe 1 japanischer Höflichkeit). So weit, so gut – und mithin auch keine Überraschung. Doch nun zündet Stufe 2: Wenn Sie im Hotel oder im Büro angekommen sind, dann werden Sie eine kurze Nachricht an den Gastgeber senden und sich ein zweites Mal für den gelungenen Abend bedanken. Und, womöglich ahnen Sie es, dann greift Stufe 3: Beim nächsten Aufeinandertreffen mit dem Gastgeber, und sei es zwei Jahre später, werden Sie für das ausgezeichnete Dinner erneut Ihren Dank aussprechen. Und in diesem Moment haben Sie einen Freund fürs Leben gewonnen. »Sie erinnern sich noch an das Essen vor zwei Jahren?« »Selbstverständlich, das wird mir unvergesslich bleiben.«

Wie steht es nun um Ihr Höflichkeitsprofil? Wie begegnen Sie anderen Menschen? Wenn Sie mehr über sich selbst wissen wollen, dann werfen Sie doch mal einen Blick auf folgende Reflexionsfragen.

Selbstreflexion: Wie höflich bin ich?

- Wie begegne ich anderen Menschen?
- Grüße ich – und zwar jede?
- Lächle ich?
- Wie oft sage ich Bitte oder Danke?
- Wie oft gebe ich ein Kompliment?
- Schreibe ich Erfolge des Teams hauptsächlich mir zu oder anerkenne ich den Beitrag aller?

- Wie oft unterbreche ich Menschen, wenn sie sprechen?
- Wie oft bin ich sofort im Rechtfertigungsmodus?
- Wie viel Aufmerksamkeit schenke ich Menschen?
- Wie schnell lasse ich mich in einem Gespräch ablenken?
- Wie viel Mühe gebe ich mir, wenn ich negatives Feedback geben muss?
- Wie oft lobe ich?
- Wie gut kenne ich das Befinden meiner Kollegen oder Mitarbeiterinnen?
- Schreibe ich während Meetings E-Mails oder SMS-Nachrichten?
- Lasse ich Menschen warten?
- Habe ich die Tendenz, andere zu belehren?
- Wie oft halte ich Informationen zurück?
- Wie gut halte ich Zusagen ein?
- Wie oft versuche ich, mit jemand in Kontakt zu bleiben?
- Wie entschuldige ich mich, wenn etwas nicht geklappt hat?
- Denke ich an Geburtstage oder andere wichtige Ereignisse meiner Mitmenschen?
- Verstecke ich mich oft hinter Fachjargon?
- Nehme ich mir die meiste Redezeit? Lasse ich andere zu Wort kommen?
- Beziehe ich auch Menschen ein, die etwas stiller und zurückhaltender sind?
- Wie gut stelle ich Fragen?
- Übersehe ich manchmal Menschen oder schließe sie aus?
- Wie gut höre ich mir die Meinungen anderer Menschen an?
- Bewerte ich die Meinungen sofort oder frage ich präzisieren nach?
- Wie oft ignoriere ich Einladungen?
- Wie oft komme ich zu spät?
- Beleidige ich manchmal Menschen oder verletze ihre Gefühle?
- Glaube ich, dass Erfolge viel wichtiger sind als Freundlichkeit?
- Nehme ich die Anstrengungen anderer Menschen genügend wahr?
- Mache ich in einem Gespräch manchmal abfällige Bemerkungen?
- Spreche ich manchmal schlecht über andere, die nicht anwesend sind?
- Nehme ich die Leistung anderer Menschen für selbstverständlich?
- Suche ich mir manchmal die leichten Aufgaben, während ich die schwierigen anderen überlasse?
- Werde ich schnell wütend oder ungehalten, wenn andere mir widersprechen oder einfach nur anderer Meinung sind?
- Vermeide ich Blickkontakt?
- Werde ich schnell laut, wenn ich mich durchsetzen möchte?
- Verurteile ich Menschen, die andere Ansichten haben?
- Halte ich mich für einen höflichen Menschen?

Wenn Sie denken, es gibt einige Verhaltensweisen, die verbesserungswürdig sind, dann forschen Sie weiter.

Selbstreflexion: Wo kann ich besser werden?

- Was sind typische Situationen, in denen ich mich hin und wieder unhöflich verhalte?
- Welche Ursachen/Gründe gibt es für mein ungeschliffenes Verhalten?
- Was würde ich gern verändern? Was davon am dringendsten?
- Was nehme ich mir ganz konkret ab morgen vor?

Diese Fragen sind eine Möglichkeit, sich über das eigene Verhalten Klarheit zu verschaffen. Überlegen Sie dann, was Sie anders machen könnten. Eine Kleinigkeit genügt. Es sollte nur etwas sein, das Sie bisher noch nicht im Fokus hatten – der morgendliche Gruß, ein täglicher 10-Minuten-Kaffee mit dem Team, bewusst einen Dank aussprechen, zuhören, ohne zu unterbrechen. Konzentrieren Sie sich für eine Woche auf diesen kleinen Aspekt. Dann nehmen Sie sich eine andere Sache vor. Beobachten Sie, was diese neue Verhalten in Ihrem Umfeld und in Ihnen auslösen.

Eine weitere, anschließende Möglichkeit ist, Feedback von außen einzuholen. Stellen Sie in einem Teammeeting einmal folgende Fragen:

- Wie höflich oder freundlich gehen wir eigentlich miteinander um?
- Was könnten wir manchmal besser oder anders machen?
- Was hilft uns, einen freundlicheren Umgang zu pflegen?

Eine weitere spannende Möglichkeit: Führen Sie ein Höflichkeitsbarometer ein und fragen Sie regelmäßig auch dessen Erfolg – oder Misserfolg – ab. Lassen Sie das Team daran mitarbeiten und geben Sie ebenfalls Impulse, aber machen Sie keine Vorgaben. Ein gemeinsam gestaltetes Höflichkeits-Regelwerk schließt alle ein und keiner kann sich darauf berufen, dass es eh nicht seine Idee war.

Wenn Sie persönlich ohne Umschweife zur Tat schreiten und ab morgen den Menschen ein bisschen freundlicher begegnen wollen, dann hier drei einfache Möglichkeiten – immer vorausgesetzt, Ihre Grundhaltung ist: »Ich möchte ein höflicher Mensch sein.«

1. **Schenken Sie Ihren Mitmenschen ein Lächeln.** Sollte es Ihnen schwerfallen, üben Sie es morgens im Spiegel. Womöglich bewegt Sie das bereits zu einem ersten Schmunzeln des Tages.
2. **Nehmen Sie Ihre Mitmenschen mit voller Aufmerksamkeit wahr.** Beginnen Sie ein Small-Talk-Gespräch (siehe Kapitel 2.3.3), stellen Sie Fragen und interessieren Sie sich ehrlich für Ihr Gegenüber. Auch hier: Wenn es Ihnen schwerfällt, fragen Sie sich, warum das so ist. Warum haben Sie kein Interesse an Ihren Mitmenschen? Und soll das so bleiben?
3. **Geben Sie etwas von sich.** Zeigen Sie sich offen und geben Sie etwas ab von Ihrem Wissen, Ihren Kontakten, Informationen oder Ihrer Zeit. Wer etwas von sich gibt, bekommt in der Regel auch etwas zurück.

2.2.2 Level 2: Verlässlichkeit

In der amerikanischen ABC-Serie *How to get away with Murder* gibt es eine interessante Schlüsselszene. Die vier Jurastudenten Wes, Connor, Michaela und Laurel werden eines Abends im Hause ihrer Professorin und Staranwältin Annalise in den Tod von Annalises Ehemann Sam verwickelt. Bei einem Handgemenge zwischen Sam und den vier Studenten kommt Sam am Treppengeländer des ersten Stockwerks ins Stürzen. Mit voller Wucht schlägt er mit dem Kopf auf dem Boden des Erdgeschosses auf. Die Studenten halten Sam für tot und sie diskutieren fieberhaft, was sie nun unternehmen sollen. Immerhin sind sie am Tod des Ehemannes ihrer Professorin schuld. (Kleine Komplikation am Rande: Mittlerweile besteht der gut begründete Verdacht, dass Sam seinerseits die Studentin Lila Stangard ermordet hat, weil sie von ihm schwanger war). Noch während die Studenten in Panik ihre Handlungsoptionen durchgehen, kommt Sam unbemerkt und wie durch ein Wunder wieder zu sich. In der nächsten Szene sieht man, wie Sam versucht, Rebecca – eine weitere anwesende Person, die wegen des Mordes an der getöteten Lila angeklagt ist – zu erwürgen. Wes, der das mitbekommt, erschlägt Sam daraufhin mit einer Trophäenstatue. Was zu Anfang ein unglücklicher Unfall war, war am Ende ein – halb in Notwehr – durchgeführter Mord. Die jungen Leute sind nach der Tat vollends verzweifelt. Aber sie beschließen, die Tat zu vertuschen und den Leichnam zu verbrennen. Sie vereinbaren, das Geschehen geheim zu halten und legen sich eine plausible Geschichte als Alibi zurecht. Einige Tage später bekommen Connor und Michaela jedoch Zweifel. Die Tat lastet auf ihrem Gewissen und sie machen sich Sorgen, dass eines Tages doch alles herauskommt und ihr Leben vollends verpfuscht ist. Sie planen, zur Polizei zu gehen, alles zu gestehen und als Kronzeugen aufzutreten, um schließlich Wes zu belasten, der am Ende ja auch den letzten Schlag durchgeführt hat. Auf diese Weise hoffen sie, ihre Karrieren als Anwälte, die ja noch nicht einmal gestartet haben, zu retten. Kurz bevor sie jedoch die Polizeistation betreten, werden sie von Wes und Annalise, die mittlerweile eingeweiht ist, gestoppt und von ihrem Vorhaben abgebracht.

Diese Szene und Ereignisfolge gibt uns interessante Aufschlüsse über das Thema *Vertrauen*. Dabei sind wir Zeugen einer Situation, die die Struktur eines Gefangenendilemmas hat. Bei einem solchen gibt es für die beteiligten Personen zwei Handlungsoptionen, die mit unterschiedlichen Kosten verbunden sind: in dieser Geschichte eine egoistische und eine kooperative Variante. Wenn man die egoistische Variante wählt, um selbst so gut wie möglich davonzukommen (Connor und Michaela gestehen), dann besteht die Möglichkeit, mit geringem Schaden aus der Lage herauszukommen, sofern die andere Seite nicht auch die egoistische Variante wählt. Wenn man die kooperative Handlung wählt (alle halten dicht), kommen alle Beteiligten insgesamt am besten weg, sofern nicht eine Seite das ausnutzt, zum Beispiel durch ein Geständnis.

Die logische Basis für die kooperative Handlungsvariante – und damit für gegenseitiges Vertrauen – ist eine Vereinbarung sowie der Umstand, dass jeder sich verpflichtet fühlt, diese Vereinbarung auch einzuhalten. Jeder muss sich darauf verlassen können, dass alle ihr Wort halten. Ganz maßgeblich für den Aufbau von Vertrauen ist daher Verlässlichkeit.

Natürlich sind auch Faktoren wie Kompetenz, Expertise, Sympathie, Ähnlichkeit et cetera wichtige Bedingungen für das Entstehen von Vertrauen. Verlässlichkeit ist jedoch eine ganz zentrale, notwendige und hinreichende Bedingung.

Auf den Punkt

Höflichkeit verstehen wir als Signal für Vertrauenswürdigkeit. Sie ist die Vorstufe der Vertrauensbildung, aber noch kein konstitutives Element von Vertrauen. Die Vertrauensfunktion tritt erst in Kraft, wenn man wirklich sein Wort hält, das heißt, wenn man sich auf jemanden verlassen kann.

Höflichkeit und Freundlichkeit liefern uns den minimal-ethischen Rahmen für Vertrauen und eine gedeihliche Zusammenarbeit, in der der dynamische Wechsel von Führen und Folgen einen Nährboden findet.

Verlässlichkeit, das Gefühl und die Sicherheit, sich aufeinander verlassen zu können, liefert uns den substanziellen Gehalt von Vertrauen. Verlässlichkeit entsteht, wenn sich jede an die vereinbarten Regeln und Abmachungen hält.

Wie wichtig Verlässlichkeit für den Vertrauensaufbau ist, hat bereits der schottische Philosoph David Hume beschrieben. Er schildert das Beispiel von zwei Bauern, die sich gegenseitig helfen wollen, ihre Ernte einzufahren. Einer der Bauern wird beginnen müssen, dem anderen zu helfen. Es besteht das Risiko, dass Bauer 1, nachdem er die Ernte mithilfe von Bauer 2 eingebracht hat, anschließend Bauer 2 seine Unterstützung verweigert. In diesem Fall hat Bauer 1 Bauer 2 ausgenutzt. Damit dies nicht passiert, treffen beide eine Vereinbarung, ein gegenseitiges Versprechen. Wenn beide sich daran halten, wissen sie, dass die Zusammenarbeit mit dem anderen klappt. Das wird die Basis für zukünftige Kooperationen legen. Im Laufe der Zeit werden beide die immer festere Überzeugung entwickeln, dass sie sich aufeinander verlassen können. Vertrauen entsteht. Die Grundlage für dieses Vertrauen ist eine Vereinbarung. Daraus wird deutlich, warum Vereinbarungen beziehungsweise Versprechen bei der Zusammenarbeit eine so wesentliche Rolle spielen.

Die Vertrauensverlust ist groß, wenn die Vereinbarung nicht eingehalten wird. So geschehen in folgender Geschichte:

Ein Leitungsteam in einem Unternehmen ist unglücklich mit der Art und Weise, wie die Chefin agiert. Sie ist oft unhöflich, macht die Teammitglieder vor versammelter

Mannschaft zur Minna. Das Team möchte der Chefin dazu Feedback geben. Peter fasst sich ein Herz, es bei der nächsten Teambesprechung zur Sprache zu bringen. Aber er bittet um den Beistand seiner Kollegen: »Ihr dürft mich da nicht hängenlassen.« Alle versichern ihre Unterstützung. Am Tag des Meetings macht außer Peter aber keiner den Mund auf. Peter sitzt in der Falle und wird von der Chefin zur Schnecke gemacht. Es ist klar, dass dieses Ereignis nicht nur einen Einfluss auf das persönliche Verhältnis zwischen Peter und seiner Chefin hat, sondern auch auf die Beziehung der Teammitglieder untereinander. Wie sehr kann man sich wirklich aufeinander verlassen? Kann man dem Wort der anderen noch vertrauen oder muss man künftig damit rechnen, im Regen stehen gelassen zu werden?

Welche Konsequenzen ergeben sich daraus für unser Thema *Shared Leadership*?

Es ist wichtig, im Team klare Vereinbarungen darüber zu treffen, wie Aufgaben erledigt werden, wer welche Rolle übernimmt, welche Entscheidungsbefugnisse gelten, wer temporär in eine Führungsrolle schlüpft und so weiter. Außerdem kann es von Nutzen sein, für das gesamte Team eine Art Verfassung, eine Team-Charta zu entwerfen. Diese Team-Charta bildet den normativen Rahmen für eine Zusammenarbeit, was man voneinander erwarten kann und wie Führung – von allen – gelebt wird.

Folgende Fragen können in einer Team-Charta beantwortet werden:
- Welche Teamvision haben wir?
- Was wollen wir erreichen?
- Welchen Beitrag zum Unternehmenserfolg leisten wir?
- Welchen Nutzen stiften wir als Team?
- Was ist uns in unserer Zusammenarbeit und Kommunikation wichtig?
- Welche Erwartungen haben wir an Loyalität, Alignment (Ausrichtung) und Umsetzungsbereitschaft?
- Was erwarten wir von jemand, der Führung übernimmt?
- Welche Rolle spielt Verantwortung?
- Wie wollen wir effektiv folgen?
- Wie gehen wir mit Konfliktsituationen um?

Einen wichtigen Punkt müssen wir noch ansprechen. Was macht man, wenn sich jemand aus dem Team nicht an die Vereinbarungen hält?

Wenn eine oder mehrere die Regeln brechen, schreit das nach Intervention. Ein Eingreifen kann und sollte von jedem kommen, der einen Regelbruch bemerkt. Jede sollte sich *im Shared-Leadership*-Modus dazu aufgefordert fühlen einzuschreiten, wenn es einen Regelverstoß gibt. Wenn Feedback und Intervention aus der Mitte des Teams kommen, dann zeugt dies von hohem Verantwortungsbewusstsein.

Im schlimmsten Fall muss die formale Teamleiterin aktiv werden und die Schiedsrichterinnenfunktion übernehmen. Sie kann sich und das Team beziehungsweise die Harmonie prinzipiell am leichtesten schützen, wenn es zu Regelverstößen kommt. Warum? Aufgrund der hierarchischen Macht hat sie die meisten Optionen, dagegen vorzugehen. Sie ist nämlich, im schlimmsten Fall, dazu ermächtigt, Sanktionen auszusprechen und umzusetzen. Ein Beispiel soll diesen Fall illustrieren.

In einem kleinen IT-Team hat man die Abmachung getroffen, dass jedes Teammitglied einmal den monatlichen Jour Fixe moderieren und leiten wird. Gregor jedoch findet immer wieder Ausreden, um sich davor zu drücken. Feedback aus dem Team führt bei Gregor zu keiner Einsicht und keiner Verhaltensänderung. Aufgrund seiner langen Teamzugehörigkeit habe er das Privileg einer Sonderrolle, wie Gregor nicht müde wird zu betonen.

Es ist klar, dass in diesem Fall dem Team die Hebel fehlen, um bei Gregor eine Wirkung zu erzielen. Daher muss jetzt Alina ran, die offizielle Teamchefin.

Was ist konkret zu tun? Eine Intervention kann bereits mit einem Gespräch obsolet werden – oder sie benötigt mehrere Schleifen. Der erste Schritt besteht in einem Klärungsgespräch (wir nennen es WIDL, siehe Kapitel 2.3.4), in dem es darum geht herauszufinden, warum jemand sich nicht einfügt. Am Ende des Klärungsgesprächs steht eine Vereinbarung. Wenn es wieder nicht klappt, gibt es ein erstes Feedbackgespräch, an dessen Ende eine präzisierte Vereinbarung keinen Raum für Missverständnisse lässt (siehe Kapitel 2.2). Ist immer noch keine Besserung in Sicht, gibt es ein zweites Feedbackgespräch, in dem klar die Konsequenzen aufgezeigt werden, wenn der Mitarbeiter weiterhin querschlägt (z. B. Entzug gewisser Befugnisse oder eine Abmahnung). Falls er das tut, dann sprechen wir von einem Konflikt und es gilt entsprechend zu handeln (siehe Kapitel 2.3).

2.2.3 Level 3: Offenheit und Fürsorge

Das dritte Element eines psychologisch sicheren Vertrauensraums ist affektives Vertrauen, also Fürsorge und Empathie füreinander. Echte Fürsorge geht über Höflichkeit und Verlässlichkeit hinaus. Wenn wir hier von Fürsorge sprechen, dann meinen wir gegenseitige Fürsorge unter den Teammitgliedern. Das bezieht die formale Teamleiterin mit ein. Aber es hängt eben nicht allein an ihr, wie es um die Fürsorge untereinander steht. Jeder ist gefragt.

Ein fürsorgliches Miteinander sorgt für eine emotionale Vertiefung des Vertrauensbandes. Jede im Team vertraut einander, ohne dass es notwendig ist, alle Handlungen und Abmachungen in explizite Vereinbarungen zu gießen. Affektives Vertrauen reduziert die Transaktionskosten und fördert eine Atmosphäre psychologischer Sicherheit, weil

- ich weiß, dass meinen Kolleginnen mein Wohlergehen am Herzen liegt.
- ich überzeugt bin, dass man mich nicht ausnutzen oder unfair behandeln wird.
- ich es als großes Vergnügen empfinde, mit meinen Kollegen zusammenzuarbeiten und ich mich jeden Tag aufs Neue freue, sie zu treffen und gemeinsam an Problemlösungen zu arbeiten.

Affektives Vertrauen zeichnet sich durch eine starke Gefühlsbindung aus. Es gibt dabei einige Hebel und Stellschrauben, mit denen man ein fürsorgliches Miteinander fördern kann. Folgende Liste mit Empfehlungen gilt für alle Teammitglieder.

Als Person wahrnehmen

Wir sind in Unternehmen nicht nur Funktionstragende, die eine Rolle auszufüllen und eine Aufgabe zu erledigen haben. Wir sind Personen mit Wünschen, Zielen, Stärken und Schwächen. Wir sollten uns daher auch als Personen begegnen, die füreinander Interesse haben und Anteilnahme zeigen, wenn jemand mit einem Problem zu kämpfen hat. Das bedeutet, auch Raum für Themen außerhalb des Jobs zu schaffen und den Menschen hinter dem Job kennenzulernen.

Präsent sein

Machen Sie es sich gegenseitig leicht, miteinander in Kontakt zu kommen und Kontakt zu halten. Dabei helfen beispielsweise Kollaborationstools und kurze, regelmäßige Meetings. Wichtig ist, Möglichkeiten für Begegnungen und Kommunikationskontakte zu schaffen.

Freiraum ermöglichen

Freiraum kann in zwei Richtungen verstanden werden. Auf der einen Seite kann es wichtig sein, Phasen zuzulassen, in denen man für sich sein kann, ohne mit Kollegen zu kommunizieren und sich mit ihnen auseinanderzusetzen zu müssen. Wir brauchen keinen Dauerkontakt. Das ist auch Typsache, aber es muss erlaubt sein, sich zurückzuziehen, um zur Ruhe zu kommen oder sich für eine Weile auf seine Arbeit zu fokussieren. Auf der anderen Seite darf sich niemand gezwungen fühlen, sich zu beteiligen. Ein Mitwirken an einem Gespräch, Thema oder Projekt sollte – Idealzustand – aus freiwilligem Antrieb entstehen.

Unterstützung anbieten

Halten Sie bewusst danach Ausschau: Wie kann ich eine Kollegin oder ein Teammitglied unterstützen? Dabei muss es nicht nur die Routinetätigkeit sein, bei der Sie jemandem Arbeit abnehmen. Vielleicht braucht eine Kollegin einen Gesprächspartner zur Vorbereitung ihrer Präsentation. Oder Sie haben zufällig erfahren, dass Ihre Kollegin einen Kitaplatz sucht und Sie haben eine wertvolle Information für sie. Oder, oder, oder. Chancen für kleine oder große Hilfestellungen bieten sich immer wieder.

Erfahrungen, Wissen und Informationen teilen

Eines der edelsten Ziele ist, anderen Menschen zu helfen, über sich hinauszuwachsen. Das umfasst auch, das Ego nicht vor die Gemeinschaft und das Teilen deutlich vor das Horten von Information und Wissen zu stellen. Wer sein Wissen und seine Erfahrungen weitergibt, unterstützt das gemeinsame Ziel, gemeinsam immer besser zu werden. Dazu kann auch gehören, sich als Mentorin anzubieten, die andere auf ihrem Weg begleitet – auf beruflicher wie sozialer Ebene.

Offenheit zeigen

Nicht immer kennt man die beste Lösung. Ganz im Gegenteil, man ist immer wieder einmal ratlos, hat Zweifel. Sich in einer gewissen Verletzlichkeit zu zeigen, zeugt von Souveränität, lässt es auf angenehme Art menscheln. Niemand ist jemals perfekt. Warum also nicht genau das auch offen zeigen, gerade, wenn man in einer Führungsrolle agiert. Als Führender darf man auch seine Gedanken und Überlegungen offenlegen. Das ist kein Zeichen von Schwäche. Ganz im Gegenteil: es fördert klare und nachvollziehbare Entscheidungen und Problemlösungen. Außerdem gehört zu einem offenen Umgang auch, dass man sich ehrlich und respektvoll Feedback gibt (siehe Kapitel 2.5.2).

Zuversicht ausstrahlen

Manchmal hat man mit schwierigen Situationen zu tun, muss vielleicht sogar Krisen meistern. Dann hilft es auf der einen Seite, einen nüchternen Blick für die Tatsachen und die realen Gegebenheiten zu haben. Auf der anderen Seite ist es von hohem Wert, sich gegenseitig zu ermutigen und gerade als führende Person Zuversicht auszustrahlen. Ein gesunder Optimismus hilft dem gesamten Team – besonders in schwierigen Situationen –, wichtige Kräfte freizusetzen. Und wir haben bereits erfahren: Eine positive (Grund-)Haltung verbreitet sich sehr schnell.

Kummerkasten

Natürlich ist nicht immer alles eitel Sonnenschein. Oft gibt es Kümmernisse, Ärger, Beschwerden. Und genau dafür muss ebenfalls Raum sein: das Ventil aufzumachen und seine Sorgen und Enttäuschungen rauszulassen. Das kann in Eins-zu-Eins Gesprächen stattfinden (siehe Kapitel 2.3.4, WIDL-Gespräch) oder in Meetingrunden. Dabei sollte jede Einzelne jederzeit das Gefühl haben, ein solches Gespräch, ob unter vier Augen oder in der Gruppe, führen zu können und zu dürfen. Es ist gerade auch für formale wie informelle Leader wichtig, negative Emotionen ernst zu nehmen, sehr gut zuzuhören und zu versuchen, sie gemeinsam mit der betroffenen Person in positive Kräfte umzuwandeln.

Für positive Überraschungen sorgen

Eine kleine unerwartete Überraschung kann als freundliche Geste verstanden werden und Glücksgefühle auslösen. Das kann eine interessante Information sein (Ich weiß, dass du ... Daher hilft dir das vielleicht weiter). Dazu können Gelegenheiten für neue Erfahrungen gehören. Man schickt einen Kollegen auf eine für ihn interessante Konferenz. Man nimmt eine Kollegin, die gerne mehr Kundenkontakt hätte, mit zum nächsten Termin et cetera. Die Idee ist zweitranging. Das Wichtigste ist: Die Überraschung muss zu der Person passen, für die sie gedacht ist – nicht zu der Person, die sie macht.

Austausch fördern, alle beteiligen

Es ist wichtig, nach den Meinungen und Ansichten der anderen, der Teammitglieder zu fragen und die Kernanliegen der Gruppe sowie der Einzelnen herauszufinden. Dabei stellt eine besondere Herausforderung für den affektiven Vertrauensaufbau die hybride Arbeitswelt dar. Wenn man im Homeoffice sitzt, abgeschnitten vom Rest der kollegialen Arbeitswelt, nur verbunden durch elektronische Medien, dann können sehr leicht Gefühle der Einsamkeit und der Isolation aufkommen. Man kann dagegen angehen, indem man bewusst Möglichkeiten für einen entspannten und konstanten Austausch schafft.

Das können sein:

- kleine No-Agenda Meetings,
- häufige Eins-zu-eins-Meetings zwischen der formalen Teamleiterin und dem Mitarbeiter (siehe Kapitel 2.5.2, Klimagespräch),
- ein Buddy-System, bei dem zwei oder drei Kollegen in einem regelmäßigen Austausch sind,
- die Nutzung der Chatfunktion im Kollaborationstool.

2.3 Kommunikation – Teil 1: der gute Dialog

Wir haben bereits zu Anfang erwähnt, dass ein wesentliches Instrument für die Schaffung von Vertrauen die Qualität der Kommunikation darstellt.

Auf den Punkt

Wie man miteinander redet und kommuniziert, ist ausschlaggebend für den Erfolg von *Shared Leadership.*

Deshalb wollen wir Ihnen in diesem Kapitel eine Vielzahl nützlicher Kommunikationsmethoden vorstellen, die Sie sich aneignen können. Dabei stellen wir Ihnen für jeden unserer Räume charakteristische Ansätze und Tools vor. Diese Methoden können dabei helfen, dass alle im Team oder im Unternehmen jederzeit aufgrund ihres Wissens, ihrer Erfahrung oder Kompetenz eine Führungsrolle übernehmen können.

In diesem Kapitel geht es um wichtige Tools für den Vertrauensraum. Nur in einem Team, das von Vertrauen und psychologischer Sicherheit geprägt ist, wird es möglich sein, dass Menschen mit Zuversicht und ohne Angst den Leadership-Hut aufsetzen. Um Vertrauen zu schaffen, braucht man folgende Fertigkeiten: kluge Fragen stellen, aufmerksam zuhören, Small Talk und Deep Talk (WIDL-Gespräch) führen können. Aber auch für allen anderen Gesprächsformen – überzeugen, verhandeln, Feedback geben und nehmen – ist der gute Dialog ebenso hilfreich wie notwendig. Warum? In jedem Gespräch hängt der Erfolg von der Vertrauensbasis ab, die man sukzessive aufbaut.

2.3.1 Kluge Fragen: Taktgeber und Schrittmacher

Die richtige Frage an der richtigen Stelle ist oft der entscheidende Türöffner in vielen Gesprächssituationen. Fragen geben das Tempo und den Rhythmus in Gesprächen vor. In gewisser Weise sind *kluge Fragen* sogar ein Paradigma für die Leadership-Rolle, die man im kommunikativen Austausch einnehmen kann. Aus der Sicht des Führenden lenken Fragen die Richtung eines Gesprächs, aus der Sicht der Folgenden sind – kluge – Fragen ein unentbehrliches Mittel der Wertschätzung.

Was verstehen wir unter einer klugen Frage? Das ist pauschal nicht einfach zu beantworten. Es hängt von mehreren Variablen ab, ob eine Frage sich als klug herausstellt oder nicht, zum Beispiel vom Gesprächsthema, von den Zielen der Fragenden, vom Adressaten, dem die Frage gestellt wird, vom Gesprächskontext – um nur einige Faktoren zu nennen.

Ganz allgemein könnte man aber sagen: Eine Frage ist klug, wenn sie den Gesprächspartner in den Dialog einbezieht, und zwar dergestalt, dass die Antwort einen Beitrag zur Lösung eines Problems oder zur Klärung eines Themas leistet. Im Konkreten kann dies heißen, dass man durch die Frage eine wichtige Information erhält, die Situation und die Interessen des Dialogpartners besser versteht, auf eine neue, kreative Lösung kommt oder zum Nachdenken anregt. Folgende Geschichten sollen das illustrieren.

Gina trifft ihren Kollegen Martin in der Kantine. Wie jeden Montag haben sie sich zum Mittagessen verabredet. Und wie immer macht Martin einen völlig gestressten Eindruck. Nichts scheint in seinen zwei Hauptprojekten zu klappen. Jede Timeline wird gerissen, ständig gibt es Störmanöver von außen. Martin findet keine zehn Minuten Zeit, auch nur mal im Ansatz und in Ruhe einige zentrale Punkte in seinen Projekten zu durchdenken. »Strukturierst du denn deinen Tagesablauf?«, fragt Gina. »Ja, klar«, betont Martin. »Ich arbeite mit einem Zeitmanagementsystem.«

Also scheint es nicht an Martins Arbeitsorganisation zu liegen, denkt Gina, und hört Martin weiter zu: »Man ist ständig am Rumspringen zwischen Präsenz- und Onlinemeetings. Steering Committee hier, Steering Committee da. Und dann wollen noch die Mitarbeitenden ständig was von einem. Da hast du keine ruhige Minute.« An dieser Stelle hakt Gina ein: »Sag mal, wie sieht denn eigentlich dein Tagesablauf konkret aus?« Martin beginnt seinen Arbeitstag im Detail zu beschreiben – und sehr schnell entdeckt Gina den zentralen Fallstrick, warum es Martin nicht schafft, sich auch nur ein bisschen Zeit für Deep Work freizuschaufeln. Er beantwortet jede Mail, jeden Anruf und jedes Anklopfen an seiner Tür umgehend, statt auch einmal Nein zu sagen und eine Anfrage auf den Nachmittag oder nächsten Morgen zu verschieben.

Mithilfe einer einzigen offenen Frage hat es Gina also geschafft, den wunden Punkt in Martins Arbeitssituation offenzulegen. Ihr erster Versuch mit der geschlossenen Frage – »Strukturierst du deinen Tagesablauf?« – schlug zwar fehl, aber die folgende, öffnende Frage zeigte umgehend Erfolg.

Obwohl schon tausendfach in Trainings und Seminaren angesprochen und geübt, stellt es für viele Menschen immer noch eine große Herausforderung dar, kluge Fragen zu stellen. Noch immer herrscht der Irrglaube, es käme hauptsächlich darauf an, gut zu argumentieren und seine Position in möglichst geschliffener Sprache zu präsentieren, insbesondere dann, wenn man in einer Führungsrolle ist. Ohne (unkluge) Frage: Das ist auch wichtig, aber nicht immer der beste Weg. Werfen wir dafür einen Blick auf folgende Geschichte.

Bei EpsilonXBrain kommt es zu einem unschönen Vorfall. Es taucht ein anonymer Brief auf. In diesem Brief wird der stellvertretende Schichtleiter der Schicht Rot, Max Huber beschuldigt, rassistische Beleidigungen von sich zu geben und die Kollegen nicht deutscher Nationalität aufs Tiefste zu beleidigen. Dieser Brief ging bereits an die Betriebsleiterin Roberta Müller, den Betriebsrat und an die Personalabteilung. Die Aufregung ist groß. Herr Huber wird umgehend mit dem Schreiben und den darin enthaltenen Anschuldigungen konfrontiert. Er fällt aus allen Wolken und betont immer wieder, dass das alles aus der Luft gegriffen sei. Irgendjemand wolle ihm hier schaden. Gespräche mit den anderen Schichtleitenden lassen die Vorwürfe ebenfalls haltlos erscheinen. Der Betriebsrat besteht darauf, dass trotzdem irgendwas unternommen werden müsse (»Wehret den Anfängen«). Da kommt die Personalabteilung auf die Idee, einen Aushang am Schwarzen Brett zu machen, in dem die Mitarbeitenden darauf aufmerksam gemacht werden, es im Betrieb zu keinen rassistischen Anfeindungen kommen zu lassen. Danach ist erst einmal einige Monate Ruhe. Doch kurz vor Weihnachten tauchte der zweite anonyme Brief auf. Wieder wird Max Huber beschuldigt, ein Rassist zu sein. Hinzu kommt, dass ihm vorgeworfen wird, auch konstant Menschen jüdischen Glaubens zu beleidigen und zu diffamieren. Dieser Brief ging wieder an die Betriebsleiterin, den Betriebsrat, die Personalabteilung und diesmal auch an die Gewerkschaft außerhalb des Unternehmens. Und natürlich ist die Aufregung umso größer. Als einer der ersten Sätze findet sich in dem Schreiben: »Auf meinen ersten Brief hin ist wenigstens ein bisschen was passiert. Aber leider war der Aushang am Schwarzen Brett nicht ausreichend, Herrn Huber von seinen Beleidigungen abzubringen. Im Gegenteil …«

Erneut wird Herr Huber mit dem Brief konfrontiert, erneut bestreitet er alle Vorwürfe und erneut bringen Interviews mit Kollegen nichts zutage, was Herrn Huber irgendwie belastet. Was also tun? Der Betriebsrat besteht auch diesmal darauf, dass gehandelt werden müsse. Schließlich kommt die Betriebsleiterin auf die Idee, einen Workshop für die Schicht Rot durchzuführen. Vielleicht kämen durch geschickte Moderation ein paar heikle Themen ans Licht, die bislang immer unter den Teppich gekehrt wurden. Alexandra Berger von der Personalabteilung erkennt, dass dies nicht der beste Weg ist. Sie trifft sich mit Frau Müller auf eine Tasse Kaffee und es entspinnt sich folgendes Gespräch:

Müller: Ich habe überlegt, dass wir im nächsten Monat, wenn wir wieder einen Wartungsstillstand haben, die Schicht Rot auf ein Seminar schicken könnten.

Berger: Seminare sind natürlich prinzipiell immer eine gute Idee. Aber bezogen auf unseren anonymen Briefe: Was erwarten Sie sich von diesem Seminar?

Müller: Idealerweise erhoffe ich mir natürlich, dass das aufhört mit den Briefen.

Berger: Inwiefern können wir denn sicher sein, dass dies durch das Seminar funktioniert?

Müller: Die Sicherheit haben wir natürlich nicht.

Es folgt eine kleine Pause, dann fährt Frau Berger fort: *Frau Müller, ich würde gern Ihre Aufmerksamkeit auf den ersten Satz des Briefes lenken. »Auf meinen ersten Brief hin ist wenigstens ein bisschen was passiert. Aber leider war der Aushang am Schwarzen Brett nicht ausreichend, Herrn Huber von seinen Beleidigungen abzubringen.« Was glauben Sie, welches Signal geben wir dem Briefeschreiber oder der -schreiberin, wenn wir ein Seminar durchführen?*

Müller: Er wird sich bestätigt fühlen.

Berger: Ganz genau. Und das sollten wir nicht riskieren. Ich möchte Ihnen daher gern einen Alternativvorschlag machen, wie wir mit dem Problem umgehen können. Und dann schildert Frau Berger ihren Vorschlag plus Argumentation.

In dieser kleinen Überzeugungssituation erleben wir, wie Frau Berger nicht mit Argumenten arbeitet (dafür ist später Zeit), sondern wie sie Fragen einsetzt, um zuerst leise Zweifel zu wecken und schließlich auf den zentralen kritischen Punkt (Bestätigung für den/die Briefeschreiber/in) aufmerksam zu machen. Wesentliches Mittel sind auch hier offene Fragen.

Offene und geschlossene Fragen

Kluge Fragen zu stellen, ist eine der Kernfähigkeiten in Gesprächssituationen. Gerade in einer Welt, in der Menschen wechselweise führen sollen, kommt dem Fragen eine wichtige Bedeutung zu. Fragen schaffen Verständnis, führen zu einer Gleichwertigkeit zwischen den Führen-Folgen-Partnern und sie bringen Klarheit.

Der Startpunkt, sich im Fragen zu perfektionieren, ist die Unterscheidung in offene und geschlossene Fragen. Wenn man eine offene Frage stellt, dann erwartet man in der Regel eine längere Antwort beziehungsweise bietet der Gesprächspartnerin die Möglichkeit, ihre Gedanken oder Meinung umfassender zu äußern. Offene Fragen erschließen einen weiten Antwortraum. Geschlossene Fragen dagegen lassen sich mit einem Wort, einer Geste oder der knappen Nennung einer Tatsache beantworten. Sie grenzen den Antwortenraum ein – und damit auch die Möglichkeit, Aspekte zu erläutern. Beide Fragenformen haben ihre Berechtigung.

Beispiele für offene Fragen	Beispiele für geschlossene Fragen
Was halten Sie von der Sache?	Ist das realistisch?
Was würden Sie an meiner Stelle tun?	Können Sie bei dem Vorschlag mitgehen?
Welche Lösung wäre für Sie akzeptabel?	Sollen wir uns nächste Woche treffen?
Welche Optionen haben wir?	Finden Sie A oder B besser?
Was wären die nächsten konkreten Schritte?	Wann ist ein guter Zeitpunkt?
Wie würden Sie in meiner Situation handeln?	Wer ist dafür verantwortlich?

Tab. 2: Beispiele für offene und geschlossene Fragen

Es ist festzuhalten, dass die Eigenschaften *offen* oder *geschlossen* keine absoluten Eigenschaften sind. Eine Frage ist im Vergleich zu einer anderen eher geschlossen beziehungsweise eher offen.

Beide Fragearten sind natürlich wichtig, denn sie erfüllen unterschiedliche Zwecke. Offene Fragen wendet man an, wenn man den Gesprächspartner stärker ins Gespräch einbeziehen möchte, wenn man die Eigenverantwortung stärken will, wenn man ein tiefergehendes Gespräch führen beziehungsweise wenn man zum Nach- und Mitdenken anregen möchte. Und wenn man dem Gespräch ausreichend Zeit einräumt.

Geschlossene Fragen machen Sinn, wenn man – teils auch aus Zeitknappheit – eine eindeutige, spezielle Information braucht, wenn man sich rückversichern möchte, dass man etwas richtig verstanden hat, wenn man Einverständnis zu einer Sache braucht.

Für uns ist diese Unterscheidung daher besonders wichtig, weil wir Menschen ganz allgemein die Tendenz haben, eher geschlossene als offene Fragen zu stellen. Doch kluge offene Fragen sind – auch in unserem Kontext – ein entscheidendes Medium, um für Wertschätzung und Vertrauen in einem Gespräch zu sorgen. Kluge offene Fragen inspirieren zu Teilnahme, Geschichten, Meinungen, Gefühlen. Sie signalisieren dem Gefragten einen größeren Freiraum beim Antworten als binäre Ja-Nein Fragen. Statt zu fragen, »haben Sie irgendwelche Probleme mit dem Programm?«, kann man es offen so formulieren: »Welche Erfahrungen haben Sie denn bisher mit dem Programm gemacht?« Statt zu fragen, »sind wir höflich genug zueinander?«, kann man offener fragen: »Wie empfinden Sie unseren täglichen Umgang miteinander?«

Bei offenen Fragen geht es weniger um das Faktische, das Objektive, sondern eher um das Atmosphärische, das Emotionale und Subjektive.

Übung

Versuchen Sie einmal, folgende geschlossene Fragen in offene umzuformulieren. Womöglich ändert sich dadurch die Bedeutung etwas. Es geht aber nicht darum, die sprachliche Bedeutung zu erhalten, sondern darum zu üben und sich bewusst zu werden, welchen Unterschied die Art zu fragen machen kann.

Geschlossene Frage	Umformulieren in offene Frage
Bringt das überhaupt etwas?	
Ist das wirklich durchführbar?	
Haben Sie alles verstanden?	
Ist die Aufgabenstellung klar?	
Kann man dieses Verfahren vereinfachen?	
Müssen Sie darüber noch einmal nachdenken?	

Tab. 3: Übung: Offene in geschlossene Fragen umformulieren

Nehmen Sie sich in Gesprächen immer wieder vor, eher offene Fragen zu stellen und beobachten Sie, welche Wirkung diese Fragen entfalten. Auch wenn Sie mit Einwänden konfrontiert werden, reagieren Sie nicht mit einem Gegenargument, sondern mit einer Verständnisfrage. Wenn Sie Ihre Meinung zu einem bestimmten Thema kundtun wollen, dann halten Sie inne und fragen Sie zunächst nach der Meinung Ihres Gegenübers. Wenn die Person das Gefühl hat, dass ihre Meinung gefragt ist, schenkt sie auch Ihnen eher die Gunst, Ihnen zu folgen.

Der Präzisierungstrichter

Eine der elegantesten und wichtigsten Fragemethoden ist der *Präzisierungstrichter*. Ziel bei der Anwendung des Trichters ist es, die Äußerungen des Gesprächspartners durch Nachfragen so weit zu präzisieren und zu konkretisieren, dass eine fundierte, sachliche Auseinandersetzung möglich wird. Ziel ist es, genau zu verstehen. Oft reagieren wir bereits auf Äußerungen, ohne wirklich verstanden zu haben, was die Gesprächspartnerin meint. Wie diese Fragemethodik funktioniert, sehen wir uns an einem Dialog zwischen Claudia und ihrem Kollegen Klaus an.

Klaus: Zurzeit geht es wirklich drunter und drüber bei uns im Team.

Claudia: Was ist denn los?

Klaus: Wir haben ein neues Kundenprojekt, aber keiner weiß so recht, wo wir starten sollen.

Claudia: Worum geht es denn bei dem Projekt?

Klaus: Um die Kommunikation mit dem Kunden.

Claudia: Was heißt das genau?

Klaus: Wir hatten in letzter Zeit ziemlich viel negatives Feedback zu der Art und Weise, wie wir mit den Kunden kommunizieren.

Claudia: Ah, okay. Was sind denn die Hauptbeschwerdepunkte?

Klaus: Also, da ist erstens …

Wir können an dieser Stelle das Gespräch verlassen. Die Grundidee des Präzisierungstrichters dürfte klar geworden sein. Man versucht die Äußerung des Dialogpartners zu präzisieren und zu konkretisieren, um ein anschauliches Bild davon zu erhalten, worum es geht. Da wir in unserer Kommunikation miteinander in der Regel eher allgemein und vage sind, lässt sich der Präzisierungstrichter fast immer einsetzen. Gleichzeitig ist er ein schönes Beispiel für den Impetus in einem Führen-Folgen-Prozess. Es geht nicht ums Jammern, sondern ums Verstehen – mit der Absicht, eine Lösung oder eine Unterstützung zu schaffen.

Übung

Versuchen Sie auf folgende Äußerungen mit dem Präzisierungstrichter zu reagieren.

Äußerung	Ihre Anschlussfrage mit dem Präzisierungstrichter
Nach der Umstrukturierung hatten wir viele Probleme in unserem Team. Die Aufgaben und Zuständigkeiten sind nicht klar. Viele Konflikte kommen an die Oberfläche. Es ist eine einzige Katastrophe.	
Georg und ich haben viele Diskussionen darüber geführt, wie wir mit den Anfragen unseres neuen Kunden umgehen sollen. Unsere Ansichten liegen meilenweit auseinander. Ich weiß nicht, wie ich Georg überzeugen kann. Daher bräuchte ich mal Ihren Rat.	
Ich möchte gleich vorwegschicken, dass wir den Zeitplan zur Einrichtung unseres neuen digitalen Ablagesystems auf keinen Fall einhalten können. Wir sind so stark mit anderen Aufgaben zugedeckt, dass wir uns dem Projekt nicht ausreichend widmen können. Wir müssen daher unbedingt über eine zeitliche Verschiebung sprechen.	

Tab. 4: Übung: Präzisierungstrichter

Nehmen Sie sich für Ihre nächsten Gespräche hin und wieder vor, den Präzisierungstrichter in die Dialoge einfließen zu lassen. Das ist umso wichtiger, wenn Sie in eine Folgenrolle schlüpfen wollen und dabei genau verstehen möchten, was von Ihnen erwartet wird. Für alle – nicht nur jene in einer Führungsrolle – ist der Präzisierungstrichter ein hervorragendes Instrument, um diffuse Bedenken zu zerstreuen oder ein vages Unverständnis zu klären.

Eine unscheinbare Frage: Was noch?

Als nächstes möchten wir Ihnen eine Frage vorstellen, deren Potenzial sich erst auf den zweiten Blick offenbart: *Was noch?*

- Was ist noch ein wichtiges Thema für Sie?
- Was möchten Sie gerne noch besprechen?
- Was gibt es noch, das Ihnen am Herzen liegt?
- Was hilft Ihnen noch, sich an Ihrem Arbeitsplatz wohlzufühlen?

Interessanterweise führt gerade diese Frage zu entscheidenden Kernpunkten in einem Gespräch. Warum ist das so?

Viele Dialoge brauchen eine Aufwärmphase. In dieser Phase sind viele Gesprächspartnerinnen eher zurückhaltend. Sie testen: Ist mein Gegenüber wirklich an mir interessiert? Kann ich wirklich offenlegen, was mir wichtig ist? Das bedeutet, es braucht manchmal ein bisschen Zeit, bis die Gesprächspartnerinnen das Gefühl haben, die Karten auf den Tisch legen zu können. Mit der Frage *Was noch?* gibt man ihnen die Gelegenheit dazu.

In vielen Fällen ergibt sich kein neuer Punkt, kein neues Thema. Dann dient die Frage dazu, einen Abschluss zu einem bestimmten Themenbereich zu finden. In anderen Situationen jedoch ist diese Frage der Startschuss für ganz wesentliche Aspekte, die bisher noch nicht zur Sprache gekommen sind.

Und hier noch ein Fragenkatalog für verschiedenste Situationen. Das sollen Sie nicht auswendig lernen. Es soll Ihnen zur Inspiration dienen.

Situation	Typische Fragen
Eine Situation genauer erforschen	• Wie haben Sie sich dabei gefühlt? • Wie war Ihre Reaktion?
Ursachen und Motive erfahren	• Wie erklären Sie sich dieses Ereignis? • Was hat Sie dazu gebracht, Ihren Job aufzugeben? • Wie hätte man den Unfall verhindern können?
Handlungsoptionen erkunden	• Was haben Sie nach dem Vorfall unternommen? • Wie hätte man noch handeln können? • Was würden Sie als nächstes gern tun?
Das System erforschen	• Wer ist alles davon betroffen? • Was sind die Kerninteressen der beteiligten Parteien? • Welche Konsequenzen ergeben sich aus der Entscheidung für das Unternehmen?
Ein tieferes Gespräch in Gang setzen	• Mit welchen Themen sind Sie aktuell besonders beschäftigt? • Worauf konzentrieren Sie sich gerade in Ihrer Führungsrolle?
Feedback bzw. Meinung einholen	• Was denken Sie darüber? • Was ist Ihre Meinung zu unserem neuen Produkt?
Das Kernthema identifizieren	• Wo sollten wir den Fokus setzen? • Was ist im Moment unser Hauptproblem?

Situation	Typische Fragen
Bedürfnisse herausfinden	• Was ist Ihnen zurzeit am wichtigsten? • Welche Erwartungen und Wünsche haben Sie?
Annahmen hinterfragen	• Wie kommen Sie darauf? • Was macht Sie da so sicher? • Welche Belege gibt es?

Tab. 5: Inspiration: kluge Fragen

Natürlich spielt nicht nur der Inhalt der Frage eine wichtige Rolle. Auch die Art und Weise, wie man eine Frage stellt, hat Einfluss darauf, mit welcher Motivation der Gesprächspartner antwortet. Hier ein paar Tipps:

- Stellen Sie nur eine Frage. Keine Kettenfragen.
- Begründen Sie Ihre Frage kurz, wenn es sich um eine heikle Angelegenheit handelt.
- Leiten Sie Ihre Frage nicht durch einen langen Monolog ein.
- Verstecken Sie Ihre Frage nicht. Stellen Sie sie einfach.

Selbstreflexion: Wie gut bin ich im Fragen?

- Was ist meistens meine erste Reaktion auf eine Äußerung meiner Gesprächspartnerin?
- Wie leicht fällt mir eine Frage ein?
- Wie leicht fällt es mir zu fragen?
- Benutze ich eher geschlossene oder eher offene Fragen?

2.3.2 Aufmerksam zuhören: das große Entschleunigen

Wir beginnen dieses Kapitel mit der Geschichte einer bemerkenswerten Taxifahrt – oder besser eines bemerkenswerten Taxifahrers, die einer von uns – dem Himmel sei Dank – tatsächlich erlebt hat. Diesem Menschen gelang es innerhalb kürzester Zeit, eine ganz besondere Gesprächsatmosphäre zu schaffen. Dabei kann man nicht davon sprechen, dass er bewusst irgendwelche Methoden und Gesprächstechniken einsetzte. Es war ganz einfach die sehr entspannte und respektvolle Art und Weise, mit der er mich in ein höchst spannendes Gespräch verwickelte. In allen Fragen, die er stellte, in allen Erklärungen oder Kommentaren, die er gab, war eine äußerste Wertschätzung und ein überragendes Interesse an mir zu erkennen. Eine Fähigkeit stach dabei besonders hervor: extrem aufmerksames, aber auch entspanntes Zuhören. Er nahm – während des Fahrens wohlgemerkt – jeden kleinen Zwischenton wahr, nahm ihn zur Kenntnis, spiegelte zurück, machte eine treffende Bemerkung, führte das Gespräch durch interessante Fragen weiter. Die Fahrt von Frankfurt in den Westerwald verging wie im Flug. Am Ende erzählte er dann noch seine erstaunliche Geschichte. Es stellte sich heraus, dass er früher eine PR-Agentur besaß, aber durch eine Reihe unglücklicher Umstände und fragwürdiger Businesspartnerschaften mit seiner Agentur nach einer höchst erfolgreichen Zeit eines Tages pleitegegangen war. Am Ende saß er vor einem Berg Schulden. Mangels anderer Optionen verdingte er sich als Taxifahrer, um seine Schulden Schritt für Schritt abzubauen. Und er erzählte, dass ihm vom ersten Tag an daran gelegen war, jede Fahrt zu einem positiven Ereignis für die Kunden zu machen. Die Folge war, dass er innerhalb kürzester Zeit eine große Stammkundschaft aufgebaut hatte. Der Tag, an dem er mich in den Westerwald fuhr, war der Tag, an dem er den letzten Cent seines Schuldenbergs abbezahlt hatte.

Wenn es eine große magische Methode oder Fertigkeit gibt, die für eine effektive Kommunikation wesentlich ist, dann ist es das *Zuhören*. Die meisten Menschen reden gern, sie hören sich selbst gerne reden. Es herrscht die naive Vorstellung, das Ego und die eigenen Leistungen in den Vordergrund zu rücken, sei entscheidend, um erfolgreich zu kommunizieren.

Aber das Geheimnis liegt ganz woanders – wie beim heiligen Gral, der der unscheinbarste aller Becher ist, aber die meiste Macht besitzt.

Bei wechselseitigem Führen und Folgen ist das Zuhören einer der zentralen Schlüssel: Wer in temporärer Führungsrolle ist, der muss die Anliegen seiner Kolleginnen heraushören und sein eigenes Geltungsbedürfnis zurückstellen. Wer in einer Folgen-Rolle ist, der muss erfassen, welche Erwartungen an ihn gestellt werden.

Aufmerksames Zuhören ist dabei, auch wenn es der Kapiteltitel ein bisschen vorgaukelt, weniger eine Technik als eine Haltung. Und für sie braucht es eigentlich nur wenige Dinge: aufmerksame Entspanntheit, einen klaren Fokus, vorurteilsfreies Beobachten, den Wunsch zu lernen. Entscheidend ist zuzuhören, um zu verstehen – und nicht, um eine Erwiderung zu geben.

Das ist die große Egofalle, in die wir oft tappen. Während wir vorgeben zuzuhören, arbeiten wir in Gedanken bereits an unserer geschliffenen Replik. Unser Ego kommt uns beim Zuhören immer wieder in die Quere. Es verhindert, dass wir einen echten Rapport mit unserem Gesprächspartner entstehen lassen. Wenn es uns durch Zuhören allerdings gelingt, dann entwickelt sich ein harmonisches Schwingungsmuster. Man ist auf derselben Wellenlänge.

Eine interessante Erfahrung: Wenn Sie dem anderen mehr Raum geben, als Sie sich selbst nehmen, dann werden Sie am Ende oft hören: »Das war ein sehr interessantes Gespräch.« Und das, obwohl Sie selbst vielleicht nur sehr wenig gesagt haben. Wir Menschen lieben es, wenn man uns sprechen lässt.

Wenn wir andere für unsere Sache gewinnen und sie zum Folgen bewegen wollen, dann gehen wir mit unseren vorbereiteten Redepunkten ins Gespräch, unserer heimlichen Tagesordnung. Wir warten nur auf den richtigen Moment, das kleine Stichwort, das uns die Möglichkeit gibt, unsere Sache endlich loszuwerden. Kein Wunder, dass wir dann häufig aneinander vorbeireden. Jeder lebt vorwiegend in seiner idiosynkratischen Welt von persönlichen Prioritäten. Maximal geht es uns darum, unsere rhetorischen Fertigkeiten einzusetzen, um die andere Person auf irgendeine Weise zu gewinnen. Außerdem kann Zuhören ja riskant sein. Es besteht möglicherweise die Notwendigkeit, die Position der anderen mühsam in einen Kompromiss einzubauen oder noch schlimmer: Vielleicht hat die andere sogar recht und man müsste ihr eigentlich zustimmen. So weit wollen wir es dann doch nicht kommen lassen. Das ist sicher übertrieben dargestellt, aber viele von uns haben nun einmal die Tendenz, sich ins Zentrum der Aufmerksamkeit zu rücken. Was wir glauben, das hat üblicherweise (aus unserer subjektiven Sicht) auch objektive Gültigkeit. Da bleibt der anderen Person eigentlich nur, uns zuzustimmen und unsere Ideen abzunicken. Leider aber ist die Realität deutlich komplexer und es gibt zig verschiedene Sichtweisen. Diese gilt es einzufangen, echte Partizipation zu schaffen, jedem das Gefühl zu geben, dass seine Stimme gehört wird. Das neudeutsche Wort dafür ist *Inklusion*. Keiner bleibt zurück, alle ziehen mit. Nur unter dieser Voraussetzung ist *Shared Leadership* erfolgreich durchführbar, weil es jedem im Team prinzipiell die Chance gibt, in Führung zu gehen. Und all das setzt gutes Zuhören voraus.

Wenn Sie in einem Gespräch darauf warten, endlich an der Reihe zu sein, um zu sprechen, dann machen Sie etwas falsch. Denn dann sind Sie gedanklich schon woanders, aber nicht bei Ihrer Gesprächspartnerin. Zum Zuhören brauchen wir die Tabula-rasa-Technik, als Theorie beschrieben von John Locke, die besagt, dass wir ohne angeborene Ideen – quasi als leerer Geist – geboren werden, der durch das, was er hört oder sieht, geformt wird.[79] Auch auf unseren Kontext übertragen heißt das: Sie folgen ganz dem Gesprächspartner. Sie lassen ihn das Tempo und die Themen vorgeben. Vielleicht stellen Sie an der einen oder anderen Stelle eine Frage, die einen kleinen Richtungswechsel einleitet, aber die Inhalte bestimmt mehr oder weniger Ihr Gegenüber. Wenn jeder im Team das beherzigt, dann sind alle in einem permanenten Prozess des Lernens und Wachsens.

Auf den Punkt

Das Zuhören ist die Paradedisziplin, um effektives Folgen zu üben. Während das Fragen eher das Paradigma fürs Führen darstellt, ist es beim Zuhören das Folgen, das im Vordergrund steht. Wenn Sie effektiv führen wollen, dann sollten Sie das Fragen üben. Wenn Sie effektiv folgen wollen, dann sollten Sie das Zuhören üben.

Und obwohl Sie sich beim Zuhören zu einer blanken Tafel machen, ist das keine passive Tätigkeit. Im Gegenteil: Sie müssen ziemlich wach und aktiv sein. Was sehe ich? Was höre ich? Was will mir mein Gesprächspartner sagen? Was ist die Kernbotschaft?

Was man vermeiden sollte, weil es keinerlei nachhaltigen Effekt hat, ist oberflächliches Zuhören, das sich in rein mechanischem Anwenden bloßer Hörer-Techniken zeigt.

Karin: Ich war gestern in einem sehr schönen Konzert.

Max: Echt? Das klingt interessant. Ich möchte nächste Woche auch in die Oper gehen.

Max kommt nach einer kurzen Aufmerksamkeitsreaktion – *Echt? Das klingt interessant.* – sofort wieder zurück zu seinen Plänen. Wenn es wirklich so interessant ist, warum fragt Max dann nicht nach, warum erkundigt er sich nicht genauer nach Karins Erlebnissen auf dem Konzert? Die Äußerung von Max ist dissonant, sie passt nicht, klingt daher auch nicht ernst gemeint, sondern verkommt zu einer bloßen leeren Zuhörmethode.

Ein anderer wichtiger Effekt des Zuhörens: Wenn man der anderen Person die Möglichkeit gibt, ihre Sicht der Dinge in aller Ruhe zu erläutern und wenn sie bemerkt, dass man bemüht ist, sie zu verstehen, dann wird auch sie sich so verhalten. Hier wirkt das zutiefst menschliche Gegenseitigkeitsprinzip: Wie du mir, so ich dir.

Eine wirklich gute Verbindung zu anderen Menschen – Thema Vertrauensraum – erfordert es, ein guter Zuhörer zu sein.

Das ist auch für den Fall wesentlich, wenn Sie mit Teamkolleginnen arbeiten, die einen anderen kulturellen Hintergrund haben. Gerade hier spielt das Zuhören eine enorm wichtige Rolle. Warum? Weil wir, wenn wir aus unterschiedlichen kulturellen Hintergründen kommen, mit ein und demselben Wort oft unterschiedliche Bedeutungen verknüpfen. *Family, reliability, trust, relationship* haben für jemanden, der aus Deutschland oder den USA kommt, ein anderes Bedeutungs- und Interpretationsfeld als für jemanden aus Indien, Kenia oder China. Hier kann aufmerksames Zuhören helfen zu dechiffrieren, was mein Gesprächspartner genau meint. Interkulturelle Missverständnisse können auf diese Weise leichter vermieden werden.

Eine gute Zuhörerin ist der Resonanzkörper für ihr Gegenüber. Und wenn dies gelingt, dann stellen sich die typischen Formen aktiven Zuhörens fast von selbst ein. Dazu gehören:

- Aufmerksamkeitsreaktionen,
- Zusammenfassungen,
- Rückspiegeln von emotionalen Zwischentönen,
- weiterführendes Fragen.

Wenn Sie beim Zuhören Gehörtes zurückspiegeln oder wichtige Gedanken Ihres Dialogpartners zusammenfassen, dann ist nicht entscheidend, dass Sie das absolut korrekt tun. Entscheidend ist, dass Sie Ihrem Gesprächspartner Möglichkeit zur Korrektur geben. Auf diese Weise kann sich Verständnis aufbauen.

Ein grundlegender Aspekt ist, den Gedankengang der anderen nicht zu unterbrechen. In manchen Kulturen entstehen Pausen, die respektiert werden sollten. Machen Sie es sich zur Regel, erst einmal zwei oder drei Sekunden zu warten, bevor Sie reagieren.

Wenn es Ihnen im Überschwang der Anteilnahme unterläuft, dass Sie dem anderen ins Wort fallen, dann sprechen Sie es an – vorausgesetzt, Sie sind aufmerksam genug, das zu bemerken. »Entschuldigung, jetzt habe ich Sie unterbrochen. Ich glaube, Sie wollten noch etwas zu der Bootsfahrt sagen.«

Übung

Versuchen Sie bei Ihrem nächsten Gespräch, so viel wie möglich von Ihrer Gesprächspartnerin zu erfahren.

Fragen und Zuhören sind kommunikative Grundmethoden, die wir in allen Dialogsituationen brauchen. Lassen Sie uns nun beide Methoden miteinander kombinieren. Werfen wir dazu einen Blick auf eine Gesprächsform, die erfrischend belanglos ist und eine spielerische Leichtigkeit besitzt. Gerade, wenn es darum geht, eine Beziehung zu Menschen überhaupt erst aufzubauen oder in entspannter Weise eine Wohlfühlatmosphäre zu schaffen, ist diese Gesprächsform unersetzlich. Wir sprechen vom *Small Talk*.

2.3.3 Small Talk: das leichtfüßige Gespräch

Es gibt wahre Meister des *Small Talks*. Wahrscheinlich kennt jeder von uns eine Person, die anstrengungslos ein Gespräch in Gang setzt, federleicht durch die verschiedenen Themen segelt – hier ein Kommentar, dort eine Frage, da eine amüsante Bemerkung – und wie im Fluss entspinnt sich eine überaus angenehme Konversation.

Die meisten anderen von uns jedoch kostet es Überwindung, die Initiative zu ergreifen, jemanden anzusprechen, das Gespräch am Laufen zu halten, ohne sich im Kreis zu drehen oder unangenehme Momente schweigenden Zusammenseins zu erleben. Obwohl den meisten von uns die Kunst des Small Talks nicht in die Wiege gelegt ist – ganz im Gegenteil: Lernen wir nicht von Kindesbeinen an, nicht mit Fremden zu sprechen? –, können wir uns auch dieses Handwerk der Beziehungsknüpfung aneignen. Nicht jede wird es zur Virtuosin bringen, aber jede wird in der Lage sein, ohne große Überwindung eine kleine Konversation ins Leben zu rufen.

Menschen, die in der Kunst des Small Talks geübt sind, haben einen echten Wettbewerbsvorteil. Sie beherrschen den Kommunikations-*Burst* und die 10-Sekunden-Beziehung. Damit meinen wir, dass sie stets in der Lage sind, einen kurzen kommunikativen Austausch zu starten, der oft nur wenige Sekunden dauert.

Uns geht es bei dem Thema *Small Talk* nicht nur um die klassische Mikrokonversation mit einer fremden Person, es geht insbesondere auch um den Small Talk mit Kolleginnen, Vorgesetzten et cetera.

Small Talk findet so gut wie immer in mehreren – wenn nicht genau in diesen vier – Phasen statt: einsteigen, in Schwung kommen, in Bewegung halten und abschließen. Schauen wir uns das genauer an.

Der Einstieg: Wie beginnt man?

Um locker ins Gespräch zu kommen, können Sie mit einer Frage beginnen, zum Beispiel eine geteilte Gemeinsamkeit. »Woher kennen Sie denn unseren Gastgeber?« Es kann aber auch die Erwähnung eines offensichtlichen Faktums sein: »Da sind ja heute unglaublich viele Menschen hier.«

In Schwung kommen

Damit das Gespräch in Gang kommt, können Sie die Antwort Ihrer Gesprächspartnerin zu Ihrer Einstiegsfrage oder Ihrem Kommentar auffangen und weiterführende Frage stellen. Grundsätzlich sollten Sie mit Informationsfragen beginnen und später Meinungsfragen stellen. Letztere sind bereits persönlicher Natur und Sie sollten nicht unbedingt sofort mit der (Meinungs-)Tür ins Haus fallen.

Gute Aufhänger können sein:

- Sie offenbaren etwas von sich – ein Erlebnis bei der Anreise, den Grund Ihrer Anwesenheit oder – etwas später – Ihre Meinung zum Vortrag, zum Catering et cetera. »Ich bin froh, dass ich es noch rechtzeitig zu dem Vortrag geschafft habe. Meine Anreise war heute ein bisschen kompliziert. Sind Sie auch mit der Bahn angereist?«
- Sie stellen eine Ähnlichkeit/Gemeinsamkeit fest. »Ich sehe, Sie haben sich auch für den Workshop *New Work* eingetragen.«
- Sie machen ein Kompliment. »Sie haben vorhin in der Diskussionsrunde eine sehr interessante und wichtige Frage gestellt.«

In Bewegung halten

Sie können nicht ewig über das Wetter, Sport oder Essen reden. Wechseln Sie zu einem neuen Thema und vertiefen Sie es, wenn Sie beim Gegenüber echtes Interesse wahrnehmen.

- Teilen Sie eine persönliche Erfahrung mit. »Ich profitiere immer am meisten davon, wenn der Redner ganz konkrete Beispiele bringt.«

- Sprechen Sie über (Ihre) Emotionen. »Ich muss zugeben, dass mich die Geschichte von dem Krankenhausaufenthalt sehr berührt hat.«
- Stellen Sie eine verrückte Frage. »Was glauben Sie, welchen Vorschlag hätte Pippi Langstrumpf gemacht?«
- Beziehen Sie sich auf Dritte, beispielsweise einen Artikel, die Meinung einer Person aus Ihrem Umfeld. »Eine Freundin hat mir vor kurzem berichtet…«
- Erzählen Sie von einem persönlichen Erlebnis. »Gestern ist mir was ganz Eigenartiges passiert. Ich stand gerade in der Tankstelle an der Kasse, als…«

Fragen Sie unbedingt auch nach Erlebnissen Ihrer Dialogpartnerin. »Was war denn besonders herausfordernd bei Ihrem China-Aufenthalt?« Hören Sie gut zu, fragen Sie nach Gefühlen. »Interessant, was Sie erzählen. Was hat das bei Ihnen ausgelöst?« Fügen Sie etwas Passendes zu den Geschichten der anderen hinzu. »Das erinnert mich an unser erstes großes Projekt, da standen wir vor dem derselben Problem.« Stoßen Sie durch Fragen eine Richtung an. »Welche anderen Optionen hätte es denn für Sie noch gegeben?«

Abschließen

Es ist nicht leicht, ein Gespräch zu beenden. Wann ist der Moment gekommen abzuschließen? Wenn Sie das Gefühl haben, dass es gerade ein interessanter Austausch war, Sie einiges erfahren haben und ein gutes Gefühl eingetreten ist. Ein kleines Dankeschön ist immer angebracht oder eine kurze Bemerkung zu dem gemeinsamen Plausch. »Danke. Das war sehr angenehm, mit Ihnen zu sprechen. Ich werde mir jetzt am Buffet etwas zu essen holen. Wir begegnen uns bestimmt wieder, spätestens beim Dessert.«

Wenn man sich noch nicht trennt, aber das Thema oder in eine fachliche Richtung wechseln möchte, könnte es so lauten: »Es scheint, alle von euch hatten ein echt interessantes Wochenende. Der Film, von dem Martina erzählt hat, den würde ich mir auch gern ansehen. Lasst uns nun langsam zu unserem ersten Thema übergehen. Was meint ihr?«

Achten Sie im Team darauf, dass Sie bewusst Zeit für den (nur scheinbar) belanglosen Small Talk einplanen. Denn es sind Momente der Entspannung, der Beziehungsvertiefung (*Bonding*) und des Vergnügens. Vergnügliche Ziellosigkeit hilft, ganz bewusst eine Pause zu machen von den Problemen oder Aufgaben, an denen man arbeitet. Vermeiden Sie also Small Talk nicht, sondern fördern Sie ihn, sei es an der Kaffeemaschine oder beim Meeting-Check-in, auch bei Onlinemeetings.

> **Übung**
>
> Integrieren Sie den Small Talk in Ihren (Arbeits-)Alltag. Nehmen Sie sich bewusst vor, die kommende Woche jeden Tag mit jemand anderem ein leichtfüßiges Gespräch zu führen und Konversation spielerisch mit Fragen und Zuhören zu betreiben.

Nun ist es Zeit, eines der wichtigsten Gesprächsformate vorzustellen, dessen Kern im Wesentlichen ebenfalls aus Fragen und Zuhören besteht.

2.3.4 Deep Talk: das WIDL-Gespräch

Es gibt eine intensive Gesprächsform, die Fragen und Zuhören *at its best* verkörpert und damit auch das Führen und Folgen in Gesprächssituationen. Wir nennen es das *WIDL-Gespräch*: **W**as **I**st **D**enn **L**os?

Im Prozess des Führens und Folgens ist diese Gesprächsform wichtig, um Intentionen zu hinterfragen oder gegenseitige Erwartungen zu verstehen und miteinander abzugleichen. Besonders dann, wenn die temporären Führungsrollen verhandelt werden, ist es entscheidend, die Interessen und Anliegen aller Beteiligten, jeder Einzelnen, klar auf den Tisch zu legen und ein gemeinsames Verständnis von der anstehenden Aufgabe herzustellen.

Ziel dieses Gesprächsformats ist es, die Anliegen und Interessen des Gesprächspartners herauszuarbeiten. Es geht um Verstehen, darum, die Welt aus der Brille des Gegenübers zu sehen. Ein Kernaspekt ist, die Interessenlage beziehungsweise Anliegen zu erforschen und zu sondieren. Wir bevorzugen den Begriff des *Anliegens*, weil er der emotional reichere im Vergleich zu *Interessen* ist. Ein Anliegen ist etwas, das einem im wahrsten Sinne am Herzen liegt. Das können Sorgen, Befürchtungen, Wünsche, Hoffnungen, aber auch Interessen in einem neutraleren Sinn sein.

Einige Beispiele für WIDL-Gesprächssituationen:

- Conny möchte mit ihren Kollegen klären, wer im anstehenden Qualitätsmanagementprojekt welche Aufgabe und welche Rolle übernehmen wird. Sie bringt alle Beteiligten zusammen und im gemeinsamen WIDL-Gespräch werden Wünsche und Erwartungen (Anliegen) besprochen.
- Franz und Tina haben sich in die Wolle gekriegt, weil unklar war, wer welche Aufgaben zu erledigen hat. Sie kommen zusammen, um die Situation zu besprechen und auch alle Ärgernisse und Sorgen offen auszusprechen.
- Jürgen macht einen Lösungsvorschlag bei einer Projektbesprechung. Er wundert sich, warum keiner darauf eingeht. Er will erfahren, warum das so ist.
- Caro hat von ihrem Projektleiter einen Auftrag bekommen, den sie nicht für sinnvoll hält. Sie sucht das Gespräch, um zu klären, in welchem Zusammenhang der Auftrag zu sehen ist und welche Interessen dahinterstecken.
- Max soll eine neue Plattform für Forschungsprojekte entwickeln. Er sucht das Gespräch mit der internen Kollegin (= Kundin) aus der Forschungsabteilung, um die Situation und die Bedürfnisse der Kundin genau zu verstehen.

- Klaus ist Mitarbeiter im Team von Helen. Er hat mit einer ganzen Palette von Problemen zu kämpfen. Helen lädt zum Gespräch ein, um Klaus Situation und seine Sicht auf die Dinge zu verstehen.
- Miriam hat Cornelia Feedback zu ihrer nicht immer überzeugenden Leistung im letzten Jahr gegeben. Sie kommen zusammen und Cornelia erklärt nun ihre Einschätzung. In dieser Phase schaltet Miriam auf Fragen und Zuhören um, um Cornelias Standpunkt genau zu verstehen.

Das Ziel eines WIDL-Gesprächs ist es, wir wiederholen es gerne, die Anliegen einer anderen Person oder auch Gruppe genau zu verstehen. Wir unterscheiden dabei zwischen vier verschiedenen Arten von Anliegen, die wir Menschen haben: sachlich-fachliche, persönliche, private und intime Anliegen.

Sachlich-fachliche Anliegen

Sachlich-fachliche Anliegen haben mit den Themen zu tun, die Teil unseres Aufgabenspektrums sind und unsere fachliche Expertise betreffen.

- Controllerin: Erstellung eines termingerechten, informativen Quartalsberichts
- IT Experte: Entwicklung eine anwenderfreundlichen neuen Funktionalität
- Managerin: Entwurf eines realistischen Budgetplans

Die sachlich-fachlichen Anliegen zu verstehen, ist oft der Einstieg in das WIDL-Gespräch.

Persönliche Anliegen

Persönliche Anliegen sind nicht mehr rein sachlich-fachlich, aber immer noch berufsbezogen und noch nicht rein privater Natur. Sie sind die eigentlichen Motivationstreiber und Kraftquellen.

- Jürgen möchte im Unternehmen Karriere machen, weil er sich gern beweisen möchte.
- Berta findet die Arbeit unfair und ungerecht verteilt.
- Alina hat den Wunsch, stärker bei Entscheidungen einbezogen zu werden.
- Egon möchte, dass die Zusammenarbeit mit den Kollegen harmonischer läuft.

Von den sachlich-fachlichen Anliegen hangelt man sich langsam zu den persönlichen Anliegen vor. Die persönlichen, berufsbezogenen, aber noch nicht privaten Anliegen spielen nicht selten eine dominante Rolle in Konfliktsituationen. Nicht erfüllte persönliche Anliegen sind oftmals die eigentlichen Konflikttreiber. Über persönliche Anliegen zu sprechen, ist manchmal mit einer gewissen Scheu und Vorsicht verbunden. Aus diesem Grund startet man zuerst mit den unverfänglichen sachlich-fachlichen Anliegen im WIDL-Gespräch.

Private Anliegen

Private Anliegen haben nur noch indirekt mit dem Beruflichen zu tun. Ihr Fokus liegt, wie der Name es sagt, im privaten Umfeld. Indirekt meint, dass sie je nach Erfüllung und der damit verbundenen emotionalen Verfassung (Zufriedenheit/Unzufriedenheit, Frust/Freude) Einfluss auf den beruflichen Kontext haben können. Dazu gehören beispielsweise:

- eine neue Wohnung beziehen,
- eine Familie gründen wollen,
- Ärger zuhause.

Private Anliegen wird man im beruflichen Umfeld in der Regel nicht aktiv thematisieren, außer der Gesprächspartner wünscht das und es hat außerdem einen Einfluss auf die Zusammenarbeit im Team. Dann sollte man zumindest anbieten, dass man gern darüber sprechen kann.

Intime Anliegen

Intime Anliegen, unsere letzte Kategorie, haben im beruflichen Umfeld nichts verloren. Es sind natürlich Ausnahmesituationen vorstellbar, zum Beispiel wenn eine schwere Krankheit die Arbeit beeinflusst oder wenn es ein Suchtproblem im Team gibt. In diesen Fällen ist man sehr schnell im intimen Bereich.

Dieser Fächer aus unterschiedlichen Anliegen soll Ihnen einen groben thematischen Rahmen geben, der in einem WIDL-Gespräch abgeklopft werden kann. Im beruflichen Umfeld spielen dabei die sachlich-fachlichen sowie die persönlichen (berufsbezogenen) Anliegen eine herausragende Rolle. Die Anliegen der Gesprächspartnerin gut zu verstehen, ist oft einer der wichtigsten Schritte bei der Lösung eines Problems oder bei der Klärung eines strittigen Themas.

Dabei sollte man jedoch auf zwei Fallstricke aufpassen, die in einem WIDL-Gespräch vorkommen können. Lassen Sie uns das etwas genauer erläutern.

Fallen im WIDL-Gespräch

Es gibt üblicherweise zwei Fallen, in die man in einem WIDL-Gespräch schnell tappen kann. Da ist zum einen die **Lösungsfalle**. Das heißt, wir reagieren vorschnell mit Lösungsvorschlägen oder Ratschlägen auf die ersten Sätze des Gegenübers. Doch bitte: Es ist wichtig, sich davor zu hüten. Denn dadurch nimmt man dem Gesprächspartner die Gelegenheit sowie den Teil seiner Verantwortung, seine Anliegen zu formulieren. Es bedeutet aber auch nicht, sich Lösungsvorschlägen völlig zu enthalten. Man kann natürlich im Laufe des Dialogs auch Vorschläge platzieren. Man sollte anschließend aber immer fragen, was der Gesprächspartner davon hält. »Man könnte auch xy tun. Was würden Sie davon halten?«

Die zweite Falle, die sich manchmal auftut, nennen wir die **Argumentationsfalle**. Dabei lässt man sich durch die Äußerungen des Gegenübers auf einen Argumente-Pingpong ein. Auf eine Begründung folgt ein Gegenargument, darauf ein Argument und wieder ein Gegenargument – *ad infinitum*. Wenn man merkt, dass man in diese Falle gerät, sollte man umschalten und sich wieder aufs Fragen und Zuhören konzentrieren.

Im Deep Talk geht es grundsätzlich um vier Schritte:

1. **Viele offene Fragen einsetzen**, um die Anliegen des Gesprächspartners breitgefächert zu erschließen.
2. **Den Präzisierungstrichter** (Kapitel 2.3.1) **nutzen**, um diese Anliegen zu spezifizieren und zu konkretisieren. Im Gesprächsverlauf werden verschiedene Themen aufpoppen. Diese Themen gilt es, zur Kenntnis und mithilfe des Präzisierungstrichters genauer unter die Lupe zu nehmen.
3. **Herausfinden, welche Zusammenhänge** es zwischen den einzelnen spezifizierten Themen gibt. Ist beispielsweise der Wunsch nach einer Aufgabenveränderung verbunden mit Problemen im Team oder dem Wunsch nach mehr Verantwortung?
4. **Kernanliegen verstehen**: Wo liegen für die Gesprächspartnerin die Prioritäten? Was ist ihr am wichtigsten? Das ist relevant, weil sich in der Regel nicht alle Anliegen gleichermaßen unter einen Hut kriegen lassen. Also muss man Schwerpunkte setzen und sich (zunächst) für ein Lösungsszenario entscheiden.

Nun ist es an der Zeit, eine nicht unwesentliche Komplikation in einem WIDL-Gespräch zu erwähnen. Es gibt nämlich Fälle, bei denen versteckte Anliegen die Kernthematik bilden. Und das stellt eine besondere Herausforderung dar. Wir machen das am besten an einem Beispiel klar.

Robert ist Abteilungsleiter bei der PumpenMeister GmbH. Er möchte im Zentrallager ein neues, softwaregestütztes Lagersystem einführen. Einer der Lagerleiter, Karl, wehrt sich jedoch mit Händen und Füßen dagegen. Er bringt alle möglichen Einwände an, die gegen ein solches System sprechen: zu spezielle Situation im eigenen Lager, zu wenig Motivation beim Team, zu hoher Aufwand, sich in ein neues System einzuarbeiten. Robert überzeugen diese Einwände nicht. Er hat das Gefühl, da steckt etwas anderes dahinter. Er versucht, in einem WIDL-Gespräch zu erkunden, woran Karls vehementer Widerstand liegt. Schließlich kommt Karl auf ein besonderes Ereignis zu sprechen. Vor zwei Jahren war er auf einer Computerschulung. Während die Teilnehmenden an einer Aufgabe arbeiteten, ging der Referent an Karls Arbeitsplatz vorbei, sah ihm über die Schulter und sagte so laut, dass alle anderen es hören konnten: »Sie sind ja immer noch bei der ersten Aufgabe, also der Schnellste sind Sie ja wirklich nicht.« Diese demütigende Bemerkung nahm Karl jegliche Motivation. Jetzt wieder auf eine neue Schulung zu müssen, ist daher für ihn eine Horrorvorstellung. Als Robert das verstanden hat, beruhigt er Karl sehr schnell: »Sie müssen auf keine neue Schulung gehen. Ich übernehme das selbst, Sie in dem neuen System anzulernen. Und keine Angst, wir machen das ganz ohne Druck. Was halten Sie davon?«

Diese kleine Geschichte zeigt uns, dass es manchmal in Gesprächen einen PK gibt, einen Pudels Kern. Und der ist nichts anderes als ein verstecktes Anliegen. Woran kann man das nun in einem Gespräch erkennen? Was sind Signale für einen PK?

- Der Gesprächspartner mauert sich in seiner Position ein. (»Doch das ist so, Punkt!«)
- Er startet Ablenkungsmanöver. (»Wir sollten jetzt unbedingt über Claudias Verhalten sprechen.«)
- Die Gesprächspartnerin verwickelt sich in Widersprüche. (»Ich bin total umweltbewusst und ich fliege gern mal übers Wochenende in eine deutsche Stadt.«)
- Sie beginnt mit Gegenangriffen. (»Du solltest dich an der eigenen Nase fassen.«)

Vorsicht! Bitte machen Sie keine psychoanalytische Sitzung aus einem Gespräch. Wir möchten nur erwähnen, dass Menschen ihre Anliegen nicht immer mit höchster Motivation offenbaren. Vielleicht sind sie zu stolz, sie schämen sich, sie haben Befürchtungen oder aber keine edlen Absichten. Wir sollten uns der Möglichkeit eines verstecken Anliegens immer bewusst sein. Gerade bei versteckten Anliegen ist die Erfolgsquote, dass der Gesprächspartner offen darüber spricht, gering.

Deshalb unsere Rätselfrage: Wie kann man den PK treffen, ohne dass er ausgesprochen werden muss? Genau. Sie versuchen es indirekt. Wenn Sie eine Vermutung haben, wo der Hund im Pfeffer begraben sein könnte, machen Sie einen Lösungsvorschlag, mit dem der PK indirekt getroffen sein könnte. Um in unserem obigen Beispiel zu bleiben: Robert könnte, nachdem er vermutet hat, dass Karl Probleme bei der Benutzung von Computern hat, Folgendes anbieten: »Ich hätte einen Vorschlag für dich, Karl. Wir setzen das System erst einmal nur probeweise ein. Ich mache es dir vor, du schaust mir über die Schulter und wir sehen dann, ob das Ganze für unsere Zwecke überhaupt etwas ist. Was meinst du?«

Eine weitere Möglichkeit, mit einem PK umzugehen, ist, konsequent nach Lösungen zu fragen: »Okay, du sagst, die Motivation für das neue Tool wird im Team nicht hoch sein. Was könnten wir denn tun, um die Motivation zu fördern?«

Übung

Führen Sie ein WIDL-Gespräch mit einem Kollegen. Erkundigen Sie sich nach seinen Lust- und Frustquellen bei der Arbeit. Konzentrieren Sie sich dabei darauf, offene Fragen zu stellen und möglichst vorurteilsfrei zuzuhören. Wenn es passt, bauen Sie den Präzisierungstrichter ein.

Ein WIDL-Gespräch ist eine gute Möglichkeit, den Kontakt auch zu den Teammitgliedern zu halten, die bei einem hybriden Arbeitsmodell im Homeoffice arbeiten. Natürlich ist ein WIDL-Gespräch in Präsenz effektiver, aber auch am Bildschirm kann es eine Beziehung zur Gesprächspartnerin herstellen. Und auch im interkulturellen Kontext funktionieren WIDL-Gespräche hervorragend, besonders mit Businesspartnern aus eher beziehungsorientierten Kulturen.

In einem WIDL-Gespräch erlernt man eine wichtige Fähigkeit, die gerade für tiefgehende Dialoge von Bedeutung sind: sich ohne Vorbedingungen auf den anderen einzulassen. Es ist der Versuch, bedingungslos zu verstehen, wie die andere Person die Welt sieht. Das ist wie eine Art Rätselraten, bei dem am Anfang alles offen ist und die Worte, die man hört, den Interpretationsrahmen bilden. Dabei ist entscheidend, die eigenen Urteile und Bewertungen in der zweiten Reihe zu halten. Das WIDL-Gespräch als spezielle Dialogform ist ein Erkunden einer mentalen und emotionalen Landschaft. Jede Bewertung, die Sie vornehmen, verändert die Landschaft und verhindert, dass Sie lernen.

Auf den Punkt

Das sich Aufeinander-Einlassen, wie wir es im WIDL Gespräch erleben, ist auch ein Symbol für das Aufeinander-Einlassen, wie wir es beim wechselseitigen Führen und Folgen erleben. Es bedeutet immer, den Mut aufzubringen, sich darauf einzulassen, einen Schritt zurückzutreten und der anderen die Bühne zu überlassen.

2.4 Der Leistungsraum: die Kundin, Ziele und das große Ganze

Unternehmen sind keine Selbstzweckveranstaltungen. Im Gegenteil, sie dienen einem wohldefinierten Ziel. Es gibt einen Grund, warum es Unternehmen gibt. Sie bieten eine Leistung oder ein Produkt, mit anderen Worten: Sie schaffen Werte – und zwar für Menschen, die danach fragen. Diese Menschen werden üblicherweise Kundinnen genannt.

Unternehmen sind kein organisiertes Kaffeekränzchen, keine Gute-Laune-Party. Sie stehen in einem Wettbewerb, buhlen um die Gunst der Kundinnen und sie können diese Gunst in Windeseile verlieren, wenn sie keine ansprechenden Leistungen im Vergleich zum Wettbewerb bieten.

Ganz im Einklang mit unserem Dreiklang des Führens aus Führen, Folgen und Aufgabe lösen Unternehmen in der Regel für ihre Kundinnen ein Problem. Das ist überhaupt erst der Grund, warum wir *Shared Leadership* benötigen. Wir brauchen es, um die bestmögliche Leistung für die Kundinnen zu liefern.

Der Kundenbegriff lässt sich weit oder eng fassen. Im engen Sinne ist der Kunde die Person oder Personengruppe, die Produkte oder Dienstleistungen des Unternehmens kauft, also der Endkunde. Im weiteren Sinne verstehen wir unter Kundinnen auch die Personengruppe, die innerhalb der Wertschöpfungskette Empfängerin von Dienstleistungen ist. In diesem Sinne ist der Kunde des Marketings der Vertrieb, die Kunden von HR die Mitarbeitenden im Unternehmen.

Dass nach dem Vertrauensraum jetzt die Aufgaben- und Leistungsorientierung in den Blick kommt, ist für *Shared Leadership* ganz wesentlich. Um das ganze Potenzial von *Shared Leadership* zu heben, braucht es einen anspruchsvollen Leistungsraum.

Auf den Punkt

Im Leistungsraum nutzen wir die Expertise der Teammitglieder, setzen wir anspruchsvolle Ziele, schöpfen wir unser Problemlösungspotenzial aus, engagieren wir uns in unternehmerischem Denken.

Je besser wir dabei *Shared Leadership* leben, desto leichter können die Personen die Initiative ergreifen, die aufgaben- oder situationsbedingt die größte Expertise, die größte Zuversicht oder das größte Zutrauen haben. Das Konzept von *Shared Leadership* stellt idealerweise sicher, dass wir eine temporäre Konstellation des Führens und Folgens finden, die den Teamzielen oder Unternehmenszielen am besten dient.

Elemente des Leistungsraums

Zuerst brauchen wir eine klare **Kundenstrategie**, das heißt, die Handlungen des Teams oder der Abteilung müssen auf den (externen oder internen) Kunden ausgerichtet sein.

Das erfordert eine **Vision**, einen **Purpose** und ein strategisches Selbstverständnis, die den Handlungsrahmen des Teams bestimmen.

Dieser Handlungsrahmen und die Problemlösungen für die Kundin münden in **agile Ziele**, die flexibel und schnell an geänderte Rahmenbedingungen oder sich ändernde Kundinnenwünsche angepasst werden können. Ein wunderbares Zielsystem, dass schnelle Handlungswechsel ermöglicht, ist *OKR* (*Objectives and Key Results*). Was es damit auf sich hat, erläutern wir in Kapitel 2.4.2.

Um den operativen Betrieb in einem Team immer im Blick zu halten, braucht es darüber hinaus ein einfaches und robustes **Kennzahlensystem**, das die Performance des Teams widerspiegelt.

Um diese Kernelemente des Leistungsraums ranken sich wieder charakteristische Kommunikationsmethoden: Feedback, das Klimagespräch, das Strategiegespräch sowie inspirieren, beraten und überzeugen.

2.4.1 Kunde, Purpose, Strategie

Abteilungen oder Teams haben eine Tendenz, sich in ihrem Handeln und Denken mehr um sich selbst zu drehen als um den Kunden. Die Gefahr ist besonders groß, wenn – wie in Systemen des wechselseitigen Führens und Folgens – viel Zeit für Rollenklärung, Absprachen und Reflexion der Zusammenarbeit aufgewendet werden muss.

- Wer hält eigentlich bei unserem Vorhaben Kontakt zur Niederlassung X, die ja durchaus von unseren Aktionen betroffenen sind?
- Sollen wir lieber das Kollaborationstool A oder die Projektsoftware B benutzen?
- Wie machen wir die Urlaubsplanung gerechter?
- Wie verteilen wir Arbeiten auf faire Weise? Wer hat welche Aufgabe und Rolle?

Der Kunde

All das sind wichtige Aspekte, und zwar immer dann, wenn sie eng mit der Frage verknüpft sind: **Was bringt es dem (internen oder externen) Kunden?** Das ist die Kernfrage, um welche das Denken und Handeln in einem Team kreisen sollte. Es muss immer überlegt werden: Was braucht der Kunde und wie geben wir ihm das?

Diese Kernfrage sollte eingebettet sein in einen Rahmen strategischer Fragen, die unsere Vision und unser Selbstverständnis (*purpose*) beantworten und uns anleiten, diesen Rahmen in konkrete Ziele zu übersetzen.

- Welche Vision verfolgen wir?
- Welche Mission erfüllen wir? Und welchen Zwecken dient das?
- Welche Leistung liefern wir für unsere Kunden?
- Welchen Nutzen stiften wir für unsere Kundinnen?
- Welche Kernkompetenzen haben oder brauchen wir dazu?
- Welche Unterstützungssysteme sind wichtig für uns?
- Auf welche Handlungsfelder konzentrieren wir uns?
- Welche Ziele setzen wir uns in den jeweiligen Handlungsfeldern?

Die Antworten auf diese Fragen geben den strategischen Rahmen vor, in dem sich die Aufgabenbewältigung und Problemlösung eines Teams bewegt. Abhängig von den Unternehmensprioritäten (z. B. Gesamtstrategie des Unternehmens), der aktuellen Situation und den Anforderungen der Kunden wird dieser strategische Rahmen in konkrete Handlungsfelder und Ziele münden.

Die Antworten auf die strategischen Grundfragen sollten allen im Team bekannt sein, damit jede schnell entscheiden kann, welchen Beitrag zur Zielerreichung sie leisten kann. Nur wenn dieser Rahmen bekannt und akzeptiert ist, agiert man überhaupt erst als Team, in dem wechselseitiges Führen und Folgen ein gemeinsames Marschieren in eine Richtung ermöglicht. Der strategische Rahmen gibt dabei auch, wir wiederholen es, Auskunft über den Sinn und Zweck (*purpose*), der allen gleichermaßen Orientierung bietet.

Auf den Punkt

Eine Vision beschreibt das Wohin. Der Zweck beschreibt das Warum des Wohin.

Purpose

Für jedes Team ist es wichtig, die Vision und den Zweck immer vor Augen zu haben. Während es im althergebrachten Führungsverständnis die zentrale Aufgabe der formalen Führungskraft ist, an die Vision und die Zwecke des Handelns zu appellieren, um so den *purpose*, Sinn und Nachhaltigkeit aufzuzeigen, wird es im *Shared-Leadership*-Konzept Aufgabe jedes Einzelnen sein, bei Bedarf an die Kernziele (Vision) oder wichtigsten Zwecke aktiv zu erinnern. Wir bewegen uns dadurch von einer Einbahnstraßen-Inspiration hin zur multiaktiven gegenseitigen Inspiration.

Die Frage nach der Vision und dem Zweck ist nicht nur auf Unternehmensebene oder Business-Unit-Ebene angesiedelt. Jede Abteilung beziehungsweise jedes Team kann sich prinzipiell die Frage stellen, welche Vision man sich innerhalb der Unternehmensvision setzt.

So könnte eine Controlling-Abteilung sich an folgender Vision orientieren:

Unsere (internen) Kunden sind durch unsere agile Datenaufbereitung in der Lage, in Echtzeit den ›Gesundheitszustand‹ und alle ›Vitalfunktionen‹ unseres Unternehmens zu erfassen.

Warum ist diese beispielhafte Vision beziehungsweise was ist an ihr so wichtig? Vision und Zweck liefern uns einen *purpose*. In diesem Fall: Nur wenn es einen klaren Überblick über den Zustand des Unternehmens gibt, können das Überleben sowie das Wachstum des Unternehmens gesichert werden.

Strategie

Der Leistungsraum inklusive allen Handelns und Entscheidens funktioniert nicht ohne eine klare Strategie. Nach klassischem Verständnis ist eine Strategie ein längerfristig angelegtes, planvolles Anstreben einer vorteilhaften Lage oder eines Ziels.

Unternehmen können eine Strategie in folgenden logischen Schritten entwickeln:

1. Das Unternehmen definiert die Unternehmensvision (langfristig angestrebte Zukunft) sowie die Kerndienstleistung, den Kernnutzen und die Kernkompetenz. Letztere positionieren das Unternehmen gegenüber dem Wettbewerb. Auf Basis einer Ist-Analyse (Stärken und Schwächen des Unternehmens, Kundenerwartungen, Marktsituation und Entwicklungstrends) werden Handlungsfelder fixiert, in denen das Unternehmen Schwerpunkte setzen wird. Zu jedem Handlungsfeld werden Entwicklungsziele fixiert.
2. Dieses System wird kaskadenförmig nach unten heruntergebrochen. Das heißt, auf der nächsten Stufe leitet jeder Unternehmensbereich aus den Entwicklungszielen

seine Bereichsziele ab. Auch jeder Unternehmensbereich definiert sein strategisches Selbstverständnis: Kerndienstleistung, Kernnutzen, Kernkompetenz. Auf Basis einer Bestandsaufnahme werden daraufhin Handlungsfelder und Ziele definiert.
3. Analog erfolgt das Herunterbrechen auf der oder den nächsten Stufen.

Das strategische Selbstverständnis im engeren Sinn (Kerndienstleistung, Nutzen, Kompetenz) beschreibt das grobe Wie. Es gibt Auskunft, welche Kerndienstleistung man den Kundinnen anbietet, welcher Nutzen sich daraus für sie ergibt, welche Kompetenzen es dem Team ermöglichen, genau diesen Nutzen zu stiften und welche Supportsysteme es braucht, um die Dienstleistung robust und für den Kunden anstrengungslos anzubieten. Auch diese Fragen lassen sich auf Abteilungs- oder Teamebene beantworten.

Folgendes Beispiel zeigt mögliche Antworten auf die engeren strategischen Fragen des Ingenieurteams eines Pharmaunternehmens.

Unsere Kerndienstleistung:

- *Wir liefern ein umfassendes Projektmanagement für Erweiterungen und Änderungen bestehender pharmazeutischer Anlagen: von der Konzeptfindung, der Kostenermittlung, der Planungsleistung, der Projektleitung und -abwicklung bis hin zur Inbetriebnahme.*
- *Wir bilden durch Training-on-the-job unseren Ingenieurnachwuchs zur Übernahme von Aufgaben im Betrieb aus. Außerdem unterstützen wir bei Personalengpässen im Bereich der Betriebsbetreuung.*
- *Wir formulieren und kommunizieren Standards und Tools für die technische Ausrüstung und für Engineering-Prozesse zur Anwendung durch die Betriebsbetreuung sowie durch die interne und externe Planung.*
- *Wir sorgen für professionelles Kontraktoren-Management.*

Unsere Kernkompetenzen:

- *Wir beherrschen präzises Projektmanagement.*
- *Wir verfügen über spezielles unternehmensinternes Know-how und eine tiefgehende Betriebs- und Prozesskenntnis.*
- *Wir kennen die internen Standards und Richtlinien und setzen diese in der Praxis um.*
- *Wir wählen verlässliche und kompetente Partner aus und steuern ihre Koordination.*
- *Wir organisieren den Know-how-Transfer in unserem Unternehmen.*
- *Wir steuern die Projekte im Interesse des Unternehmens im Vergleich zu externen Anbieterinnen am besten.*

Der Kundennutzen:

Der Betrieb erhält von uns ***termingerecht*** *eine* **bedienungsfreundliche,** *den* **Qualitäts- und Sicherheitsanforderungen** *entsprechende Anlage nach* ***neuestem Stand der Tech-***

***nik** mit einer **hohen Verfügbarkeit** und **optimierten Investitions- und Betriebskosten**. Der Betrieb kann sich so auf seine Kernkompetenz konzentrieren: die Produktion eines spezifikationsgerechten Produkts.*

Es ist wichtig zu verstehen, dass dieses Beispiel nicht auf die Außenwirkung angelegt ist, sondern sie dient als Blaupause für die künftigen Arbeitsfelder und Ziele der Abteilung. Das ist der entscheidende Zweck des strategischen Selbstverständnisses. Es hilft jedem im Team dabei, die Prioritäten richtig zu setzen. Auch bei wechselnder Führung werden dadurch alle Handlungen und Aktivitäten auf die wichtigsten Prioritäten hin ausgerichtet. Die richtige Marschrichtung zu finden, kann somit gleichmäßig auf alle im Team verteilt werden. Und es ist kein komplizierter Abstimmungs- und Absicherungsprozess notwendig, wenn ein temporärer Teamleader eine Entscheidung trifft. Die Entscheidung sollte nur im Einklang mit der Gesamtstrategie des Teams sein.

Die gleiche Vorgehensweise kann natürlich auch für Teams gewählt werden, die sich nur temporär, zum Beispiel in einem speziellen Projekt, zusammenfinden. Auch hier kann man, ausgehend von der Grundfrage »Was ist unser Kernziel?«, klären: Was ist unsere Kerndienstleistung als Projektteam? Welchen Nutzen wollen wir stiften? Und welche Kompetenzen bringen wir mit? Es lässt sich also auch ein temporäres strategisches Selbstverständnis formulieren.

Besteht Klarheit über das strategische Selbstverständnis, werden im letzten Schritt schließlich zentrale Handlungsfelder identifiziert, für die man sich bestimmte, konkrete Ziele setzt. Diese Handlungsfelder und Ziele beschreiben das Wie des strategischen Wofür.

In einer Klinik beispielsweise ist jede Abteilung jedes Jahr aufgefordert, in folgenden drei Handlungsfeldern ein herausforderndes Ziel zu formulieren: Qualität, Wirtschaftlichkeit, Lernen. So münden Vision und strategisches Selbstverständnis schließlich in konkrete Teamziele. In Abwandlung eines Zitats von Immanuel Kant: Eine Strategie ohne Ziele ist leer, Ziele ohne eine Strategie sind blind.

Wir bringen den Gesamtzusammenhang in Abbildung 23 zum Ausdruck.

Welche Teamstrategie und konkreten Handlungsfelder man identifiziert und wählt, sollte man gemeinsam in einem Strategieworkshop besprechen. Dabei ist wichtig, alle Informationen und alles Wissen zusammenzutragen, um zu einem guten Bündel an Handlungsfeldern zu kommen.

Wir haben zwei Leitfragensysteme zusammengestellt, die Sie in einem gemeinsamen Workshop mit dem Team bearbeiten könnten.

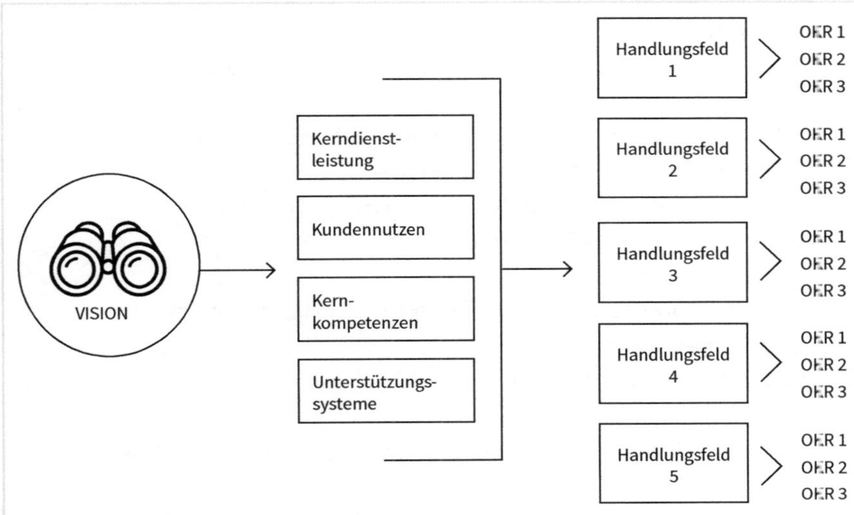

Abb. 23: Die strategische Landkarte im Überblick

I) Leitfragen: Workshop zur Bestandsaufnahme

Das strategische Selbstverständnis

- Welche **Kerndienstleistung** bieten wir (in diesem Vorhaben) unseren internen/externen Kunden?
  Oder: Was ist unsere Kernaufgabe? Was tun wir für unsere Kunden?
- Welchen **Kernnutzen** erbringen wir für unsere internen/externen Kundinnen?
  Oder: Was bedeutet unsere Kerndienstleistung für unsere Kundinnen? Was haben unsere Kundinnen konkret von unserer Arbeit?
- Welche **Kernkompetenzen** haben wir?
  Oder: Welche Erfolgs entscheidenden Schlüsselfertigkeiten stehen hinter unserer Kerndienstleistung? Welche Fähigkeiten und Stärken bringt unser Team mit?

Die Kundenerwartungen oder Stakeholder-Erwartungen

- Wer sind unsere Kunden oder die wichtigsten Stakeholder für unser Team?
- Welche Erwartungen haben sie?
- Welche dieser Erwartungen sind sinnvoll, welche nicht?
- Wie gut erfüllen wir die Erwartungen?
- Wo haben wir Defizite in der Erfüllung wichtiger Kundenerwartungen?

Der Rahmen

- Welche Unternehmensvorgaben sind für uns relevant? (Ziele, strategischer Fokus)
- Welche Rahmenbedingungen müssen wir beachten?
- Welche dieser Rahmenbedingungen sind veränderbar, welche nicht veränderbar?

Entwicklungen

- Welche Veränderungen oder Entwicklungen werden in absehbarer Zeit auf uns zukommen?
- Was könnten diese Veränderungen für unsere Arbeit bedeuten?
- Wie wahrscheinlich sind diese Veränderungen?
- Welche Veränderungen oder Entwicklungen bieten Chancen für uns?
- Welche stellen eventuell Risiken für uns dar?

II) Leitfragen: Workshop zur Identifizierung von Handlungsfeldern

Fragen zur Team-Vision

- Was wollen wir langfristig erreichen? Was wollen wir in unserem Vorhaben erreichen?
- Wo müssten wir ansetzen, um diese Vision Wirklichkeit werden zu lassen?

Fragen zum strategischen Selbstverständnis

- Wie gut erfüllen wir tatsächlich unser strategisches Selbstverständnis?
- Wo gibt es Handlungsbedarf? Wo klaffen Lücken?
- Welche Kerndienstleistung sollten wir ausbauen oder neu aufbauen?
- Welche Kernkompetenzen müssen wir ausbauen oder aufbauen?

Fragen zur Kundenanalyse

- Was könnten unsere Kundinnen brauchen, was sie möglicherweise selbst gar nicht erwarten?
- Welchen zusätzlichen Nutzen könnten wir unseren Kundinnen stiften?
- Um welche Erwartungen sollten wir uns verstärkt kümmern?

Fragen zum Rahmen und zukünftigen Entwicklungen

- Welchen Beitrag können oder müssen wir zu den Unternehmensvorgaben (Ziele, Strategie) leisten? Wo können oder sollten wir ansetzen?
- Welche Entwicklungen sollten wir aktiv aufgreifen und für unser Team nutzen?
- Welche Risiken sollten wir minimieren?

Ziele für Handlungsfelder definieren

Liegen die Handlungsfelder fest, besteht der nächste Schritt darin, konkrete und präzise Ziele für jedes Handlungsfeld zu finden. Das Arbeiten mit Zielen ist ein altbekanntes Thema. Prinzipiell spielt es keine wesentliche Rolle, welche Art von Zielsystem man wählt.

In Zeiten hoher Volatilität, Unsicherheiten und hohen Anpassungsanforderungen ist jedoch ein Zielsystem von besonderer Qualität. Wir sprechen von *OKR* (*Objectives and*

Key Results). Für *Shared Leadership* ist dieses System auch deshalb besonders gut geeignet, weil es entsprechend der Dynamik unterschiedlicher Führungskonstellationen schnelle Änderungen und Anpassungen erlaubt.

2.4.2 Agile Ziele: die Power von OKR

Ziele (OKR) sind das wichtigste Instrument, um eine hohe Leistungsorientierung in einem Team zu fördern. Ziele motivieren, spornen an, bringen uns an Leistungsgrenzen, helfen uns zu fokussieren, lassen uns lernen und wachsen. Sie sind das entscheidende Mittel für die Weiterentwicklung jedes Einzelnen wie auch des gesamten Teams. *Shared Leadership* stellt zur Zielerreichung einen idealen Rahmen bereit:

- Es kann unterschiedliche Ziel-Owner oder Zielverantwortliche geben.
- In der Zusammenarbeit zur Zielerreichung können je nach Expertinnenwissen unterschiedliche Teammitglieder spezielle Verantwortungsbereiche oder Aufgaben übernehmen.

Anspruchsvolle Ziele katapultieren uns in die Lernzone. Abbildung 24 in Anlehnung an die Arbeit von Amy Edmondson unterstreicht, dass zum Wohlfühlfaktor des Vertrauensraums der Leistungsfaktor hinzukommen muss, um zu wachsen, sich weiterzuentwickeln und Werte für den Kunden zu schaffen.[80]

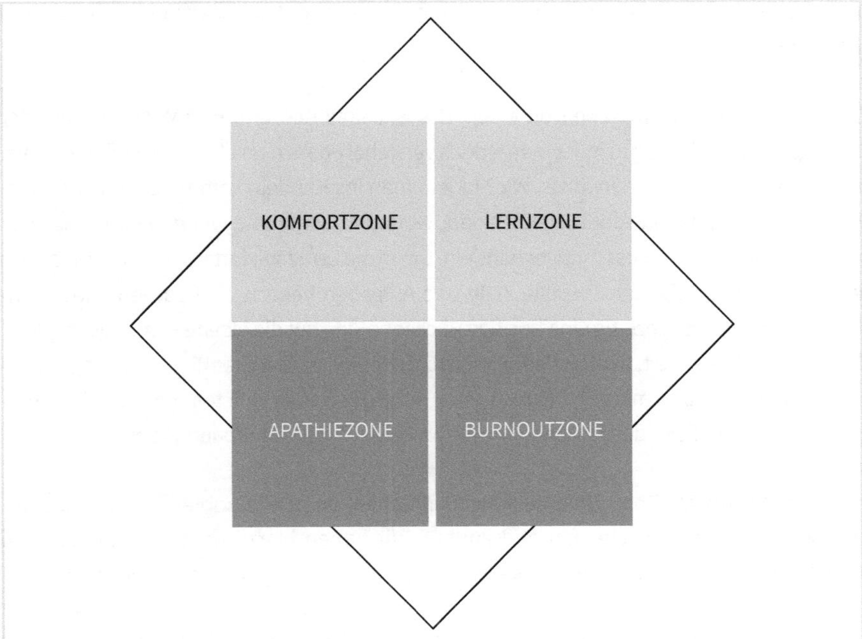

Abb. 24: Well-Being und Leistungsanspruch definieren verschiedene Zonen.

In der **Komfortzone** entwickelt sich *Shared Leadership* nur sporadisch, wenn sich die Gelegenheit ergibt. Aber es gibt keinen äußeren Druck oder Ansporn (in Form von Zielen), der *Shared Leadership* notwendig macht.

In der **Apathiezone** entwickelt sich kein *Shared Leadership*, weil niemand Interesse hat oder Motivation verspürt. Niemand fühlt sich wohl und es gibt auch keinen Ansporn zu Leistung.

In der **Burnoutzone** (hoher Leistungsdruck, große Ängste) wird *Leadership* wahrscheinlich nur von einer Person oder einen kleinen Teilgruppe ausgeübt.

Shared Leadership findet am effektivsten statt, wenn man mit dem Team in die **Lernzone** fortschreitet. Das heißt, man stellt sich Herausforderungen, hat aber gleichzeitig einen hohen Grad an Zufriedenheit, Freude und Angstfreiheit im Team. Diese Lernzone wird dabei durch einen hohen Leistungsanspruch in Form von anspruchsvollen Zielen (OKR) gesteuert. Lernen findet statt, wenn wir uns herausfordernde Ziele setzen, die wir zu erreichen versuchen.

Die einzige Angst, die zugelassen wird, ist jene, die mit einer Aufgabe beziehungsweise einer Zielerreichung verbunden ist. Ein besserer Ausdruck für diese Art von Angst ist wahrscheinlich der Begriff *Respekt*. Wenn man Respekt vor einer Aufgabe hat, vielleicht auch gewisse Zweifel, ihr gerecht zu werden, dann sollte dies als Anreiz verstanden werden, sich dieser Aufgabe zu stellen. So verstanden schafft die Aufgabe den Rahmen, an ihr zu wachsen.

Ziele oder Aufgaben anzugehen, die einem Respekt einflößen, erfordert Mut – und auch der kann gelernt werden. Dazu muss man jedoch verstehen, dass man über den bloßen Vorsatz, mutig zu sein, hinausgehen muss. Wie? Indem man ins Handeln kommt. Schon der Philosoph Aristoteles hat uns darüber aufgeklärt, worauf es ankommt, wenn man couragierter werden möchte: Man muss mutiger handeln. Um in die Lernzone fortzuschreiten, muss Mut entwickelt werden, anspruchsvolle Ziele und Aufgaben beherzt anzupacken. Diese Mut-Entwicklung hat gleichzeitig eine positive Rückkopplung auf die eigene Führungsfähigkeit. Denn Entschlossenheit, auch Risikobereitschaft, ist eine ganz wesentliche Führungseigenschaft. Indem wir also mit dem Team in die Lernzone kommen, entsteht für jedes Teammitglied der Nebeneffekt, dass es eine zentrale wichtige Fähigkeit aufbauen kann.

Positives Feedback, Komplimente, Mut zusprechen, beim Ausprobieren unterstützen – all das hilft anderen, beherzter zu handeln. Wir haben hierzu bereits grundsätzliche Überlegungen unter dem Blickwinkel *Führungsermächtigung* in Kapitel 1.4 angestellt.

Ziele, und zwar eindeutige und nachvollziehbare, sind das beste Mittel, um ins Handeln zu kommen und uns zu Ergebnissen zu führen. Und genau da liegt der Casus knacksus. Denn das Problem bei ihrer Definition und Formulierung ist, dass sie häufig zu allgemein gehalten und schwer überprüfbar sind, oft einen zu langen Zeithorizont haben und uns somit nicht wirklich zum Handeln motivieren.

Ein agiles, motivierendes, verständliches und für *Shared Leadership* besonders geeignetes Zielsystem ist OKR. Entwickelt wurde das Modell von Andy Grove, der es als Mitgründer und CEO bei Intel bereits in den 1970er-Jahren in dem Unternehmen eingeführt hat. In den 1990er-Jahren wurde das Zielsystem von John Doerr propagiert, einem Mitarbeiter von Grove, und er führte OKR 1999 bei Google ein.[81] Da stand das Unternehmen noch ganz am Anfang seiner Entwicklung.

Die letzten Jahre hat OKR einen regelrechten Boom in vielen Unternehmen erlebt. Neben Google arbeiten Firmen wie Sartorius, DBSystel, BMW, Zalando, Twitter, LinkedIn, Amazon oder Microsoft mit dem System.

Was ist OKR und wie funktioniert es?

Lösen wir zunächst die Abkürzung auf. Das »O« steht für ***objectives***, also Ziele, und »KR« steht für ***key results***, Schlüsselergebnisse.

Ziele (*objectives*) sind dabei einprägsame, qualitative Beschreibungen dessen, was man erreichen will.

Schlüsselergebnisse (*key results*) sind Messgrößen, die den Fortschritt bei der Erreichung eines Ziels erfassen. Für jedes Ziel sollte man zwei bis fünf Schlüsselergebnisse formulieren, die den Erfolg beziehungsweise Grad der Zielerreichung messen.

Folgendes – einfach gehaltene – Beispiel soll das OKR-System illustrieren. Stellen wir uns vor, Klaus hat ein persönliches Jahresziel.

Jahresziel: *Ich führe 2023 ein gesünderes Leben und habe bis Ende des Jahres mehr Fitness.*

Dieses Jahresziel ist zunächst eine sehr allgemeine Beschreibung dessen, was Klaus erreichen möchte. Es ist relativ vage und unbestimmt. Um das Ziel zu präzisieren, müssen *key results* formuliert werden. Sie machen das Ziel messbar.

Dazu setzt Klaus sich folgende Schlüsselergebnisse:

- *key result* 1: Ich reduziere mein Gewicht um 10 kg auf 70 kg.
- *key result* 2: Ich bin in der Lage, 10 km in 60 Minuten zu laufen.
- *key result* 3: Ich habe mindestens 100 Tage Quality-Time mit meiner Familie verbracht und dabei keine Arbeit für die Firma durchgeführt.

Die *key results* sind präzise und leicht zu überprüfen. Der springende Punkt beim OKR-System ist nun, das man dieses **Jahresziel auf Quartalsziele herunterbricht**.

Manchmal kommt es allerdings vor, dass sich keine genauen Jahres-OKR formulieren lassen. Dann begnügt man sich mit einer groben Beschreibung des Entwicklungsziels und setzt sich zunächst ein Quartalsziel, um zu sehen, wohin der Weg führt. Gerade beim agilen Arbeiten ist das bisweilen die beste Methode. Denn häufig ist es empfehlenswert, einfach die ersten Schritte zu tun, um zu sehen, was machbar und Erfolg versprechend ist.

Zurück zu unserem Beispiel. Klaus setzt sich folgendes Ziel für das erste Quartal:

Quartalsziel (bis 31.03.): ***Ich führe ein gesünderes Leben und habe wieder mehr Fitness.***

Dazu bricht er die zuvor formulierten Schlüsselergebnisse wie folgt herunter:
- *key result* 1: Ich reduziere mein Gewicht um 3 kg auf 77 kg.
- *key result* 2: Ich bin in der Lage, 2 km in 15 Minuten zu laufen.
- *key result* 3: Ich habe mindestens 25 Tage Quality Time mit meiner Familie verbracht und dabei keine Arbeit für die Firma durchgeführt.

Der Grundgedanke im OKR-Zielsystem ist, das große Entwicklungsziel (Jahresziel), sofern formulierbar, in kleinere Ziele (Quartalsziele) zu zerlegen. Am Ende des Quartals überprüft Klaus:
- Wie weit habe ich meine *key results* erreicht? (»Bereits 4 kg abgenommen. Super. Mehr als ich erwartet habe. Für das nächste Quartal setze ich mir ein noch etwas ehrgeizigeres Schlüsselergebnis.«)
- Womit kann ich zufrieden sein? (»2 km im Schnitt in 16 Minuten. Ein gutes Ergebnis.«)
- Womit kann ich nicht so zufrieden sein? (»Nur 20 statt 25 Tage Quality Time mit der Familie. Das muss ich verbessern. Ich muss noch öfter mal Nein zu einer Anfrage von Kollegen sagen.«)
- Was sollte ich anders machen? (»Ein weiteres Hobby pausieren, um Zeit für Laufen und Familie zu haben.«)
- Welche *key results* setze ich mir für das nächste Quartal? (»Ein Lauftraining mehr pro Woche sowie mehr Quality Time ohne Wenn und Aber.«)

Am Ende des ersten Quartals nimmt sich Klaus Ziel und Schlüsselergebnisse für das zweite Quartal vor, analog zum ersten Quartal.

Um konsequent an den Zielen zu arbeiten, sollte Klaus wöchentlich einen kurzen Review – allein oder mit einem Wunschgesprächspartner – abhalten, wo er auf dem Weg zur Erreichung seiner *key results* steht. Auf diese Weise arbeitet er kontinuierlich an den Zielen, verliert sie nicht aus den Augen, hat einen klaren Fokus und kann gegebenenfalls bereits im ersten Quartal kleine Korrekturen vornehmen.

Was wir hier am Beispiel eines persönlichen, individuellen Ziels vorgestellt haben, kann natürlich auch auf Team- oder Abteilungsziele übertragen werden. Stellen wir uns dazu Folgendes vor: Ein kleines Start-up-Unternehmen möchte am Markt ein neues Leadership-Programm (Weiterbildungsprogramm) etablieren. Das Unternehmen setzt sich folgendes Jahresziel:

Jahresziel 2023: ***Wir haben ein neues Leadership-Trainingsprogramm erfolgreich am Markt positioniert.***

Die entsprechenden Schlüsselergebnisse, die sich in unserem Beispiel auf *erfolgreich* beziehen, werden wie folgt definiert:

- *key result* 1: Wir haben das Programm bei mindestens 8 Unternehmenskunden gestartet.
- *key result* 2: Mindestens 20 Kundinnen haben das Programm für 2023 gebucht.
- *key result* 3: Wir haben ein durchschnittliches Teilnehmerfeedback zur Zufriedenheit mit dem Programm von 8 (von 10) Punkten.
- *key result* 4: In mindestens 8 verschiedenen Medien gab es positive Berichte über unser Programm.

Nachdem das Jahresziel und die wichtigsten *key results* formuliert sind, fokussiert sich das Start-up auf die nächsten drei Monate, also das erste Quartal. Hier wird folgendes OKR formuliert:

Quartalsziel (bis 31.03.): ***Das neue Leadership-Programm ist entwickelt und ein erstes Feedback von potenziellen Kunden liegt vor.***

- *key result* 1: Wir verfügen über einen genauen Trainingsplan mit allen Inhalten und Abläufen.
- *key result* 2: Das Programm wurde mindestens drei potenziellen Kunden vorgestellt und es wurde Feedback dazu eingeholt.
- *key result* 3: Wir haben zwei Artikel in Onlinemedien platziert, in dem wir über unser neues Programm berichten.

Auch das Start-up-Team führt wöchentlich eine Feedbackrunde zum Stand der Dinge durch. Für die einzelnen *key results* des Quartalsziels können je nach Vorliebe oder Expertise verschiedene Verantwortliche benannt oder ausgehandelt werden (*Shared-Leadership*-Prinzip). Am Ende des Quartals wird überprüft, was man erreicht und was man nicht erreicht hat. Mit diesen Erkenntnissen formuliert das Team dann das Ziel inklusive der *key results* für das zweite Quartal. Dabei können die Leadership-Rollen wechseln.

Wie arbeiten Unternehmen mit OKR?

In einigen Unternehmen wird mit OKR flächendeckend auf allen Unternehmensebenen gearbeitet. Dabei sind die OKR aller Abteilungen veröffentlicht und für jeden Mitarbeiter sichtbar. Lassen Sie uns das kurz erklären.

Das Arbeiten mit OKR beginnt mit den Zielen des Vorstands, der die grobe Zielrichtung bereits am Ende des Geschäftsjahres für das neue Geschäftsjahr vorgibt. Jedes Team fragt sich dann am Anfang des Geschäftsjahres: Welche Handlungsfelder greifen wir an und welche Entwicklungsziele setzen wir uns? Und wo können wir einen Beitrag zu den Zielen unserer Business-Unit oder unseres Unternehmens leisten?

Weil die OKR der verschiedenen Abteilungen und Teams zusammenpassen müssen, gibt es die Rolle des OKR-Masters, der sich darum kümmert, dass die unterschiedlichen OKR harmonisch ineinandergreifen. Ist eine solche Koordination nicht vorhanden, sind die Teams selbst angehalten, sich mit den Schnittstellenabteilungen oder internen Kundinnen über ihre OKR abzustimmen.

OKR sind keine bahnbrechende Neuerfindung. Hinter OKR steht schlicht eine bestimmte Art, Ziele zu formulieren. Aber es gibt dennoch ein paar Besonderheiten von OKR als System, die es gerade in einer *Shared-Leadership*-Welt wertvoll machen.

Anstelle einer statischen Jahresplanung verfolgt OKR einen agilen Ansatz. Aufgrund kürzerer Zielzyklen können Unternehmen sich schneller anpassen und auf Veränderungen reagieren. Die kürzeren Zielzyklen ermöglichen zugleich einen dynamischeren Wechsel von Führen und Folgen.

Die Anwendung des OKR-Modells ist einfach und auch die OKR an sich sind – wenn klar formuliert – leicht zu verstehen. Das ursprüngliche Modell von Intel legte die Ziele monatlich fest, was einen leichtgewichtigen Prozess ermöglichte. Kurzfristige Zeithorizonte lassen sich in der Regel einfacher planen. Unternehmen, die OKR anwenden, reduzieren außerdem den Zeitaufwand für die Festlegung von Zielen von Monaten auf Tage. Vor OKR war die Zielfixierung häufig ein zeitraubender, kaskadenförmiger Abstimmungsprozess vom Vorstand zu den Geschäftseinheiten zu den Abteilungen zu den Teams. Bis die Ziele auf Teamebene heruntergebrochen wurden, waren schon Monate ins Land gezogen. Mit OKR wird auf allen Ebenen des Unternehmens fast synchron an den Zielfestlegungen gearbeitet. Die Einfachheit des Systems erleichtert allen im Team die Beteiligung – ganz im Sinne von *Shared Leadership*.

Ein Hauptzweck von OKR besteht darin, die gemeinsame Zielrichtung im Unternehmen zu fördern. Aus diesem Grund sind die OKR auf allen Unternehmensebenen öffentlich. Jeder hat Zugang zu den OKR der anderen. Das schafft eine hohe Transparenz.

Auf den Punkt

Vom *Shared-Leadership*-Modell aus betrachtet wird es somit für jeden Beteiligten leichter zu erkennen, wo er konkret einen Beitrag leisten oder Initiative ergreifen kann. Jedes Teammitglied steht automatisch stärker in der Verantwortung.

Das OKR-Modell berücksichtigt, dass Strategie und Taktik ein unterschiedliches natürliches Tempo haben, da sich Taktiken in der Regel viel schneller ändern als eine Strategie. OKR bietet daher zwei Rhythmen an:

- eine strategische Kadenz mit hochrangigen, längerfristigen OKR für das Unternehmen (normalerweise jährlich),
- einen taktische Rhythmus mit kurzfristigeren OKR für die Teams (in der Regel vierteljährlich).

Das OKR-System verläuft gleichzeitig bottom-up und top-down. Das Unternehmen legt die strategischen OKR fest, an denen sich jedes Team für die Ausarbeitung seiner OKR orientiert. Gleichzeitig existiert für die einzelnen Teams ein hoher Freiheitsgrad. Denn die OKR werden von unten nach oben in Absprache mit den Teams festgelegt. Diese wechselseitige Beeinflussung über Hierarchiestufen hinweg macht die hierarchischen Grenzen durchlässiger. Der gesamte Zielfindungs- und Zielerreichungsprozess kann leichter auf viele Köpfe verteilt werden und hängt nicht an einzelnen formalen Führungskräften.

Dieses Modell stärkt außerdem das Engagement und schafft ein besseres Verständnis für die Strategie. Es macht den Prozess einfacher und schneller, da man keine Zeit damit verbringt, Ziele auf kompliziertem Weg nach oben und unten zu kaskadieren. Die OKR sind synchron für alle Beteiligten sichtbar und die Feedbackzyklen enger getaktet. Der Austausch von Feedback unter Kolleginnen oder mit den Kunden ist ein permanenter Prozess.

Welche Fehler sollte man bei OKR vermeiden?

1. **OKR als Aufgabenliste**: Verwenden Sie OKR, um zu messen, ob Sie einen Mehrwert schaffen und nicht, ob Sie die Aufgaben erfüllen.
2. **Zu viele OKR**: Dieser Fehler ist eine häufige Folge des ersten Fehlers. OKR sind keine Aufzählung all Ihrer Aufgaben, sondern eine Auflistung von Prioritäten. OKR sind die Definition dessen, was im laufenden Quartal (beziehungsweise definierten Zeitraum) am wichtigsten ist.
3. **Kein Alignment Ihrer OKR**: OKR sind ein Instrument zur Abstimmung. Daher sollten Sie Ihre OKR nie isoliert festlegen, es muss mit allen Teams kommuniziert werden. Diese Aufgabe können unterschiedliche Personen durchführen.
4. **Setzen und vergessen**: OKR sind keine Neujahrsvorsätze. Wenn Sie sie nicht konstant bearbeiten und in regelmäßigen Reviews thematisieren, werden Sie sie nicht erreichen.

OKR eignen sich immer dann, wenn es gilt, etwas zu verändern, zu verbessern oder zu entwickeln. Sobald Entwicklungsziele gesetzt werden sollen, sind OKR ein äußerst hilfreiches System.

OKR sind übrigens auch ein hervorragendes Instrument zur Selbstführung. Sie helfen dabei, sich Schritt für Schritt zu verbessern, hilfreiche Gewohnheiten zu entwickeln, Prioritäten zu setzen und sich nicht zu verzetteln.

> **Übung**
>
> Setzen Sie sich für das nächste Quartal ein ganz persönliches Entwicklungsziel, das Sie gern erreichen möchten. Das kann rein privat sein (eine neue Sprache erlernen) oder auch beruflich (das eigene Kundennetzwerk ausbauen, sich in einem Thema weiterbilden). Formulieren Sie dazu drei bis fünf *key results,* um das Ziel *messbar* zu machen.

KPIs: Leistung und (Miss-)Erfolge messbar machen

Verfügt ein Team über eine klare Strategie, priorisierte Handlungsfelder mit präzisen OKR, dann ist der Rahmen für Leistung gesetzt. Eine wichtige Messgröße im Leistungsraum gilt es aber noch zu ergänzen, denn nicht alle Leistungsaspekte lassen sich durch OKR erfassen. Wir sprechen von der routinemäßigen, operativen *Wertschöpfung*, die ein Team erbringt. Um diese messbar zu machen, sollte es für das laufende operative Handeln Ziel- und Messgrößen geben, welche die Teamperformance und -fortschritte auswerten. Wir sprechen von einem Kennzahlensystem zur Erfassung der operativen Leistung. Sehr häufig kommen hier die sogenannten *Key Performance Indicators (KPIs)* zum Einsatz. Wir werden dieses Thema nicht vertiefen, wollen jedoch betonen, dass es im Leistungsraum nicht unterschlagen werden darf. Jedes Team muss sich über einige Grundgrößen verständigen, die den Erfolg des Teams messen. Hierzu ein kleines Beispiel.

Für ein Service- und Supportteam könnten folgende KPIs die operative Leistung messen:

- **First response time**: Die Zeit, die benötigt wird, um der Kundin zum ersten Mal zu antworten, nachdem ein Ticket erstellt wurde.
- **Average Handle Time (AHT)**: Die durchschnittliche Zeit, die man für die Bearbeitung eines Kundenproblems benötigt vom Beginn des Kundenkontakts bis zur letzten ausgeführten Aktivität und bis zum Abschluss des Falls.
- **Customer Satisfaction Score (CSAT)**: Der Prozentsatz der Kundinnen, die eine positive Antwort auf die ihnen zugesandte Zufriedenheitsumfrage gegeben haben.
- **Anzahl der Tickets im Backlog**: Kundenanfragen (Tickets), die während eines bestimmten Zeitraums oder über die von ihnen festgelegte übliche Reaktionszeit hinaus unbearbeitet bleiben.

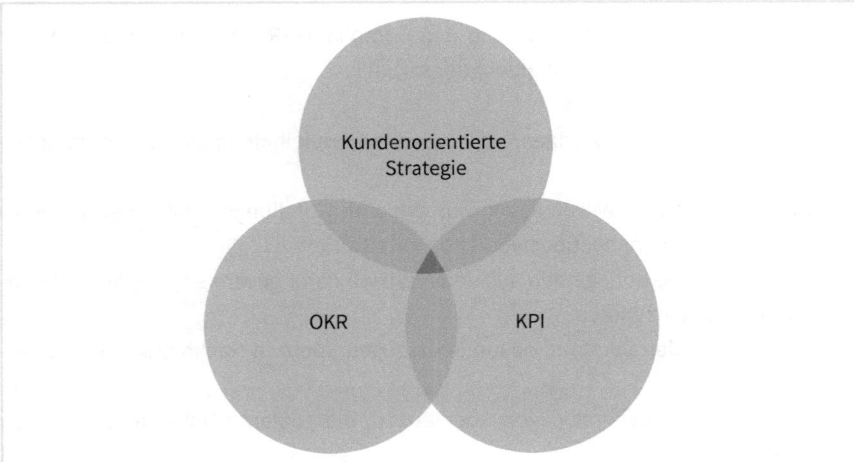

Abb. 25: Die Kernelemente des Leistungsraums

Gelebt werden alle Elemente des Leistungsraums im täglichen Handeln, in der Bewältigung von Aufgaben und der Entwicklung von Problemlösungen.

2.5 Kommunikation – Teil 2: überzeugende Performance

Auch im Leistungsraum finden wir einige charakteristische Kommunikationskompetenzen: die Fähigkeit zu überzeugen, unserer Meinung nach die Paradedisziplin von Beeinflussung im Sinne von *Shared Leadership*, die Fähigkeit zu inspirieren und Menschen zu Leistung anzustoßen und schließlich die Fähigkeit, offen und wertschätzend Feedback zu geben. Sehen wir uns diese Skills der Reihe nach an.

2.5.1 Überzeugen und sich überzeugen lassen

Wir wissen bereits, dass Leadership die Kunst der Beeinflussung ist und dass *Shared Leadership* die Kunst der gegenseitigen Beeinflussung darstellt. Das erfordert nun zweierlei: erstens die Fertigkeit, andere zu überzeugen, und zweitens die Bereitschaft, sich überzeugen zu lassen. Insofern zeigt sich beim Überzeugen auch wieder Führen und Folgen, das zentrale Muster von *Shared Leadership.*

In einer *Shared-Leadership*-Welt wird die Kunst des Überzeugens eine herausragende Rolle spielen – einfach deshalb, weil in einer fluiden VUCA-Arbeitswelt Befehle nicht mehr funktionieren, Bitten oft nicht ausreichen, Empfehlungen in den Wind geschlagen werden, Drohungen meistens kontraproduktiv sind, Manipulationen schnell entlarvt sind und Bestechungen sowieso den Compliance-Regeln widersprechen. Der einzige Ausweg: erfolgreiche Überzeugungsarbeit.

Um uns das zu vergegenwärtigen, rufen wir uns beispielhaft einige Überzeugungssituationen auf:

- Ein Product Owner will Kollegen aus anderen Abteilungen dafür gewinnen, in einem speziellen Innovationsworkshop mitzuwirken.
- Lorenz will seine Kolleginnen aus dem Vertrieb dafür gewinnen, regelmäßig Kundenfeedback einzuholen.
- Lydia möchte den Vorstand davon überzeugen, mehr in Nachhaltigkeit zu investieren.
- Eva will den Betriebsrat davon überzeugen, die geplante Umstrukturierung zu unterstützen.
- Vanessa will die Arztkollegin davon überzeugen, wegen geringer Nutzung den Medikamentenschrank in der Tagesklinik abzuschaffen.
- Josef will seine formale Vorgesetzte davon überzeugen, drei Tage Homeoffice in der Woche zu unterstützen.

In all diesen Situationen wird es notwendig sein, über Handwerkszeug zu verfügen, das einem dabei hilft, andere Menschen nachhaltig zu überzeugen.

Erfolgreiches Überzeugen funktioniert jedoch nur dann, wenn das Gegenüber prinzipiell die Bereitschaft besitzt, sich einer Meinung anzuschließen, das heißt, sich überzeugen zu lassen. Bei *Shared Leadership* wird dieses Wechselverhältnis besonders deutlich. Wie an mehreren Stellen dieses Buches schon beschrieben, sind dabei Vertrauen, Nähe und eine belastbare Beziehung zwischen den Personen von überragender Bedeutung.

Deshalb möchten wir Ihnen in diesem Abschnitt nicht nur die wichtigsten Faustregeln des Überzeugens vorstellen, sondern auch die wichtigsten für das Sich-Überzeugen-Lassen.

Die Faustregeln des Überzeugens

Erste Faustregel

Sorgen Sie für kognitive Leichtigkeit. – Machen Sie es Ihrem Gesprächspartner leicht, Ihrem Gedankengang und Ihrer Argumentation zu folgen.

Um erfolgreich überzeugen zu können gibt es einen hilfreichen Ansatz: Je nach Ziel wählen Sie einen entsprechenden Aufbau Ihrer Argumentation, mit dem Sie Ihrer Gesprächspartnerin Ihre Überlegungen darstellen. Je klarer der Aufbau Ihres Gedankengebäudes, desto mehr Überzeugungskraft entfalten Sie.

Im Folgenden stellen wir Ihnen vier Strukturmodelle zum Aufbau Ihrer Überzeugungsarbeit vor, die Ihnen als Impulsgeber dienen sollen. Sie sind keinesfalls als starre Vorgehen zu verstehen.

- Problemlösung
- Standpunkt
- Pro-Contra
- Vorstellung

Der Problemlösungsaufbau

Beim Problemlösungsaufbau möchten Sie erreichen, dass die Adressaten Ihren *Lösungsvorschlag* akzeptieren. Sie starten dazu mit einer Beschreibung der Problemsituation, um im Anschluss einen Vorschlag zur Lösung des Problems zu präsentieren. Wichtig dabei ist, gut zu begründen, warum Ihr Vorschlag eine Lösung des Problems darstellt.

Die Fragen, die Sie dazu beantworten:

- Worum geht es?
- Wie sehen die wesentlichen Aspekte des Problems aus?
- Wie sieht mein Lösungsvorschlag aus?
- Was spricht für meinen Lösungsvorschlag?
- Was sollten wir konkret tun?

Der Standpunktaufbau

Beim Standpunktaufbau möchten Sie klar Position beziehen, Flagge zeigen und die Adressaten für Ihren Standpunkt gewinnen. Im Unterschied zum Problemlösungsaufbau starten Sie ohne Umschweife mit Ihrem Standpunkt, begründen ihn und veranschaulichen ihn durch passende Beispiele.

Die Fragen, die Sie dazu beantworten:

- Wie lautet meine These/mein Standpunkt/meine Behauptung?
- Welche Argumente stützen meinen Standpunkt?
- Welche Beispiele machen meinen Standpunkt beziehungsweise meine Argumente anschaulich?
- Verstärkung: Wie lautet meine These/mein Standpunkt/meine Behauptung?
- Wie geht es weiter?

Der Pro-Contra-Aufbau

Den Pro-Contra-Aufbau benutzen Sie, wenn Sie sich auf eine Seite in einer Diskussion schlagen möchte, wenn Sie ein Thema von verschiedenen Warten aus betrachten oder wenn Sie eine Entscheidung begründet verkünden möchten.

Die Fragen, die Sie dazu beantworten:

- Wie lautet meine These/mein Standpunkt/meine Behauptung?
- Welche Argumente sprechen für meinen Standpunkt?
- Welche Argumente sprechen gegen meinen Standpunkt?
- Welche Seite wiegt schwerer?
- Wie begründe ich meine Abwägung?
- Was schlage ich für das weitere Vorgehen vor?

Der Vorstellungsaufbau

Der Vorstellungsaufbau hilft Ihnen dabei, den Adressaten das Ergebnis Ihrer Arbeit/des Projektes zu präsentieren.

Die Fragen, die Sie dazu beantworten:

- Was war die Aufgabenstellung?
- Wie war die Ausgangslage?
  - Welche speziellen Vorgaben/Kriterien/Anforderungen gab es?
  - Wo haben wir angefangen?
  - Wie sind wir vorgegangen?
- Wie sieht das Ergebnis aus?
  - Ergebnis für Parameter 1?
  - Ergebnis für Parameter 2?
  - Ergebnis für Parameter 3?
- Warum entspricht das Ergebnis den Vorgaben/Kriterien/Anforderungen?
- Wie geht es jetzt weiter?

All diesen Modellen ist gemeinsam, dass sie durch Leitfragen strukturiert werden. Leitfragen sind ein gutes Mittel, um dem eigenen Nachdenken eine klare Richtung zu geben. Keines dieser Modelle ist als Zwangsgerüst zu verstehen. Gerne können Sie die Strukturen an Ihre eigenen Zwecken, an die Situation und an die Adressaten anpassen. Auf welchem Ansatz Sie Ihre Argumentation aufbauen, ist zweitrangig. Entscheidend ist, dass eine erkennbare Struktur vorliegt, die für Ihre Adressatinnen den roten Teppich ausrollt.

Zweite Faustregel
Benutzen Sie stichhaltige Argumente mit akzeptablen Prämissen.

Herzstück des Überzeugens und Argumentierens sind gute, stichhaltige Argumente. Doch was ist eigentlich ein Argument? Ein Argument besteht aus einer Behauptung und den Gründen, die zur Stützung der Behauptung herangezogen werden.

Argument = Behauptung + Gründe

Die Behauptung wird in der Logik auch **Konklusion**, die Gründe werden **Prämissen** genannt. Nehmen wir folgendes Beispiel:

Wir haben im Grunde ja nur zwei Möglichkeiten. Entweder wir führen das Umbauprojekt zu Ende oder wir stoppen es. Es zu stoppen, kommt aus meiner Sicht nicht infrage. Denn dann wäre alles, was wir da investiert haben, komplett verloren. Und das darf nicht sein. Daher sollten wir das Projekt also fortsetzen.

Das Argument hat folgende Struktur:
- **Prämisse 1**: Entweder wir führen das Projekt zu Ende oder wir stoppen es.
- **Prämisse 2**: Es zu stoppen, kommt nicht in Frage.
- **Konklusion**: Wir sollten das Projekt fortsetzen.

(Anmerkung: Prämisse 2 ist selbst Konklusion eines weiteren Arguments mit der Prämisse: *Wir haben bereits so viel in das Projekt investiert.*)

An ein Argument lassen sich zwei Testfragen stellen:
1. Ist das Argument gültig? Das heißt: Folgt die Konklusion wirklich aus den Prämissen? Oder umgekehrt: Unterstützen die Prämissen die Konklusion?
2. Sind die Prämissen wahr oder akzeptabel?

In unserer zweiten Faustregel steckt die eigentliche Substanz des Überzeugens. Denn der Akt des Überzeugens steht und fällt mit Ihren Argumenten, mit den Begründungen, die Sie zur Unterstützung Ihrer Behauptung oder Meinung liefern. Inhaltlich gibt es eine Reihe klassischer Begründungen, die uns immer wieder begegnen und eine hohe Aussicht auf Akzeptanz haben. Das führt uns zu dritten Faustregel.

Dritte Faustregel

Kennen Sie die Anliegen Ihrer Adressaten. – Ihre Argumentation ist umso erfolgreicher, je stärker Sie Ihre Begründungen (Argumente) auf die Interessen und Anliegen des/der Adressaten ausrichten.

Wenn Sie Menschen von etwas überzeugen möchten, gehen Sie einmal von sich aus. Wo beziehungsweise wem hören Sie eher zu? Jemandem, der auch Ihre Interessen widerspiegelt oder jemandem, der nur die eigene Perspektive verargumentiert? Genau. Richten Sie also Ihre Argumentation prinzipiell (auch) nach den Interessen und Anliegen derer aus, die Sie überzeugen wollen.

Auch in der Welt der Argumentationen gibt es unterschiedlichste Formen. Zu unserem Begriffsverständnis möchten wir darauf hinweisen, dass wir auch alle folgenden Begriffe sehr weit denken.

Das Nutzenargument

Bei der Nutzenargumentation wird gezeigt, dass etwas für den Adressaten von Nutzen ist beziehungsweise sein kann.

- *Nutzen* kann sowohl ein Mehr an Zeit, Geld, Ansehen, Lebensfreude et cetera bedeuten als auch ein Weniger an Nervenkraft, Stress, Ärger, finanziellem Aufwand et cetera.
- Das Begründungsschema: X sollte getan werden, X ist ratsam, X ist vernünftig, weil durch X der Nutzen N entsteht.

Das Folgenargument

Bei der Folgenargumentation wird gezeigt, welche Folgen etwas haben wird beziehungsweise haben könnte. Dabei kann man sowohl auf positive als auch auf negative Folgen verweisen.

- Unter *Folgen* verstehen wir alle Konsequenzen einer Handlung oder Entscheidung, die für den Adressaten relevant oder wichtig sind beziehungsweise sein könnten.
- Das Begründungsschema: X sollte getan werden, X ist ratsam, X ist vernünftig, weil durch X die positiven Folgen F entstehen (können). – X sollte nicht getan werden, X ist nicht ratsam, X ist unvernünftig, weil durch X die negativen Folgen F entstehen (können).

Das Anliegenargument

Bei der Anliegenargumentation wird an das angeknüpft, was dem Adressaten wichtig ist.

- Unter *Anliegen* verstehen wir alle Wünsche, Hoffnungen, Interessen, Vorlieben, Neigungen einer Person sowie alle Ängste, Befürchtungen und Abneigungen. Wir unterscheiden dabei Anliegen,
  - die die Adressatin tatsächlich hat,
  - die sie eigentlich haben sollte,
  - die der Argumentierende hat. (In dieser Version der Anliegenargumentation verdeutlichen Sie, was Ihnen am Herzen liegt.)
- Das Begründungsschema: X sollte getan werden, X ist ratsam, X ist vernünftig, weil durch X die Anliegen A der Person Y beziehungsweise der Personengruppe G erfüllt beziehungsweise gefördert werden.

Das Zielargument

Bei der Zielargumentation wird gezeigt, dass ein Vorschlag oder eine Handlung dem Adressaten dabei hilft, seine Ziele zu erreichen.

- Unter einem *Ziel* verstehen wir eine sehr konkrete und anschauliche Beschreibung eines zukünftigen Zustandes (der Welt, des Unternehmens, des Arbeitsumfelds et cetera), der innerhalb einer gesetzten Frist realisiert werden soll.
- Das Begründungsschema: X sollte getan werden, X ist ratsam, X ist vernünftig, weil durch X die Realisierung von Ziel Z vorangetrieben wird. – X sollte nicht getan werden, X ist nicht ratsam, X ist unvernünftig, weil durch X die Realisierung von Ziel Z gefährdet beziehungsweise unmöglich wird.

Das Werteargument

Bei einem Werteargument wird gezeigt, dass etwas einen wichtigen Wert (ein wichtiges Prinzip) erfüllt beziehungsweise dagegen verstößt. Am besten funktioniert ein Appell an Werte und Prinzipien, die jede Adressatin akzeptiert beziehungsweise akzeptieren müsste.

- Wir unterscheiden hierbei grundsätzlich *außermoralische Werte* wie Einfachheit, Schönheit, Eleganz von *moralischen Werten* wie Gerechtigkeit, Ehrlichkeit, Toleranz.
- Das Begründungsschema: X sollte getan werden, X ist ratsam, X ist vernünftig, weil durch X der Wert W erfüllt wird. – X sollte nicht getan werden, X ist nicht ratsam, X ist unvernünftig, weil durch X das Prinzip P verletzt wird.

Das Normenargument

Bei einem Normenargument wird gezeigt, dass etwas eine Norm erfüllt oder verletzt. Eine Norm ist dabei als eine Aufforderung zu einem bestimmten Verhalten zu verstehen.

- Unter *Normen* fallen Gesetze, Richtlinien, Standards, Pflichten, Verträge, Vereinbarungen.
- Das Begründungsschema: X sollte getan werden, X ist ratsam, X ist vernünftig, weil durch X die Norm N erfüllt wird. – X sollte nicht getan werden, X ist nicht ratsam, X ist unvernünftig, weil durch X die Norm N verletzt wird.

Das Faktenargument

Bei einem Faktenargument wird gezeigt, dass ein Sachverhalt der Fall oder nicht der Fall ist, indem dieser Sachverhalt auf Fakten oder Daten gestützt wird.

- Unter einem *Faktum* verstehen wir alle Arten von empirischen Belegen: Zahlen, statistische Daten, Beobachtungen, Erfahrungen, Zeugenaussagen, Experimente, Studien et cetera.
- Das Begründungsschema: Sachverhalt S ist der Fall, weil er durch die Fakten F belegt wird. – Sacherhalt S ist nicht der Fall, weil er den Fakten F widerspricht.

Eine klare Struktur in der eigenen Argumentation sorgt für Übersichtlichkeit, eine stichhaltige und adressatenbezogene Begründung sorgt für Substanz. Nun brauchen wir noch eine dritte Ingredienz: **Lebendigkeit**. Und wie erreichen wir sie? Eine schnelle Antwort vorweg: durch eine verständliche und anschauliche Sprache.

Gute oder schlechte Argumente?

- Wenn du auf Nummer sicher gehen möchtest, dann solltest du die Aktie jetzt verkaufen. Schließlich hast du damit in acht Monaten 40 Prozent Gewinn gemacht. Das ist weit über dem Durchschnitt. Und wer weiß schon, wie lange der Aktienmarkt noch boomen wird.
- Jedes Jahr werden Hunderte von Menschen von Aliens entführt. Nur ein kleiner Teil wird wieder freigelassen. An den meisten werden Experimente durchgeführt, die sie nicht überleben. Die Regierungen vertuschen das Ganze natürlich, weil sie machtlos dagegen sind und keine Panik haben wollen. Schau dir einfach das Video *Entführt, erniedrigt und gemartert* im Internet an – da findest du alle Beweise.
- Mitarbeiterorientierung ist bei Berufsanfängern oder Mitarbeitenden, die gerade erst ihre Stelle angetreten haben, nicht notwendig, weil Mitarbeitende zu Beginn hochgradig intrinsisch motiviert sind. Sonst hätten sie den neuen Job gar nicht erst angetreten.
- Wenn du mit dem neuen Rad vor allem im Stadtgebiet unterwegs sein möchtest, dann solltest du nicht zu viel Geld dafür ausgeben. Du weißt ja, dass bei uns ziemlich viele Räder gestohlen oder von Vandalen beschädigt werden. Ich würde mir da ein unauffälliges Standardrad zulegen. Das reicht für deine Zwecke leicht aus und wenn es geklaut oder beschädigt wird, hält sich der Schaden in Grenzen.

Vierte Faustregel

Wer überzeugen will, spricht auch das Herz an und nicht nur den Verstand. – Eine einfache, verständliche und anschauliche Sprache hilft dabei.

Um diese Faustregel zu beherzigen, ist es wichtig, Beispiele, Geschichten oder Vergleiche einzusetzen. Solche stilis-tischen Mittel bringen Anschaulichkeit ins Spiel. Darüber hinaus fordert uns die Faustregel zu einer einfachen und klaren Sprache auf: keine langen Schachtelsätze, sondern kurze und prägnante Ausdrücke, lebendige Verben und Adjektive und weniger Hauptwörter. Das sind Mittel, die auch Bilder erzeugen und mit denen man sich in der Rhetorik beschäftigt. Wir werden das an dieser Stelle nicht vertiefen, geben dem Thema aber genug Gewicht für eine eigene Faustregel.

Alle Aspekte, die wir bisher besprochen haben, betreffen das Argumentieren im engeren Sinn.

Das Überzeugen umfasst aber noch mehr, denn es geht nicht nur um gekonntes Argumentieren. Es geht auch darum, den Adressaten zu verstehen, seine Anliegen herauszuhören und diese im Überzeugungsgespräch aufzugreifen. Und damit sind wir wieder mitten in einem WIDL-Gespräch (siehe Kapitel 2.3.4). Ein Überzeugungsgespräch ist daher eine Kombination aus Argumentieren + WIDL.

Fünfte Faustregel

Verstehen Sie die Adressatin und ihre Anliegen (WIDL). – Dafür sollten Sie vom Argumentationsmodus in den Frage- und Zuhörmodus umschalten.

Den WIDL-Modus setzen Sie immer dann ein, wenn Einwände kommen, wenn Sie die Position und Sichtweise des Gegenübers noch nicht richtig kennen, wenn Sie die grundlegende Interessenlage des Gesprächspartners verstehen wollen.

Die Faustregeln 1 bis 5 geben uns das zentrale Instrumentarium, um Menschen zu überzeugen. Man muss allerdings realistisch bleiben. Es wird nicht immer gelingen, Menschen auf Anhieb für ein Thema oder eine Meinung zu gewinnen. Oft braucht es mehrere Gespräche und Anläufe. Und häufig münden die Überzeugungsgespräche in kleine Verhandlungen. Daraus ergibt sich die sechste Faustregel.

Sechste Faustregel

Seien Sie immer bereit zu verhandeln. – Konzentrieren Sie sich darauf, Ihre Kernanliegen zu verteidigen und gleichzeitig zu einer Lösung zu kommen, bei der die Kernanliegen aller Parteien berücksichtigt sind.

Um dieser Faustregel folgen zu können, muss man wissen, wie eine Verhandlungssituation prinzipiell gelöst werden kann. Wir halten folgendes Modell für ein brauchbares Instrument.

1. **Die Parteien erläutern sich ihre Standpunkte.**
   - Dieser Schritt ist wichtig, damit jede Seite Dampf ablassen, Flagge zeigen und ihre Position erläutern kann. Es ist dabei ganz normal, dass Standpunkte bezogen, begründet, verteidigt und angegriffen werden, dass an dieser Stelle auch der eine oder andere Manipulationsversuch zu beobachten ist.
   - Mit der Frage, warum ein Standpunkt wichtig ist, kommt man zu Informationen über die Anliegen dahinter.
2. **Die Parteien erläutern sich ihre Anliegen.**
   - Dieser Austausch kann dazu führen, dass durch Überzeugungsargumentation Anliegen verändert werden. Es ist der erste Schritt, um zu verstehen, was hinter dem Standpunkt liegt.
   - Anliegen können Interessen, Wünsche, Hoffnungen, Ängste, Befürchtungen et cetera sein.
3. **Die Parteien erläutern sich ihre Kernanliegen.**
   - Kernanliegen sind die wichtigsten Anliegen (Prioritäten) oder die Anliegen hinter den Anliegen (Warum ist dieses Anliegen wichtig?).

4. **Die Parteien suchen gemeinsam nach Lösungen, die zu den Kernanliegen passen.**
   - Grundidee: Die gemeinsame und ausdauernde Suche nach Lösungen verbessert das gegenseitige Verständnis, schafft Vertrauen und setzt immer mehr positive Lösungskreativität frei.
   - Achtung: Lassen Sie sich nicht durch die in Phase 1 bezogenen Standpunkte bei der Lösungssuche behindern beziehungsweise einschränken.
5. **Die Parteien einigen sich auf eine der Lösungen.**
   - Im Idealfall wird man eine Konsensentscheidung anstreben.

Dieses Verhandlungsmodell macht aus einer Standpunktkonfrontation einen Problemlösungsprozess. Denn am Ende geht es um die Frage: Wie lassen sich die Kernanliegen der beteiligten Parteien in Einklang miteinander bringen?

Zwei Bemerkungen hierzu:

- Um die Kernanliegen zu identifizieren und herauszuarbeiten, braucht man wieder das WIDL-Gespräch.
- Dieses Modell darf nicht mit dem Win-Win-Modell des Harvard-Konzepts verwechselt werden, dessen Ziel eine konstruktive, interessenorientierte, friedliche Einigung (sachliche Übereinkunft) mit einem Win-Win-Ergebnis ist. Neben dem größtmöglichen Nutzen für alle beteiligten Parteien soll auch die Beziehungsqualität (persönliche Ebene) erhalten bleiben. Bestenfalls ist unser Modell der positive Grenzfall des Harvard-Konzepts. Unser Modell lässt zusätzlich die Variante Not lose – Not lose zu. In der Realität findet man nicht immer eine Gewinnerstrategie für alle Parteien. Dann ist es wichtig, dass zumindest keine Seite verliert. Und auch das kann ein positives Verhandlungsergebnis sein.

Die sechs Faustregeln des Überzeugens

1. Sorgen Sie für kognitive Leichtigkeit. Machen Sie es Ihrem Gesprächspartner leicht, Ihrem Gedankengang und Ihrer Argumentation zu folgen.
2. Benutzen Sie gültige Argumente mit akzeptablen Prämissen.
3. Ihre Argumentation ist umso erfolgreicher, je stärker Sie Ihre Begründungen (Argumente) auf die Interessen und Anliegen der Adressatin ausrichten.
4. Wer überzeugen will, spricht auch das Herz an und nicht nur den Verstand. Eine einfache, verständliche und anschauliche Sprache hilft dabei.
5. Versuchen Sie den Adressaten und seine Anliegen zu verstehen (WIDL). Dafür sollten Sie vom Argumentationsmodus in den Frage- und Zuhörmodus umschalten.
6. Seien Sie immer bereit zu verhandeln. Konzentrieren Sie sich darauf, Ihre Kernanliegen zu verteidigen und zu einer Lösung zu kommen, bei der die Kernanliegen aller Parteien getroffen sind.

Wir haben weiter oben davon gesprochen, dass erfolgreiches Überzeugen nur funktioniert, wenn das Gegenüber prinzipiell die Bereitschaft besitzt, sich überzeugen zu lassen. Im *Shared-Leadership*-Modell (und nicht nur da) ist dies eine ganz wesentliche Voraussetzung.

Unter Gesichtspunkten der Vernunft sollte man in der Lage sein, sich auch den Meinungen anderer anschließen zu können. Das räumt auch mit der gängigen Vorstellung auf, dass Führenden in erster Linie die Rolle zufällt, zu überzeugen und sich durchzusetzen. Nein, gerade Führende müssen lernen, sich auf schlüssige Argumente einzulassen beziehungsweise sie anzunehmen. Denn die Bereitschaft dazu ist ein Erfolgsfaktor für jede rationale Diskussion. Das sachliche Wechselspiel aus Überzeugen und Überzeugen-Lassen hat auch einen erheblichen Einfluss auf Entscheidungen, wie wir in Kapitel 2.9 sehen werden. Welche Faustegeln gelten nun für das Sich-Überzeugen-Lassen? Wir haben folgende Liste zusammen gestellt.

Die 13 Faustregeln des Überzeugen-Lassens

1. Ihr Hauptziel ist es nicht zu gewinnen. Vielmehr geht es darum, gemeinsam auf ein Ziel zuzusteuern und einen positiven Beitrag zu Problemlösung, Aufgabenerfüllung oder Entscheidung zu liefern.
2. Kontroversen haben immer mehr als nur einen Blickwinkel. Seien Sie offen für andere Perspektiven.
3. Gehen Sie nicht davon aus, dass alle mit Ihrer Sichtweise übereinstimmen.
4. Suchen Sie immer nach Belegen und Fakten.
5. Suchen Sie aktiv danach, Ihre eigene Position zu widerlegen beziehungsweise zu falsifizieren.
6. Seien Sie sich bewusst, dass auch Ihre Position fehlerhaft, falsch und nicht gut begründet sein kann.
7. Unterstellen Sie, dass auch Ihre Gesprächspartnerin an einer vernünftigen Diskussion interessiert ist (Prinzip der Nachsicht).
8. Verzerren oder übertreiben Sie nicht den Standpunkt Ihres Gesprächspartners, sondern stellen Sie seinen Standpunkt so plausibel wie möglich dar.
9. Stellen Sie sicher, dass Sie den Standpunkt Ihres Gegenübers auch wirklich verstanden haben.
10. Bleiben Sie beim Thema und machen Sie keine unnötigen Nebenthemen auf.
11. Akzeptieren Sie die Möglichkeit, dass Sie und Ihre Gesprächspartnerin sich nicht einigen können.
12. Lassen Sie Ihr Gegenüber ausreden.
13. Beantworten Sie Fragen direkt und offen.

Dieser Wechsel aus Überzeugen und Sich-überzeugen-Lassen ermöglicht innerhalb unseres *Shared-Leadership*-Modells eine vernünftige und rationale Debatte mit dem Ziel, die bestmögliche Leistung für den Kunden zu liefern.

Die intrinsische Bereitschaft zu folgen beziehungsweise sich beeinflussen zu lassen, können wir in verschiedenen Stufen zum Ausdruck bringen:

Befehlen – Überreden – Bitten – Überzeugen – Inspirieren.

- Bei einem Befehl leisten wir Folge, weil wir sonst mit einer Sanktion zu rechnen haben.
- Beim Überreden haben wir uns breitschlagen lassen, obwohl wir vielleicht immer noch anderer Meinung sind.
- Bei einer Bitte folgen wir, weil uns an der Beziehung zum Bittenden liegt.
- Beim Überzeugen folgen wir, weil wir eine Idee anerkennen und akzeptiert haben. Hier ist unsere Bereitschaft zu folgen am stärksten ausgeprägt.

Gibt es noch eine Stufe darüber? Sehr wohl. Denken wir an Situationen, in denen wir inspiriert und begeistert sind, eine Sache zu tun oder eine Aufgabe auszuführen. Wenn uns jemand inspiriert, dann brauchen wir in der Regel gar keinen Hinweis darauf, was wir unternehmen sollen. Wir suchen viel mehr selbst danach, wo und wie wir einen Beitrag leisten können. Wenn wir inspiriert sind, folgen wir, weil wir für die Idee brennen und sie auch emotional attraktiv finden.

Leader können das Band des Folgens durch Inspiration noch enger werden lassen. Und weil wir von *Shared Leadership* sprechen, kann im Grunde jede im Team eine Inspirationsquelle sein und andere so für ihren Vorschlag oder ihr Vorhaben gewinnen.

Menschen zu etwas zu inspirieren, ist nicht an einen einzelnen Sprechakt gebunden. Vielmehr ist es ein Bündel von Aktivitäten und Sprechakten, die zur Inspiration werden können.

Wodurch kann ein Leader inspirieren?
- Er strahlt Zuversicht und Optimismus aus.
- Er besitzt ein gesundes Selbstbewusstsein.
- Er vertraut auf seine eigenen Fähigkeiten, hat aber auch Zutrauen zu den Fähigkeiten der Teamkollegen.
- Er kümmert sich um die Bedürfnisse der Kolleginnen.
- Er erkennt und erklärt die Sinnzusammenhänge und öffnet immer den Blick für das große Ganze.
- Er denkt laut nach und lässt die Kollegen am eigenen Gedankenprozess teilhaben.
- Er erklärt seine Absichten.
- Er gibt regelmäßig positives Feedback.
- Er geht mit gutem Beispiel voran.
- Er ist mutig und scheut sich nicht vor unangenehmen Aufgaben oder Entscheidungen.

- Er hat einen klaren Wertestandpunkt.
- Er überlegt, wie er andere Menschen unterstützen und besser machen kann.
- Er gibt Entscheidungsspielraum.

Wenn wir solche inspirierenden Haltungen und Handlungen erleben, sei es beim offiziellen Teamleader oder bei unseren Teamkolleginnen, dann kann uns das darin bestärken, Eigenverantwortung zu zeigen und mit vollem Engagement unser Bestes zu geben.

Im *Shared-Leadership*-Modell hängt diese Inspirationsquelle nicht an einer einzelnen Person, der formalen Führungskraft, sondern jede im Team kann inspirierend wirken und alle anderen mitziehen.

2.5.2 Das kollegiale Feedback und das Klimagespräch

An dieser Stelle müssen wir uns um eine Kommunikationsform kümmern, die einen entscheidenden Einfluss darauf hat, wie *Shared Leadership* funktioniert. Es geht um *Feedback*. Rückmeldung zu geben und zu nehmen – und zwar positive wie negative –, ist eines der wichtigsten Korrektive beim *Shared Leadership*.

Der Feedbackaustausch ist ein ganz wesentliches Element im Leistungsraum. Wir brauchen Feedback von unseren Kunden, um zu sehen, wo wir uns verbessern können. Wir müssen Feedback austauschen, um festzustellen, wo wir bei unserer Zielerreichung stehen. Das ist gerade bei OKR ein zentrales Instrument. Wir müssen Feedback geben, wenn wir andere Menschen ermutigen wollen. Wir müssen Feedback geben, wenn wir vielleicht mit der temporären Leadership-Rolle einer Teamkollegin nicht zufrieden sind. Wir müssen in der Lage sein, Feedback auszutauschen, wenn wir das Gefühl haben, dass Fairnessstandards nicht eingehalten werden.

Wenn man vermeidet, Feedback zu geben, dann verpasst man im positiven Fall eine wichtige Chance, andere Menschen zu bestärken, zu ermutigen und zu motivieren. Im negativen Fall erhöht man die Wahrscheinlichkeit, dass es zu Konflikten kommt, die Zeit, Geld, Energie und Gesundheit kosten.

Dabei ist wichtig zu verstehen, dass *im Shared-Leadership*-Modell wirklich jeder aufgefordert ist, seinen Standpunkt zu äußern beziehungsweise auf den des Gegenübers zu reagieren. *Shared Leadership* will weg von Feedback als Hoheitsakt der formalen Führungskraft (»Ich als Chefin werde euch allen Feedback geben«), aber auch weg von Feedback als Bequemlichkeitsdelegation an die formale Chefin durch die Folgenden (»Mach du das mal mit dem Feedback. Immerhin bist du die Chefin«).

Bevor wir Ihnen ein überschaubares, aber wirkungsvolles Feedbackmodell vorstellen, müssen wir unterscheiden zwischen *anlassbezogenem* und *anlassfreiem* Feedback. Eine anlassbezogene Rückmeldung bezieht sich auf Situationen, in denen es einen Vorfall gab, der Auslöser des Feedbacks ist. Eine anlassfreie Rückmeldung bezieht sich auf Situationen, in denen man sich zu einem festen Rhythmus oder einem vorab vereinbarten Termin zu einem Feedbackgespräch trifft. Hier reden wir dann von einem Klimagespräch. Dazu gehören Performance Reviews, die wöchentliche OKR-Feedbackrunde, Feedbackgespräch nach der Einarbeitung et cetera.

Das folgende Modell soll Ihnen helfen, Feedback sauber zu strukturieren und möglichst adressatenfreundlich und nachvollziehbar zu formulieren. Und das gilt auch für Anerkennung!

1. **Thema des Feedbacks** klar formulieren, ansprechen: »Das gefällt mir/Das stört mich.« – Hier sollten konkrete Beispiele zur Veranschaulichung gegeben werden.
2. **Begründung geben:** Es gibt zwei klassische Arten, sein Feedback zu begründen. Man kann erstens auf die Folgen für sich oder andere hinweisen. Oder man macht darauf aufmerksam, dass eine Norm beachtet (im positiven Feedbackfall) oder verletzt (im negativen Fall) wurde. Unter einer Norm verstehen wir – ganz abstrakt gesprochen – eine Aufforderung zu einem bestimmten Verhalten. Typische Beispiele sind Regeln, Vereinbarungen, Gesetze, Pflichten et cetera.
3. **Handlungsvorschlag** machen oder Lösung vereinbaren. Im dritten Schritt äußert man entweder einen Wunsch, eine Bitte oder man macht eine Aufforderung. Im komplexeren Fall initiiert man einen Austausch (Wie sieht der Adressat die Sache? – WIDL) und verhandelt gemeinsam eine Lösung.

Werfen wir einen Blick auf zwei konkrete Beispiele, um das Feedbackmodell noch besser zu verstehen.

Beispiel 1: Positives Feedback (Lob)

1. Serdat, deine Präsentation von heute Vormittag hat mir sehr gut gefallen. Das war wirklich professionell. (Anerkennung) Besonders gelungen fand ich den Aufbau. Jeder Zuhörer wusste genau, an welcher Stelle du gerade bist. Außerdem fand ich deine Idee klasse, ganz auf Folien zu verzichten und nur mit dem Flipchart zu arbeiten. (Beispiele zur Veranschaulichung)
2. Das hatte zur Folge, dass jeder von uns von der ersten bis zur letzten Minute aufmerksam war und viel gelernt hat. (Folgenargument) Der Erfolg hat sich auch schon eingestellt. Die Kundin hat eben angerufen. Sie möchte das Projekt mit dir als Leiter machen, weil du so kompetent und pragmatisch bist. Das heißt, dass du einen wichtigen Auftrag für unser Unternehmen gewonnen hast. Der Vorstand hat auch schon angerufen und dem ganzen Team gratuliert.
3. Du kannst dir denken, wie mich das freut. Mach einfach so weiter, dann kann nichts schiefgehen! (Aufforderung)

Manchmal ist es wichtig, bevor man die Feedbackpunkte nennt, den Kontext beziehungsweise die Ausgangssituation kurz zu erläutern.

Beispiel 2: Negatives Feedback (Verbesserungspotenzial)

1. Lena, ich würde gern mit dir über unser Projekt zur Verbesserung der Kundenkommunikation sprechen. Wir haben vor einem halben Jahr damit gestartet und bewusst nach Leuten gesucht, die echtes Interesse an dem Projekt mitbringen. Ich habe mich damals sehr gefreut, als du dich gemeldet hast, weil ich sehr auf deine Expertise zähle. (Erläuterung der Ausgangssituation)
2. Im Moment aber bin ich etwas enttäuscht von dir. Wir haben uns in den letzten zwei Monaten vier Mal im Team getroffen, um zu besprechen, welche Maßnahmen wir ergreifen könnten, aber du warst kein einziges Mal dabei. Ich habe von dir auch kein Feedback zu unseren Ideen erhalten, die wir in einem Dokument zusammengefasst haben. (Konkrete Beschreibung der Kritikpunkte)
3. Mich stört dein Verhalten deshalb, weil du uns erstens mit deinem Wissen ausfällst und es zweitens eine Auswirkung auf das Engagement der anderen Teammitglieder hat. (Folgen) Conny und Fritz haben schon gefragt, ob du überhaupt noch Lust hast mitzumachen. Wir hatten außerdem ausgemacht, dass jeder an unseren Teammeetings teilnimmt. Du warst dabei, als wir das vereinbart haben. Trotzdem bist du nicht erschienen. (Verletzte Norm) Das hat mich auch ziemlich geärgert.
4. Daher stelle ich mir auch die Frage, ob du überhaupt noch mitwirken willst. Aus diesen Gründen sitze ich heute hier mit dir, um dich zu fragen, was los ist. (Einleitung für ein WIDL-Gespräch)

Wie Feedback vom Empfänger aufgenommen wird, hängt ganz wesentlich davon ab, wie es formuliert ist. Die gesendete Botschaft, der (richtige) Ton, die (richtigen Worte) haben immensen Einfluss, ob er auf Empfang oder in den Abwehrmodus schaltet. Folgende Methoden können helfen, um eine positive Wirkung zu erzielen.

Subjektive Formulierungen (Ich-Botschaften)

Ein Feedback- oder Kritikgespräch ist immer mit Wertungen verbunden. Man findet etwas gut oder negativ. Wertungen sind leichter zu akzeptieren, wenn sie aus der subjektiven Perspektive formuliert sind. Dabei drückt man die eigenen Empfindungen und Gefühle aus, sendet Ich-Botschaften statt Du-Zuweisungen. Auch sollte darauf geachtet werden, eine Handlung oder Aussage des Gegenübers zu kommentieren und nicht die Person an sich infrage zu stellen.

- Mich ärgert es, wenn du im Gespräch mit den Kundinnen unfreundlich bist.
- Es hat mich total gefreut, dass du mir gestern geholfen hast, obwohl das Überstunden für dich bedeutet hat.
- Ich war darüber sehr enttäuscht, dass deine Ergebnispräsentation so oberflächlich war.

- Ich bin begeistert, wie du das Team durch deine positive Energie mitgerissen hast.
- Es verwundert mich, dass du in unseren Feedbackgesprächen so gut wie nie Fragen stellst.

Bei diesen Ich-Botschaften spricht man im Wesentlichen über sich selbst beziehungsweise rückt nicht ausschließlich die andere in den Fokus (was gerade bei Kritik schnell als Angriff empfunden wird). Man relativiert dadurch das eigene Urteil und stellt es nicht als objektives Faktum hin. Wenn zwei Personen beispielsweise über die Ästhetik einer Vase streiten (»Die Vase hat ein tolles Design« – »Die Vase ist fürchterlich gestaltet«), dann sieht es, oberflächlich betrachtet, so aus, als ob zwei objektive Tatsachen im Widerspruch zueinanderstehen. Wenn man durch die Formulierung kenntlich macht, dass es sich um subjektive Werturteile handelt (»Auf mich wirkt diese Vase vom Design her sehr ansprechend« – »Auf mich wirkt die Vase eher kitschig«), dann lassen sich die unterschiedlichen Bewertungen leichter miteinander vereinbaren. Und genau das ist der Vorteil der Ich-Botschaften.

Ein weiterer Vorteil: Die subjektive Sicht (emotionales Empfinden) kann einem niemand abstreiten. Niemand wird, wenn sie wertschätzend formuliert ist, sagen: »Das glaube ich nicht, dass du verärgert bist.«

Absichten unbedingt erläutern

Eine Quelle vieler Missverständnisse ist, dass die Senderin einer Botschaft häufig ihre Absicht, warum sie ein gewisses Feedback gibt, nicht formuliert. Daher beginnt der Kritikempfänger oft Spekulationen über die Motive oder Absichten anzustellen. Im schlimmsten Fall geht er direkt in den Verteidigungsmodus oder macht dicht. Um dem vorzubeugen, sollte man immer seine Absichten und Motive erklären. »Herr Meier, ich will Ihnen meinen Ärger schildern, weil ich gerne möchte, dass unsere Zusammenarbeit wieder auf solide Beine gestellt wird. Und ich hoffe, das durch dieses Gespräch zu erreichen.«

Bedenken, Sorgen äußern

Oft ist es hilfreich, seine eigenen Bedenken oder Sorgen zu äußern (besonders in heiklen Situationen). Das macht der Feedbackempfängerin klar, dass es einem selbst auch schwerfällt, unangenehme Punkte zu adressieren. »Karin, mir fällt es nicht leicht, all diese Punkte heute anzusprechen. Ich mache mir Sorgen darüber, dass du vielleicht sehr verärgert oder frustriert reagierst. Aber es ist mir wichtig, dass du weißt, dass …, damit wir künftig …«

Feedbackpunkte präzise beschreiben

Je besser und genauer Sie die Feedbackpunkte mithilfe konkreter Beobachtungsdaten – gemeint sind reale Beispiele aus dem Arbeitsalltag, keine schieren Behauptungen oder Verallgemeinerungen – beschreiben oder auch beweisen können, umso nachvollziehbarer ist das Feedback und umso weniger können die Feedbackpunkte geleugnet werden.

Feedback gut begründen

Ein entscheidender Schritt bei Feedback ist, es zu begründen. Die erste Frage, die Sie sich eigentlich immer stellen sollten, lautet: Bin ich in diesem Fall überhaupt berechtigt, Feedback zu üben? Und wenn ja, warum genau? Diese Begründung sollte dann auch im Feedbackgespräch klar benannt werden. Der Empfängerin des Feedbacks wird dadurch klargemacht, dass Sie nicht aus bloßer Willkür und Beliebigkeit die Feedbackpunkte ansprechen, sondern aus gerechtfertigten Gründen. Das hat einen großen Einfluss darauf, wie gut das Feedback von der Adressatin akzeptiert wird. Je klarer die Begründung, umso höher die Akzeptanz des Feedbacks.

Übung

Formulieren Sie Feedback – und zwar zunächst nur im stillen Kämmerlein. Machen Sie es unbedingt schriftlich. Denken Sie an einen realen Fall und formulieren Sie Ihre Punkte. Tragen Sie sich anschließend das Feedback selbst laut vor. Versuchen Sie zu erfassen, wie sich das Feedback für Ihr Gegenüber anfühlen würde.

- Ist das Feedback verständlich und klar?
- Ist das Feedback gut begründet?
- Habe ich Ich-Botschaften benutzt?
- War mein Feedback zu direkt?
- War ich zu nett und unverbindlich?

Das anlassfreie Klimagespräch

Eine spezielle Feedbackvariante ist das Klimagespräch. Es bietet die Möglichkeit für Feedback von Leader zu Mitarbeiterin oder von Kollege zu Kollegin und findet **ohne konkreten Anlass**, aber regelmäßig statt. Im Vordergrund stehen keine sachlichen oder fachlichen Themen, sondern Fragen zum Arbeitsklima insgesamt.

Es geht nicht um das Tagesgeschäft, sondern ganz bewusst um Fragen, die im Arbeitsalltag meistens untergehen. Im Klimagespräch sollte es zu einem echten, offenen Austausch kommen. Das Gespräch hat daher einen sehr persönlichen Charakter. Im *Shared-Leadership*-Modell kann also die Person, die eine temporäre Führungsrolle hat, zu einem ungezwungenen Gespräch über das Arbeitsklima einladen.

Wie ist das Klimagespräch aufgebaut?

Phase 1 (WIDL-Phase): Die Kollegin schildert ihre Sicht der Dinge zu Themen, die sie bewegen. Der Führende konzentriert sich darauf, zuzuhören und Fragen zu stellen. Ziel ist es, die Themen (zunächst ohne Bewertung) zu sammeln und zu priorisieren.

- Was läuft aus deiner Sicht gut in unserer Zusammenarbeit?
- Was läuft nicht so optimal?
- Was müsste sich ändern?
- Welche konkreten Erwartungen hast du?

Phase 2: Der Führende schildert seine Sicht der Dinge. Er greift die Themen auf, die die Kollegin im Gespräch genannt hat und bringt auch die ins Spiel, die er für wichtig hält. Er gibt Erklärungen, nimmt Stellung und gibt der Mitarbeiterin Feedback.

Phase 3: Es werden Dissens- und Konsensbereiche festgestellt, gemeinsam Lösungen erarbeitet. Vereinbarungen können, müssen aber nicht getroffen werden. Es reicht auch aus, dass man sich zu verschiedenen Sichtweisen ausgetauscht hat.

Das Klimagespräch ist ein wichtiges Instrument, um emotionale Befindlichkeiten einzufangen, mögliche Konflikte frühzeitig zu erkennen und bedeutsame, allgemeine Themen in einem ruhigen Rahmen zu erörtern. Prinzipiell kann man auch eine größere Runde zu einem Klimagespräch einladen.

Das regelmäßige Klimagespräch ist ebenfalls sehr wichtig, wenn das Team nur virtuell existiert, da alle im Homeoffice arbeiten. Das regelmäßige Gespräch zwischen Leader und Follower sowie optional allen Followern stärkt das Zugehörigkeitsgefühl und beugt dem Gefühl der Isolation vor.

Wie verhält sich der Feedbackempfänger?

Eine Frage haben wir noch nicht besprochen. Wenn wir Feedback regelmäßig austauschen, ist jeder von uns mal in der Rolle der Feedbackgeberin, mal in der des Empfängers. Die formale Führungskraft ist hiervon nicht ausgenommen. Als Feedbackgeberin ist man eher in einer Führungsrolle als Feedbackempfänger in der Rolle eines Folgenden. Die Frage ist nun: Wie verhält man sich als Feedbackempfänger?

Als Feedbackempfänger konzentrieren Sie sich auf folgende Gesprächsführungsmethoden:

1. **Zuhören**: Sie versuchen genau zu verstehen, was der Feedbackgeber sagen möchte. Sie befinden sich im WIDL-Modus.
2. **Verständnisfragen stellen**: Um wirklich zu verstehen, worum es der Feedbackgeberin geht, stellen Sie präzisierende Fragen und nutzen den Präzisierungstrichter. Sie vermeiden, sich zu rechtfertigen.
3. **Erklären**: Sie erläutern, warum Sie sich auf eine gewisse Weise verhalten haben. Sie gehen darauf ein, welche der Feedbackpunkte Sie akzeptieren können und mitnehmen werden. Sie erläutern auch, was Sie nicht akzeptieren können oder möchten. (Achtung: Dabei ist eine gute Begründung wichtig.)

Kulturelle Aspekte berücksichtigen

Wir möchten noch einen wichtigen Aspekt erwähnen. In vielen Unternehmen arbeiten Kollegen mit unterschiedlichem kulturellem Hintergrund. Und gerade beim Thema Feedback ist es wichtig, kulturell bedingte Eigenheiten zu berücksichtigen.

In aufgabenorientierten Kulturen wie in Deutschland, Nordamerika oder Skandinavien ist das Feedback eher sachlich, direkt und daten- beziehungsweise faktenbasiert. Man kommt zügig zur Sache und auf den Punkt. In beziehungsorientierten Kulturen wie in Asien, Südeuropa und Afrika ist das Feedback eher indirekt. Heikle oder kritische Punkte werden nur angedeutet oder diplomatisch umschrieben. Hier wird daher nicht in Sachebene und Beziehungsebene unterschieden, sie fließen ineinander. So wird in Asien keine geschäftliche Begegnung mit einer Präsentation beginnen, sondern mit einem gemeinsamen Essen (siehe auch Kapitel 2.2.1).Wer kulturelle Gepflogenheiten ignoriert, kann also auch beim Feedback-Geben sehr schnell in einen Fettnapf treten und jegliches weitere Miteinander erschweren, statt es – was Ziel des Feedbacks ist – zu verbessern.

In vielen Kulturen ist negatives Feedback verletzend, es kann die Beziehung belasten. Also sollte man mit einer Rückmeldung auch sehr vorsichtig sein und sich herantasten, statt – wie beispielsweise in Deutschland – mit der Tür ins Haus zu fallen. Auch dieses Thema beleuchten wird nicht intensiver, möchten Ihnen aber einige Kniffe mitgeben, wie Sie etwas indirekt zum Ausdruck bringen können. Wenn Sie mehr zu diesem Thema lesen möchten, verweisen wir Sie gerne auf das Buch *The Culture Map* von Erin Meyer. Hier finden sich viele Hinweise, worauf man besonders im interkulturellen Kontext achten sollte.

Indirekte Kommunikation: Wie geht das?

- **Konjunktiv einsetzen**: »Man könnte einmal generell darüber nachdenken …« (statt: »Am besten wir machen das jetzt so …«)
- **Einen Vorschlag machen**: »Vielleicht sollten wir einmal Folgendes versuchen …« (statt: »Am besten funktioniert das nach meiner Erfahrung so …«)
- **Fragen stellen**: »Welches zusätzliche Verbesserungspotenzial steckt da aus Ihrer Sicht noch drin?« (statt: »Für den Anfang nicht schlecht, aber ich sehe da noch folgende Schwachstellen in Ihrem Konzept …«)
- **Gezielte Auslassung**: »Die Punkte 1, 2, 4 und 5 laufen aus unserer Sicht sehr gut!« (statt: »Also ehrlich gesagt, die Punkte 1, 2, 4 und 5 kann man in etwa so lassen, aber bei Punkt 3, das war ja ein ziemliches Chaos.«)
- **Um Erklärung bitten**: »Ich möchte gerne verstehen, wie Prozess X an Ihrem Standort abläuft.« (statt: »Warum haben Sie das nicht hingekriegt?«)
- **Von vorherigen Erfolgen/guten Erfahrungen berichten**: »Wir haben mit folgendem Ansatz schon einmal recht gute Ergebnisse erzielt – mich würde Ihre Meinung dazu interessieren.« (statt: »So, jetzt erkläre ich Ihnen, wie das richtig gemacht wird.«)

- **Betonen, was besonders gut ist/war**: »A ist gut, B ist auch gut und C ist am besten.«
- **Vage bleiben** und darauf hoffen, dass der andere nachzufragen beginnt: »Tja, lieber Jean, die Sache mit der neuen Software ist für uns nicht so einfach, wie wir zuerst dachten.«

Zum Abschluss wollen wir Ihnen drei Ansätze vorstellen, wie man sich im Team gegenseitig Feedback geben kann, was bei der Zusammenarbeit nach den Regeln des wechselseitigen Führens und Folgens besonders intensiv und überzeugt praktiziert werden sollte.

Feedback als Geschenk

Das Team wird beispielsweise in drei Gruppen eingeteilt: A, B, C. Nun überlegt sich jede Gruppe für jeden, der nicht in der Gruppe ist (also Gruppe A zum Beispiel für jeden aus Gruppe B und C) ein Geschenk und eine Begründung dazu, warum dieses Geschenk gewählt wurde. Am Ende kommt es zur feierlichen Überreichung, wobei jede zwei Feedbackgeschenke erhält.

> *»Dir, liebe Claudia, möchten wir ein Megafon schenken. Du hast oft so gute Ideen, äußerst sie aber nicht deutlich genug, sodass sie zu selten wahrgenommen werden.«*

Feedbackmarkt

Der Feedbackmarkt ist eine sehr offene Feedbackrunde. Alle Teammitglieder treffen sich wie auf einem Marktplatz, wo sie Feedback »einkaufen« können. Das heißt, jeder überlegt sich, von wem und zu welchen Themen oder Fragen er gerne einmal Feedback hätte. Dann bittet man auf dem Markt die Gesprächspartnerin um ein Gespräch. Die Feedbackpärchen ziehen sich dann für etwa 20 Minuten zurück. Danach treffen sich alle wieder auf dem Markt. Es ist wichtig, einen Zeitpunkt auszumachen, an dem alle zurückkommen, damit der Markt wieder mit Gesprächspartnern gefüllt wird. Denn dann geht es in die nächste (Einkaufs-)Runde.

Strukturiertes Feedback

Jede erhält denselben Feedbackbogen, und zwar von jedem Teammitglied (also Anzahl der Teammitglieder minus eins). Der Bogen ist folgendermaßen aufgebaut.

- Feedback von ... an ...
- Es wäre hilfreich für mich, wenn du in Zukunft
  - weniger ...,
  - mehr ...,
  - weiterhin ... tun würdest.

Jede legt dann ihren ausgefüllten Feedbackbogen auf den Platz des jeweiligen Feedbackempfängers. Dieser liest sich seine Feedbacks durch und führt im Anschluss Einzelgespräche mit jeder Feedbackgeberin, um sich das Geschriebene genauer erläutern zu lassen und in einen Dialog einzutreten.

2.6 Der Kompetenzraum: Stärken, Selbstentwicklung und Resilienz

Leistungen zu erbringen und Resultate zu erzielen, erfordert Fertigkeiten, Kompetenzen und den Einsatz von Stärken. Was *Shared Leadership* für ein Unternehmen, für jeden einzelnen im Team so nützlich macht, ist, dass gezielt Stärken entwickelt und gefördert und Potenziale ausgeschöpft werden können.

Shared Leadership definiert sich geradezu darüber, das Stärkenprofil eines Teams bestmöglich einzusetzen und Führungsrollen je nach den Stärken und Kompetenzen des Einzelnen zu übertragen. Das dient zum einen dazu, je nach Kontext und Aufgabe die optimale Leistung durch die optimale Besetzung einer Rolle oder Position abzurufen. Zum anderen steigert es Motivation und Freude der Teammitglieder, wenn sie ihre Stärken gezielt zur Geltung bringen können.

Dass es einen engen Zusammenhang zwischen dem Einsatz der eigenen Stärken und dem Engagement und der Performance gibt, hat die positive Psychologie in etlichen Studien bestätigt. Es ist Kernfrage der positiven Psychologie, wie die Stärken eines Menschen genutzt werden können, um für Well-Being und ein gelingendes Leben zu sorgen. Unter *Well-Being* verstehen wir einen allgemeinen positiven Zustand der Zufriedenheit und des Glücks, der Faktoren wie körperliche und psychische Gesundheit, emotionales Wohlbefinden, gesicherte Lebensverhältnisse und stabile soziale Beziehungen umfasst. Einer der Pioniere der positiven Psychologie ist Martin Seligmann.[82]

Traditionell hat sich die Psychologie mit der Frage beschäftigt, wie man dysfunktionale mentale Zustände heilen kann (Depression, Traumata, Sucht et cetera). Der positiven Psychologie geht es darum, wie man sich vor solchen mentalen Dysfunktionen von vornherein schützen kann. Die vorhandenen Stärken zu erkennen und auszubilden, hat sich als ein fruchtbarer Weg gezeigt, um Resilienz (Anpassungsfähigkeit: Prozess sowie Fähigkeit einer Person, auf Probleme und Veränderungen mit einer Anpassung des eigenen Verhaltens reagieren) zu gewinnen.

Menschen, die ihre Stärken jeden Tag nutzen können, sind glücklicher und wesentlich engagierter im Job. Es ist daher wichtig, sich im Team Klarheit über die Stärken jedes

Einzelnen zu verschaffen, um Führungsrollen gut zu besetzen und eine stärkenbasierte Entwicklung zu fördern.

Zu den Stärken gehören für uns dabei nicht nur die herausragenden Merkmale der Persönlichkeit einer Person, sondern auch erworbene Fähigkeiten wie Wissen und Expertise. Die Eignung für eine bestimmte Führungsrolle in einer bestimmten Situation mit bestimmten Anforderungen zu einer bestimmten Zeit richtet sich auch nach Know-how und Erfahrung. Wenn Carina schon 50 Mal ein Kundenseminar erfolgreich durchgeführt hat, dann ist sie auch dafür prädestiniert, das anstehende Seminar mit einem potenziellen Neukunden zu gestalten. Beide Aspekte sollten also in Betracht gezogen: persönliche Stärken und fachliche Kompetenz.

Der richtige Einsatz der Stärken und der fachlichen Kompetenz ist eine wichtige Basis für funktionierendes *Shared Leadership*. Wir glauben jedoch, dass man nicht nur einseitig auf seine vorhandenen Stärken bauen darf. Damit würde man sich in seinen Lernerfahrungen zu sehr beschränken. Man sollte sich auch um die Merkmale und Anforderungen kümmern, die nicht zu den Stärken einer Person zählen, die aber entwickelt werden sollten, um die eigenen Talente und Fähigkeiten auszubauen.

Für jeden von uns gibt es Dinge im Leben, die wir verfolgen sollten, um die Person zu werden, die wir gerne werden möchten. Wir haben nicht nur Stärken, sondern auch Defizite, die wir angehen sollten. Um diese Selbstentwicklung zu unterstützen, benutzen wir das Instrument des *Leadership-Ideals* (*ideal self*), ein Ansatz, der weit zurückliegende Wurzeln hat. Wir finden den Grundgedanken bereits bei Aristoteles oder Benjamin Franklin. Das Leadership-Ideal ist ein Entwicklungsinstrument, das gerade für unser *Shared-Leadership*-Modell eine hohe Relevanz besitzt. Wenn im Grunde jede im Team in eine Leadership-Rolle schlüpfen kann, dann sollte sich auch jede mit der Frage des Leadership-Ideals beschäftigen. Was wir darunter verstehen und wie es funktioniert, dazu mehr in Kapitel 2.6.2.

Resilienz – handlungsfähig werden

Die eigenen Stärken zu kennen und weiter auszubauen, an seinem Leadership-Ideal und seinen Defiziten zu arbeiten, sind zwei zentrale Elemente des Kompetenzraums. Doch ein Element fehlt noch aus unserer Sicht. Hinzukommen muss, situationsbezogen maximale *Handlungsfähigkeit* zu entwickeln. Diese optimierte Handlungsfähigkeit sorgt für emotionale Robustheit und Widerstandskraft. Wenn man auch in kritischen Situationen einen kühlen Kopf bewahrt (gerade in Krisen ist Leadership gefragt), dann lassen sich auch schwierige Situationen meistern. Um diese Handlungsfähigkeit zu entwickeln, werden wir in Kapitel 2.6.3 auf Überlegungen der Stoiker zurückgreifen.

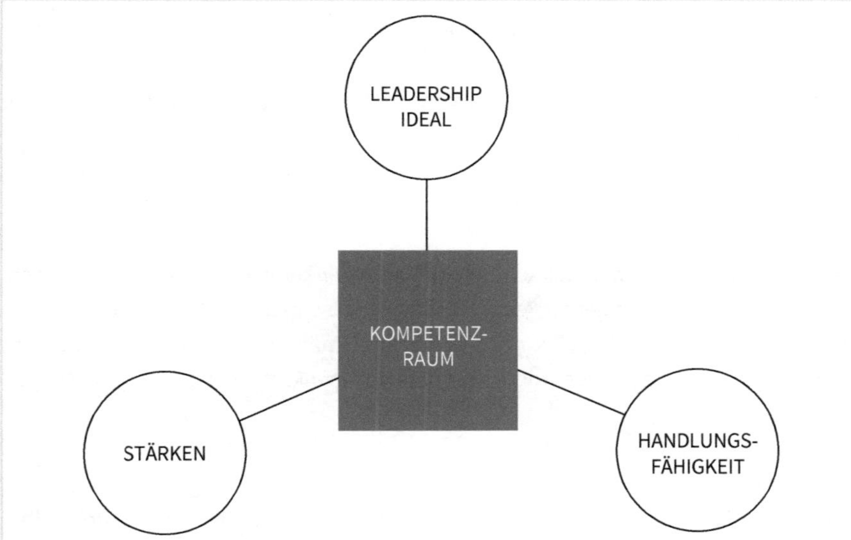

Abb. 26: Die wichtigsten Elemente des Kompetenzraums

2.6.1 Stärken: Wie man Fähigkeiten im Team fördert, um Shared Leadership voranzutreiben

Bevor wir überlegen, wie man Stärken erkennt und sie fördert, sollten wir zuerst bestimmen, was eine Stärke eigentlich genau ist. Wir blenden dabei zunächst Fragen der Fachkompetenz, also erworbene Fähigkeiten, aus.

Ein Handlungsmuster ist dann eine Stärke, wenn es

- einem leicht fällt,
- ein Gefühl der Urheberschaft (*Ich* habe das vollbracht) und der Authentizität (Das bin ich) bezüglich der Stärke gibt,
- ein Gefühl der freudigen Erregung, hohe Energie bei der Ausübung der Stärke gibt,
- eine rasche Lernkurve gibt, wenn neue Themen mit der Stärke verknüpft werden,
- einen tiefen Wunsch gibt, die Stärke zu nutzen,
- ein Gefühl der Kräftigung statt der Erschöpfung beim Einsatz der Stärke gibt, also ein hohes Energielevel.

Schauen wir uns einige Beispiele an:

- Elmar ist ein sehr begabter Redner. Er liebt es, vor anderen Menschen zu sprechen und Dinge zu erklären.
- Anna tut nichts lieber, als Produkte zu verkaufen. Sie ist stark darin, Menschen zu überzeugen. Deshalb arbeitet sie so gern im Vertriebsteam.

- Konrad hat eine große Fähigkeit, in Zahlen und Daten Muster zu erkennen. Er analysiert die Fakten mit Leidenschaft.
- Verena liebt es, kreativ zu sein und Ideen zu kreieren. Texte zu schreiben ist eine große Freude für sie.
- Oliver hat eine hohe Durchsetzungsfähigkeit. Er ist bestens organisiert und liebt es, Projekte konsequent umzusetzen.

Wie findet man die eigenen Stärken heraus? Denn wir können nicht davon ausgehen, dass jeder seine Stärken genau kennt. Oft hat man zwar eine gute Intuition, was die eigenen Fähigkeiten betrifft, aber nicht immer kann man sie klar identifizieren. Es gibt jedoch ein paar sehr gute Methoden, die dabei helfen, die eigenen Stärken deutlich zu benennen.

Selbstreflexion

Wozu in die Ferne schweifen? Fangen Sie bei sich selbst an, lernen Sie sich selbst (besser) kennen. Eine ehrliche Selbstreflexion, sich selbst betrachten, kann Ihnen bereits wichtige – und sicher auch erstaunliche – Erkenntnisse über sich selbst liefern.

Dabei können Sie unter anderem folgende Leitfragen nutzen. Sie können sich an den Merkmalen orientieren, die uns oben geholfen haben zu definieren, was eine Stärke überhaupt ist. Schränken Sie sich bei den Antworten nicht ein, seien Sie offen: Es kann sich bei Ihren Stärken um eine Haltung, ein Handlungsmuster oder eine Kommunikationsform handeln.

1. Was fällt mir leicht?
2. Bei welchen Aktivitäten habe ich einen wirklich hohen Energielevel?
3. Was lerne ich rasch?
4. Womit erziele ich Top-Leistung?
5. Womit hatte ich in der Vergangenheit oft Erfolg?

Und wenn Ihre Liste gefüllt ist:

6. Was sehe ich daher als meine Kernstärken?
7. Wie gut setze ich meine Stärken ein?
8. In welchen Situationen könnte ich meine Stärken besser nutzen?

Reflected Best Self Stories

Diese Übung wurde von der Universität Michigan, Center for Positive Organizations entwickelt. Man nutzt dabei Storys und Geschichten, die man von Personen aus allen Lebensbereichen sammelt, um etwas über sich selbst und die eigenen Stärken zu erfahren. Hier bitten Sie also andere um Unterstützung.

Dabei können Sie auf folgende Weise vorgehen:

- Identifizieren Sie 15 bis 20 Personen, die Sie bitten, eine Geschichte über Sie zu schreiben, wo Sie in Ihrem besten Element erlebt wurden.
- Suchen Sie Personen aus, die Sie besonders positiv erlebt haben und mit denen Sie einen intensiveren Kontakt hatten (Kolleginnen, Freunde, Familienmitglieder, Kundeinnen et cetera).
- Bitten Sie diese Personen, eine kleine Story über Sie zu schreiben, in denen diese Sie als besonders wirksam und positiv erlebt haben.
- Schreiben Sie nun Ihre eigenen Best Self Stories, während Sie auf Antwort warten.
- Analysieren Sie alle Stories. Suchen Sie nach Mustern und Themen, die immer wiederkehren.
- Machen Sie zum Abschluss ein Best-Self-Portrait.

Validierte Instrumente, die im Internet frei zugänglich sind

Auch online stehen Ihnen gute Tools zur Verfügung, die Sie beim Identifizieren Ihrer Stärken unterstützen. Diese Liste ist ein Auszug. Hingewiesen sei darauf, dass es leider auch einige Fake Tools gibt. Daher Obacht bei der Auswahl und Nutzung.

- VIA Signature Strength Test – https://www.viacharacter.org/
- Clifton Strength Finder von Gallup – https://www.gallup.com/cliftonstrengths/de/253595/Home.aspx
- Realise2 Modell – http://www.theupgroup.com.au/realise2/model

Die Shared-Leadership-Konferenz

Im Rahmen einer sogenannten *Shared-Leadership*-Konferenz kann das Team als Ganzes über die Stärken der einzelnen Teammitglieder sprechen und überlegen, wie diese Stärken gut eingesetzt werden könnten. Was wir unter einer *Shared-Leadership*-Konferenz verstehen, erläutern wir in Kapitel 2.7.2. An dieser Stelle wollen wir auf die Möglichkeit hinweisen, dass auch innerhalb eines Teams im gemeinsamen Gespräch die Stärken der Einzelnen identifiziert werden können. Warum also nicht auch die Teamkollegen fragen, um die eigenen Stärken herauszufinden?

Stärken fördern

Damit die identifizierten Stärken auch tatsächlich Wirkung erzielen, muss man überlegen, wie sie im Team am besten eingesetzt und gefördert werden. Dazu gibt es grundsätzlich zwei Ansatzpunkte, die ineinandergreifen dürfen.

- **Selbstreflexion**: Auch hier hilft der Blick auf sich selbst. Wie kann ich meine Stärken besser nutzen? Was hindert mich daran, von bestimmten Stärken Gebrauch zu machen? Wie kann ich diese blockierenden Faktoren überwinden? In welchen Situationen könnte ich meine Stärken besser einsetzen? In welchen Situationen sollte ich dazu aktiv in eine Führungsrolle schlüpfen und die Initiative ergreifen?

- **Dialog im Team**: Es wird gemeinsam besprochen, wie die jeweiligen Stärken (also nicht nur die eigenen, sondern alle im Team vorhandenen) in Aufgaben oder Projekten konkret eingesetzt werden können. Im Team wird diskutiert, welche Stärken bei welchen Aufgaben oder in welchen Projekten benötigt werden. Danach überlegt man, wer aus dem Team diese Stärken jeweils am besten mitbringt oder wer diese Stärke entwickeln sollte oder möchte. Vor allem den Dialog im Team kann man sehr gut im Rahmen einer *Shared-Leadership*-Konferenz durchführen.

Gemeinsam wird auch überlegt, was jede tun kann, um ihre Stärken weiterzuentwickeln oder nutzbringend und effektiv einzusetzen. Jede im Team sollte kontinuierlich an ihren Stärken arbeiten und reflektieren, wie sie besser im Einklang mit ihren Stärken handeln könnte. Idealerweise werden die Stärken genutzt, die zur Zielerreichung oder Leistungserbringung am wichtigsten sind.

Darüber hinaus kann man auch gemeinsam erörtern, wo Teammitglieder versteckte Fähigkeiten haben, die noch nicht zutage getreten sind. Feedback von außen hilft, diese Stärken – ebenso wie Defizite – zu identifizieren. Im nächsten Schritt kann man überlegen, was getan werden kann (Coaching, Learning, Training on the Job), um diese schlummernden Stärken zu wecken und zu entwickeln sowie Defizite auszugleichen.

Damit diese Art von Feedback funktioniert, muss eine solide Vertrauensbasis gelegt sein. In einem Team mit Hahnenkämpfen und Eifersüchteleien wird dieser Dialog fehlschlagen.

Neben diesen persönlichkeitsbezogenen Stärken sollte man sich im Team auch genauer ansehen, über welche Expertisen und welches Know-how jeder einzelne verfügt. Dabei sollte überlegt werden, wie vorhandenes Wissen auf eine breitere Basis gestellt wird. Anderenfalls wiegt der Ausfall eines Teammitglieds, das über wichtiges Spezialwissen verfügt, sehr schwer für alle. Die Fachkompetenz im gesamten Team muss im Sinne verteilten Wissens ausgebaut und gefördert werden.

Eine abschließende Übersicht in Form eines (persönliche) Stärken- und Expertiseprofils ist nützlich für das Problemlösungspotenzial des gesamten Teams.

Stärken-Partnerschaften

Eine weitere Idee, um an den eigenen Stärken zu arbeiten und sie auszubauen, ist, spezielle Eins-zu-Eins-Partnerschaften im Team oder auch mit einer Person außerhalb des Teams zu bilden. In diesen Partnerschaften unterstützt man sich gegenseitig dabei, wie zwei gute Kumpel (*buddys*), die eigenen Stärken zu nutzen, zu pflegen und weiterzuentwickeln. Man könnte auch spezielle Patenschaften einführen, also ein Mentorensystem, bei dem Teammitglieder, die besonders stark in einem Bereich sind, andere Teammitglieder, die sich in diesem Bereich noch weiterentwickeln möchten, durch kollegiales Coaching zu unterstützen.

Feedbackgespräche

In Feedbackgesprächen (siehe auch Kapitel 2.5.2) und Performance-Reviews sollten immer auch die individuellen Stärken angesprochen werden. Feedbackgespräche sind der perfekte Rahmen, um auf die jeweiligen Ressourcen jeder Einzelnen aufmerksam zu machen und dazu zu ermutigen, diese auch tatsächlich zu nutzen. Ebenso können versteckte Stärken gemeinsam ans Licht gebracht werden.

Defizite willkommen heißen

Die Konzentration auf Stärken ist ein wichtiger Aspekt bei der Entwicklung von Motivation und Höchstleistung. Übersehen dürfen wir jedoch nicht, dass es auch Dinge gibt, die wir nicht so gut können, die wir jedoch können sollten. Manche unserer Defizite stehen dynamischem Führen und Folgen im Weg. Hierzu einige Beispiele:

- Andreas ist bestens strukturiert und sehr analytisch. Wenn aber etwas nicht nach seinem Plan läuft, dann reagiert er mit einem gewaltigen Wutausbruch. Seine Teamkollegen gehen Andreas daher lieber aus dem Weg.
- Marcella ist eine große Diplomatin und geschickte Kommunikatorin, aber oft agiert sie ängstlich und mutlos. Sie vermeidet daher Entscheidungen, wenn sie in einer Leadership-Rolle ist. Das führt zu Unzufriedenheit bei ihren Kolleginnen.
- Gregor ist ein hervorragender Analytiker und Konzeptioner. Am liebsten ist es ihm, wenn er im stillen Kämmerlein an Konzepten feilen und Ideen ausbrüten kann. Seine Kolleginnen haben allerdings oft das Gefühl, sie würden ihn stören, wenn sie eine wichtige Frage haben oder einfach nur mal auf einen Small Talk vorbeikommen wollen.

Das Gute an den Beispielen: Andreas, Marcella und Gregor wissen bereits, dass sie daran arbeiten sollten, diese Defizite aufzulösen und ihr Verhalten zu ändern. Diese Einsichten rufen unser nächstes Instrument auf den Plan: das persönliche Leadership-Ideal. Während das Stärkenprofil unsere Ressourcen aufzeigt, die wir bei Problemlösungen nutzen können, gibt uns das Leadership-Ideal eine Vorstellung von unserem idealen Selbst. Es ist damit ein ganz entscheidendes Tool zur Selbstführung und Selbstentwicklung.

2.6.2 Das ideale Selbst: Wie jeder sich in seinem Führungspotenzial weiterentwickeln kann

Das persönliche *Leadership-Ideal* ist ein Instrument, das dazu dient, die Leadership-Persönlichkeit zu werden, die wir gerne sein möchten. Es beschreibt das persönliche Verständnis davon, was *Leadership* heißt. Es hält uns dazu an, dieses persönliche

Leadership-Verständnis im konkreten, temporären Leitungshandeln zu realisieren. Da beim *Shared Leadership* ein permanenter Wechsel von Führen und Folgen vorliegt, sollte daher jeder im Team an seinem persönlichen Führungsverständnis, sprich Leadership-Ideal, arbeiten.

Als essenzieller Aspekt und ganz im Einklang mit dem *Shared-Leadership*-Modell empfiehlt es sich, auch über das persönliche *Followership-Ideal* nachzudenken: Wie möchte ich sein, wenn ich eher in der Rolle des Folgenden bin? Woran muss ich an mir arbeiten? Dazu gehen wir im späteren Verlauf dieses Kapitels ein. Bleiben wir jedoch noch beim Leadership-Ideal.

Leadership-Ideal: das Selbstverständnis

Das persönliche Leadership-Ideal formuliert kurz und klar das *Selbstverständnis* einer Person in einer Führungsrolle, ihren Wertestandpunkt und ihr Verständnis der Kernaufgabe. Es klärt damit die wichtigsten Werte, die das Führungshandeln bestimmen sollen:

- Wofür stehe ich?
- Woran möchte ich an mir arbeiten?
- Wie will *ich* sein?

Die Werte im Leadership-Ideal einer Person sind für diese Person realistisch, wichtig und (noch) nicht selbstverständlich (manchmal vielleicht sogar gefährdet durch Einflüsse von innen oder außen). An der Umsetzung dieser Werte im konkreten Alltagshandeln sollte kontinuierlich und mindestens so lange gearbeitet werden, bis diese Werte zur Selbstverständlichkeit im alltäglichen Handeln geworden sind.

Leadership-Ideal: der Fokus

Das Leadership-Ideal definiert außerdem die wichtigste Aufgabe, den *Fokus*, der die Richtung des Leitungshandelns bestimmen soll:

- Worauf konzentriere ich mich in meiner Rolle als Führende?
- Was tue ich, um das Team zum Erfolg zu führen?

Der Fokus ist situationsbezogen. Er hängt ab vom Team, der Abteilung, dem Unternehmen, den Followern, den Rahmenbedingungen, Zielen sowie der speziellen Aufgabe. Um die Grundidee des Leadership-Ideals besser zu verstehen, werfen wir einen Blick auf einige Beispiele.

- Andreas hat die Leitung in dem Projekt *Kundenkommunikation* übernommen.
  - Sein Leadership-Ideal: *Ich konzentriere mich darauf, mit unserem Projekt einen erkennbaren Nutzen für unsere Kundenkommunikation herzustellen. Ich versuche dabei, das Team beziehungsweise jedes Teammitglied nach seinen jeweiligen Stärken an der Zielerreichung zu beteiligen.*
  - *Seine wichtigsten Werte: Offenheit in der Kommunikation und RUHE bewahren, wenn die Dinge mal nicht so laufen, wie ich es mir vorstelle.*

- Marcella hat ein schwieriges Laborteam übernommen, in dem es seit langer Zeit eine Reihe von Konflikten gibt.
  - Ihr Leadership-Ideal: *Für mich ist gegenwärtig am wichtigsten, das Team funktional zu halten (Fokus).*
  - *Werte, an denen sie arbeiten will: mehr Mut entwickeln, kritische Dinge anzusprechen und Entscheidungen nicht auf die lange Bank schieben.*
- Gregor ist die Aufgabe übertragen worden, ein Trainingsprogramm für die Abteilung zu entwerfen. Vier Teamkolleginnen werden mit ihm zusammenarbeiten.
  - Sein Leadership-Ideal*: Ich werde mich zusammen mit dem Team darauf konzentrieren, ein realistisches, aber auch anspruchsvolles Trainingsprogramm zu entwerfen, das die Stärken der Teammitglieder ausbaut und zusätzliche Skills entwickelt. Eine gute Projektstruktur ist das A und O.* (Fokus)
  - *Seine Werte: Ich werde dabei besonders viel Wert darauf legen, so viel wie möglich mit meinen Kolleginnen zu kommunizieren und darauf achten, dass wir einen guten Informationsfluss haben.*

Unsere drei Protagonisten haben sich somit ein klares Leadership-Ideal mit einem Fokus und zu realisierenden Werten gesetzt.

Der Schwerpunkt (Fokus) richtet sich danach, in welcher Situation man steht, welche Aufgabe genau zu erfüllen ist, welche Ziele es zu erreichen gilt. Er ist somit eher außengesteuert. In unserem *Shared-Leadership*-Modell wechselt der Führungsfokus zügig und dynamisch. Umso besser schult *Shared Leadership* auch gerade darin, seinen Fokus zu finden und damit Prioritäten zu setzen – und genau das ist eine der wichtigsten Fähigkeiten, die erfolgreiche Leader beherrschen.

Leadership-Ideal: die Werte

Der Werteaspekt als Bestandteil des Selbstverständnisses richtet sich nach innen beziehungsweise entsteht durch eine einzelne Person. Er enthält eine langfristige Entwicklungsperspektive. Dabei versucht man, Werte zu erfassen, die einem einerseits wichtig sind, andererseits aber auch wichtig sein sollten – gerade wenn man in einer Rolle des Führens ist –, jedoch noch nicht optimal im eigenen Handeln verwirklicht sind.

Die Werte in einem Leadership-Ideal werden sich nicht ständig ändern, sie haben einen längeren Lebenszyklus. Aber es kann natürlich sein, dass sie irgendwann zur zweiten Natur und zur Selbstverständlichkeit geworden sind, sodass man sich um weitere Leitprinzipien kümmern kann, die man verwirklichen möchte.

Erfolgreiche Leader haben einen klaren Wertestandpunkt

Wir kennen erfolgreiche Teamleader und Führungskräfte mit ganz unterschiedlichen Charaktereigenschaften und Verhaltensweisen. Die eine ist mehr Diplomatin, der andere mehr Macher. Die eine ist die Analytikerin, der andere der kreative Kopf. Der eine ist in seiner Kommunikation manchmal ein bisschen paternalistisch, die andere bisweilen zu nett. Was aber alle eint: Sie haben einen klaren Wertestandpunkt. Sie wissen, was ihnen wichtig ist und sie vermitteln das auch ihrer Umwelt. Das Kapital, das sie daraus schlagen, lässt sich in einem Wort zusammenfassen. Sie besitzen *Glaubwürdigkeit*: Sprechen und Handeln passen zusammen. An ihrem Tun lassen sich eindeutige Prinzipien und Werte ablesen. Jede, die mit diesen Leadern zu tun hat, weiß, was sie erwarten und worauf sie sich verlassen kann. Das schafft eine Basis für eine vertrauensvolle Zusammenarbeit.

Der Weg zum Leadership-Ideal kann kurz oder länger sein. Damit es leichter fällt, loszugehen und zu einer ersten Rohfassung zu kommen, haben wir ein Fragenset zusammengestellt. Sie sollten diese Fragen aber nicht nur einmal beantworten, sondern regelmäßig über Ihr Leadership-Ideal nachdenken, Ihr Verhalten daran prüfen und es beispielsweise an neue Einsichten und persönliche Entwicklungsziele anpassen. Warum? Das Leadership-Ideal soll keine Fessel für Ihre weitere Entwicklung sein. Es soll und wird sich natürlich mit Ihnen verändern. Ein zentraler Kern an Werten wird dabei immer bestehen bleiben, denn er definiert Sie als Person.

Leitfragen zum Leadership-Ideal – Werteaspekt

1. **Liste erstellen**: Welche Werteerwartungen werden von mir und von anderen an mich gestellt?

a) Läuft gut	b) Läuft nicht so gut, kann aber damit leben	c) Möchte/muss ich nicht erfüllen	d) Daran sollte ich arbeiten (max. 3 Werte)

Tab. 6: Frageset für eine Rohfassung des persönlichen Leadership-Ideals

2. **Typische Situationen**, in denen ich für diese drei Werte (Spalte 1d) einstehen sollte, das aber nicht (immer) schaffe:
   - Situation 1: …
   - Situation 2: …
   - Situation 3: …
3. Was erwarte ich von mir in diesen Situationen (**konkretes Handeln**):
   - Mein Handeln in Situation 1: …
   - Mein Handeln in Situation 2: …
   - Mein Handeln in Situation 3: …

Um diese Fragen und Rubriken zu verstehen, müssen wir ein paar Kommentare anfügen:

- Mit der ersten Leitfrage verschaffen Sie sich einen Überblick über alle Werte-Erwartungen, die Sie selbst oder andere an Sie stellen. Ein Innenschau-Brainstorming ist ausreichend. Das soll Ihnen dabei helfen, wichtige Werte erst einmal zu erfassen.
  - Im zweiten Schritt ordnen Sie diese Werte-Erwartungen in verschiedene Kategorien. Einige der gefundenen Werte erfüllen beziehungsweise realisieren Sie bestimmt schon gut (Spalte a: »Läuft gut«), sie sind möglicherweise im Einklang mit Ihren Stärken. Sie liefern Ihnen eine gute Basis für Ihr Leadership-Handeln. Um diese Werte müssen Sie sich nicht weiter kümmern.
  - Manche Werte (Spalte 1b: »Läuft nicht so gut, kann aber damit leben«) laufen vielleicht nicht so gut, Sie können aber damit leben. Und das ist eine sehr wichtige Rubrik, denn nicht jeder Wert muss zu hundert Prozent verwirklicht sein. Sie sind kein Automat und Perfektionismus kann die persönliche Glücksbilanz im Leben erheblich beeinträchtigen.
  - Darüber hinaus haben Sie vielleicht auch Werteerwartungen gefunden, die Sie »gar nicht erfüllen wollen oder müssen« (Spalte 1c). Auch diese Rubrik ist wichtig. Man muss sich nicht jeden Schuh anziehen. Man darf Ecken und Kanten haben. Und einige Werte passen vielleicht prinzipiell nicht mit dem eigenen Selbstverständnis zusammen.
  - In der letzten Rubrik (Spalte 1d) tragen Sie nun die Werte ein, an denen Sie »gern arbeiten möchten oder sollten«. Das sind die Werte, die Sie für wichtig halten, bei denen Sie allerdings eine gewisse Unzufriedenheit empfinden, weil es Ihnen nicht gelingt, sie im Alltag umzusetzen. Finden Sie mindestens einen Wert, aber nicht mehr als drei, sonst verzetteln Sie sich bei der Umsetzung.
- In Schritt 2 und 3 denken Sie an Situationen, in denen Sie die Werte umsetzen sollten, das aber nicht immer schaffen. Und genau diese Reflexion hilft, die eher abstrakten Werte zu konkretisieren – und zwar Schritt für Schritt. Bereits Aristoteles hat erkannt: Eine Veränderung findet nur über das Handeln statt. Die Rubriken 2 und 3 dienen dazu, Ihr Leadership-Ideal so weit zu konkretisieren, dass Sie sich genau vorstellen können, welches konkrete Verhalten Sie von sich erwarten sowie von Ihnen erwartet wird.

Leitfragen zum Leadership-Ideal – Fokus

Um Ihren Fokus zu finden, dem zweiten Aspekt im Leadership-Ideal, können Sie sich an folgenden Fragen orientieren:

- Was ist der Kernpunkt der anstehenden Aufgabe, für die ich eine Führungsrolle einnehme?
- Welches Ziel gilt es zu erreichen?
- Welche Rahmenbedingungen sind wichtig?
- Wie ist die Teamsituation (Situation der Follower)?
- Worauf konzentriere ich mich?

Eine gute Ergänzung können im Kontext von *Shared Leadership* folgende grundlegende Fragen sein:

- In welchen Situationen sehe ich mich als geeignet, eine Führungsrolle zu übernehmen? (vorhandene Kompetenz)
- Welche Situationen wären für mich eine gute Herausforderung, eine Führungsrolle zu übernehmen, um mich auch als Führender weiterzuentwickeln? (an Defizit arbeiten)

Damit einem Leadership-Ideal nicht das Schicksal von Neujahrsvorsätzen widerfährt, ist es wichtig, sich zu überlegen, wie es im Alltag konkret umgesetzt werden kann. Folgende Schritte empfehlen wir:

1. **Konkretisieren** Sie jeden abstrakten Begriff im Leadership-Ideal so weit, dass Sie genau wissen, was Ihr Ideal *täglich und konkret* von Ihnen fordert. Bestimmen Sie die *Situation* und dann eine klare *Handlungsanweisung* (Aktion). Eine Konkretisierung, ein greifbares Herunterbrechen ist entscheidend dafür, den inneren Schweinehund zu überwinden.
2. **Konzentrieren** Sie sich im Drei-Wochen-Rhythmus auf je einen Punkt beziehungsweise Wert (z. B. *Selbstsicherheit)* in Ihrem Leadership-Ideal. Beginnen Sie dabei mit einem Verhalten oder Handeln, das für Sie am leichtesten umzusetzen ist. Sie können und sollten nicht alles auf einmal wollen. Viele Menschen überschätzen, was man in einem großen Sprung erreichen kann und sie unterschätzen, was man in kleinen, aber kontinuierlichen Schritten erreicht.
3. **Ziehen Sie konsequent** und ehrlich am Ende eines jeden Tages mithilfe der **Gute-Nacht-Fragen Bilanz**:
   - Wo beziehungsweise wann hat die Umsetzung meines Leadership-Ideals heute gut geklappt und warum?
   - Wo beziehungsweise wann hat die Umsetzung heute nicht funktioniert – und warum nicht?
   - Was ist das Wichtigste, was ich heute in meiner Führungsrolle daraus gelernt habe?

Lassen Sie diese drei Empfehlungen zur Routine werden und bleiben Sie dabei immer neugierig. Nur die konstante Beschäftigung mit dem Leadership-Ideal führt auch wirklich zu einer Veränderung.

Mehr als nur ein Tipp: Ziehen Sie unbedingt schriftlich Bilanz

Ihr Leadership-Ideal sollten Sie in jedem Fall schriftlich formulieren, denn das Aufschreiben fordert zu mehr gedanklicher Disziplin auf. Und wenn ein Gedanke veräußert ist, dann lässt er sich auch leichter überprüfen und reflektieren. Schriftlichkeit macht Ihr Denken überprüfbar und beugt einer uns allen wohlbekannten Schlampigkeit vor. Daher sollten Sie auch Ihre Fortschritte schriftlich festhalten.

Ein Leadership-Ideal ist kein One-Hit-Wonder. Es erfordert Disziplin, häufige Überprüfung und die Muße, sich mit ein paar grundlegenden Fragen ernsthaft zu beschäftigen. Dazu gehört die regelmäßige Überprüfung in Form einer Selbstbetrachtung.

Selbstbetrachtung

Um sich selbst und Ihr Leadership-Ideal besser zu verstehen, sollten sie sich an konkrete Fälle erinnern, in denen Ihr Handeln Ihrem Ideal entsprochen hat und an Fälle, in denen das nicht der Fall war. Dazu ein paar Fragen, die Sie sich stellen können:

- Bei welchen Gelegenheiten habe ich gemäß meinen Werten gehandelt?
- Welches Resultat habe ich damit erzielt?
- Wie habe ich mich gefühlt?
- Wie haben meine Kollegen darauf reagiert?
- Welche Rolle spielt mein idealer Fokus zurzeit in meinem Leitungshandeln?
- Wie würde eine externe Beobachterin meinen derzeitigen Fokus beschreiben?
- Wie zufrieden bin ich mit den Resultaten meines derzeitigen Fokus?
- Bei welchen Gelegenheiten habe ich *nicht* gemäß meinem Leadership-Ideal gehandelt?
- Welche Resultate habe ich damit erzielt?
- Wie habe ich mich dabei gefühlt?
- Wie haben meine Kollegen darauf reagiert?

Um Missverständnisse zu vermeiden, ist eine klare und offene Abklärung der Erwartungen, die Ihre Kolleginnen an Sie und die Sie an sich selbst haben, die beste Methode. Wir hatten das bereits in Kapitel 1.5 thematisiert. Als Weg dorthin empfehlen wir die folgenden Schritte:

1. **Formulieren** Sie Ihr Leadership-Ideal.
2. **Überprüfen** Sie Ihr Handeln im Alltag und gewinnen Sie Sicherheit durch *Ausprobieren.*
3. Lassen Sie Ihr Leadership-Ideal Schritt für Schritt in diversen **Alltagssituationen** einfließen, sprechen Sie Ihre Werte und Prinzipien offen aus:
   - Kritikgespräche,
   - Konfliktgespräche,
   - Begründung von Entscheidungen/Handlungen,
   - Delegation,
   - Peer-to-Peer Gespräche,
   - Überzeugungsgespräche.
4. Achten Sie auf die **Reaktionen** Ihrer Kollegen, bitten Sie um Feedback. Klären Sie wiederholt und aktiv Erwartungen ab.
5. **Erklären** Sie den Kolleginnen Ihr Leadership-Ideal, also Ihr Verständnis der Leitungsrolle, offen und direkt. Nehmen Sie Rückmeldungen und Impulse auf, ohne

ihr Ideal zu verraten. Wenn das nicht geht, sehen Sie von einer Führungsrolle in diesem Fall ab.

6. Sprechen Sie Ihr Leadership-Ideal mit den Kollegen ab und handeln Sie einen **Konsens** beziehungsweise einen Vertrag aus.

Zusammenfassung: Nutzenaspekte eines Leadership-Ideals

Bündeln wir noch einmal die Gründe, die für ein Leadership-Ideal sprechen.

- Es hilft, einen klaren Wertestandpunkt einzunehmen und sorgt für Glaubwürdigkeit.
- Es ist ein gutes Instrument, um die Selbstreflexion zu trainieren.
- Es fordert auf, Prioritäten zu setzen.
- Es entlastet den Führenden, weil es mithilft zu erkennen, dass er nicht alles allein machen muss.
- Es unterstützt dabei, dem eigenen Führungsideal näher zu kommen und damit auch der Person, die man gern sein möchte (das ideale Selbst).

Das Followership-Ideal

Nachdem wir ausführlich das Leadership-Ideal besprochen haben, über das sich prinzipiell jede im Team Gedanken machen sollte, dürfen wir auch die Kehrseite der Medaille nicht vergessen: das Followership-Ideal.

Traditionell wird das Thema *Leadership* immer vom Führenden her gedacht. Aber wir wissen jetzt, dass das Folgen konstitutives Element allen Führens ist. Deshalb widmen wir uns nun den Fragen: Wie möchte ich als Follower sein? Welches Ideal schwebt mir als Folgende vor?

Analog zum Leadership-Ideal und um konkrete Antworten zu finden, können wir uns auch beim Followership-Ideal Folgendes fragen:

- Worauf konzentriere ich mich in meiner Rolle als Folgender?
- Welche Werte möchte ich als Folgender gerne umsetzen?
- Welche dieser Werte sind für mich noch nicht selbstverständlich, wären aber hilfreich, wenn ich eher in der Rolle des Folgenden bin?

Mit diesen Reflexionsfragen im Hinterkopf könnte es sein, dass Emilia sich in Zukunft vornimmt, weniger nach vorne zu preschen, wenn es wieder einmal darum geht, dass jemand als Führende gesucht wird. Zu oft nimmt sie dadurch anderen die Chance, sich zu beweisen. Carl wiederum nimmt sich vor, ein bisschen weniger kritische Kommentare vom Stapel zu lassen, zu denen er neigt, wenn er eine Idee nicht so überzeugend findet.

Das Wechselspiel von Leadership-Ideal und Followership-Ideal kann somit dabei unterstützen, sich in beiden Rollen als Führende oder Folgende zu Hause zu fühlen.

2.6.3 Resilienz: Wie man emotionale Robustheit und Handlungsfähigkeit aufbaut

Wo stehen wir im Kompetenzraum?

- Jede im Team kennt ihre eigenen Stärken und die Stärken der anderen und weiß, wie man sie im Alltagshandeln einsetzt.
- Jeder, der sich in einer Führungsrolle befindet, hat in seiner Rolle einen klaren Fokus.
- Jede hat Werte für sich identifiziert, die noch nicht selbstverständlich sind und die sie als Ideal anstrebt.
- Jeder hat sich vorgenommen, worauf er achten wird, wenn er mehr in der Rolle des Folgenden ist.

Die Stärkenbasierung, das Leadership-Ideal und das Followership-Ideal geben uns einen wichtigen Rahmen für unsere Selbstentwicklung. Hinzukommen soll jetzt noch die Fähigkeit, in immer mehr Situationen des täglichen Handelns Souveränität, Gelassenheit und Initiative zu zeigen.

Die stoische Haltung, beruhend auf uralten Erkenntnissen, kann uns unterstützen, sich diese situative Kompetenz anzueignen. Sie bedient sich einiger weniger Grundprinzipien, die wir *stoische Axiome* nennen. Diese Prinzipien lassen sich leicht in unsere Arbeitswelt und das *Shared-Leadership*-Konzept übertragen.[83]

Axiom der Handlungsfähigkeit

Die Optimierung der eigenen Handlungsfähigkeit ist entscheidendes Ziel eines tätigen Lebens.

Dieses Axiom ruht auf folgender Erkenntnis: Wir sind handelnde Wesen mit Zielen, Projekten, Wünschen und Plänen. Tätigkeit und Aktivität an sich stellen entscheidende Werte für uns dar. Wir wollen uns als Urheber unserer Handlungen erleben. Handlungsfähigkeit unter Beweis zu stellen, ist eine wichtige Leadership-Fähigkeit. Wir müssen dabei im Blick auf unser gesamtes Leben unsere verschiedenen Projekte, Ziele und Wünsche in ein optimales Gleichgewicht bringen und dabei unsere Fähigkeit zu einem aktiven Leben vertiefen und erweitern. Es ist gewissermaßen das große Metaprojekt des Lebens.

In unserem *Shared-Leadership*-Konzept wäre es der Idealfall, dass jede im Team, egal in welcher Rolle (als Führende oder Folgende), stets darauf achtet, ihre Handlungsfähigkeit zu maximieren. Damit erfüllt sich nicht nur ein positives Ideal für jede Einzelne, sondern in der Summe auch für das ganze Team. Natürlich nur, wenn die Teammitglieder aufeinander abgestimmt handeln und damit erkennbar als Team agieren.

Axiom der Vergeblichkeit

Es ist unsinnig, etwas zu wollen, was weder praktisch noch theoretisch erreichbar ist.

Es ist eine der wichtigsten Erkenntnisse der Stoiker, dass wir nur bestimmte Dinge in unserem Leben kontrollieren können. Manches können wir zwar manchmal indirekt beeinflussen, aber im Kern liegt so einiges außerhalb unserer Macht. Und hier liegt eine der Quellen unseres Unglücklichseins, respektive in einem Kategorienfehler: Wir klassifizieren Dinge als kontrollierbar, auf die wir keinen Einfluss haben. Und weil die (unkontrollierbaren) Ergebnisse nicht unseren Wünschen und Vorstellungen entsprechen, empfinden wir Ärger, Wut, Enttäuschung und Selbstmitleid.

Aus diesem Grund ist Konzentration auf die Dinge, die wir wirklich unter Kontrolle haben, ein wichtiger Baustein bei der Ausbildung emotionaler Robustheit und damit von Resilienz, also der Fähigkeit, sich von Störungen und Krisen nicht aus der Bahn werfen zu lassen.

Axiom der Kontrollierbarkeit

Was wir kontrollieren können, ist unser Denken, Handeln, Fühlen und Wünschen, also unseren Charakter.

Um unsere Handlungsfähigkeit zu optimieren, sollten wir uns auf das konzentrieren, was wirklich in unserer Macht steht: also all das, was uns als Mensch ausmacht und was wir präferieren. Worum handelt es sich dabei genau? Um unser Denken, Fühlen und Handeln. Daraus ergibt sich die Schlussfolgerung: Für die Optimierung der Handlungsfähigkeit ist es notwendig, dass wir unseren Charakter ausbilden und zentrale Werte (Tugenden) entwickeln und verwirklichen.

Axiom der Kardinalwerte

Die Kardinalwerte in der Charakterbildung sind Besonnenheit (kritisches Denken), Mut, Gerechtigkeit (Moral/Integrität) und Selbstdisziplin.

Die Formung unseres Charakters hilft uns dabei, unser ideales Selbst zu verwirklichen und die Eigenschaften zu erwerben, die wir nach unserem idealen Selbstverständnis erwerben sollten. Die Entwicklung der Tugenden ist eine notwendige und hinreichende Bedingung für die Optimierung der Handlungsfähigkeit für ein gelingendes Leben und Well-Being. Wir glauben, Well-Being umfasst mehr als nur die Ausbildung von Tugenden, aber die Stoiker haben eine entscheidende Erkenntnis erfasst: Um unsere Handlungsfähigkeit und damit unsere Handlungsautonomie zu erweitern, müssen wir bei uns selbst ansetzen, bei dem, was uns ausmacht: dem Charakter.

Axiom der Realität

Die Welt ist unplanbar, volatil, ungewiss und sie enthält widrige Ereignisse und Umstände.

Wir sind keine Solipsisten, die in einer rein geistigen Innenwelt leben. Ganz im Gegenteil: Um uns herum gibt es eine Welt, die sich unseren Wünschen und Interessen oft widersetzt. Salopp formuliert: Die Dinge laufen nicht immer so, wie wir uns sie vorstellen. Unsere Pläne und Wünsche werden oft durchkreuzt oder zunichte gemacht.

Das zeigt: Unsere Handlungen sind nicht bis ins letzte Detail planbar. Die Welt ist voller Überraschungen. Wir müssen immer damit rechnen, dass die Dinge sich nicht so entwickeln, wie wir sie uns ausmalen.

Axiom der Emotionsverstärkung

Widrige Ereignisse lösen negative Emotionen aus, die durch Werturteile verstärkt werden.

In einer Welt voller Unplanbarkeit und Ungewissheit werden sich immer wieder Emotionen einstellen, die unser Denken, Fühlen und Handeln beeinflussen und unsere Handlungsfähigkeit einschränken oder gar gefährden. Das können wir nicht vermeiden, denn viele dieser negativen Emotionen gehören zu unserer biologischen Ausstattung. Wir können sie nicht ausschalten, sie treten einfach – und häufig unvermittelt – auf: Ärger, Wut, Abscheu, Hass, Ekel, Rachegefühl, Enttäuschung, Kummer, Sorgen, Angst, Furcht, Hoffnungslosigkeit, Verachtung, Hochmut, Arroganz, Neid, Missgunst, Zorn, Jähzorn, Scham, Schuldgefühle, Traurigkeit, Verzweiflung, Apathie, Frustration, schlechte Laune.

Diese negativen Emotionen haben jedoch einen fatalen Effekt. Sie können sich massiv auf unser Denken und Handeln auswirken. Schauen wir uns dazu folgendes Beispiel an.

Sie sind auf dem Weg zu einem wichtigen Termin. Um entspannt und sicher anzukommen, entscheiden Sie sich für die Deutsche Bahn. Leider wird Ihnen auf halber Strecke mitgeteilt, dass der Zug wegen einer Signalstörung nicht weiterfahren kann. Sie werden es also nicht rechtzeitig zu Ihrem Termin schaffen. Natürlich ist der erste Impuls ein Gefühl des Ärgers – und mit diesem Impuls verbunden ist sofort ein wertender Gedanke: »Mist! Jetzt verliere ich den Auftrag.« Dieser Gedanke (ein Werturteil) verstärkt sofort den gefühlten Ärger, der wiederum weitere negative Gedanken weckt und so weiter. Nach und nach verstärkt sich der Effekt des anfänglichen Ärgers. Sie werden in einen Strudel negativer Emotionen und Gedanken gezogen.

Bereits die Stoiker haben erkannt, dass unsere negativen Emotionen häufig negative Werturteile auslösen, die wiederum die negative Emotionen verstärken. Ein Teufelskreis setzt sich in Gang.

Dabei durchlaufen wir üblicherweise drei Phasen, wenn Emotionen im Spiel sind:

- Phase 1: Eine Emotion tritt auf, ausgelöst durch einen Anlass.
- Phase 2: Wir beurteilen die Emotion (ein Gedanke tritt auf): der Gedanke verstärkt die Emotion.
- Phase 3: Die Emotion kontrolliert uns.

Phase 1 können wir nicht vermeiden, da wir Emotionen nicht von vornherein unterdrücken können. Deswegen haben wir darüber keine wirkliche Kontrolle. Anders sieht es bei Phase 2 auf: Hier, beim Fällen des Werturteils, können wir einschreiten. Das erfordert allerdings Aufmerksamkeit. Denn dieser Werturteile, meistens flüchtige Gedankenfetzen (»Verdammt, das funktioniert wieder nicht«, »Mist, alles im Eimer«), werden so rasch vollzogen, dass wir sie gar nicht bewusst wahrnehmen. Die Folge ist der besagte Teufelskreis aus Werturteilen und Emotionen. Um diesen zu unterbrechen und gar nicht erst Fahrt aufnehmen zu lassen, müssen wir bei den Werturteilen intervenieren. Mit ein bisschen Übung – so die Position der Stoiker – kann man lernen, die negativen Gedanken zu kontrollieren.

Axiom der Resilienz

Widrigkeiten und negative Emotionen können durch den richtigen Umgang mit ihnen kontrolliert werden und die Handlungsfähigkeit erhalten beziehungsweise erweitern.

Nach dem Verständnis der Stoiker ist der springende Punkt, durch die Reaktion auf die Widrigkeiten und durch die Kontrolle negativer Emotionen unsere Handlungsfähigkeit zu bewahren. Das ist die positive Nachricht, die mit dieser stoischen Grundhaltung verbunden ist: Prinzipiell ist es jedem in jeder Lebenslage möglich, seine Handlungsfähigkeit zu optimieren.

Obwohl wir negative Emotionen nicht einfach abschalten können, sind wir fähig, Kontrolle auszuüben. Man muss dazu erkennen, dass alle negativen Emotionen ein Werturteil enthalten, das die Emotion verstärken kann. Wir können lernen, diese Werturteile zu blockieren. Mit Training und Übung können wir lernen, einen kühlen Kopf zu bewahren und uns von den unvorhersehbaren Widrigkeiten des Lebens nicht aus der emotionalen Bahn werfen zu lassen.

Etwas weiter unten finden Sie ein paar klassische stoische Techniken, die helfen können, diese Fähigkeit zu erlangen.

Die Resilienz, – die kontrollierbare und nicht mehr willkürliche Handlungsfähigkeit –, die daraus entsteht, ist ein wichtiger Faktor für das eigene Leadership-Verhalten und die eigene Leadership-Rolle. Je mehr Widerstandskraft jeder Einzelne im Umgang mit schwierigen Situationen entwickelt, umso mehr Widerstandskraft entsteht im gesamten Team.

Aus dieser bunten Fülle an Axiomen können wir folgende Handlungsempfehlungen, insbesondere für die Rolle des Führenden, ableiten:

- Machen Sie sich klar, dass Sie immer einen Handlungsspielraum haben. Sie sind nicht in die Rolle des Leidenden oder Opfers gezwungen. In jeder Lage haben Sie die Möglichkeit, Ihre Handlungsfähigkeit zu erweitern oder zu vertiefen. Ergreifen Sie also die Initiative.
- Sie brauchen Klarheit über Ihre Werte, Ziele, Wünsche, Präferenzen.[84]
  - Was sind meine wichtigen Werte?
  - Welche Werte (Tugenden) möchte ich entwickeln?
  - Was ist mein ideales Selbst?
  - An welchen der Kardinaltugenden (Mut, Besonnenheit, Gerechtigkeit, Selbstdisziplin) möchte ich arbeiten?
  - Welche Ziele möchte ich verwirklichen?
  - Welche verschiedenen Rollen (Vater, Ehepartner, Vorgesetzter etc.) habe ich auszufüllen und welche Ziele verbinde ich damit?
  - Welche Wünsche habe ich?
  - Was würde ich von Herzen gern verwirklichen?
- Ihre Ziele und Werte sollten in entschlossenes Handeln münden.
  - Welche Entscheidungen sollte ich treffen?
  - Wie komme ich ins Handeln und Tun?
- Üben Sie sich in kritischem Denken und Selbstreflexion. Prüfen Sie Argumente auf ihre Gültigkeit und Plausibilität. Seien Sie sich bewusst, dass Sie von Voreingenommenheiten (Bias) beeinflusst sein könnten. Diese Empfehlung zielt auf den Ausbau der kritischen Urteilskraft (Kardinalwert: Besonnenheit).
- Nutzen Sie Ihre Stärken. Wo liegen meine Stärken genau? Wie kann ich sie noch gezielter nutzen? Das Nutzen und der Ausbau Ihrer Stärken erweitert auch Ihre Handlungsfähigkeit.
- Entwickeln Sie einen dynamischen Lebensplan. Nehmen Sie sich hin und wieder eine Auszeit und reflektieren Sie über Ihre Situation, Ihre Werte, Ziele und Entscheidungen. Wo muss ich etwas verändern? Ist mein Lebensplan stimmig? Ist er ehrgeizig genug? Ist er flexibel? Ist er erreichbar?
- Versuchen Sie, die Komponenten Ihres Lebensplans harmonisch aufeinander abzustimmen. Ihr Plan sollte sich gut anfühlen.
- Sehen Sie sich in einer Sackgasse, dann haben Sie den Mut umzukehren und zügig wichtige Entscheidungen zu treffen.

Die stoischen Axiome im Überblick

Axiom der Handlungsfähigkeit	Die Optimierung der eigenen Handlungsfähigkeit ist entscheidendes Ziel eines tätigen Lebens.
Axiom der Vergeblichkeit	Es ist unsinnig etwas zu wollen, was weder praktisch noch theoretisch erreichbar ist.
Axiom der Kontrollierbarkeit	Was wir kontrollieren können, ist unser Denken, Handeln, Fühlen und Wünschen, das heißt unseren Charakter.
Axiom der Kardinalwerte	Die Kardinalwerte in der Charakterbildung sind: Besonnenheit (kritisches Denken), Mut, Gerechtigkeit (Moral / Integrität), Selbstdisziplin.
Axiom der Realität	Die Welt ist unplanbar, volatil, ungewiss und sie enthält widrige Ereignisse und Umstände.
Axiom der Emotionsverstärkung	Widrige Ereignisse lösen negative Emotionen aus, die durch Werturteile verstärkt werden.
Axiom der Resilizenz	Widrigkeiten und negative Emotionen können durch den richtigen Umgang damit kontrolliert werden und die Handlungsfähigkeit erhalten beziehungsweise erweitern.

Tab. 7: Die stoischen Axiome im Überblick

Stoische Übungen und Techniken

Wir haben bereits erwähnt, dass Charakterformung nicht über Nacht passiert. Man kann sich Gewohnheiten antrainieren, Schritt für Schritt. Hier haben wir einige klassische stoische Übungen für Sie zusammengestellt.

1. Die Morgenmeditation

Bei der Morgenmeditation denken Sie über die anstehenden Ereignisse und Aufgaben des Tages nach.

- Was werde ich heute tun, um die stoischen Kardinalwerte (Mut, Gerechtigkeit, Besonnenheit, Selbstdisziplin) umzusetzen?
- Was werde ich tun, um meine anderen wichtigen Werte umzusetzen?

2. Die Gelassenheitsübung

Sie überlegen, wie und welche Dinge am heutigen Tag schiefgehen und welche Ärgernisse auftreten könnten. Sie nehmen sich dabei vor, diese Hindernisse so nüchtern wie möglich zu betrachten und sich nicht von ihnen fortreißen zu lassen. »Diese Ärgernisse werden meine Gelassenheit und Souveränität nicht trüben.«

Diese Gelassenheitsübung können Sie prinzipiell für jede Handlung oder Aktivität durchführen. Ein Beispiel: »Es ist Samstag und ich habe vor, in die Stadt zum Einkaufen zu gehen. Es werden viele Menschen unterwegs und die U-Bahn wird überfüllt sein.

Die Verkäufer werden unfreundlich sein. Aber all das wird mich nicht aus der Ruhe bringen. Es betrifft nichts, was wirklich wesentlich in meinem Leben ist.«

3. Die Was-steht-in-meiner-Macht-Übung
Überlegen Sie immer wieder, was in Ihrer Macht steht und was nicht. Ein Beispiel: »Auf der anstehenden Konferenz kann ich mein Bestes tun, um die anderen von der Notwendigkeit einer Handlung zu überzeugen: Aber ich habe keine Kontrolle, ob es mir wirklich gelingt.«

4. Distanzierungstechniken
Die Distanzierungstechniken helfen dabei, Ihre Werturteile von Ereignissen oder Emotionsauslösern zu separieren, denn Werturteile sind Konstruktionen der Realität, aber nicht die Realität selbst.

- Gedanken, wenn sie auftauchen, auf Papier niederschreiben und betrachten.
- Die negativen Gedanken auf eine Flipchart aufschreiben und von Weitem ansehen.
- Die Phrase denken: »Gerade bemerke ich, dass ich denke, dass…«
- Dritte-Person-Perspektive einnehmen: »Thomas denkt gerade,…«
- Die Pros und Cons eines Gedankens erwägen.
- Überlegen, wie andere Personen die Situation wahrnehmen würden.
- Sich von großer Höhe betrachten, von der Perspektive des Universums aus.
- Sich aus der Perspektive einer anderen Person betrachten.
- Alles von einem späteren Zeitpunkt aus anschauen, die Endlichkeit und Vergänglichkeit aller Dinge bedenkend.
- Überlegen, was ein eingefleischter Stoiker in der Situation tun würde.

5. Abendmeditation
Denken Sie am Abend über den Tag nach.

- Was hat heute geklappt?
- Wo habe ich in Einklang mit meinen und den stoischen Werten gehandelt?
- Was hätte ich besser machen können?
- Was nehme ich mir für morgen vor?

2.7 Kommunikation – Teil 3: die lösungsorientierte Coaching-Haltung

Wie im Vertrauensraum und Leistungsraum zuvor, wollen wir Ihnen auch in diesem Abschnitt charakteristische Kompetenzen und Methoden vorstellen. Wir beginnen mit einem Modell des Peer-to-Peer Coachings, bei dem es sich um kollegiales, lösungsorientiertes Beraten handelt. Diese Beratungsform wird benötigt, wenn eine Kollegin mit einem konkreten Problem zu kämpfen hat oder wenn sie sich in einem bestimmten Bereich weiterentwickeln möchte. Im Anschluss an diese spezielle Coachingform stellen wir die bereits angekündigte *Shared-Leadership*-Konferenz vor und erläutern abschließend, welche Kommunikationsmethoden man braucht, wenn es mal knirscht und kriselt.

2.7.1 Peer-to-Peer Coaching

Die gegenseitige Unterstützung im Team spielt bei *Shared Leadership*, wir können es nicht oft genug betonen, eine sehr große Rolle. Dazu gehört auch, dass man Kollegen zur Seite steht, wenn sie mit einem Problem zu kämpfen haben, vor einer – aus ihrer Sicht womöglich unlösbaren – Herausforderung stehen oder nicht genau wissen, wie sie eine anstehende Aufgabe angehen sollen. Mitglieder des Teams können in die Rolle der kollegialen Coachin schlüpfen. Das kann von der Führenden Richtung Follower gehen, muss aber nicht. Auch die Person, die folgt, kann im Coaching-Modus helfend zur Seite stehen. Genau darauf basiert das Prinzip wechselseitigen Führens und Folgens. Unterstützung wie diese sollte von jeder für jeden zu jeder Zeit geleistet werden.

- Angela hat die Aufgabe übernommen, ein interkulturelles Training durchzuführen. Für sie ist das Thema neu, aber sie möchte sich gerne darin üben und einarbeiten. Deshalb hat man sich im Team darauf geeinigt, dass sie den Lead haben wird. Sie sucht nun Unterstützung bei einem erfahrenen Kollegen.
- Werner hat mit einem Konflikt in seinem Projektteam zu kämpfen. Zwei Kollegen sind sich in die Haare geraten. Er ist sich nicht sicher, wie er vorgehen soll. Svenja bietet ihren Rat und ihre Unterstützung an. Sie ist keine formale Führungskraft, bei der in klassischen Organisationen unliebsame und heikle Aufgaben wie diese eigentlich verortet sind. Umso intensiver kann sie hier vermitteln.
- Larissa soll beim anstehenden Audit in die Führungsrolle schlüpfen. Sie ist unsicher, was man von ihr erwartet. Konrad, die offizielle Führungskraft, nimmt sich Zeit für ein Gespräch, um mit Larissa den Erwartungsrahmen abzustecken.

Eine Peer-to-Peer-Coaching-Situation ist gleichzeitig auch eine gute Gelegenheit zu ermutigen oder die jeweiligen Stärkenressourcen zu nutzen. In vielen japanischen Unternehmen ist es ein gängiges Managementkonzept, dass jede Mitarbeiterin zur Verfügung steht, wenn jemand Rat braucht beziehungsweise dass man sich Rat holt, wenn man vor einer schwierigen Aufgabe steht.

Modell für die kollegiale Coaching-Rolle

Die zentralen Coaching-Kommunikationsmethoden kennen wir im Grunde schon: Man konzentriert sich aufs Fragen und Zuhören und versucht, dem Coachee zu helfen, selbst zu einer adäquaten Lösung für seine Themenstellung zu kommen. Was das Fragen und Zuhören angeht, werden wir uns hier nicht wiederholen. Wir werden Ihnen an dieser Stelle vielmehr ein spezielles Coaching-Konzept in Form eines Leitfragengerüsts anbieten, das einen systematischen Weg aufzeigt, einen Kollegen im Coaching-Modus zu unterstützen.

Coaching: unser Verständnis

Eine Person (in unserem Kontext ein Kollege) hat mit einer Schwierigkeit beziehungsweise einem Problem zu kämpfen oder möchte sich in einer bestimmten Hinsicht weiterentwickeln. Der Coach unterstützt die Person dabei, diese Schwierigkeit beziehungsweise das Problem selbständig zu lösen oder in die Richtung zu gehen, die sie einer Lösung näherbringt. Unser grundlegender Ansatz ist dabei, Lösungshandlungen zu vereinbaren und umzusetzen.

Es geht nicht darum, tiefenpsychologisch Probleme zu analysieren, sondern darum, Handlungskonzepte zu überlegen, mit denen man schnell zur Tat schreiten kann. Um das leisten zu können, braucht man für das Peer-to-Peer-Coaching keine psychologische Grundausbildung, sondern es reicht der gesunde Menschenverstand aus. Wir setzen dabei voraus, dass es prinzipiell Handlungsmöglichkeiten gibt. Diese werden gemeinsam erarbeitet, danach umgesetzt und überprüft.

Fünf Schritte haben sich bewährt, die in folgender Tabelle aufgeführt sind. Bei jedem dieser Schritte gibt es spezifische Fragen, die man gemeinsam bearbeiten und besprechen kann.

Schritt	Handlungen/Fragen
Problem benennen/ bestimmen	• Worum geht es? • Welche konkreten Beispiele veranschaulichen die Sache am besten? • Wie stark belastet Sie das Thema (auf einer Skala von 1 bis 10)? • Wie geht es Ihnen dabei (Fühlen, Denken, Handeln)? • Was haben Sie schon unternommen und mit welchen Resultaten? • Welche Ausnahmen gibt es? • Unter welchen Bedingungen bzw. Umständen kommt es zu der Ausnahme? Welche positiven Aspekte hat das Problem für Sie (für andere)? • Wie sieht die Welt aus, wenn die Schwierigkeit gelöst ist?
Lösungshandlungen erarbeiten	Lösungsvision: • Wie sieht die Welt für Sie aus, wenn die Schwierigkeit gelöst ist? • Was wäre anders, wenn plötzlich ein Wunder geschähe? Lösungskriterien: • Woran erkennen Sie, dass die Schwierigkeit verschwunden ist/ dass die Lösung greift? • Was ist anders als jetzt? • Was tun Sie dann? • Wie geht es Ihnen dabei? • Was tun die anderen? • Wie geht es den anderen?

Schritt	Handlungen/Fragen
	Lösungsresultate: • Was bedeutet diese erfolgreiche Lösung für Sie? Welchen Nutzen haben Sie davon? • Welchen Nutzen haben andere davon? • Alles hat seinen Preis: welche Unbequemlichkeiten bringt die Lösung für Sie? • Alles hat seinen Preis: welche Unbequemlichkeiten bringt die Lösung für andere? Lösungshandeln: • Was müssen Sie tun, damit sich nichts verändert bzw. die Sache schlimmer wird? • Welche Ratschläge würde Ihnen jetzt ein ausgemachter Trottel geben? • Was tun Sie konkret, um die Lösung herbeizuführen? • Warum haben Sie das bis jetzt noch nicht getan? • Wo liegt das zentrale Hindernis für Ihr Handeln? • Wie werden Sie mit diesem Hindernis umgehen? • Welche Ihrer Stärken könnten Sie nutzen und einsetzen? Welche dieser Lösungsmöglichkeiten ist für Sie die sinnvollste?
Lösungshandlungen vereinbaren	In dieser Phase überlegen Sie gemeinsam, was der Coachee konkret tun wird. Anschließend vereinbaren Sie Handlungen.
Lösungshandlungen ausführen	Der Coachee setzt die vereinbarten Handlungen um.
Resultate überprüfen	• Wie ist es gelaufen? • Was haben Sie gemacht? • Wie ging es Ihnen dabei? Wie haben die anderen reagiert? • Wie schätzen Sie die Ergebnisse auf einer Erfolgsskala (0 bis 100 %) ein? • Worauf führen Sie den Erfolg zurück? Was freut Sie jetzt am meisten? • Was können wir als Lernergebnis für die Zukunft festhalten? • Welche Fragen sind jetzt noch offen?

Tab. 8: Fünf Schritte im Peer-to-Peer-Coaching

Wenn es mit den Lösungshandlungen nicht geklappt haben sollte, dann überlegt man gemeinsam, woran es gelegen haben könnte. Und man setzt sich sofort neue Handlungsvereinbarungen, die der Coachee umsetzt.

Der Grundansatz dieses Modells ist, den Coachee so zügig wie möglich ins Handeln zu bringen, um aus diesem Handeln heraus zu lernen, was funktioniert und was nicht. Das Leben liefert das beste Feedback für Lösungsstrategien, die man sich überlegt hat.

In allen Phasen des Coaching-Modells gibt es auch einige Dinge, die man vermeiden sollte beziehungsweise, um es etwas schärfer zu formulieren, es gibt No-Gos.

Schritt	No-Gos
Problem benennen/ bestimmen	• Probleme stundenlang ziselieren und analysieren • Als Coach nicht richtig zuhören
Lösungshandlungen erarbeiten	• Als Coach Lösungsratschläge geben • Den Coachee in eine Richtung drängen • Anker setzen • Den Coachee mit Samthandschuhen anfassen
Lösungshandlungen vereinbaren	• Unklare Handlungsvereinbarungen • Zu allgemeine Lösungen • Nicht überprüfbare Lösungen
Lösungshandlungen ausführen	• Den Coachee zu sehr kontrollieren • Zu sehr in die Handlungsfreiheit eingreifen
Resultate überprüfen	• Keine Überprüfung durchführen • Schuld zuweisen

Tab. 9: No-Gos im Peer-to-Peer-Coaching

2.7.2 Die Shared-Leadership-Konferenz

Als unerlässliches Instrument bei der Umsetzung von *Shared Leadership* erachten wir die *Shared-Leadership*-Konferenz. Sie ist ein regelmäßiges Workshopformat, in dem man sich mit dem *Shared-Leadership*-Prozess beschäftigt und die den bewussten Umgang mit *Shared Leadership* befördert.

In einem oder mehreren Workshops sollten dabei zuerst grundlegende Fragen geklärt werden. Denn es ist wichtig, dass man ein gemeinsames Verständnis davon hat, was *Shared Leadership* genau bedeutet. Man wird sich daher zunächst mit folgenden Fragen beschäftigen:

- Was heißt *Shared Leadership*? Was versteht man unter diesem Konzept?
- Was heißt *Shared Leadership* für uns?
- Was wollen wir teilen? (Themen, Ziele, Projekte, Aufgaben)

Das Team könnte hier beispielsweise vereinbaren, dass man zu den verschiedenen Aufgabenfeldern immer eine Person aus dem Team (auch zwei Personen, die sich die Rolle teilen) als jeweiligen Themen-Lead bestimmt. Der Themen-Leader zeichnet sich für die damit verbundenen Aufgaben verantwortlich und koordiniert alle Tätigkeiten und Entscheidungen, die das Thema betreffen.

Ein Beispiel zur Illustration: In einem First und Second Level IT-Support-Team hat man Lydia ausgewählt, sich die Koordination und Kommunikation mit dem Third Level Support in der Forschungsabteilung zu kümmern. Damit Lydia nicht allein in dieser Rolle agieren muss, hat Ralf angeboten, sie in der Rolle zu unterstützen.

Außerdem sollte man in der *Shared Leadership* Konferenz die fundamentale Fragen beantworten:

- Nach welchen Regeln wollen wir *Shared Leadership* umsetzen?

Dazu gehört es zu klären, wie man überhaupt in einer Führungsrolle schlüpft. Wie wird man dazu ermächtigt? Wie geht jemand in Führung? Wird man dazu ernannt? Wollen wir, dass die Führungsrollen durch Eigeninitiative verteilt werden?

Es muss in diesem Zusammenhang auch besprochen werden, wie und in welchem Rahmen man regelmäßig Feedback zu den Führungsrollen austauscht. So könnten in unserem Beispiel Lydia und Ralf sich mit den Followern in einem regelmäßigen Klimagespräch zusammensetzen, um sich darüber auszutauschen, wie man sich gegenseitig in den jeweiligen Rollen erlebt und welche Wünsche man aneinander hat.

Außerdem sollte eine Regelung darüber gefunden werden, wie man von der Führungsrolle wieder abberufen wird. Wird man nach einem gewissen Zeitrahmen automatisch abgelöst? Und wie geht dieser Prozess vonstatten?

Der erste Schritt bei einer *Shared-Leadership*-Konferenz ist also, wichtige grundlegende Regelungen zu treffen. Wie diese im Einzelnen aussehen, wird sich von Team zu Team unterscheiden. Relevante Fragen könnten zum Beispiel sein: Wie halten wir den Informationsfluss aufrecht? Welche Entscheidungsbefugnisse hat die Person, die in einer temporären Führungsrolle ist? Was genau sollte im gesamten Team abgestimmt werden? Was tun wir, wenn Konflikte auftreten?

Es ist nicht entscheidend, dass von Anfang an alle Fragen bis in jedes Detail geklärt sind. Geteiltes Führen ist ein offener Prozess. Man wird immer wieder innehalten und überlegen, wo man Dinge ändern oder anpassen muss.

Wichtig ist, dass man nach der Klärung der grundlegenden Fragen regelmäßig eine *Shared-Leadership*-Konferenz abhält, auf der man sich ganz gezielt nur mit dem Thema *Führen* beschäftigt: Wie klappt unser geteiltes Führen? Wo müssen wir nachjustieren? Brauchen wir zusätzliche Regelungen?

Zu Beginn wird man *Shared-Leadership*-Konferenzen in kürzeren Zeitabständen abhalten, später – wenn man bereits eingespielt ist – vielleicht nur einmal im Jahr oder immer dann, wenn die Verteilung neuer Führungsrollen ansteht.

Die *Shared-Leadership*-Konferenz ist darüber hinaus auch ein passender Ort für die Beantwortung der Frage, wer welche Stärken im Team hat, sei es in persönlicher oder fachlicher Hinsicht. Ein Überblick über die Stärken im Team kann sich als wertvoll erweisen, wenn es um die Übertragung von Führungsrollen geht. Entweder weil man möchte, dass man ganz bewusst die Stärke eines Teammitglieds einsetzt, oder dass jemand aus dem Team gezielt eine Stärke entwickelt. Eine einfache Stärkentabelle wäre für diese Zwecke ausreichend.

Name	Persönliche Stärke	Fachliche Stärke
Clara		
Peter		
Raul		
Pilar		
Florian		

Tab. 10: *Shared-Leadership*-Konferenz: Klären der individuellen Stärken

2.7.3 Konflikte im Shared-Leadership-Modell klären

Wenn Sie *Shared Leadership* aktiv umsetzen wollen, müssen Sie zwar keine Konfliktmanager werden. Aber jede im Team sollte ein grundsätzliches Verständnis davon haben, wie man Konflikte klären kann – denn sie werden nicht ausbleiben. Sie sind unweigerliche Folge unseres täglichen Handelns, der damit verbundenen unterschiedlichen Interessen und Präferenzen. Und sie treten umso stärker zutage, je mehr Aushandlungsbedarf und Rollenklärung im Alltag besteht. Das ist bei *Shared Leadership* eindeutig der Fall.

Konfliktverantwortung ist Führungsverantwortung. Und da bei *Shared Leadership* prinzipiell jedes Teammitglied Führungsverantwortung übernehmen kann, hat auch jeder Konfliktverantwortung. Jeder Einzelne ist gefragt zu intervenieren, wenn ein Konflikt auftritt, nicht nur die formale Chefin. Jeder ist im *Shared-Leadership*-Modell auch dazu berechtigt.

Damit das funktioniert, ist es notwendig, dass dies allen im Team klar ist. Die Verantwortung für eine gelungene Zusammenarbeit und die Klärung möglicher Konflikte liegt bei jeder einzelnen Person im Team. Im *Shared-Leadership*-Modell kann sich niemand ausnehmen nach dem Motto: »Mich geht das nichts an.«

Selbstverständlich kann es spezielle Konfliktkonstellationen geben, welche nur die offizielle Führungskraft aufgrund ihrer Sanktionsmacht klären kann. Aber dies sollte die letzte Instanz darstellen.

Schauen wir uns dazu ein Beispiel an: In der Abteilung A (ca. 60 Mitarbeitende) soll eine Mitarbeiterbefragung durchgeführt werden. Es wird ein kleines Team zusammengestellt (fünf Personen), das den Auftrag erhält, die Befragung vorzubereiten, durchzuführen und auszuwerten. Die Ergebnisse sollen in zehn Wochen vorliegen. Max wird in einer *Shared-Leadership*-Konferenz die Projektleitung übertragen, Moritz ist Mitglied dieses Fünferteams.

In der ersten Arbeitssitzung werden die Arbeitsschritte festgelegt und Arbeitspakete definiert. Da man sich nicht so recht einigen kann, wer welche Arbeit übernehmen soll, verteilt Max einfach die Pakete – als Projektleiter ist er ja für ein zügiges Vorgehen verantwortlich.

Moritz hat dabei die Aufgabe bekommen, Informationen zu beschaffen, wie man eine solche Befragung durchführen kann. Außerdem soll er Modelle für Fragebögen besorgen und einen Erstentwurf für die eigene Abteilung erstellen. Dazu hat er eine Woche Zeit. Nach dieser Woche hat Moritz den Auftrag aber nicht erledigt, weil er, wie er sagt, noch zu sehr mit einem anderen Projekt beschäftigt gewesen ist, das unbedingt zu Ende geführt werden musste.

Max ist etwas verärgert, denn schließlich kann man im Team erst weiterarbeiten, wenn Moritz diese Vorarbeiten erledigt hat. Max gibt Moritz noch einmal vier Tage Zeit. Aber auch nach dieser Fristverlängerung hat Moritz noch nicht einmal mit seinen Arbeiten begonnen. Der Grund: Er musste kurzfristig zu einem enorm wichtigen Termin nach Boston.

Jetzt ist Max sauer. Im Gespräch mit Moritz kommt es zur offenen Auseinandersetzung:

Max: Moritz, du hättest mich zumindest informieren können, dass du es wieder nicht schaffen wirst!

Moritz: Das war alles so kurzfristig, dass ich einfach nicht mehr dran gedacht habe, dich zu informieren. Nun stell dich nicht so an. So wichtig ist diese Befragung ja auch wieder nicht.

Max: Was redest du denn da? Wir haben in der ersten Arbeitssitzung ganz klare Vereinbarungen getroffen, die du einfach nicht einhältst!

Moritz: Moment, von Vereinbarungen kann nicht die Rede sein. Du hast einfach willkürliche Festlegungen getroffen, ohne auf unsere Arbeitsbelastung Rücksicht zu nehmen.

Max: Und warum hast du nicht gesagt, dass dir etwas nicht passt?

Moritz: Ach, hör doch auf. Du willst doch eh nur den Boss markieren und dich beim Management einschleimen.

Max: Also, so eine Frechheit lasse ich mir von dir nicht bieten!

Beide gehen mit hohem Blutdruck und rotem Kopf auseinander. Von da an herrscht eisige Stimmung zwischen Max und Moritz. Es kommt immer wieder zum Streit über Kleinigkeiten. Die Arbeit im Projektteam stagniert. Max gibt Moritz die Schuld daran und wirft ihm vor, das Team bewusst zu behindern. Moritz wirft Max vor, alle zu bevormunden und immer alles besser zu wissen. Die Situation wird für das ganze Team immer mehr zur Belastung. Eva, ein weiteres Teammitglied, reißt schließlich der Geduldsfaden. Sie entschließt sich zu intervenieren.

Das führt uns zu zwei Fragen. 1) Wann und warum greife ich im *Shared-Leadership*-Modell ein, wenn etwas nicht läuft? 2) Mit welchem Ziel greife ich ein? Diese zwei Fragen lassen sich mit folgenden zwei Faustregeln beantworten.

Faustregel 1

Konfliktmanagement ist Teil eines soliden Leistungsmanagements! Das Eingriffskriterium: Leistungsabfall des Teams beziehungsweise klares Risiko dafür durch den Konflikt.

In unserem Beispiel hat Eva das erkannt und sie greift zurecht ein.

Faustregel 2

Ziel des Konfliktmanagements ist es, die Leistungsfähigkeit des Teams beziehungsweise der involvierten Mitarbeitenden zu sichern beziehungsweise wiederherzustellen.

Je nach Situation ist Intervention nicht gleich Intervention. Oder andersherum: Es gibt verschiedene Varianten einzugreifen.

- **Variante 1: Konfliktklärung initiieren**
  Eva spricht bei einem Meeting Max und Moritz auf ihren Konflikt an. Sie macht klar, dass die Arbeit unter dem Zerwürfnis leidet und bittet beide, den Konflikt selbständig zu klären. In diesem Fall ist Eva Initiatorin der Konfliktklärung.
- **Variante 2: Konfliktklärung initiieren und sich als Beraterin anbieten**
  Eva spricht bei einem Meeting Max und Moritz auf ihren Konflikt an. Sie macht klar, dass die Arbeit unter dem Zerwürfnis leidet und bittet beide, den Konflikt selbständig zu klären. Sie bietet außerdem an, gerne für ein Beratungsgespräch zur Verfügung zu stehen. In diesem Fall ist Eva Initiatorin der Konfliktklärung und sie stellt sich zudem als Beraterin zur Verfügung. Ansonsten mischt sie sich nicht in die Konfliktklärung ein.

- **Variante 3: Konfliktklärung moderieren**
  Wir stellen uns vor, dass es Max und Moritz nicht gelungen ist, den Konflikt selbst zu lösen. Eva bietet also an, als Moderatorin zu fungieren. Dann wird sie Methoden benutzen, die wir weiter unten beschreiben. Sie wird Einzelgespräche mit den Konfliktparteien führen, um die Situation und Anliegen der jeweiligen Parteien zu verstehen. Danach wird sie in einer moderierten Sitzung versuchen, eine Verhandlungslösung zu erarbeiten. Denkbar ist auch, dass im Team auf einer *Shared-Leadership*-Konferenz bereits eine Abmachung getroffen wurde, wer im Falle eines Konflikts in die Rolle einer Moderatorin schlüpft. Das muss dann nicht unbedingt Eva sein, die in unserem Beispiel als erste auf eine Klärung gedrungen hat.
- **Variante 4: Entscheiden**
  Wenn auch die Moderation fehlschlägt, dann muss möglicherweise eine Entscheidung getroffen werden. Das kann eine Entscheidung sein, die das Team trifft oder die vom offiziellen Vorgesetzten getroffen werden muss, wenn die Entscheidung bestimmten formalen Kriterien genügen muss (Rechtssicherheit).

Wir wollen uns im Folgenden auf Variante 3 (Moderation) konzentrieren. Wir setzen also voraus, dass es Max und Moritz nicht gelungen ist, ohne Moderation ihren Konflikt zu lösen. Eva bietet an, in dem Streit zu vermitteln. Sie muss sich von beiden die Berechtigung dazu einholen. Lehnt auch nur einer ihr Vermittlungsangebot ab, muss entweder eine andere Person für die Moderationsrolle gefunden werden oder die offizielle Führungskraft als letzte Instanz muss aktiv werden. Unter Umständen muss auch ein externer Moderator eingeschaltet werden. Gerade in Konflikten, die eine hohe Eskalationsstufe erreicht haben, sollte man einen professionellen Moderator zu Rate zu ziehen.

Für die moderierte Konfliktklärung empfiehlt sich grundsätzlich folgende Vorgehensweise:

Statusanalyse zum Konfliktgeschehen

In Einzelgesprächen machen Sie sich ein Bild von der Lage und aktivieren den Lösungsmodus.

- Was ist alles passiert?
- Wer sind die zentralen Konfliktparteien?
- Welche Anliegen haben die Konfliktparteien?
- Worum geht es eigentlich, was ist des Pudels Kern? Was ist das eigentliche Thema des Konflikts?
- Welche Lösungsideen haben die Konfliktparteien? (Lösungsverantwortung bei den Konfliktparteien aktivieren)

Als Moderatorin konzentrieren Sie sich darauf, offene, nicht wertende und explorative Fragen zu stellen, um die Konfliktsituation und die Perspektiven der Parteien gut zu verstehen. Aufmerksames Zuhören ist die zentrale Methode, um gegebenenfalls auf des Pudels Kern zu stoßen (WIDL-Gespräch, Kapitel 2.3.4). Ihr Ziel ist, das zentrale Konfliktthema zu verstehen, die Anliegen der Parteien zu identifizieren und erste mögliche Lösungsüberlegungen anzustoßen.

Wichtig ist, dass Sie Ihre neutrale Position nicht verlassen und sich nicht instrumentalisieren lassen. Die Konfliktparteien nutzen die Einzelgespräche nämlich gern, die moderierende Person vor den eigenen Karren zu spannen oder zu manipulieren. (Max zu Eva: »Du kennst ja den Moritz und weißt so gut wie ich, dass er oft übers Ziel hinausschließt.«) Lassen Sie sich als Moderatorin auch nicht dazu hinreißen, vorschnell Lösungen auf den Tisch zu legen und kluge Ratschläge zu erteilen. Es ist wichtig, dass die Lösungsverantwortung bei den beteiligten Konfliktparteien bleibt.

Und denken Sie zu guter Letzt daran: Sachlich-fachliche Lösungen klären nur im Ausnahmefall Konflikte, werden aber sehr gerne vorgeschoben, um eine Auseinandersetzung mit des Pudels Kern zu vermeiden. Wenden Sie daher das Zwiebelprinzip an und robben Sie sich langsam von den sachlich-fachlichen Themen und Anliegen zu den persönlichen Themen, den eigentlichen Ursachen der gestörten Arbeitsbeziehung vor.

Die Konfliktverhandlung

Im Anschluss an die Einzelgespräche können Sie in die Klärung des Konflikts gehen. Wir nennen es die Konfliktverhandlung. Dazu kommen Sie mit allen Parteien in einem von Ihnen moderierten Gespräch zusammen.

Dieses Gespräch kann in folgenden Phasen ablaufen (die Phasen orientieren sich im Grunde an unserem Verhandlungsmodell, das wir Ihnen bereits in Kapitel 2.5.1 vorgestellt haben):

- **Phase 1: Dampf ablassen.** Wenn Konflikte bereits seit längerem eine hohe emotionale Belastung aufweisen, kann es notwendig sein, dass die Parteien die Gelegenheit bekommen, einfach mal Dampf abzulassen. Das bedeutet, jede Konfliktbeteiligte darf über ihren Ärger, ihre Enttäuschung, ihre Wut sprechen, um dadurch den Gefühlen Luft zu machen.
- **Phase 2: Standpunkte und Anliegen äußern.** Danach darf jede Partei erläutern, worum es ihr geht (Standpunkt) und was ihr wichtig ist (Anliegen). Als Moderatorin sollten Sie in dieser Phase so weit kommen, dass jede Partei die Position der anderen zumindest verstehen kann. Sie muss die Position nicht akzeptieren. Dieses Verständnis füreinander ist der erste wichtige Schritt auf dem Weg zu einer Einigung.
- **Phase 3: Lösungen skizzieren.** In der dritten Phase überlegen Sie zusammen mit den Konfliktparteien, was getan werden könnte, damit die Zusammenarbeit

wieder funktioniert. Was brauchen die Parteien jeweils, dass sie einigermaßen friedlich miteinander auskommen? Sie werden in dieser Phase versuchen, Lösungsideen zu skizzieren, die den Parteien helfen, den Konflikt beizulegen.
- **Phase 4: Vereinbarungen treffen.** Nun versuchen Sie zusammen mit den Konfliktparteien aus dem Bündel möglicher Lösungen ganz konkrete Vereinbarungen zu extrahieren. Diese Vereinbarungen müssen die Kernanliegen (Pudels Kern) der jeweiligen Parteien treffen. Bei den Vereinbarungen ist außerdem wichtig, dass sie wirklich auf einer konkreten Handlungsebene angesiedelt sind. (Max: »Okay, ich werde ab morgen konkret Folgendes tun ...« – Moritz »Und ich mache konkret Folgendes ...«). Vereinbarungen, die nur Appelle darstellen (»Jetzt haben wir uns wieder ganz ordentlich lieb«), reichen meist nicht aus, um einen Konflikt nachhaltig zu lösen. Es ist entscheidend, ins Handeln zu kommen und dadurch zu erleben, dass sich im Konfliktgeschehen wirklich etwas zum Besseren verändert hat. Und das ist nur an konkretem Verhalten ablesbar.

Übrigens ist es nicht notwendig, dass die beschriebenen Phasen alle in einer Gesprächssitzung ablaufen. Man kann gern am Ende einer Phase entscheiden, das Gespräch zu einem späteren Zeitpunkt fortzuführen. Das nimmt den Lösungsdruck und gibt allen noch einmal Zeit, über die besprochenen Dinge nachzudenken oder in aller Ruhe mögliche Lösungen zu entwerfen.

Nach der Konfliktverhandlung

Im Normalfall wird ein Überprüfungsverfahren Teil der Vereinbarungen sein. Das heißt, Sie werden zusammen mit den Parteien überlegen, wie man überprüft, ob der Konflikt beigelegt oder entschärft werden konnte. Dazu werden Sie einen Folgetermin ausmachen, bei dem Sie gemeinsam besprechen, wie gut die Vereinbarungen eingehalten wurden und was sich verbessert hat oder auch nicht. Wenn keine Verbesserung eingetreten ist, suchen Sie zusammen mit den Konfliktparteien nach möglichen Erklärungen und schärfen die ursprünglichen Vereinbarungen nach. Sollte auch danach keine Änderung zum Positiven eintreten, geht es darum, sich eine Ausstiegsoption aus der Moderation zu überlegen.

Die Ausstiegsoption beantwortet die Frage: Was wird getan, wenn die Moderation keinen Erfolg zeigt? Verschiedene Szenarien sind denkbar: Die Moderation wird durch die formale Führungskraft fortgesetzt, es wird ein neutraler, professioneller Moderator engagiert oder es wird eine Entscheidung in dem Konfliktfall getroffen, ohne dass eine moderierte Verhandlungslösung gefunden wurde.

2.8 Der Entscheidungsraum: entscheiden, verantworten und handeln

Täglich treffen wir Tausende von Entscheidungen. Die meisten unserer Handlungen sind eine Kette von Mikroentscheidungen, die uns in den wenigsten Fällen bewusst sind. Andere sind spontane Ad-hoc-Entschlüsse. Sie beanspruchen nur einen kurzen Moment unserer Aufmerksamkeit: Nehme ich die linke oder die rechte Straßenseite? Benutze ich die Treppe oder den Lift? Trinke ich Kaffee oder Tee? Rufe ich meinen Kunden jetzt gleich noch an oder erst am Nachmittag?

Bei diesen Entscheidungen müssen wir nicht viel nachdenken. Sie laufen in unserem System 1 ab (siehe Abbildung 6, Kapitel 1.4.1), wie Kahneman es in seinem Buch *Thinking, Fast and Slow (2013,* Farrar, Straus and Grioux) genannt hat. Wir sind im Autopilot-Modus, einem bewährten Automatismus, der einfache Faustregeln und Heuristiken nutzt, um schnell eine Wahl zu treffen.

Neben diesen kleinen Alltagsentscheidungen gibt es aber auch jene zu treffen, bei denen wir mehr gedankliche Leistung erbringen müssen. Der Grad der kognitiven Anstrengung richtet sich dabei nach dem Grad der (systemischen) Auswirkung, die eine Entscheidung hat.

- Manche Entscheidungen haben eine Auswirkung auf die *operative* Leistungserbringung (Wertschöpfung).
  - Welchen Kunden bedienen wir zuerst?
  - Wie lösen wir unser Problem mit dem hohen Krankenstand?
  - Sollen wir Martina einstellen? Ist sie die richtige Kandidatin?
  - Brauchen wir ein weiteres Meeting zur Abstimmung der neuen Prozesse?
- Manche Entscheidungen sind *strategischer* Natur. Sie sind mit einem größeren Risiko verbunden und besitzen weitreichende Konsequenzen:
  - Sollen wir *Shared Leadership* einführen?
  - Welche Märkte sollen wir in Zukunft stärker bedienen?
  - Sollen wir mehr lokal produzieren?
  - Sollen wir uns ganz auf E-Mobilität konzentrieren?
  - Wie organisieren wir uns neu?

Wir wollen daher auch von operativen und von strategischen Entscheidungen sprechen. Für beide gilt gleichermaßen: Je mehr eine Wahl unter Ungewissheit getroffen werden muss und je mehr Risiko sie beinhaltet, desto mehr Sorgfalt muss für die Entscheidung aufgebracht werden.

Auf den Punkt

Das Ziel bei allen Entscheidungen ist natürlich, die **richtige** Entscheidung zu treffen. Und genau darauf zahlt *Shared Leadership* ein! *Shared Leadership* erhöht die Qualität der operativen und strategischen Entscheidungen. Konsequentes *Shared Leadership* führt insgesamt zu besseren Entscheidungen und zu mehr Effektivität.

Entscheidungen sind der Kulminationspunkt des *Shared-Leadership*-Prozesses, gewissermaßen die Zielmarke von *Shared Leadership*. Im Entscheiden zeigt *Shared Leadership* sein volles Potenzial. Warum ist das der Fall?

Effektives *Shared Leadership* ermöglicht, dass

- Entscheidungen schneller getroffen werden, weil jede Einzelne mehr Entscheidungsspielraum besitzt.
- die Eigenverantwortung zu Entscheidungen steigt, weil jeder die Initiative zu Entscheidungen ergreifen kann.
- die Qualität von Entscheidungen steigt, weil jede im Team einem rationalem Entscheidungsprozess folgt.
- Entscheidungen einem geringeren Bias unterliegen, weil Voreingenommenheiten und Urteilsirrtümer schneller entlarvt werden können.
- die Akzeptanz von Entscheidungen verbessert wird, weil die Beteiligung an Entscheidungen erhöht wird.
- das Zutrauen in die eigene Entscheidungsfähigkeit zunimmt, weil jeder sich darin übt, eigenverantwortlich Entscheidungen zu treffen

Mehrere Faktoren müssen dabei zusammenkommen, damit *Shared Leadership* dieses Versprechen tatsächlich einlösen kann.

- Das Team braucht eine kooperative, forschende Haltung.
- Es muss einen rationalen Entscheidungsprozess geben, der allen bekannt ist und von allen im Team akzeptiert und angewendet wird.
- Das Team muss konsequent die Bias-Risiken im Auge behalten.
- Es müssen bewährte Entscheidungstools genutzt werden.
- Jede Entscheidung muss in entschlossenes Handeln münden.
- Jede muss im Team aktiv Verantwortung übernehmen.
- Fehler müssen eine akzeptierte Dimension des Lernens darstellen.

In folgendem Kapitel werden wir Ihnen einige Methoden und Instrumente vorstellen, die dabei helfen, diesen Unterstützungsrahmen zu schaffen.

2.8.1 Im Forschermodus entscheiden

Gute Entscheidungen gelingen am besten, wenn wir nicht kompetitiv denken, sondern wenn wir uns als ein Forscherteam aus gleichrangigen Experten verstehen, die versuchen, ein Problem zu lösen oder die Antwort auf eine Frage zu finden.

Diese forschende Haltung ist eine wichtige Grundvoraussetzung. Denn sie verhindert, in eine der größten Fallen zu tappen, die bei Entscheidungen aufgestellt sind: die Bestätigungsfalle(*confirmation bias*). Sie besagt, dass wir, bewusst oder unbewusst, nur nach Informationen suchen, die bestätigen, was wir glauben oder glauben möchten. Die Bestätigungsfalle ist der größte Feind unvoreingenommener Entscheidungen.

Psychologisch gesehen gibt es mehrere Gründe, warum wir häufig nur nach Bestätigungen suchen. 1) Es greift der Besitzeffekt. Wenn wir uns einmal eine Überzeugung angeeignet haben, ist es schwer, sich davon zu trennen. 2) Wir sind naive Realisten. Wir gehen davon aus, dass das, was wir glauben, objektive Gültigkeit besitzt. Wenn jemand also anderer Meinung ist, muss er zwangsläufig im Irrtum sein. 3) Unsere Kernüberzeugungen bestimmen einen Teil unserer Identität als Person.

Mit alledem verbunden ist ein hoher Grad an Selbstgewissheit (*overconfidence*), was die Gültigkeit der eigenen Urteile betrifft. Wir gehen davon aus, dass das, was wir glauben, auch zutrifft. Deshalb nehmen wir bereitwillig alle Informationen auf, die unsere Positionen in ein positives Licht rücken (bestätigende Informationen).

Wird unsere Position infrage gestellt, gehen wir in eine Verteidigungshaltung über. Wenn unabhängige Informationen oder Belege auftauchen, die im Widerspruch zur eigenen Meinung stehen, dann ist die erste Reaktion: »Muss ich das glauben?« Und meistens finden wir gute Gründe, warum wie es nicht zu glauben brauchen. Schnell werden die Belege als Fake oder unplausibel ausgemustert.

Auf den Punkt

Im Forschermodus ist die maßgebliche Frage jedoch nicht »Kann ich das glauben?« oder »Muss ich das glauben?«, sondern »**Ist das wahr/richtig?**«. Das bedeutet, im Forschermodus sind wir in erster Linie an Wahrheit interessiert.

Inwiefern unterstützt *Shared Leadership* diesen Forschermodus?

Das *Shared-Leadership*-Modell erleichtert es uns, dass wir uns als gleichwertige Partner von Expertinnen und Business Professionals verstehen, die Führen und Folgen aus der Dynamik der Situation und der Aufgabenlösung gestalten. Es gibt kein klassisches, konstantes Machtgefälle.

Jede in unserem Forscherteam kann Verantwortung für eine Teilaufgabe übernehmen. Jeder kann eine Entscheidung treffen, die von allen akzeptiert wird, weil wir geteiltes Führen als Organisationsform leben und weil wir wissen, dass die Entscheidung auf einem rationalen Standard beruht, dem wir alle nach Möglichkeit folgen. Kurz: Wir erleben uns als gleichwertig in unseren Rollen und Entscheidungsspielräumen und wir vertrauen einander. *Shared Leadership* unterstützt uns außerdem dabei, unsere Meinungen offen und mit Argumenten versehen zu diskutieren und dadurch zu gehaltvollen Entscheidungen zu kommen.

Den Forschermodus tatsächlich zu leben, erfordert viel Disziplin. Er erfordert eine bestimmte Art zu denken und zu handeln, er erfordert eine bestimmte Art von Gewohnheiten. Nur wenn diese Gewohnheiten entwickelt werden, kann sich der Forschermodus einstellen.

Wichtig ist uns Folgendes: Ihre bloße Gewissheit, dass Sie zwingende, gute Gründe haben, die objektiv sind, ist kein Signal dafür, dass Sie sich im Forschermodus befinden. Denn jeder wird diese Gewissheit verspüren. Der Forschermodus ist auch nicht notwendigerweise mit Intelligenz und Wissen verknüpft. Ein hohes Maß an Intelligenz und Wissen zeugt nicht von einer forschenden Haltung

Ob Sie sich wirklich im Forschermodus befinden, lässt sich an folgenden Signalen ablesen:

- Es fällt Ihnen nicht schwer zuzugeben, dass die andere Person recht hat und Sie falsch lagen. »Okay, da hast du recht. Hier habe ich mich getäuscht. Es war mir nicht klar, dass ...«
- Sie können kritisches Feedback vertragen und fragen sogar aktiv danach. »Wenn es eine Sache gibt, die ich an mir verbessern sollte, was wäre das?«
- Sie sind in der Lage, sich selbst zu widerlegen und zu beweisen, dass Sie falsch liegen. Sie suchen aktiv nach Gegenbeweisen.
- Sie suchen aktiv nach den Möglichkeiten, Ihren Bias und Ihre voreingenommenen Urteile zu verringern. »Wodurch könnte mein Urteil hier beeinflusst sein? Habe ich nur nach bestätigenden Infos gesucht? Welche Daten habe ich genutzt?«
- Sie fragen wohlmeinende Kritikerinnen Ihrer Position nach deren Meinung. »Was hältst du von meinem Argument? Wo siehst du Schwachpunkte?«

Der Forschermodus ist natürlich ein Ideal. Wir wissen sehr wohl, dass auch Forschende nicht interessenfrei handeln, dass sie voreingenommen Statistiken benutzen, Daten schönen oder Datenmengen so lange durchforsten, bis sich eine statistische Signifikanz einstellt. Aber als Ideal ist der Forschermodus ein wichtiges Korrektiv, das wir voraussichtlich nie vollständig erreichen werden, aber an dem wir uns orientieren können.

Das bedeutet für alle, die in einer Leadership-Rolle sein können, aktiv an diese rationale Haltung zu erinnern und im Prozess des Entscheidens die passenden kritischen Fragen zu stellen. Wie dieser Entscheidungsprozess konkret aussehen kann, sehen wir im nächsten Kapitel an.

Kleiner Selbsttest

Wie rational sind Sie? Überprüfen Sie, wie vernunftgeleitet Sie an Fragestellungen herangehen.

	Immer	Oft	Selten	Nie
Wenn jemand etwas sagt, dass ich nicht ganz verstehe, dann bitte ich um ein Beispiel zur Erläuterung.				
Wenn eine Information überraschend für mich ist, dann überlege ich, wie plausibel die Information ist.				
Wenn ich ein Argument höre oder lese, prüfe ich, wie plausibel die Gründe sind, die gebracht werden.				
Ich versuche, mich eines vorschnellen Urteils zu enthalten.				
Ich bemerke, wenn mir ein Gedanke unangenehm ist und ich halte fest, dass ich überprüfen muss, was dahintersteckt.				
Ich ignoriere schlechte Nachrichten nicht, sondern stelle mich ihnen.				
Mir fällt auf, wenn ich nicht wirklich neugierig auf eine Sache bin und in Gedanken abschweife.				
Ich suche aktiv nach den Ursachen und Gründen, warum ich so denke und fühle.				
Ich suche aktiv nach Belegen, die gegen meine favorisierte Position sprechen.				
Ich versuche, Beispiele zu finden, die meine Gedanken und Meinungen illustrieren.				
Ich versuche, Anfangswahrscheinlichkeiten bewusst abzuschätzen und sie mit der offensichtlichen Stärke der Belege zu vergleichen.				
Wenn ich vor einer schwierigen Entscheidung stehe, versuche ich, sie so zu formulieren, dass die Voreingenommenheit, die sie beeinflussen könnte, verringert oder zumindest umgangen wird.				

Tab. 11: Selbsttest: Rationalitätsgrad

2.8.2 Die Logik des Entscheidens

Shared-Leadership fördert die Entscheidungsfähigkeit in einem Team insbesondere dann, wenn es einen von allen akzeptierten rationalen Entscheidungsprozess gibt – gewissermaßen einen Standard des Entscheidens –, der allen Entscheidungen zugrunde liegt.

Dieser Prozess (Standard) baut logisch auf dem Grundgedanken auf, Entscheidungen danach auszurichten, was – bezogen auf bestimmte Ziele und Kriterien – den größten Nutzen verspricht.

Für *Shared Leadership* ist dies in zweierlei Hinsicht wichtig: Erstens hilft *Shared Leadership* dabei, gute rationale Entscheidungen zu treffen und zweitens ermöglicht der rationale Ansatz wiederum, das Vertrauen in *Shared Leadership* zu erhöhen.

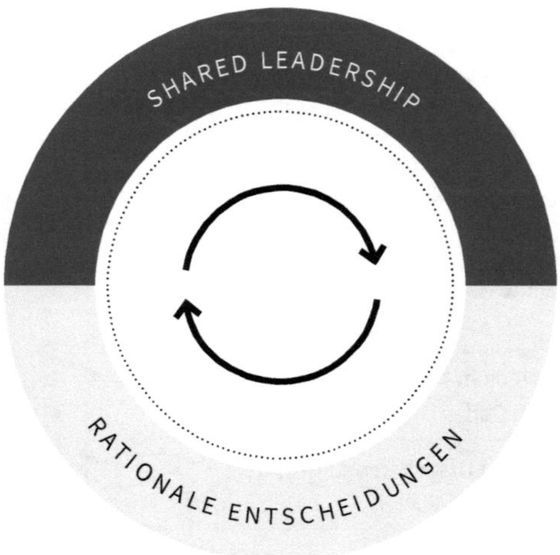

Abb. 27: *Shared Leadership* und rationale Entscheidungen verstärken sich gegenseitig.

Damit dieser gegenseitige Verstärkungseffekt von rationalen Entscheidungen und *Shared Leadership* eintritt, müssen wir sicherstellen, dass es eine hohe Entscheidungsqualität gibt. Die Teammitglieder müssen dazu wissen, wie man zu vernünftigen Entscheidungen kommt. Dieses Wissen hilft allen dabei, Sicherheit im Entscheiden zu gewinnen. Dies wiederum stärkt das Vertrauen ineinander, dass jede im Team prinzipiell in der Lage ist, gute Entscheidungen zu treffen.

Warum sollte man dabei einer rationalen Methode folgen? Der Grund ist ebenso pragmatisch: Wir müssen Entscheidungen überprüfbar machen. Wer eine Wahl trifft, muss in der Lage sein, diese zu begründen. Wir haben uns das bereits in Kapitel 1.5.7 und 2.8.3 näher angesehen. Eine einheitliche Methode macht Entscheidungen belegbar und vergleichbar. Wir etablieren dadurch einen gewissen Qualitätsstandard in unseren Entscheidungen.

Entscheidungen können in einen systematischen Prozess mit voneinander getrennten Phasen gegliedert werden. Abbildung 28 zeigt einen Überblick der logischen Schritte.

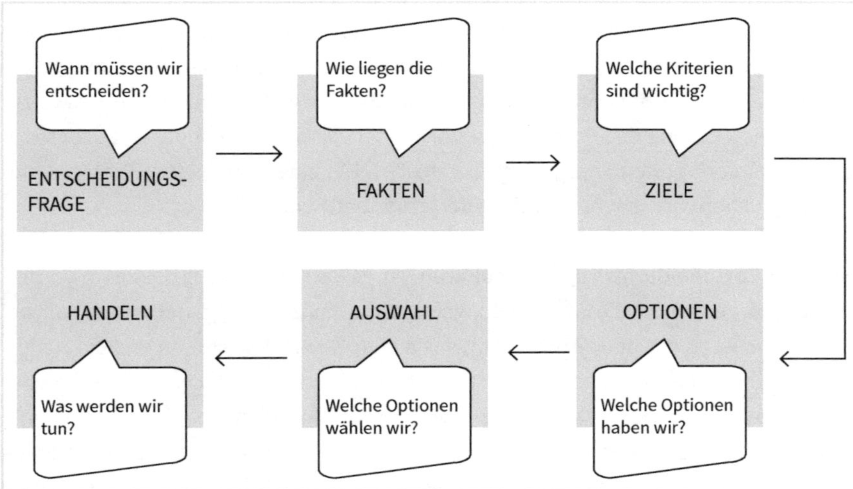

Abb. 28: Phasen eines systematischen Entscheidungsprozesses

Der rationale Entscheidungsprozess in diesen Schritten ist keine große Überraschung und bereits häufig in der Literatur diskutiert. Wir werden daher nicht jedes Detail und jede thematische Verästelung des Modells betrachten. Wir möchten Ihnen allerdings einen Common-Sense-Überblick geben, der Ihnen hilft, mit dem Modell ganz pragmatisch zu arbeiten.

1. Die Entscheidungsfrage definieren

Es gilt zuerst zu betrachten, worum es überhaupt geht, welche Frage oder welches Problem angegangen und gelöst werden muss. Warum brauchen wir überhaupt eine Entscheidung? Und wie lautet die Entscheidungsfrage?

Ein Beispiel: Bei dem Spieleentwickler Ritual Conquest steht man vor dem Problem, dass man in den letzten drei Monaten viele Abonnenten des erfolgreichen MMOs (Massively Multiplayer Online) *Wonderland* verloren hat. Man steht vor der Frage, was die Ursachen dafür sein könnten und wie man dem Verlust an Kunden entgegenwirken kann.

- Liegt es an der größeren Konkurrenz?
- Liegt es am neuen Bezahlsystem?
- Liegt es am Content?
- Liegt es am neuen Spieldesign?
- Liegt es an der mangelnden Pflege der Spieler-Community?

Dazu geht man folgende Schritte:

Schritt 1: Analyse des zugrunde liegenden Problems. Zuerst sollten wir betrachten, um welche Art von Problem es sich handelt. Ist es ein allgemeines Problem oder ein singuläres? Bei einem allgemeinen Problem müssen wir uns fragen, ob es möglicherweise nur Symptom tieferliegender Ursachen ist (»Warum fällt unsere Abfüllanlage immer montags aus?«), oder ob es generelle Lösungswege gibt, die bereits anderswo zur erfolgreichen Lösung des Problems geführt haben (»Wie haben andere Hausbesitzer das Problem der hohen Energiekosten gelöst?«). Bei einem singulären Problem hingegen brauchen wir eine maßgeschneiderte, spezielle Lösung.

Schritt 2: Entscheidungsfrage formulieren. Ist geklärt, welches Problem im Vordergrund steht, geht es um die Entscheidungsfrage, die man sich stellt. Nehmen wir an, bei *Wonderland* ist es das neue Abosystem, das auf große Kritik gestoßen und die Hauptursache für den großen Umsatzverlust ist. Dann könnte die Entscheidungsfrage lauten: »Sollen wir zu unserem alten Bezahlsystem (In-Game-Bezahlung) zurückkehren?« Beim Lesen der Frage ist Ihnen vielleicht sofort etwas aufgefallen. Diese Ja-Nein-Frage (also eine Ob-Entscheidung) stellt nur einen schmalen Optionenraum zur Verfügung (zum alten Bezahlsystem zurückzukehren oder nicht). Das zeigt uns: Jede Frage legt bereits einen gewissen logischen Antwortraum fest, also den Bereich an möglichen Antworten auf die gestellte Frage. Der Raum kann eng oder weit sein. Je weiter und ausgedehnter er ist, umso mehr Optionen können in Betracht gezogen werden. Da die oben gestellte Frage nur ein Ja oder Nein als mögliche Antwort vorsieht, ist der Antwortraum und damit auch der Optionsraum recht stark eingeschränkt. Die Frage kann jedoch leicht in eine weite Frage (offene Frage) umformuliert werden. Sie könnte dann lauten: »Was müssen wir tun, um unsere Abolösung attraktiv zu machen?« Das ist eine ganz andere Entscheidungsfrage. Es muss daher immer gut überlegt werden, ob die Entscheidungsfrage besser oder anders formuliert werden kann. Da durch jede Frage ein logischer Rahmen gesetzt wird, kann das bedeuten, dass wir dadurch Optionen ausschließen, die viel mehr in unserem Interesse lägen.

- »Sollen wir ein Haus kaufen?« (Diese Frage schließt andere Optionen aus, zum Beispiel Haus mieten)
- »Sollen wir X als Kundin annehmen?« (Zielführender wäre: »Welche Kundinnen wollen wir haben?«)
- »Sollen wir den Support für ein altes Produkt einstellen?« (Alternativ: »Wie könnte ein Support für alte Produkte aussehen?«)

Da Ob-Entscheidungen die Entscheidungsmöglichkeiten massiv einschränken, sind offene Fragen manchmal die bessere Wahl, denn sie lassen mehr als zwei Optionen zu. Es ist aus diesen Gründen eine gute Übung, alle an der Entscheidung Beteiligten nach der Entscheidungsfrage suchen zu lassen. Man könnte zum Beispiel zuerst jeden für sich Fragen formulieren lassen und dann per Abstimmungsverfahren festlegen, wie die Entscheidungsfrage genau lauten soll.

Die Problembeschreibung und die probehalber formulierte Entscheidungsfrage hilft uns zu bestimmen, welche relevanten Fakten im nächsten Schritt genauer betrachtet werden sollten. (Eine Betrachtung der Fakten kann dann übrigens zur Revision der Entscheidungsfrage führen.)

Natürlich muss eine Entscheidungsfrage nicht immer unter einem weiten Blickwinkel formuliert werden. Es sind eher die strategischen Entscheidungen, die dieser Aufmerksamkeit bedürfen. Operative Entscheidungen sind oftmals als Ob-Entscheidungen formulierbar. (»Sollen wir den Workshop noch im ersten Quartal durchführen oder auf das nächste verschieben?« – »Holen wir uns zuerst Feedback vom Kunden ein oder wollen wir schon mal ein paar Lösungsideen entwerfen?« – »Soll Hanna den Lead für das Thema *Digitale Transformation* schon heute übernehmen oder erst nach ihrer Rückkehr aus dem Urlaub?«)

2. Die Fakten einbeziehen

Verbunden mit der Entscheidungsfrage ist ein Blick auf die Fakten. Wie stellt sich die Situation dar, die gelöst werden soll? Welche Informationen sind relevant, um eine Entscheidung zu treffen?

Wir müssen die Faktenlage sondieren. Das heißt, wir brauchen eine Beschreibung der Situation und eine Auflistung von Informationen – und zwar nur jener, die für uns relevant sind. Um diese zu identifizieren, müssen wir das Problem gut eingrenzen. *Shared Leadership* kann hier unterstützen, um unterschiedliche Blickwinkel zu erfassen.

Im Falle des MMO-Beispiels bezieht Ritual Conquest eine Konkurrenzanalyse ein und startet eine Befragung der User, die das Spiel aufgegeben haben. Influencerinnen werden zu einer Fokusgruppe eingeladen, um Daten zu sammeln. Diese User-Daten werden über die Nutzung des Spiels ausgewertet. Wie viele User sind wirklich online? Welche Inhalte des Spiels (In-Game-Aktivitäten) werden besonders genutzt? Welches Feedback kann man den Chat-Kanälen im Spiel entnehmen? Zusätzlich wird betrachtet, wie es um die Profitabilität des Spiels steht.

In dieser Phase kommt es also darauf an, Schlüsselinformationen zusammenzutragen, die dabei helfen sollen, sich ein gutes Bild von der Lage zu verschaffen. Hüten muss man sich in dieser Phase des Faktensammelns vor allzu großer Selbstgewissheit, die eintritt, wenn man alle Fakten bereits zu kennen glaubt.

Die methodischen Fragen in dieser Phase lauten:

- Was müssen wir wissen, um die Entscheidungsfrage beantworten zu können?
- Wie gut und valide sind diese Informationen?
- Welche Annahmen setzen wir voraus, die wir überprüfen sollten?
- Wie viel wissen wir wirklich?
- Ist unsere Wissensbasis zuverlässig?
- Sind unsere Schätzungen und Bewertungen zuverlässig?

Auch hier gibt es hilfreiche Tipps, um die Informationssammlung zu verbessern.

- Erfragen Sie den subjektiven Gewissheitslevel zu jeder Information!
- Geben Sie das Wahrscheinlichkeitsniveau dafür an! (Zu wie viel Prozent sind Sie sicher, dass Information X zutrifft?)
- Suchen Sie nach widerlegenden Beispielen oder Beobachtungen, um den Faktenstatus einer Information zu prüfen!
- Überlegen Sie, inwiefern Daten repräsentativ sind und nicht auch einen Bias enthalten!
- Beziehen Sie Experten zu dem Thema ein (*expert advice*)!

3. Ziele und Kriterien festlegen

Der nächste Schritt besteht darin, sich über die Ziele Klarheit zu verschaffen. Diese Phase wird in Entscheidungsprozessen häufig übersehen, aber sie ist unserer Erfahrung nach einer der zentralen Schritte, um eine gute Entscheidung zu treffen. Was sind unsere zentralen Kriterien, unsere Ziele?

Die Ziele und Kriterien liefern die Begründungsbasis für die Auswahl einer Option. Sie liefern uns die Maßstäbe, nach denen wir bemessen, welche Option den größten Nutzen bieten. Wir werden nämlich am Ende die Option wählen, die unsere gewichteten Kriterien am besten erfüllt.

Die Leitfragen hierfür sind:

- Welche Ziele sind uns wichtig?
- Woran messen wir den Erfolg?
- Welche Kriterien haben für uns Vorrang?
- Was sind unsere Präferenzen im Zusammenhang mit der Entscheidungsfrage?
- Was sind Nicht-Ziele? (wichtig zur Eingrenzung)

Ein Beispiel: In der IT-Abteilung einer Bank wurde monatelang diskutiert, welche Softwarelösung für ein bestimmte Problem eingesetzt werden soll. Die Debatte drehte sich beständig um die bestehenden Vorzüge oder Schwächen der ins Auge gefassten Optionen. Es gab mehrere Lager, die alle ihre Lieblingssoftware hatten. Nie wurde explizit jedoch die Frage gestellt, welche Kernkriterien an die Software angelegt werden sollten. Als man sich dieser Frage schließlich angenommen hatte, drängte sich eine Lösung förmlich auf.

Diese Phase ist so wichtig, dass Sie ihr genügend Zeit einräumen sollten. Oft denken die Beteiligten, dass allen die entscheidenden Kriterien klar seien und es ein gemeinsames Verständnis von ihrer Bedeutung gäbe. Unsere Erfahrung belehrt uns regelmäßig eines Besseren.

Wir brauchen genügend Raum für die gemeinsame Diskussion der wichtigsten Ziele, Kriterien und Präferenzen. Alle an der Entscheidung Beteiligten sollten ein gutes Verständnis davon haben, was die Kernkriterien sind und welche Bedeutung sie haben. Wir benutzen ganz bewusst den Ausdruck *Kernkriterien*, denn es erleichtert den Entscheidungsprozess, wenn man die Merkmale klar priorisiert hat, sich also auf die wichtigsten konzentriert. Anderenfalls ist es oft schwer, zu einer Entscheidung zu kommen, weil es sehr (zeit-)aufwendig ist, die Optionen nach allen Kriterien zu bewerten. Dies gilt vor allem dann, wenn es besonders viele Kriterien gibt. Eine Ausnahme kann hier sein, wenn es Ihnen möglich ist, die Entscheidung zu mathematisieren. Das heißt, wenn sie die Kriterien und Optionen quantifizieren und vielleicht sogar mithilfe eines Programms die beste Option berechnen können. Aber dazu sollte es sich auch um messbare Größen wie beispielsweise Geldwerte, Zeiteinheiten oder Mengen handeln.

4. Die Optionen und ihre Konsequenzen abwägen

Im vierten Schritt bestimmen wir unsere Handlungsoptionen und wie wahrscheinlich diese Optionen sind. Jede von ihnen muss durchdacht und mit Wahrscheinlichkeiten versehen werden. Eine gute Übung ist bei der Einschätzung von Wahrscheinlichkeiten das Gedankenexperiment, wie viel man darauf wetten würde. Die Zukunft sollte als ein Raum möglicher Ergebnisse betrachtet werden, wobei manche wahrscheinlicher sind als andere.

Auch gilt es an dieser Stelle die systemische Bedeutung der Optionen, respektive ihre Folgen zu bedenken. Was werden mögliche Konsequenzen sein? Was könnte alles passieren? Wie wahrscheinlich ist das? Welche nicht intendierten negativen Folgen gibt es? Welche Dinge können wir nicht tun, wenn wir der Option folgen?

Unserer Einschätzung nach fördert *Shared Leadership* systemisches Denken, weil durch das Konzept des wechselseitigen Führens und Folgens die Mitglieder im Team gewohnt sind, unabhängige Urteilskraft, kritisches Denken und Eigeninitiative zu entwickeln. Die Gleichrangigkeit des Führens und Folgens erhöht die Autonomie jeder Einzelnen und damit auch die Urteilskraft.

Es wäre natürlich am besten, wenn wir nach ausreichend vielen Optionen und den dazu gehörigen Belegen suchen und wenn wir feststellen könnten, dass wir auch tatsächlich ausreichende Möglichkeiten und Beweise gefunden haben. Aber leider gibt uns diese Beschreibung keine klare Anleitung, was zu tun ist. Der beste Weg ist daher, 1) alle möglichen Optionen, die einem einfallen, zu erfassen, 2) die Schwachpunkte der Optionen zu identifizieren und zu überlegen, wie man die Option optimieren könnte und 3) die Option mit einer geschätzten Erfolgswahrscheinlichkeit zu versehen.

Damit Ihnen diese Phase leichter fällt, geben wir auch hier gerne einige Empfehlungen.

- Bei Folgenabschätzungen macht jeder im Team zuerst eine eigene Abschätzung, um Ankereffekte zu vermeiden (siehe dazu auch Kapitel 2.8.4).
- Bei der Suche nach Optionen können Sie auf das Szenario-Denken zurückgreifen.[85]

- Die Zahl 3 hat eine gewisse Magie: Wenn Sie zwei Optionen haben, sollten Sie sich mindestens noch eine dritte ausdenken.
- Bringen Sie einen Advocatus Diaboli ins Spiel: Bestimmen Sie einen Anwalt der gegenteiligen Position, der gezielt nach den Schwachpunkten in den Optionen sucht.

5. Auswahl einer Option treffen
Nachdem Optionen generiert und durchdacht wurden, geht es darum, eine Wahl zu treffen. Wir brauchen in dieser Phase also eine Entschlussregel. Sie beantwortet die Frage: »Nach welcher Regel wählen wir eine Option aus?«

Dabei orientieren wir uns an folgender Faustregel: Wenn wir einen Entschluss treffen, dann sollten wir die Entscheidung wählen, die den maximalen Nutzen liefert und unsere Ziele und Kriterien am besten erfüllt.

Wir haben folgende Möglichkeiten, um zu einem Entschluss zu kommen:
- **Einstimmigkeit.** Jeder hat eine Stimme. Wir entscheiden in Abhängigkeit von der vollen Zustimmung aller zu der Entscheidung.
- **Fist of Five.** Jede zeigt ihre Unterstützung mit einer bestimmten Anzahl von Fingern. Wir entscheiden aufgrund der durchschnittlichen Punktzahl.
- **(Gewichtetes) Scoring.** Alle bewerten die Optionen anhand verschiedener Kriterien. Wir berechnen die beste Entscheidung mit einer Formel.
- **Punktabstimmung.** Jeder gibt mehreren Optionen eine gleichwertige Stimme. Gewählt wird die Option mit den meisten Stimmen.
- **Mehrfachabstimmung (Ranking).** Jede bewertet eine Auswahl ihrer bevorzugten Optionen. Wir berechnen die Entscheidung mit der besten Rangfolge.
- **Konsent.** Jeder hat eine Stimme. Die Entscheidung hängt davon ab, ob jeder mit der Entscheidung leben kann und niemand gegen die Entscheidung votiert.
- **Supermajorität.** Jede hat eine Stimme. Wir entscheiden, wenn eine große Mehrheit für die Entscheidung ist.
- **Mehrheit.** Alle haben eine Stimme. Wir entscheiden, wenn mehr als die Hälfte für die Entscheidung ist.
- **Leader-Entscheid.** Der Führende aus dem Team trifft die Entscheidung – nach Beratung und Diskussion.
- **Auftrag.** Eine Person oder Untergruppe trifft die Entscheidung. Die Gruppe folgt der Entscheidung.
- **Zufallsauswahl.** Die Gruppe trifft eine Zufallsentscheidung mithilfe von Würfeln, Karten, Zufallszahlen oder einem anderen Hilfsmittel.
- **Nominal-Group-Technik.** Vorschläge werden in schriftlicher Form abgegeben. Diese werden anschließend gruppiert und von den Teilnehmenden unabhängig voneinander priorisiert. Die Rangfolgen der Teilnehmenden werden addiert, sodass sich eine Gesamtrangliste aller Vorschläge ergibt.
- **Experten-Delphi-Methode.** Expertinnen geben eine Empfehlung ab. Es wird die Option gewählt, welch die meisten Empfehlungen hat.

Prinzipiell kann ein Team jede Art von Entschlussregel wählen. Wichtig dabei ist nur, dass bereits zu Anfang geklärt wird, nach welcher Regel am Ende eine Option gewählt wird. Die Entscheidung über die Entschlussregel sollte nach dem Konsentverfahren durchgeführt werden. Das heißt, es gibt keinen Einwand gegen die Benutzung der Entschlussregel und jeder kann damit leben.

Dieser Schritt ist deswegen sehr wichtig, damit am Ende niemand sagen kann: »Das finde ich unfair, dass wir nach Regel R eine Wahl getroffen haben.«

6. Handeln

Im letzten Schritt heißt es, die getroffene Entscheidung umzusetzen. Dazu gehört, dass man einen Handlungsplan entwickelt, in dem festgehalten wird, wer was bis wann erledigt.

Um hier verlässliche Klarheit zu haben, empfiehlt es sich – wie es schon U-Boot-Kapitän L. David Marquet aus dem Einführungskapitel vorgemacht hat – bewusst und mit voller Intentionalität auszusprechen, was jede tun wird.

- »Okay, ich kümmere mich um X.«
- »Gut, ich hingegen werde Y erledigen.«

Das Handeln muss durch einen klaren intentionalen Sprechakt eingeleitet werden. Das erhöht die Vereinbarungstreue. Zum Handeln gehört auch, dass man sich vornimmt, wann man die Entscheidung und in welcher Form man sie überprüfen und evaluieren wird.

Zusammengefasst: die Logik des Entscheidens

Diese sechs Schritte (Entscheidungsfrage – Fakten – Ziele und Kriterien – Optionen und Konsequenzen – Auswahl – Handeln) legen unsere Logik des Entscheidens fest. Wenn dieses System im Team bekannt ist und sich alle daran halten, dann wissen wir, dass unsere Entscheidungen, von wem auch immer sie getroffen werden, einem gewissen Qualitätsstandard folgen werden.

Wie ausführlich und elaboriert dieser Prozess sein wird, ist von der Art der Entscheidung abhängig. Bei strategischen Entscheidungen wird man mit mehr Akribie vorgehen als bei routinemäßigen operativen Entscheidungen.

Shared Leadership ermöglicht, dass in jeder Phase des Prozesses eine andere Person federführend verantwortlich sein kann.

- Martina hat den Lead bei dem Thema, welches Problem eigentlich gelöst werden soll und welche Entscheidungsfrage ansteht.
- Lutz hat die Aufgabe, mit einem Teilteam alle relevanten Fakten zusammenzutragen.

- Svenja übernimmt die Frage, welche Ziele aus Sicht des Teams Priorität haben.
- Und so weiter.

Auf diese Weise laufen Sie, läuft das Team nicht in die Falle, dass eine einzige Person besonders großen Einfluss auf die Entscheidung hat.

2.8.3 Das soziokratische Entscheidungsmodell

Wir wollen Ihnen an dieser Stelle noch einen weiteren Ansatz vorstellen: das soziokratische Entscheidungsmodell. Ja, der Name klingt sperrig und wenig agil. Aber lassen Sie sich nicht täuschen. Hinter dem Modell steckt eine kluge und flexible Vorgehensweise, die sich wunderbar mit *Shared Leadership* ergänzt.

Der Begriff *Soziokratie* wurde ursprünglich von dem französischen Philosophen Auguste Comte geprägt. Die in diesem Buch verwendete Bedeutung geht jedoch auf zwei niederländische Quäker in den 1940er-Jahren zurück. Kees Boeke und Betty Cadbury waren Erzieher und Friedensaktivisten. Ausschlaggebend für sie war der Gedanke, dass jedes Individuum gleichwertig betrachtet werden sollte. Aber im Gegensatz zum demokratischen Prinzip *Eine Person, eine Stimme*, was manchmal zur bekannten Diktatur der Mehrheit führen kann, sahen sie es als vorteilhafter an, wenn kleine Gruppen zusammenkommen und so lange rational diskutieren, bis man zu einer Entschluss kommt, mit der zumindest jeder leben kann. Die Schule war einzigartig darin, dass Lehrerinnen und Schüler sich regelmäßig trafen, um gemeinsam Themen zu besprechen und Entscheidungen zu treffen.

Wie gut sich der soziokratische Rahmen mit *Shared Leadership* verträgt, erkennt man sofort, wenn wir uns die Prinzipien soziokratischer Entscheidungsprozesse ansehen. Wir haben diese Prinzipien Ted Raus Buch *Many Voices, One Song* entnommen, in dem sehr klar, anschaulich und praxisbezogen der Prozess soziokratischer Entscheidungen beschrieben ist.

Sie lassen sich folgendermaßen zusammenfassen:

- Niemand wird mit seinen Anliegen und Bedürfnissen ignoriert, alle werden berücksichtigt. Das bedeutet, jeder wird gehört und mit seinen Anliegen ernst genommen.
- Leadership muss verteilt sein, um mehr Resilienz zu entwickeln. In den Gruppen wird es verschiedene Leadership-Rollen geben, um die Urteilskraft und die Eigenverantwortung zu stärken.
- Jede soll mit etwas Positivem aus der Entscheidung herauskommen. Niemand soll das Gefühl haben, verloren zu haben.
- Jeder soll offen sein für das, was kommt. Es gibt keine Vor-Festlegungen.

- Es ist wichtig – wann immer möglich –, sich auf objektive Daten und Fakten zu verlassen. Dies beinhaltet auch Daten aus Feedback.
- Input sollte von vielen gegeben, die Entscheidungen können durch wenige gefällt werden. Entscheidungen in kleineren Gruppen sind effizienter.
- Informationen müssen jederzeit in jede Richtung unter den Beteiligten der Entscheidung fließen können.
- Die Interessen aller Beteiligten müssen transparent sein.
- Entscheidungen folgen dem Motto: *Good enough for now – safe enough to try*. Es ist kein Perfektionismus notwendig, es darf aber auch kein untragbares Risiko geben.
- Entscheidungen werden mit voller Intentionalität getroffen und ausgeführt. Das erfordert bewusste Sprechakte. »Ich stimme XY (einer Person, einer Handlung, einer Entscheidung) zu.« – »Ich mache Z.«
- Es geht immer darum, Resultate zu erzielen, also effektiv zu sein.
- Spannungen deuten auf Klärungsbedarf hin und sollten umgehend besprochen werden.

Soziokratie präferiert im Wesentlichen die *Konsent-Methode*: Eine Entscheidung ist akzeptiert, wenn niemand einen Einwand dagegen hat. Wenn Menschen sagen, »ich kann damit leben, das ist für mich okay«, dann sind dies Äußerungen, die die Entscheidung akzeptabel machen. Die Konsent-Entscheidung baut auf einem Toleranzbereich auf. Dazu müssen wir drei Aspekte unterscheiden:

- Was eine Person präferiert,
- was eine Person toleriert (inkludiert die Präferenz) und
- was eine Person nicht toleriert (außerhalb des Toleranzbereichs, Einwand).

Konsent-Entscheidungen sind ein nützliches Instrument bei strategischen Entscheidungen, bei Entscheidungen zur Agenda und zur Entschlussregel. Dank der Konsent-Methode haben einzelne Personen weniger Macht als bei Einstimmigkeitsentscheidungen (siehe Weltsicherheitsrat), aber es gibt auch keine Diktatur der Mehrheit. Es ist wird darüber hinaus leichter zu einer Einigung zu kommen, weil der Entscheidungsspielraum insgesamt größer wird. Gleichzeitig wird jede einbezogen und niemand wird ignoriert.

Wer einen Einwand hat, der muss ihn begründen und erklären. Der Grund muss bezogen sein auf die Ziele und den Aufgabenbereich des Teams (sachliche Begründung). »Wenn wir das machen, dann hat das schwerwiegende Folgen für unseren Auftrag. Dann können wir X und Y nicht tun.«

Einwände sind der Anfang und nicht das Ende. Umso mehr gilt, die Einwände aufzunehmen, die Anliegen herauszuhören (WIDL-Gespräch) und zu überlegen, wie ein Einwand berücksichtigt werden kann.

Konsent-Entscheidungen haben folgende Vorteile:

- Sie befreien von der Notwendigkeit der rhetorischen Einflussnahme. Wir bleiben dadurch stärker im Forschermodus.
- Sie entsprechen unserem *Shared-Leadership*-Modell, denn hier hat jede Macht, aber sie ist eingeschränkt.
- Sie fördern die offene, forschende Debatte. Einwände müssen besprochen und geklärt werden.

Ähnlich zu unserem rationalen Entscheidungsmodell gliedert sich der Entscheidungsprozess in drei große Phasen:

Verstehen – Erforschen – Entscheiden

In der **Verstehen-Phase** geht es darum zu klären, welche Frage beantwortet oder welches Problem gelöst werden muss und was die grundlegenden Fakten sind. Die Phase ist abgeschlossen, wenn jeder verstanden hat, worum es geht und was die Fakten sind.

In der **Erforschen-Phase** wird untersucht, welche Bedürfnisse, Ziele und Kriterien vorliegen. Erste Optionen werden auf den Tisch gelegt und ein grobes Bild wird entworfen, was getan werden könnte. Wichtig ist immer zu fragen, ob etwas übersehen wurde. Diese Phase kann in mehreren Runden ablaufen. Die Ideen werden schriftlich in Vorschläge synthetisiert. Das macht am besten eine einzelne Person oder eine kleine Gruppe. Die Phase ist abgeschlossen, wenn jeder verstanden hat, was die Kernbedürfnisse sind und welche Optionen es gibt.

Dann kommt die **Entscheiden-Phase** nach dem Konsent-Verfahren. Dabei müssen zuerst jeder im Team der Vorschlag beziehungsweise die Vorschläge, die zur Wahl stehen, klar sein. Jede bekommt die Möglichkeit, die Vorschläge zu kommentieren. Die Moderatorin (Führungsrolle!) muss entscheiden, ob der Vorschlag bereit zum Beschluss ist. Verbesserungen können dabei entweder eingebaut werden oder man stimmt über den Vorschlag in der jetzigen Form ab und dann über die Verbesserung. Wenn der Vorschlag bereit zum Beschluss ist, kommt die eigentliche Konsent-Entscheidung. Jeder erläutert, ob er zustimmt oder einen Einwand hat. Es gibt keine neutrale Position und jeder sollte aktiv sein Votum äußern, das zur Kenntnis genommen wird. »Wir haben vier Zustimmungen und einen Einwand.«

Im Falle von Einwänden geht es zuerst darum zu verstehen, worin sie bestehen. Dann muss man überlegen, wie sie berücksichtigt werden können. In der Diskussion kann sich dabei durchaus auch ein Einwand auflösen.

Wichtig: Begründete Entscheidungen dürfen nicht ignoriert werden.

Nicht immer ist es notwendig, nach einem der skizzierten Entscheidungsprozesse zu Entscheidungen zu kommen. Bei vielen, vor allem operativen Entscheidungen werden Sie kürzere Wege einschlagen. In manchen Entscheidungssituationen werden Sie als führende Person eine Entscheidung treffen, ohne dass Sie einen aufwendigen Abstimmungsprozess starten. In diesen Fällen sollte aber der Rahmen klar sein, innerhalb dessen Sie die Entscheidung treffen dürfen. Das ist ein Thema für die *Shared-Leadership*-Konferenz (siehe Kapitel 2.7.2).

Wir empfehlen Ihnen, mit den verschiedenen Varianten mutig zu experimentieren und eigene Erfahrungen zu sammeln. Auf diese Weise finden Sie Methoden, die am besten zu Ihrem Team und zu der Situation, in der Sie sich befinden, passen.

2.8.4 Entscheidungsfallen vorbeugen

Unsere Hypothese ist: Teams mit verteilter Führung sind weniger biasanfällig und laufen in weniger Entscheidungsfallen. Und damit verbessert sich die Qualität der Entscheidung maßgeblich. Wenn dynamisches Führen und Folgen zu einem festen Bestandteil der Teamkultur wird, dann werden Entscheidungen einer besseren Überprüfung aus unterschiedlichen Perspektiven unterzogen. Diese intersubjektive Kontrolle ist der beste Schutz gegen destruktive Voreingenommenheiten.

Die Entscheidungsfallen, die wir Ihnen im Folgenden vorstellen, können mithilfe von *Shared Leadership* aufgefangen oder zumindest dadurch abgemildert werden, dass sich jede Einzelne im Team dieser Fallen in Entscheidungssituationen bewusst ist. Wir stellen dabei keinen Anspruch auf Vollständigkeit. Uns geht es primär um jene Stolpersteine, die eine deutlich verzerrende Wirkung auf Entscheidungen haben können und – leider – eine gewisse Popularität besitzen.

Die Framing-Falle

Wie Menschen sich verhalten und entscheiden, wird stark davon beeinflusst, wie Informationen oder Botschaften in einer Entscheidungssituation präsentiert und formuliert werden (*Framing*-Effekt). Wir hatten uns das bereits kurz in Kapitel 1.4 unter der Fragestellung angesehen, wie man Einfluss auf Menschen gewinnt.

- Die Ärztin zur Patientin: »In 95 Prozent der diagnostizierten Fälle ist das Medikament X wirksam und es kommt zu einer Heilung.« Oder: »In fünf Prozent der diagnostizierten Fälle schlägt keine Behandlung an und führt zum Tod.«
  Der gleiche Sachverhalt unterschiedlich formuliert: Was wird die Patientin eher beruhigen?
- George zu seinem amerikanischen Chef William: »Mit unserer Software laufen wir ständig in Probleme. Vor allem müssen wir relevante Daten regelmäßig manuell korrigieren und eintragen.« Oder: »Mit der Software B würde es uns gelingen, Kun-

dendaten automatisiert zu erfassen. Damit wären wir schneller und könnten besser auf die Anfragen reagieren.«
Der Sachverhalt wird in der ersten Formulierung negativ betrachtet (»Wir haben ein Problem«) und in der zweiten Formulierung positiv (»Wir haben einen Nutzen«). Was wird William überzeugender finden?

Besonders deutlich wird dieser Effekt, wenn es um einen drohenden Verlust oder um einen sicheren Gewinn geht. Denn bei einem in Aussicht gestellten sicheren Gewinn entscheiden wir uns häufig für die risikoärmere Variante. Bei einem drohenden Verlust hingegen setzen wir mehr auf Risiko, nach dem Motto *Alles oder nichts*. Kahneman und Tversky haben dies sehr überzeugend in verschiedenen Experimenten nachgewiesen.

Wie schützt man sich vor der *Framing*-Falle?

- Da es primär um die Art der Formulierung geht, achten Sie auf nachvollziehbare, verständliche Situationsbeschreibungen. Testen Sie verschiedene Formulierungen, mit denen ein und derselbe Sachverhalt ausgedrückt werden kann.
- Zudem sollten diese Optionen und Faktendarstellungen unter verschiedenen Blickwinkeln betrachtet werden. Im *Shared-Leadership*-Modell könnte man verschiedene Rollen im Entscheidungsprozess verteilen und kommunizieren, um einer vorschnellen Formulierung und damit einseitigen Blickrichtung vorzubeugen.

Der Besitzeffekt

Wer im Besitz einer Sache ist, schätzt ihren Wert weitaus höher ein, als wenn er nicht im Besitz dieser Sache ist. Das betrifft materielle wie immaterielle Dinge gleichermaßen: mein Büro, meine Kaffeetasse, meine Idee, mein Plan.

Die Ursache dafür liegt an der emotionalen Bindung, die man zu dieser Sache aufgebaut hat. Es ist dann nicht mehr so leicht, sich davon zu trennen. Wenn jemand im Entscheidungsprozess eine Lieblingsidee hat, wird es ihm nicht leichtfallen, diese Idee kritisch zu betrachten.

Wie schützt man sich vor der Besitzfalle?

- Der erste Schutz besteht darin, sich des Besitzeffekts bewusst zu sein – und andere zu unterstützen, ihn sich bewusst zu machen.
- Eine objektivierende Redeweise unterstützt dabei, die Besitzfalle zu vermeiden. Beispielsweise statt *meine* Idee oder *deine* Idee sprechen Sie von *die* Idee. Der Verzicht auf das Possessivpronomen hilft dabei, im Gespräch Vorschläge oder Pläne nicht mit bestimmten Personen zu verknüpfen.
- Auch eine Trennung von Entwicklungsprozess und Bewertungsprozess kann hilfreich sein: »Carmen hat die Idee oder den Vorschlag gebracht. Samuel bewertet den Vorschlag.«

Die Beispielfalle

Wenn wir nach Informationen im Entscheidungsprozess Ausschau halten oder wenn wir Optionen nach ihrer Wahrscheinlichkeit bewerten, dann beziehen wir uns häufig auf konkrete Beispiele. Das kann zu folgenden Schwierigkeiten führen: Die Beispiele sind meistens so gewählt, dass sie sehr anschaulich die eigene Position unterstützen. Sie haben aufgrund ihrer Anschaulichkeit ein hohes Maß an Überzeugungskraft und ziehen uns in eine bestimmte Denkrichtung. Oder Beispiele sind eher willkürlich und zufällig gewählt und stellen somit atypische Fälle dar. Auch das führt uns in eine falsche Denkrichtung.

Wie schützt man sich vor der Beispielfalle? Das Einzige, was aus unserer Sicht Abhilfe schaffen kann, ist, sich auf vertrauenswürdige Daten zu verlassen, zum Beispiel Statistiken. Wo immer es geht, sollte man versuchen, sich auf echte Daten zu berufen und nicht auf anekdotische und damit subjektive (einmalige) Belege.

Die Bestätigungsfalle

Die Bestätigungsfalle ist vielleicht die größte Gefahr für alle Entscheidungssituationen. Wir suchen in der Regel nach bestätigenden Daten für unsere Meinungen. Und die lassen sich immer finden. Aber wir sollten und müssen vielmehr darauf achten, unsere Meinungen zu falsifizieren. Wenn sie diesem Falsifikationstest erfolgreich widerstehen, dann besteht eine hohe Wahrscheinlichkeit, dass sie richtig sind.

Wie schützt man sich vor der Bestätigungsfalle? Die erste Schutzmaßnahme führt uns erneut zum Forschermodus. Es kommt darauf an, eine aktive forschende Haltung einzunehmen und bewusst andere Perspektiven auszuprobieren beziehungsweise zulassen. Darüber hinaus ist es nützlich, in eine Außensicht zu gehen, um mit Distanz (sowie anderer Perspektive) auf die Dinge zu schauen. »Wie würde Einstein die Situation betrachten?«

Selbstüberschätzung (*overconfidence*)

Mit vielen unserer Aussagen machen wir Annahmen, von deren Richtigkeit wir felsenfest überzeugt sind, obwohl wir diese Annahmen nie überprüft haben. Tatsächlich müssen wir davon ausgehen, dass das meiste davon, was wir annehmen, falsch ist. Keiner von uns ist davon ausgenommen.[86] Wenn wir ein Faktum oder eine Statistik hören, dann machen wir darauf basierende Annahmen und unterstellen mit absoluter Gewissheit, dass diese Annahmen ebenfalls richtig sind.

Vor Kurzem in einem Gespräch: »Die Bevölkerung wächst und es ist kein Ende in Sicht.« Die Gesprächspartnerin ging genau davon aus: dass die Weltbevölkerung ins Unendliche wächst. Aber das ist schlicht falsch. Laut Studien der UN wird bis zum Ende dieses Jahrhunderts die Weltbevölkerung ihren Gipfel erreichen und dann schrumpfen.

In Entscheidungssituationen wird eine kritische Überprüfung der Annahmen relevant, da wir zu oft noch vermeintliche Fakten zusammentragen, um die Situation zu klären. Wir dürfen uns nicht auf subjektive, vor allem aber nicht auf unzuverlässige Annahmen stützen.

Auch wenn wir uns Optionen ausdenken und bewerten, kommt uns Übergewissheit in die Quere. Wir müssen bei der Bewertung von Optionen nämlich Vermutungen darüber anstellen, welche Folgen eintreten werden. Und da sind wir uns in unserer Folgenabschätzung oftmals zu sicher.

Wie schützt man sich vor Selbstüberschätzung? Die beste Möglichkeit, für diese Falle gewappnet zu sein: Wahrscheinlichkeiten angeben und darauf wetten lassen. Wir müssen uns gewissermaßen kalibrieren. Alle Dinge, die Sie mit 90-prozentiger Gewissheit glauben, sollten in 90 Prozent der Fälle wahr sein. Wenn Sie Dinge mit 100-prozentiger Gewissheit glauben, dann sollte sie auf jeden Fall wahr sein. Die meisten Menschen sind übergewiss, was ihre Meinungen betrifft. Und so gehören wir und Sie voraussichtlich auch dazu. Es ist daher mehr als empfehlenswert, den Gewissheitsgrad zu reduzieren – besonders zu Themen, die sehr kontrovers oder spekulativ sind.

Leichtgläubigkeit

Ein bisschen überraschend womöglich, aber auch dieser Aspekt spielt eine Rolle. Wir glauben häufig viel zu schnell, was andere Menschen sagen. Das heißt jetzt nicht, dass wir anderen nicht vertrauen sollen. Es heißt: Auch alle anderen Personen sind nicht besser in ihrem Gewissheitsgrad als man selbst. Eine Meinung ist zunächst nur eine Meinung, wir müssen immer noch den Wahrheitsgehalt prüfen.

Wie schützt man sich vor Leichtgläubigkeit? Wir müssen einschätzen lernen, inwieweit man dem Urteil anderer Personen vertrauen darf. Natürlich kommen an dieser Stelle wieder Experten ins Spiel, das heißt Personen, die Autoritäten in ihrem Fachgebiet darstellen. Wir sind nicht in der Lage, uns zu Experten in allen sachlichen Themen aufzuschwingen. Deshalb müssen wir eher lernen, wie wir die Sachverständigkeit einer Person beurteilen können.

Ankereffekt

Beim Ankereffekt binden gegebene Anfangsinformationen Schätzvorgänge oder Meinungen, sodass es zu voreingenommenen Urteilen kommen kann. Dieser Effekt kann an verschiedenen Stellen im Entscheidungsprozess auftauchen.

Generell ist es für uns eine Herausforderung, den Kopf freizubekommen – besser noch: freizuhalten – und sich nicht von Informationen beeinflussen zu lassen, die in einem Gespräch einfach mal fallengelassen werden.

- Jemand wirft eine Zahl in den Raum und schon wird diese Zahl ungeprüft zu einem Anker, um den sich die gesamte Diskussion dreht.
- Jemand startet mit dem Feedback und schon wird dieses Feedback zum Anker, an dem sich die nachfolgenden Feedbackgeberinnen anlehnen.
- Jemand stellt eine Idee vor und schon wird es schwierig, diese Idee aus dem eigenen Kopf zu verbannen.

Wie schützt man sich vor dem Ankereffekt? Zuerst ist es wichtig, sich dieses möglichen Effekts überhaupt bewusst zu sein. In Entscheidungsprozessen kann es dann eine sinnvolle Schutzmethode sein, wenn alle Beteiligten unabhängig voneinander – das heißt, ohne sich vorher abzusprechen oder auszutauschen – Ideen, Optionen oder Fakten auf den Tisch legen, um dadurch diesen Ankereffekten vorzubeugen. Eine Kartenabfrage zum Beispiel, bei der jede Teilnehmerin still für sich Ideen auf Karten niederschreibt, kann eine solche wirksame Methode sein.

In der folgenden Tabelle haben wir für Sie zusammengefasst, in welcher Phase der Entscheidungslogik die beschriebenen Entscheidungsfallen gehäuft auftreten können.

Bias	Frage	Fakten	Ziele	Optionen	Auswahl	Handeln
Framing-Falle	x			x		
Besitzeffekt				x	x	
Beispielfalle		x		x	x	
Bestätigungsfalle		x		x		
Ankereffekt		x	x	x		
Selbstgewissheit	x	x	x	x	x	x
Leichtgläubigkeit		x		x		

Tab. 12: Entscheidungsfallen in den Phasen des Entscheidungsprozesses

2.8.5 Handeln und Verantwortung

Entscheidungen sind nutzlos, wenn sie am Ende nicht in Handlungen münden – wobei es eine bewusste Entscheidung sein kann, nichts zu tun (Nicht-Handlung). Leadership zeichnet sich unserer Erfahrung nach gerade dadurch aus, dass Sie eine Entscheidung auch konsequent anpacken und umsetzen. Dabei brauchen Sie Ausdauer und Disziplin. Auch dürfen Sie keine Angst vor möglichen Auseinandersetzungen haben, die im Zuge der Implementierung einer Entscheidung auftreten können. Konsequenz im Handeln ist gefragt. Und das führt uns zu einem weiteren wichtigen Aspekt, der eng mit dem Handlungsbegriff verknüpft ist: **Verantwortung**.

Wer handelt, der trägt auch die Verantwortung für seine Handlungen und die Konsequenzen, die sich aus dem Tun ergeben. Dabei ist *Verantwortung* ein schillernder, facettenreicher Begriff und nicht so leicht zu fassen.

Begriffsklärung: Verantwortung

Um im Folgenden von demselben zu reden, möchten wir unser Verständnis von Verantwortung tragen (und übernehmen) vermitteln:

- eine Entscheidung mutig treffen und konsequent danach handeln,
- eine Entscheidung nach einem validen, gründlichen Verfahren treffen,
- eine getroffene Entscheidung rechtfertigen und kommunizieren,
- mit gutem Beispiel vorangehen,
- sich der Kritik stellen, wenn etwas nicht klappt,
- Fehler eingestehen und sich entschuldigen, wenn angebracht,
- die Konsequenzen für sein Handeln tragen.

Diese Charakteristiken der Verantwortungsübernahme sind gleichzeitig Merkmale von Leadership. Leadership heißt auch, Verantwortung zu übernehmen (siehe die 5 Kristallisationspunkte in Kapitel 1). Wer in einer Leadership-Rolle ist, der spürt auch diese Bürde der Verantwortung auf seinen Schultern. Kein Wunder, dass sich viele Führungskräfte in klassischen Organisationen oft einsam fühlen und gleichzeitig unter enormem Erwartungsdruck befinden. Sie sehen keine Möglichkeit der Entlastung, weil sie sich für alles verantwortlich halten. Aber der Gedanke, für alles verantwortlich zu sein, ist im Ansatz schon verkehrt.

Lassen Sie uns das an einem Beispiel erläutern. In einem Seminar zum Thema *Leadership* machen wir häufig folgendes dreistufige Experiment:

1. Wir teilen die Teilnehmenden in zwei oder drei Gruppen auf und bitten jede Gruppe, sieben Erwartungen zu sammeln, die sie an den Seminarleiter haben. Nach etwas 15 Minuten Gruppenarbeit hören wir uns die Erwartungen der Teilnehmenden an. Darunter sind dann beispielsweise folgende: Fachkompetenz, Praxisbeispiele, Struktur, Motivation, Zeiten einhalten. Wir lassen uns alle Erwartungen genau erläutern, um zu verstehen, was damit gemeint ist (Präzisierungstrichter!).
2. Danach stellen wir unser Seminarleiter-Ideal vor, also das, was aus unserer Sicht bei der Gestaltung eines Seminars grundlegend wichtig ist, damit Menschen voneinander lernen können.
3. Die dritte Phase besteht in einem Austausch zu den jeweiligen Erwartungen. Dabei machen wir als Seminarleiter drei Rubriken auf:
   - Rubrik 1: »Dafür übernehmen wir die Verantwortung.«
   - Rubrik 2: »Das machen wir gemeinsam.«
   - Rubrik 3: »Den Schuh ziehen wir uns nicht an.«

Rubrik 1 wird all die Erwartungen enthalten, die wir als Seminarleitende zu erfüllen haben, zum Beispiel Fachkompetenz, klare Struktur et cetera. »Dafür übernehmen wir die volle Verantwortung.« Wenn unser Seminar keine klare Struktur hat, dann darf man uns auch zu Recht dafür kritisieren.

Rubrik 2 enthält die Dinge, die wir nur gemeinsam, das heißt mit allen Seminarteilnehmenden, tun können, wie Praxisbeispiele oder Zeiten einhalten. Praxisbeispiele bringen wir mit ein, aber wir brauchen auch die individuellen Beispiele der Teilnehmenden, denn sie sind naturgemäß an den Themen, die sie beschäftigen, näher dran. Auch beim Thema *Zeiten einhalten* sind alle gefragt. Wenn wir eine 15-minütige Pause machen, dann sind wir auf die Disziplin auch der Teilnehmenden angewiesen, dass sie pünktlich wieder in den Seminarraum zurückkommen. Es gibt also viele Dinge, die nur gelingen, wenn alle mitmachen.

In **Rubrik 3** tragen wir Erwartungen ein wie *Motivation* oder *Humor*. Wenn Teilnehmende erwarten, dass wir sie motivieren sollen, dann sind sie bei uns falsch. Diese Erwartung wollen wir nicht erfüllen. Wir gehen davon aus, dass sie prinzipiell motiviert sind. Was wir in jedem Fall tun werden: Wir wollen alles vermeiden, was die Teilnehmenden demotiviert. Auch der gespielte Witz ist nicht geplanter Teil unserer Seminare. Trotzdem ist es meistens recht lustig, weil wir Platz für Humor lassen. Und er kommt dann auch einfach auf.

Nach unserem Austausch zu den Erwartungen an einen Seminarleiter fragen wir in die Runde, was wir dadurch gewonnen haben. Es werden meist zwei Dinge ziemlich schnell erkannt:

1. Wir haben die Erwartungen aneinander geklärt.
2. Wir als Seminarleiter haben uns durch diesen Austausch entlastet. Wir sind nicht allein für den Erfolg des Seminars verantwortlich. Bei vielen Themen müssen alle mitwirken, damit es erfolgreich wird. Wir haben das bereits in Kapitel 1.3.2 gestreift. Als Seminarleiter sind wir keine Alleinunterhalter. Ein gelingender Workshop, ein gutes Seminar, ein ertragreiches Meeting: Sie alle basieren auf geteilter Führung, effektivem wechselseitigen Folgen und geteilter Verantwortung!

Übrigens: Erinnern Sie sich noch an das Leadership-Ideal aus Kapitel 2.6.2? Mithilfe dessen können Sie im Grunde einen ähnlichen Erwartungsaustausch gestalten wie beim Seminarleiter-Ideal beschrieben.

Alles zusammen betrachtet bedeutet es also schon im klassischen Modell des Führens (eine führt, die anderen folgen), dass der Erfolg nicht von einer einzelnen Person abhängt. Bei *Shared Leadership* potenziert sich diese Entlastung noch um einiges mehr. Wird Führung geteilt, wird auch Verantwortung aktiver geteilt (im Sinne von Ergebnisverantwortung).

Warum ist das so? Wenn *Shared Leadership* gelebt wird, dann erleben Sie jeden Tag, wie Ihre Kolleginnen eigenverantwortlich handeln, in Führung gehen und Verantwortung übernehmen. Dieses Erleben kann bereits ansteckend wirken. Es ist allen ein kollektives Anliegen, Führung zu teilen. Das Beispiel der anderen ermutigt auch Sie, Initiative zu ergreifen.

So erzeugt *Shared Leadership* einen gewissen gruppendynamischen Sog. Niemand kann sich einfach herausnehmen und auf eine Sonderrolle pochen. Jede ist dazu aufgerufen, Leadership-Funktionen zu übernehmen. Denn genau so ist es gemeint: Jeder ist mal an der Reihe.

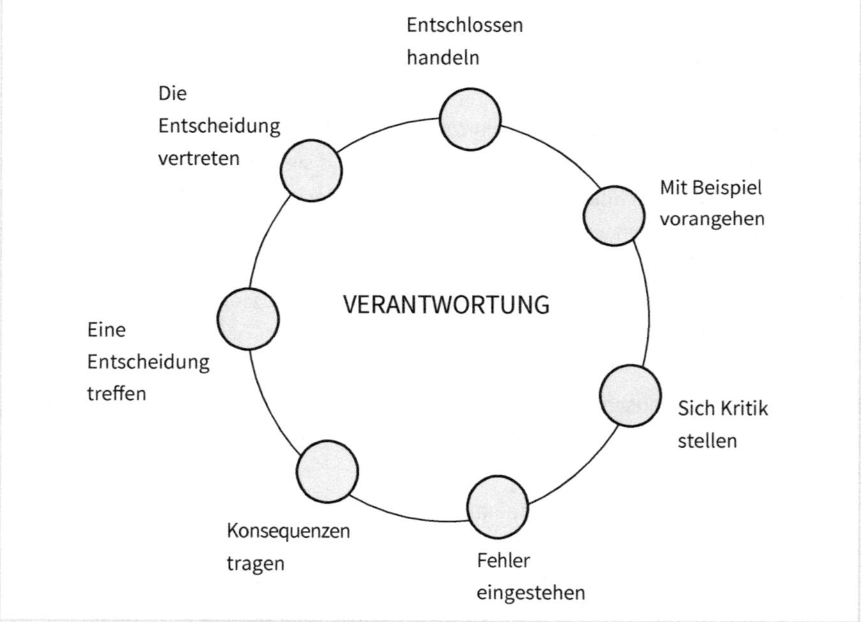

Abb. 29: Was es heißt, Verantwortung zu übernehmen

Fehler- und Feedbackkultur

Wie gut die Übernahme von Verantwortung in einem Team gelingt, ist auch ganz wesentlich davon abhängig, welche **Fehlerkultur** herrscht. Denn viele Menschen haben große Probleme, Entscheidungen zu treffen und Verantwortung zu übernehmen, weil sie Angst vor Fehlern und vor der Reaktion darauf haben. Am Beispiel des Programms *Living Ownership* beim Autozulieferer Continental, der in Workshops mit dieser Herausforderung gezielt umgeht, sind wir darauf in Kapitel 1.5.7 schon eingegangen.

Shared Leadership mit einer klaren Fehler- und Feedbackkultur kann dieser Angst entgegenwirken. Dazu müssen wir uns zunächst bewusst machen, dass Fehler aus unterschiedlichsten Gründen entstehen können:

- Fehler, die unvorhersehbar waren (Aha-Fehler),
- Fehler, die der Komplexität einer Situation geschuldet sind,
- Fehler, die im Stress unterlaufen,
- Fehler aus mangelnder Erfahrung,
- Fehler aus Unvorsichtigkeit,
- Fehler aus mangelnder Weitsicht,
- Leichtsinns- und Flüchtigkeitsfehler,
- Fehler aus Ignoranz (Selbstüberschätzung),
- Fehler, die beim Lernen gemacht werden.

Somit können Fehler auf Unvorhersehbarem sowie auf mangelndem Wissen, Können, fehlenden Erfahrungen oder Informationen, mangelnder Sorgfalt, falschen Einstellungen et cetera beruhen. Was bedeutet: Fehler ist nicht gleich Fehler. Manche Patzer müssen passieren, weil wir sonst nicht lernen würden. Manche Fehler sind unvermeidlich, weil sie auf Unvorhersehbarkeit beruhen. Sie sind die Folge falscher Annahmen unter Unsicherheit – und sollten daher eher *Irrtümer* genannt werden. Diese jedenfalls müssen zugelassen werden, weil ansonsten jeder Mut, jede Innovation, jedes Lernen erstickt würde. Die anderen Fehler, die aus falscher Einstellung, Ignoranz, geringer Sorgfalt et cetera begangen werden, müssen der Kritik unterzogen werden. Und am Ende, wenn es partout zu keiner Verhaltensänderung kommt und diese kritikwürdigen Fehler sich fortsetzen, müssen unter Umständen auch härtere Maßnahmen ergriffen werden (Abmahnung, Versetzung, Entlassung).

Wer allerdings Angst haben muss, für eine fehlerhafte Handlung vor ein unternehmensinternes Inquisitionsgericht gestellt zu werden, der wird einen Teufel tun, diese Fehler zuzugeben, geschweige denn mutig Entscheidungen zu treffen.

Es muss also in jedem Fall im Team geklärt werden: Was machen wir, wenn einem ein Fehler unterläuft? Welche Fehler sind akzeptabel und welche nicht? Das sollten Sie in einem gemeinsamen Workshop klären, von allen Beteiligten ein Commitment zu den Ergebnissen einholen und diese anschließend (gern auch gut sichtbar) zur Verfügung stellen.

Offenes Feedback zu ermöglichen, zu fördern und zu fordern, ist zur Etablierung einer guten Fehlerkultur das entscheidende Instrument. Die Fehlerkultur in einer Organisation steht und fällt mit der Feedbackkultur. Inwiefern Feedback eine wichtige Rolle spielt, haben wir in Kapitel 2.5.2 beschrieben.

Selbstreflexion

Welche Fehler halten Sie im beruflichen Kontext für verzeihlich? Und machen Sie gegebenenfalls einen Unterschied bei sich und bei anderen?

2.9 Kommunikation – Teil 4: Entschlussfreude im Team

Wenden wir uns nun zentralen Kommunikationsmethoden zu, die für den Entscheidungsraum charakteristische Relevanz besitzen. Zwei Skill-Sets wollen wir herausgreifen: die Fähigkeit, systematische, zielgerichtete Besprechungen zu führen und die Fähigkeit, sich an rationalen Debatten zu beteiligen.

Im Entscheidungsraum spielen Besprechungen eine zentrale Rolle. Sie sind der Ort, wo Entscheidungen fallen oder vorbereitet werden. Wir stellen Ihnen im folgenden Kapitel eine spezielle Systematik vor, die Sie dabei unterstützen soll, eine Besprechung effektiv zu leiten. Dieses Wissen ist für alle wichtig, die als Moderatoren agieren. Und wir wissen bereits, dass beim verteilten Führen prinzipiell jede im Team in diese Rolle schlüpfen kann. Übrigens zeigt sich nirgendwo besser als bei Besprechungen, wie gut jemand in der Lage ist zu führen. Die Moderatorin einer Besprechung ist also wieder in einer eher führenden Rolle, die anderen Besprechungsteilnehmenden sind in einer eher folgenden Rolle.

2.9.1 Zielorientierte Besprechungen führen

Für eine erfolgreiche Besprechung brauchen wir ein zentrales Instrument: einen Moderationsplan. Dieser besteht aus zwei Teilen: einem eher formalen, einleitenden Teil (Teil I) sowie dem inhaltlichen (Teil II). Letzterer ist ein Leitfragensystem, das dabei unterstützt, das Besprechungsziel zu erreichen.

Was heißt das genau? Wir werden Ihnen zuerst abstrakt erläutern, was wir unter einem Moderationsplan verstehen. Im zweiten Schritt werden wir Ihnen an einem konkreten Beispiel aufzeigen, wie ein Moderationsplan funktioniert. Der Einfachheit halber nehmen wir dort an, dass wir nur einen Besprechungspunkt haben. Prinzipiell müssen Sie für jeden Besprechungspunkt einen eigenen kleinen Moderationsplan entwerfen.

Teil I: der formale, einleitende Part

Der einleitende Teil des Moderationsplans beantwortet folgende Fragen:

1. **Thema**: Was ist unser Thema?
2. **Ziel**: Welches Besprechungsziel haben wir hier und heute zu diesem Thema?
3. **Anlass**: Warum kommen wir heute zusammen?
4. **Hintergrundinfos**: Welche (für alle) wichtigen Hintergrundinformationen gibt es?
5. **Rahmenbedingungen**: Was sind nicht veränderbare Rahmenbedingungen?

Die Antworten auf die erste Frage geben uns Auskunft, zu welchem Thema wir zusammengekommen sind.

Die zweite Frage klärt, was das Ziel der Besprechung ist: Wollen wir Ideen austauschen? Soll ein Problem analysiert werden? Wollen wir eine Entscheidung treffen? Wollen wir Optionen auf ihre möglichen Konsequenzen hin bewerten? Bei Besprechungen wird gerade dieser Schritt gern vernachlässigt. Deshalb ist es keine Wunder, das Besprechungen häufig unsystematisch und wenig zielorientiert verlaufen, weil die Teilnehmenden oft von unterschiedlichen Zielen ausgehen. Die einen glauben, es soll etwas entschieden werden. Die andern gehen davon aus, dass es nur um einen Meinungsaustausch geht. Chaos ist vorprogrammiert.

Mit den Fragen 3 und 4 sollen Informationen gewonnen werden, die für die Arbeit und die Motivation in der Besprechung wichtig sind. Man muss erkennen können, aus welchem Grund man zusammengekommen ist, in welchem Kontext sich das Besprechungsthema einordnen lässt und was zentrale Erwartungen seitens wichtiger Stakeholder sind (Management, Kundinnen, andere Abteilungen et cetera).

Die fünfte Frage klärt uns darüber auf, was wir im Rahmen unserer Besprechung als gesetzt und nicht veränderbar annehmen müssen. Jeder von uns kennt das: Es gibt nichts Frustrierendes als stundenlange Diskussionen über Themen zu führen, die wir nicht verändern können und die außerhalb unseres Kontrollbereichs liegen. Deshalb müssen wir eindeutig deklarieren, was wir als gegeben voraussetzen müssen.

Teil II: der inhaltliche Part

Neben dem Einleitungsteil enthält der Moderationsplan den entscheidenden Arbeitsteil. Dieser besteht aus sogenannten Leitfragen, das heißt einem Gerüst von Fragen, das uns dabei hilft, das Besprechungsziel zu erreichen. Bevor man eine Besprechung startet, muss man zunächst gemeinsam erfassen: **Welche Fragen müssen wir beantworten, um unser Besprechungsziel zu erreichen?**

Man sammelt dafür zuerst alle Fragen beziehungsweise Fragenvorschläge, die inhaltlich voneinander unabhängig und abgegrenzt sein sollten. Dann bringt man sie in eine logisch-chronologische Reihenfolge, prüft die Fragenliste auf Vollständigkeit (»Haben wir eine wichtige Frage übersehen?«) und klärt mit dem Team, ob alle mit dem Fragengerüst einverstanden sind. Erst dann legt man mit der inhaltlichen Arbeit los. Dieser methodische Start garantiert die zielgerichtete Arbeit. Das fällt vielen allerdings nicht leicht, denn es besteht der natürliche Drang, sofort in die in inhaltliche Diskussion zu hechten, anstatt sich zuerst auf ein methodisches Fragengerüst zu einigen, das dann in der Besprechung abgearbeitet wird. Daher ist die Moderatorin aufgefordert, sofort einzuschreiten, wenn Teammitglieder bereits über Inhalte diskutieren, obwohl die Leitfragenliste noch nicht steht.

Folgend ein Beispiel für ein Leifragensystem für die Arbeitsphase *Problemlösungen sammeln*. Weitere Beispiele finden Sie online in den digitalen Extras, den Code dazu am Ende des Buches.

Leitfragen:

- Welche typischen Vorfälle oder Beispiele verdeutlichen das Problem?
- Wie sieht die zeitliche Dimension des Problems aus? Seit wann, wie oft, wie lang?
- Wie können wir das Problem präzisieren? Wie beschreiben wir das Problem kurz, klar und anschaulich?
- Für wen entstehen welche Nachteile?
- Warum haben wir das Problem, wo liegen die Ursachen?
- Warum liegen diese Ursachen vor?
- Was ist zu tun (Handlungsplan)?

Betrachten wir das Ganze – den Moderationsplan – an einem konkreten Fall. In der IT-Abteilung einer Bank soll besprochen werden, welche Software man für eine bestimmte Problematik einsetzen möchte.

Moderationsplan: Lösungen für Problem A

- **Thema**: Welche (Software-)Lösungen gibt es für Problem A?
- **Ziel des Meetings**: *Sammeln möglicher Lösungen; erstes Meinungsbild zu diesen einholen.*
- **Anlass**: Budget erlaubt endlich die Implementierung einer Lösung.
- **Wichtige Hintergrundinformationen**: Vorstand hat die Wichtigkeit des Problems A erkannt.
- **Nicht veränderbare Rahmenbedingungen**: Budget XY Euro; Lösung wird in 1,5 Jahren ersetzt.

Zeit- und Arbeitsplan: 10:00–12:00 Uhr, strukturiertes Vorgehen.

Statusabfrage: Wie stehen die Teilnehmenden zum heutigen Thema?

- Welche Lösungen wurden bei uns schon versucht und mit welchem Erfolg? (15 min.)
- Wie wurde das Problem woanders gelöst? (10 min.)
- Was soll eine Lösung leisten (Erfolgskriterien)? (20 min.)
- Welche dieser Anforderungen sind wirklich wesentlich und warum? (10 min.)
- Welche Lösungsansätze gibt es? (25 min.)
- Welcher Lösungsansatz erfüllt unsere Kriterien am besten? (30 min.)
- Handlungsplan – Wer macht was bis wann? (10 min.)

Die inhaltliche Arbeitsphase in diesem konkreten Moderationsplan haben wir mit einer Statusabfrage begonnen. Drunter verstehen wir ein Blitzlicht, das allen Teilnehmenden einen Überblick über das Meinungsspektrum aller anwesenden Personen liefert. Wir starten gern mit dieser Frage, um jedem die Gelegenheit zu geben, Dinge loszuwerden, die er mit sich herumträgt. So hat jeder die Chance, Dampf abzulassen und Schmerzpunkte vorzutragen. Wenn man den emotionalen Aspekten wie Frustration, Ärger, Zweifel keinen Raum gibt, können Sie darauf wetten, dass diese Emotionen im späteren Verlauf immer wieder hervorbrechen.

Unser Beispiel ist auf ein Workshopformat ausgerichtet. Aber natürlich lässt sich ein Moderationsplan auch auf typische Besprechungsroutinen anwenden. Bei regelmäßigen Meetings hat man meistens mehrere Themen (Agendapunkte), die man besprechen möchte und nicht nur eines wie im Falle eines Workshops. Aber auch hier kann man mit einem Leitfragensystem arbeiten.

Hier ein Beispiel aus dem Weekly-Meeting eines Teams. Zu jedem Agendapunkt gibt es ein Besprechungsziel und passende Leitfragen. Anlass oder Hintergrundinfos, die bei den Themen auf Routine-Meetings häufig nicht gesondert erklärt werden müssen, weil es entweder keinen speziellen Anlass gibt oder der Themenkontext im Team bekannt ist, haben wir hier der Übersicht halber weggelassen.

Weekly Meeting

Thema	Ziel	Leitfragen
Kundenbefragung	Status-Update erfahren	• Auf welchem Stand befindet sich die Kundenbefragung? • Was sind die nächsten Schritte?
Kundenworkshop	Themen für den geplanten Kundenworkshop festlegen und Fragen zur Organisation klären	• Welche Themen wollen wir in dem geplanten Workshop mit den Kunden bearbeiten? • Auf welche drei Themen konzentrieren wir uns? • Wie organisieren wir den Workshop? (Ort? Zeit? Ablauf? . .)
Bericht vom New-Media-Kongress	Martin informiert uns über die wichtigsten Punkte seines Besuchs auf dem Kongress.	• Was waren die Highlights? • Welche Trends gibt es? • Was können wir als Team daraus lernen?

Tab. 13: Weekly Meeting (Beispiel) – Ziele und Leitfragen

Leitfragen definieren

Wie kommt man nun zu den Leitfragen, die für den eigenen Kontext passend und zielführend sind? Hier gibt es mehrere Möglichkeiten.

- Die Moderatorin entwirft die Leitfragen und bringt sie zum Meeting oder Workshop mit. Diese Vorgehensweise empfiehlt sich bei sehr großen Gruppen (mehr als 30 Teilnehmende).
- Der Moderator entwirft die Leitfragen und bittet die Besprechungsteilnehmenden um Feedback, ob die Fragen passen (bei der Besprechung selbst oder vorab). Wenn nicht, dann wird gemeinsam an dem Fragengerüst gearbeitet: Welche Frage

muss ergänzt werden? Welche Frage ist überflüssig? In welcher Reihenfolge wollen wir die Leitfragen bearbeiten? Diese Vorgehensweise ist gut für mittelgroße Gruppen (8 bis 30 Teilnehmende).
- Man entwickelt die Fragen gemeinsam im Team, bevor man mit der Besprechung startet. Das funktioniert am besten dann, wenn das Team aus nicht mehr als fünf Personen besteht. Bei zu großen Gruppen wird es schwierig, mit allen gemeinsam ein Leitfragensystem zu entwerfen.

Der Moderationsplan mit dem Leitfragensystem ist das wichtigste Werkzeug der Moderatorin. Er hilft ihr, die anstehende Besprechung strukturiert und zielbezogen zu führen. Daneben gibt es weitere Aspekte, auf die die Moderatorin achten sollte, um eine erfolgreiche Besprechung zu gestalten. Wir wollen an dieser Stelle einige davon erwähnen.
- **Genug Zeit für den Check-in** am Anfang einplanen. Gemeint ist der bewährte Small Talk zum Aufwärmen. Je seltener man sich sieht, umso länger sollte diese Phase dauern.
- **Jeder sollte beteiligt werden** und die Chance haben beizutragen. Das kann entweder durch direktes Nachfragen erfolgen oder durch geeignete Methoden (z. B. Gruppenarbeit).
- **Zeit- und Arbeitsplan sollte eingehalten werden.** Natürlich darf es auch mal Nebengespräche geben, aber der rote Faden darf nicht aus den Augen verloren werden.
- **Niemand darf die Gruppe dominieren.** Kommt es durch ein Teammitglied zu stark dominantem Verhalten (lange Monologe, immer wieder Unterbrechungen der anderen Redebeiträge), muss die Moderatorin intervenieren. Ein kurzes Feedback oder Erinnern an Spielregeln reicht meistens aus.
- Hin und wieder sollte ein **kurzes Blitzlicht** eingestreut werden (siehe Statusabfrage), in dem jeder zu Wort kommt und seine Meinung äußert. (In der Mitte des Meetings: »Wie zufrieden seid ihr im Moment mit dem Verlauf unserer Besprechung?« – Am Ende des Meetings: »Was sollten wir beim nächsten Mal anders machen?«)
- Das **Ergebnis** muss am Ende gesichert sein und es muss auf Vereinbarungen (Handlungsplan) hingearbeitet werden.

Die Moderatorin hat im Kern die Aufgabe, der Gruppe dabei zu helfen, zu Ergebnissen zu kommen. Aber auch das ist als gemeinschaftlicher Prozess zu verstehen. Die Moderatorin ist nicht allein für den Ergebniserfolg verantwortlich.

Auch die Teilnehmenden, sprich Folgenden, müssen mitziehen. Deshalb gibt es auch für sie einige Punkte, auf die sie achten können:
1. Der Folgende beteiligt sich aktiv an der Besprechung.
2. Er hält sich kurz und redet zum Thema.

3. Er hilft dabei, das Ziel nicht aus den Augen zu verlieren.
4. Die Folgende bringt sich in den Forschermodus und führt eine rationale Diskussion.
5. Sie unterstützt und ermutigt die Moderatorin.
6. Sie springt ihr zur Seite, wenn sie aus dem Moderationskonzept geraten sollte.

2.9.2 Shared Leadership im rationalen Dialog

Die zweite Fertigkeit, über die wir sprechen möchten, betrifft die Fähigkeit zur vernünftigen, rationalen Auseinandersetzung. Es wird bei Besprechungen und speziell in Entscheidungssituationen Momente geben, in denen es zu argumentativen, auch hitzigen Diskussionen kommen wird.

In solchen Diskussionen laufen viele Kompetenzen zusammen, die wir bereits erwähnt haben: gutes Zuhören, Fragen stellen, überzeugen, sich überzeugen lassen.

Rationale Diskussionen verstehen wir als einen Dialog zwischen Menschen, bei denen alle Beteiligten bereit sind, ihre Position begründet zu vertreten, aber auch zu ändern, wenn man auf bessere Argumente stößt. Die Bereitschaft, den eigenen Standpunkt aufzugeben, ist die Grundvoraussetzung für rationale Diskussionen. Was nicht heißt, dass man immer sofort klein beigeben muss oder es verboten ist, für den eigenen Standpunkt zu kämpfen. Es darf auch einmal emotional werden. In der Hitze des argumentativen Gefechts kann das schon passieren. Und das ist in Ordnung, solange man den Weg zurück in den sachlichen Dialog findet. Entweder, indem jede einfach wieder die Vernunft einschaltet oder indem irgendjemand an die Regeln der rationalen Diskussion erinnert. Welche Regeln das sind, wollen wir Ihnen an dieser Stelle aufzeigen. Einige davon sind uns beim Thema *Überzeugen* in Kapitel 2.5.1 bereits begegnet.

- Behaupte nichts, von dem du glaubst, dass es falsch ist.
- Sei bereit, für deinen Standpunkte Gründe oder Belege zu liefern (Argumente).
- Versuche in deinen Äußerungen möglichst klare Begriffe zu benutzen.
- Sprich zum Thema und schweife nicht ab.
- Halte dich kurz.
- Achte darauf, dass niemand ignoriert wird und jeder beitragen kann.
- Höre aufmerksam zu und verdrehe die Position deiner Diskussionspartnerin nicht.
- Stelle präzisierende Fragen (Präzisierungstrichter), wenn dir etwas unklar ist.
- Sei dir darüber im Klaren, wer die Beweislast in der Diskussion trägt.
- Mach es dem Diskussionspartner leicht, dir zu folgen (z. B. durch eine klare Struktur, eine anschauliche Sprache).
- Vermeide unfaire Taktiken oder Manipulationen.[87]
- Frag nach Beweisen oder Belegen, wenn du eine Behauptung deiner Diskussionspartnerin nicht ohne weiteres akzeptieren kannst.

- Werde nach Möglichkeit nicht emotional und benutze eine objektivierende Sprechweise.
- Wenn du emotional wirst, konzentriere dich wieder auf das Kernthema, schalte bewusst auf Fragen und Zuhören um und überlege, wo du mit deinem Diskussionspartner womöglich übereinstimmst.
- Greife nicht die Charaktereigenschaften der anderen Person an.
- Sei nicht dogmatisch. Die meisten Kontroversen haben mehr als eine Seite.
- Sei wohlwollend. Auch dein Standpunkt kann falsch sein.

Mit dieser Regelliste beanspruchen wir erneut keine Vollständigkeit. Es kann noch andere Leitlinien geben, damit wir vernünftig miteinander diskutieren. Die Regeln sollen lediglich einen groben Rahmen für rationale Dialoge abstecken. Wenn wir alle nur einige dieser Prinzipien beherzigen, werden sich viele argumentative Auseinandersetzungen als ein fruchtbares Gespräch herausstellen, in dem jede Seite etwas gelernt hat.

Warum unsere Diskussionen im Alltag oder Business oft auf pure Konfrontation hinauslaufen, hat viele Ursachen. Es kann in den verschiedenen Persönlichkeiten begründet sein, die einander begegnen, oder in unterschiedlichen Interessenlagen und Wertvorstellungen, die jede Diskussionspartei hat, oder aber auch in der Art und Weise, wie man der anderen Person entgegentritt. Typische Konfrontationsbeschleuniger sind dabei häufig die Momente in einer Diskussion, bei der man der anderen Person widerspricht und einen klaren Unterschied in den Meinungen zum Ausdruck bringt. Die Kunst besteht darin, Widerspruch auf konstruktive, respektvolle Weise zu formulieren. Aber wie widerspricht man in einer Diskussion nutzbringend und wertschätzend? Die Möglichkeiten wollen wir Ihnen zum Abschluss dieses Kapitels vorstellen.[88]

Begründet widersprechen

Die Grundstrategie ist einfach. Sie lautet: *Begründet* widersprechen. Immer dann, wenn ich anderer Meinung bin oder jemandem widersprechen möchte, so tue ich das, indem ich selbst eine Begründung heranziehe. Ich widerspreche also nicht einfach nur, sondern ich begründe zusätzlich, warum ich widerspreche.

Einwand + Begründung

Auch bei der Formulierung von Einwänden ist es wichtig, dass Gründe herangezogen werden, um Bedenken oder eine Gegenmeinung zu unterstützen. Je besser die Gründe, umso stichhaltiger der Einwand.

Max: Konflikte zwischen Teammitgliedern werden am besten dadurch gelöst, dass der Vorgesetzte eine Entscheidung trifft.

Moritz: Ich glaube, dass Konflikte durch die Einmischung des Chefs nicht immer am besten gelöst werden. Denn der Chef kennt die Situation der Mitarbeitenden nicht gut genug.

Die untersuchende Frage
Einwände lassen sich häufig sehr gut dadurch zum Ausdruck bringen, dass man eine Frage stellt, die auf einen kritischen Aspekt der anderen Meinung zielt. Der Vorteil von Fragen ist, wie wir bereits wissen: Sie haben einen untersuchenden und prüfenden Charakter. Sie sind weniger konfrontativ.

Max: Konflikte zwischen Teammitgliedern werden am besten dadurch gelöst, dass die Vorgesetzte eine Entscheidung trifft.

Moritz: Welche Belege gibt es denn aus deiner Sicht dafür, dass dies am besten ist? Und was heißt für dich in diesem Fall, dass ein Konflikt gelöst ist?

Relativierende Ich-Botschaft
Bei der Formulierung von Einwänden können relativierende Ich-Botschaften hilfreich sein. Man macht dadurch auf eindeutige Weise deutlich, dass es sich um eine subjektive Sichtweise handelt. Das nimmt einem Widerspruch die Schärfe.

Max: Konflikte zwischen Teammitgliedern werden am besten dadurch gelöst, dass der Vorgesetzte eine Entscheidung trifft.

Moritz: »Ich würde mir dabei Sorgen machen, dass die Mitarbeitenden sich nicht richtig an die Entscheidung gebunden fühlen.«

Gegenmeinung + Begründung
Die zweite Stoßrichtung besteht darin, seinen eigenen Standpunkt zu formulieren und diesen zu begründen.

Max: Konflikte zwischen Teammitgliedern werden am besten dadurch gelöst, dass die Vorgesetzte eine Entscheidung trifft.

Moritz: Ich bin eher der Meinung, dass die Teammitglieder zuerst selbst versuchen sollten, eine Lösung für ihren Konflikt zu finden. Denn dadurch sind sie stärker in der Verantwortung.

Bei Einwand + Begründung oder bei Gegenmeinung + Begründung ist es wichtig, auf zwei Dinge zu verzichten: *Strohmänner* und *Abwertungen*. Was ist darunter zu verstehen?

Einen Strohmann zu bauen, bedeutet, die Position des anderen zu übersteigern, sie einseitig zu überdrehen und zu verzerren, um sie dann leichter widerlegen zu können.

Max: Konflikte zwischen Teammitgliedern werden am besten dadurch gelöst, dass der Vorgesetzte eine Entscheidung trifft.

Moritz: Der Chef entscheidet diktatorisch, was zu tun ist und setzt seinen Willen durch. Das ist mit Sicherheit nicht sinnvoll.

Solche Strohmänner sind in der Diskussion nicht hilfreich. Sie verzerren den Standpunkt des anderen und führen zu einer Abwehrhaltung. Man sollte vielmehr das Gegenteil tun. Man benutze das Prinzip der Nachsicht und versuche, den Standpunkt des Diskussionspartners im besten Licht darzustellen.

Die Position des Gesprächspartners abzuwerten, bedeutet, ihn in der Diskussion nicht ernst zu nehmen und ihm den nötigen Respekt zu versagen.

Max: Konflikte zwischen Teammitgliedern werden am besten dadurch gelöst, dass der Vorgesetzte eine Entscheidung trifft.

Moritz: Diese Behauptung ist natürlich Schwachsinn und sie kann nur von jemandem kommen, der keine Ahnung vom Konfliktmanagement hat.

Durch diese abwertende Aussage hat Moritz wahrscheinlich gerade einen neuen Konflikt geschaffen. Beide Grundstrategien für kritische Diskussionen sind nicht für jeden bekömmlich. Manche Menschen reagieren empfindlich auf Einwände oder empfinden eine zu starke Konfrontation, wenn man seine eigene Meinung klar und deutlich vertritt.

Daher gibt es noch einige alternative, psychologisch geschickte Möglichkeiten, seine Gegenmeinung oder Einwände zu formulieren.

Kompliment + Meinung + Begründung

Bevor man seine Meinung äußert, spricht man dem Diskussionspartner ein Kompliment oder eine Anerkennung aus. Wichtig dabei ist: Es sollte nicht nur ein taktisches Manöver, sondern ernst gemeint sein.

Max: Konflikte zwischen Teammitgliedern werden am besten dadurch gelöst, dass der Vorgesetzte eine Entscheidung trifft.

Moritz: Das ist interessant, dass du diese Art Lösung bevorzugst. Ich bin eher der Meinung, dass die Teammitglieder zuerst selbst versuchen sollten, eine Lösung für ihren Konflikt zu finden. Denn dadurch sind sie stärker in der Verantwortung.

Ankündigen + Meinung + Begründung

Bei dieser Vorgehensweise bereitet man den Diskussionspartner darauf vor, dass gleich ein Widerspruch kommen wird. Der Vorteil: Die eigene Meinung klingt für die

Diskussionspartnerin nicht so schroff und abrupt. Andererseits wird eindeutig geklärt, dass man die Meinung nicht teilt.

- »Im folgenden Punkt möchte ich dir widersprechen, weil …«
- »Das sehe ich ganz anders, und zwar aus diesem Grund …«
- »Hier stehe ich auf einem völlig anderen Standpunkt. Den möchte ich dir gerne erläutern.«

Max: Konflikte zwischen Teammitgliedern werden am besten dadurch gelöst, dass der Vorgesetzte eine Entscheidung trifft.

Moritz: »In dieser Hinsicht bin ich ganz anderer Meinung wie du. Ich bin eher der Auffassung, dass die Teammitglieder zuerst selbst versuchen sollten, eine Lösung für ihren Konflikt zu finden. Denn dadurch sind sie stärker in der Verantwortung.

Zusammenfassung + Übereinstimmung + Unterschied (Meinung) + Begründung (Benjamin-Franklin Methode)

Diese Methode funktioniert auf folgende Weise: Man fasst zuerst die Äußerung der Diskussionspartnerin zusammen. Dann stellt man fest, wo man mit ihr übereinstimmt. Im Anschluss daran macht man klar, in welchen Bereichen man eine andere Meinung hat und wie man diese begründet.

Max: Konflikte zwischen Teammitgliedern werden am besten dadurch gelöst, dass die Vorgesetzte eine Entscheidung trifft.

Moritz: Du denkst, in Konflikten ist am ehesten die Vorgesetzte mit einer Entscheidung gefragt. Ich stimme dir zu, dass sie bei der Konfliktlösung auf jeden Fall beteiligt sein sollte. Was ich anders sehe, ist, dass sie in jedem Fall eine Entscheidung für die Konfliktparteien treffen sollte. Vielmehr sind die Mitarbeitenden selbst gefragt. Nur dadurch steigt die Verantwortung.

Sowohl-als-auch + Begründung

Ein klassischer Fehler ist, die Gegenmeinung immer konträr oder kontradiktorisch zur Meinung des Diskussionspartners einzustufen nach dem Motto *Entweder-oder*. Häufig können Meinungen nebeneinander gestellt werden nach dem Motto *Sowohl-als auch*. Bei der Sowohl-als-auch-Methode kann es nützlich sein, ein einschließendes Wir zu formulieren, um den Gedanken zu unterstützen, dass beide Parteien nicht wirklich einen Widerspruch haben.

Max: Konflikte zwischen Teammitgliedern werden am besten dadurch gelöst, dass der Vorgesetzte eine Entscheidung trifft.

Moritz: Entscheidungen des Vorgesetzten können sehr wichtig sein. Darüber hinaus sollten wir daran denken, dass es bei einer nachhaltigen Konfliktlösung entscheidend ist, dass die Konfliktparteien Verantwortung übernehmen. Eine aktive Mitwirkung der Mitarbeitenden ist daher aus meiner Sicht hilfreich.

Es ist – unsere Überzeugung – im Prinzip nicht schwer, anständig miteinander zu kommunizieren, zu diskutieren und in einen echten Dialog zu treten. Es kommt im Wesentlichen darauf an, dass man sich auf die Qualität der Argumente konzentriert und dabei – und das ist leider häufig der Casus knacksus – respektvoll miteinander umgeht.

Die rationale Debatte ist ein Ideal. Wir wissen nur zu gut, dass Emotionen, Biases und Taktiken Debatten beeinflussen und in eine bestimmte Richtung lenken können. Dennoch spielen rationale Debatten als Ideal ein wichtiges korrektives Modell, weil sie uns helfen, fair und objektiv zu vernünftigen Entscheidungen zu kommen. Es ist nicht unser Ziel, zum Roboter zu werden oder wie Spock aus Star Trek aufzutreten. Aber wenn wir gute Entscheidungen treffen wollen, dann müssen wir uns als vernünftige Personen auf Augenhöhe begegnen. Gleichzeitig muss jeder von uns bereit sein, in eine Führungsrolle zu gehen, wenn man die Notwendigkeit dafür sieht. Erfolg und Engagement stellen sich nur ein, wenn wir Initiative ergreifen, unsere Freiräume nutzen, Verantwortung übernehmen und dynamisch führen und folgen.

2.10 Take-Aways

1. *Shared Leadership*, der dynamische Wechsel von Führen und Folgen, erfordert spezifische Rahmenbedingungen, Kompetenzen, Methoden und Instrumente.
2. Eine Grundvoraussetzung für erfolgreiches *Shared Leadership* ist eine konstruktive Haltung dazu. Sie umfasst wichtige Kernannahmen: Menschen sind lern- und leistungsfähig. Sie wollen autonome Entscheidungen treffen. Sie bevorzugen eine Arbeitsumgebung, die von Sinn und Freude erfüllt ist.
3. Zur Umsetzung von *Shared Leadership* sind vier Handlungsräume entscheidend: der Vertrauensraum, der Leistungsraum, der Kompetenzraum, der Entscheidungsraum. Jeder dieser Handlungsräume spiegelt sich in charakteristischen Kommunikationskompetenzen und -methoden wider.
4. Im Vertrauensraum geht es darum, eine Arbeitsatmosphäre zu schaffen, die von psychologischer Sicherheit und Vertrauen geprägt ist. Um erfolgreich zu sein, müssen Menschen angstfrei miteinander arbeiten können.
5. Vertrauen zeigt sich in drei verschiedenen Ebenen: einem höflichen und freundlichen Umgang miteinander, Verlässlichkeit untereinander sowie Offenheit und Fürsorge füreinander.

6. Das entscheidende Instrument, um diese Stufen des Vertrauens zu schaffen, ist der gute Dialog. Der gute Dialog baut ganz fundamental auf klugen Fragen und aufmerksamem Zuhören auf. Im guten Dialog zeigt sich dynamisches Führen (Fragen stellen) und Folgen (aktives Zuhören) par excellence.
7. Fragen und Zuhören sind die Grundmethoden in zwei essenziellen Dialogformen, dem Small Talk und dem WIDL-Gespräch. Beim Small Talk geht es darum, eine Beziehung zur Gesprächspartnerin aufzubauen. Das Ziel des WIDL-Gesprächs ist es, die tieferliegenden Anliegen und Bedürfnisse des Dialogpartners zu verstehen.
8. Der Leistungsraum zielt auf Wertschöpfung für die (externen/internen) Kundinnen. *Shared Leadership* hilft, diesen Wertschöpfungsprozess optimal zu gestalten. Kernelemente sind eine präzise Kundenstrategie und agile Ziele.
9. Die Kundenstrategie umfasst eine inspirierende Vision, eine präzise Beschreibung der Kerndienstleistung, des Kundennutzens und der Kernkompetenzen. Ein nützliches agiles Zielsystem stellt OKR (*objectives and key results*) dar. Die besonderen Vorteile des OKR-Systems liegen in seiner Transparenz und seinen kurzen Feedbackschleifen.
10. Im Leistungsraum ist es wichtig, die Fähigkeit zu entwickeln, andere nachhaltig zu überzeugen. Gute Überzeugungsarbeit baut auf einer klaren Argumentationsstruktur, klaren Begründungen und einer anschaulichen und klaren Sprache auf. Ein guter Überzeuger hat dabei auch immer die Bereitschaft, sich überzeugen zu lassen oder in Verhandlungen einzutreten.
11. Die zweite wichtige kommunikative Fähigkeit im Leistungsraum besteht darin, sich gegenseitig aktiv und konstruktiv Feedback zu geben. Feedback fördert das Lernen und das gegenseitige Verständnis füreinander.
12. Der Kompetenzraum zielt darauf, die einzelnen Stärken der Teammitglieder zu nutzen und zu fördern sowie die eigene Selbstentwicklung voranzutreiben. Wichtig ist, die eigenen Stärken zu erkennen und einzusetzen. Zur eigenen Selbstentwicklung lohnt es sich, sein ganz persönliches Führungsverständnis, sprich Leadership-Ideal, zu entwerfen und umzusetzen. Das Leadership-Ideal gibt Antwort auf die Frage, welche Art von Leader man sein möchte, wenn man in der Rolle des Führenden ist. Es kann und sollte von einem Followership-Ideal begleitet werden.
13. Stoische Prinzipien können dabei helfen, die eigene Handlungsfähigkeit zu erweitern und Resilienz im täglichen Handeln zu entwickeln. Eine der wichtigsten Handlungsanleitungen ist zu erkennen, was im eigenen Kontrollbereich liegt und was nicht.
14. Ein zentrales Instrument im Kompetenzraum ist gegenseitiges kollegiales Coaching. Dieses Coaching ist idealerweise lösungsorientiert und nutzt die Ressourcen/Stärken des Kollegen, der gecoacht wird.
15. Die *Shared-Leadership*-Konferenz ist ein Besprechungsformat, bei dem geklärt wird, nach welchen Regeln *Shared Leadership* im Team gelebt werden soll. Es geht um die Fragen, wie man im Team eine Führungsrolle übernimmt, welche Entschei-

dungskompetenzen man in einer Führungsrolle besitzt und auf welche Weise man eine Führungsrolle wieder abgibt.

16. Der Kompetenzraum umfasst auch die Fähigkeit, Konflikte zu klären und zu einer einvernehmlichen Konfliktlösung beizutragen. Folgendes Konfliktlösungsmodell kann von jeder im Team genutzt werden: Ausgehend von den konträren Standpunkten werden Anliegen und Kernanliegen identifiziert und dann angesichts der bestehenden Rahmenbedingungen Lösungen entwickelt, die die Kernanliegen der beteiligten Parteien miteinander in Einklang bringen.
17. Der Entscheidungsraum zielt auf die Entscheidungsfähigkeit im Team. Dabei verbessert sich die Qualität der Entscheidungen, wenn man sich im Forschermodus befindet. Der Forschermodus besagt, dass Entscheidungen nach rationalen, überprüfbaren Gesichtspunkten getroffen werden, analog zu Forschenden, die im Rahmen der Theorienbildung wissenschaftlich gültige Methoden zur Untermauerung ihrer Erkenntnisse anwenden.
18. *Shared Leadership* unterstützt den Forschermodus, weil man sich im *Shared-Leadership*-Modell als gleichwertige Partner von Expertinnen und Business Professionals versteht, die Führen und Folgen aus der Dynamik der Situation und der Aufgabenstellung heraus gestalten.
19. Die Fähigkeit zu rationalen Entscheidungen wird gefördert, wenn man den Entscheidungsprozess entsprechend folgender Logik gestaltet: Entscheidungsfrage klären, Fakten sondieren, Kriterien festlegen, Optionen abwägen, beste Option auswählen, entschlossen handeln. Das soziokratische Entscheidungsmodell kann bei *Shared Leadership* besonders hilfreich sein, weil es ein Maximum an Beteiligung und Akzeptanz eröffnet.
20. *Shared Leadership* trägt dazu bei, Entscheidungsfallen vorzubeugen. Außerdem ist wichtig zu erkennen, dass Entscheidungen nutzlos sind, wenn sie nicht zu Handlungen führen. Ins Handeln zu kommen bedeutet, aktiv Verantwortung zu übernehmen.
21. Wenn man durch *Shared Leadership* jeden Tag aufs Neue erlebt, wie Kolleginnen eigenverantwortlich handeln, in Führung gehen und Verantwortung übernehmen, dann festigt sich durch diesen Prozess gegenseitiger Verstärkung das gemeinsame Anliegen, Führung tatsächlich zu teilen. Vorausgesetzt ist eine konstruktive Fehler- und Feedbackkultur, die ohne Schuldzuweisungen auskommt.
22. Um die Entschlussfreude im Team zu stärken, sind systematische und zielorientierte Meetings notwendig. Außerdem benötigt man eine rationale Diskussionskultur, in der Argumente ausgetauscht werden – nicht mit dem Ziel, sich durchzusetzen, sondern mit dem Ziel, das beste Ergebnis für die Kunden zu erreichen.

3 Shared Leadership im Unternehmen leben

Das größte Ideal, das beste Konzept, die überzeugendste Theorie ist nichts wert, wenn sich nichts davon in der Praxis wiederfindet. Deshalb fügen wir unseren Ausführungen noch diesen Blick in Organisationen und Unternehmen an, die auf die eine oder andere Art mit *Shared Leadership* experimentieren oder bewusst Elemente davon fördern.

Fallstudien zu verteilter Führung finden sich auch in der wissenschaftlichen Literatur. Explizit erforscht und beschrieben haben zum Beispiel Endres und Weibler, wie sich Führung und Zusammenarbeit in »interorganisationalen Netzwerken« gestaltet, die keine formale Führungsstruktur aufweisen[89]. Auch Werther hat ausgiebige Interviews geführt in Organisationen, die sich den Zielen und Ideen von geteilter Führung verpflichtet fühlen.[90]

Ein soziologischer Klassiker sind die Studien von Sofsky und Paris zu *Figurationen sozialer Macht*. Hier kann die Analyse einer selbstverwalteten Druckerei als Paradebeispiel geteilter Führung angesehen werden, auch wenn die Autoren nicht explizit auf das Konzept *Shared Leadership* zurückgreifen.[91] Zur Lektüre empfohlen ist unbedingt auch das Kapitel *Verteilen von Macht und Status* im Standardwerk des Organisationspsychologen Edgar H. Schein *Organizational Culture and Leadership*.[92]

Auch Schein bezieht sich nicht explizit auf das Konzept geteilter Führung, liefert aber eine mustergültige Gegenüberstellung eines Unternehmens mit Zügen geteilter Führung, Macht und Verantwortung (dem US-amerikanischen Technologiekonzern DEC) und einem Pharmaunternehmen (die Schweizer Ciba-Geigy), bei dem Formalisierung und Zentralisierung von Führung, Macht und Verantwortung prägend waren. Schein schreibt zu DEC:

> *»Macht leitete sich bei DEC von persönlichem Erfolg und einem Unterstützernetzwerk ab. Formaler Rang, Seniorität und das Tätigkeitsprofil hatten weniger Bedeutung als persönliche Eigenschaften und der berufliche Werdegang. Persönliche Eigenschaften wie die Fähigkeit zu verhandeln, zu überzeugen und durch Erfolge Bestätigung zu erlangen standen im Mittelpunkt. Das formale Status-System wurde bewusst abgewertet zugunsten der Annahme, dass jede und jeder das Recht habe zu partizipieren, seine Meinung zu äußern, gehört zu werden, gerade weil man davon ausging, dass gute Ideen von jedem kommen können. Wie erwähnt, galt: Weil niemand für schlau genug gehalten wurde, die Qualität der eigenen Idee zu bewerten, musste man immer die Zustimmung anderer, die für die Umsetzung der Idee gebraucht wurden, gewinnen, und jede und jeder hatte das Recht und die Pflicht, die Idee zu hinterfragen.«*[93]

Wie leben Unternehmen und Organisationen solche Ansätze im 21. Jahrhundert? Wir sehen es uns an.

3.1 Fallbeispiel: Greaterthan oder die Kraft der Initiative

Fast schon ein Labor für das wechselseitige Führen und Folgen im Modus von *Shared Leadership* ist die Netzwerkorganisation Greaterthan. Die Menschen, die sich diesem internationalen Kollektiv angeschlossen haben, vereint ein gemeinsamer Wille zur Veränderung unserer Arbeitswelt und eine gemeinsame Vision.

Ihr Ziel ist es laut Selbstdarstellung, bessere Organisationen, bessere Arbeitsumfelder und bessere Systeme zu schaffen. Das umfasst nach Überzeugung der Gründer dieser Netzwerkorganisation, dass

- jede und jeder das Recht hat, bei Entscheidungen mitzubestimmen, die Auswirkungen auf sie selbst haben.
- Wertschöpfung auf vielerlei, auch immaterieller Art geschieht, und geschaffener Wert fair und nachhaltig verteilt wird.
- Sorge füreinander und die Entwicklung als Mensch im Vordergrund der Zusammenarbeit stehen.
- Menschen Kreativität und Unternehmertum ausleben können.
- jede und jeder in Führung gehen und ihre oder seine Stärken ausspielen kann.

Greaterthan und seine Mitglieder entwickeln diese Praktiken innerhalb des eigenen Netzwerks, unterstützen aber auch Organisationen und Initiativen darin, diese neuen Praktiken von Führung und Zusammenarbeit in ihren Umfeldern zu etablieren und voranzutreiben. Eine der Gründerinnen von Greaterthan ist Francesca Pick.

Francesca Pick, die heute in Barcelona lebt, hat sich nach ihrem Studium an der Zeppelin Universität am Bodensee bewusst dafür entschieden, nicht in traditionellen, meist hierarchisch aufgestellten Organisationen zu arbeiten. Praktika hatten ihr vor Augen geführt, dass sich deren Vorstellungen von Arbeit, Karriere und Führung nicht mit ihren Idealen vertrugen. »Das fühlt sich einfach falsch an, wenn Strukturen darauf ausgerichtet sind, dass man eine Leiter hochklettert, oben angekommen, dann immer noch nicht gestalten kann und das System als solches sich nicht darum schert, ob etwas dem gesunden Menschenverstand entspricht und das Gute für alle fördert.«

In den Netzwerken, in denen Pick bislang mitgestaltet hat (vor Greaterthan gab es zwei weitere), soll das anders funktionieren. Führung soll nicht auf Jobbeschreibungen fußen, die Zusammenarbeit soll einen Wert für alle – vom Kunden über die Mitarbeitenden bis hin zu Umwelt und Gesellschaft – schaffen und Antrieb zur Zusammenarbeit soll aus innerer Motivation entstehen und nicht auf äußere Anreize wie Gehalt, Karriere oder Macht über andere zurückgehen.

Damit dreht sich bei Greaterthan fast alles darum, wer warum und wann die Initiative ergreift und für sein Vorhaben Mitgestaltende gewinnt. Denn einen Regelbetrieb, feste Teams und abzuarbeitende Routineaufgaben gibt es bei Greaterthan nicht. Eine in den vorangegangenen Kapiteln thematisierte Schlüsselkomponente von verteilter Führung ist daher bei dem internationalen Netzwerk, das derzeit aus 20 festen Mitgliedern und gut 50 projektweise kooperierenden Partnern besteht, intensiv reflektiert und erprobt: Ohne Menschen zu ermächtigen und zu ermutigen, die Initiative zu ergreifen und in Führung zu gehen, läuft bei Greaterthan nichts.

Der Prozess hierfür ist ausgefeilt – und ruht auf Haltungen, Skills und Rahmenbedingungen, wie wir sie für das Gelingen des wechselseitigen Führens und Folgens in vorigen Kapiteln bereits diskutiert haben.

Natürlich sind externe Anfragen immer Anlässe, Projekte aufzusetzen. Ideen und der Impuls, sie umzusetzen, können aber auch jederzeit in der alltäglichen Zusammenarbeit entstehen und angestoßen werden. Da die Netzwerkpartnerinnen aber die interne Entwicklung von Verbesserungen, neuen Beratungs-, Trainings- und Unterstützungsleistungen im Alltagstrubel nicht vernachlässigen wollen, findet bei Greaterthan zweimal jährlich online ein gemeinsamer Prozess statt, in dem Ideen priorisiert und Initiativen vorgeschlagen werden, die innerhalb von vier Monaten verwirklicht werden können.

Es folgt eine Phase der kollektiven Filterung und Verfeinerung der Initiativen, bei der vor allem Betroffene und Menschen, die Expertise zum Thema haben, Feedback geben (*advice process*). Im letzten Schritt werden den Initiativen detaillierte Budgets im Zuge eines *Collaborative-Funding*-Prozesses zugeordnet, der auf der eigens dafür entwickelten Plattform *Cobudget* stattfindet. Dank dieses Modells der partizipativen Budgetentscheidungen können alle Mitglieder mitbestimmen, aber müssen keinen Konsens finden. Maßgebend ist lediglich, dass eine Initiative ausreichend Unterstützung von Mitgliedern erhält. Das gesamte Prozedere nennt sich *hike*, um zu unterstreichen, dass sich alle für eine Zeitlang auf eine gemeinsame Reise begeben.

Die Messlatte, die sich über zahlreiche Initiativen herausgebildet hat und darüber entscheidet, ob ein Vorhaben angegangen wird, ist nach Francesca Pick die Antwort auf die Frage: Ist genügend Energie im Raum, die nahelegt, dass alle Beteiligten das zu einem guten Ende bringen? »Wenn dem nicht so ist, war die Idee vielleicht gut, aber passte noch nicht in die Zeit oder war noch nicht reif genug«, so Pick.

Was aber braucht es, damit diese Energie entsteht und Menschen es wagen, mit ihren Ideen voranzugehen, andere bereit sind, ihnen zu folgen und ein gemeinsames Ziel mit Freude und Energie über einen längeren Zeitraum verfolgt wird? Die Antwort von Francesca Pick lässt keine Zweifel: »Es braucht Führung und ein klares Bekenntnis zu Macht und Verantwortung.« Ein Bekenntnis, das gerade in Organisationen, die dem Ideal der Selbstorganisation und der Zusammenarbeit auf Augenhöhe verpflichtet sind, nicht selbstverständlich ist. Bei Greaterthan und Francesca Pick ist diese Überzeugung allerdings die Folge langer Jahre des Wirkens in eben diesen Zusammenhängen.

»Keine Führung ist eben nicht die Antwort auf die Herausforderungen, denen wir uns stellen«, betont Pick. Man müsse nur anders auf Führung, Macht und Verantwortung blicken. »Leadership ist keine Ressource, die sich verbraucht, weil einer Leadership ausübt und dann nichts mehr für andere übrig bleibt. So gesehen führt das Wort verteilte Führung in die Irre, denn dieser Ausdruck suggeriert ja genau das: Führung als Kuchen, den es aufzuteilen gilt.« Und sie ergänzt: »Gerade weil ich die Führung übernehme, motiviere ich andere, es bei anderer Gelegenheit auch zu tun.«

Überhaupt, so Pick, sei die wichtigste Voraussetzung für *Shared Leadership*, Führung und Macht zu entdramatisieren. »Wenn sich alle unter Führung vorstellen, man würde dabei unbedingt Macht über andere ausüben, dann wird Leadership zu einer Riesensache und hält viele davon ab, führen zu wollen.« Genauso verhalte es sich mit dem Mantra, Führung sei notwendigerweise etwas sehr Visionäres. »Nein, Führung zeigt sich in vielen, auch kleinen Dingen. Ich mache Vorschläge, ich erkläre etwas, ich unterstütze andere, damit es weitergeht.« Erst wenn auch diese Dinge bewusst als Leadership angesehen würden, steige die Bereitschaft aller, auch einmal erklärtermaßen Führung und Verantwortung für ein Vorhaben oder einen Teilschritt zu übernehmen.

Alles in allem gehe es in gelingenden Systemen des wechselseitigen Führens und Folgens nicht darum, »Leader zu sein«, sondern eher zur richtigen Zeit »Leadership auszuüben«. Führung, so Pick, dürfe bei *Shared Leadership* nicht zur Identitätsfrage werden.

Leadership bei Greaterthan auszuüben, bedeutet daher für Francesca Pick, sehr bewusst mit Ressourcen, die einem Einfluss verschaffen (Wissen, Können, Netzwerk, Budget), umzugehen. Dennoch gelte es, in Leadership eher einen »kollektiven Tanz aus Führen und Folgen« zu sehen als eine bedeutungsschwere Rolle, die einem Macht über andere verleiht. »Denn ohne Follower läuft nichts, die haben in diesem Tanz ebenso Macht und Verantwortung.«

Daraus folgt, dass sich die Kompetenzen und Instrumente, die es im *Shared Leadership* braucht, kaum mehr exklusiv der Leader- oder der Followerrolle zuordnen lassen. Für Pick geht es darum, dass alle bereit und in der Lage sind,

- sich permanent zu hinterfragen,
- interessiert und tiefgehend anderen zuzuhören und sie aktiv einzubeziehen,
- sich selbst weiterzuentwickeln,
- auch kritische Dinge anzusprechen,
- die Richtung vorzugeben,

- Grenzen zu setzen und
- fortwährend abzuwägen, wann der richtige Zeitpunkt ist, mehr Initiative zu ergreifen und mehr Verantwortung zu übernehmen oder sich zurückzunehmen, intensiver zuzuhören und besser anderen die Führung zu überlassen.

Was den organisationalen und kulturellen Rahmen anbelangt, innerhalb dessen wechselseitiges Führen und Folgen gelingt, hat Francesca Pick diese Empfehlungen parat.

1. **Eine Kultur geprägt von Vertrauen und psychologischer Sicherheit ist eine wichtige Voraussetzung für *Shared Leadership*!** Andernfalls wird niemand ohne Not oder Aufforderung die Initiative ergreifen wollen.
2. **Es braucht Ermutigung und die Einladung dazu, in Führung zu gehen!** Greaterthan hat mit dem Hike-Format hierzu ein eigenes Herangehen geschaffen.
3. **Es bedarf der Übung, um in exponiertere und verantwortungsvollere Leadership-Aufgaben hinzuwachsen!** Allein die Moderation einer partizipativen Budgetierungsrunde oder ein kleines internes Projekt bereiten darauf vor.
4. **Alle müssen bereit dazu sein, immer offen und klar über Führung zu reden!** Zumal Diskussionen rund um Leadership, so hat Pick beobachtet, oft tabuisiert werden. Rollen und Aufgaben müssen geklärt werden, schon allein, um transparent zu machen, wann Erwartungen nicht erfüllt werden oder sich Lücken auftun, in die andere hineinstoßen können und sollen.
5. **Leadership muss mit Verantwortung einhergehen!** Wer Führung übernimmt, muss auch Verantwortung übernehmen. Die Richtung vorgeben, andere anleiten, Entscheidungen treffen, ohne für die Folgen selbst geradezustehen, darf nicht als Führung gelten.
6. **Fehler dürfen gemacht werden!** Allerdings muss man aufrichtig zu ihnen stehen und konstruktiv mit ihnen umgehen. Fehler sind Lernchancen und die Möglichkeit, dass sie passieren, darf niemanden abschrecken, in Führung zu gehen und Verantwortung zu schultern.

Zu guter Letzt hat die Praxis verteilter Führung bei Greaterthan noch zu einer Erkenntnis geführt, die bislang in der Theorie wie in Praktikerkreisen wenig diskutiert wird. Francesca Pick nennt es den »Fluch des Tun-Müssens« (*tyranny of do-cracy*) und meint damit: Weil in lebendigen Systemen der verteilten Führung gute Ideen immer auch die Frage aufbringen, wer diese Ideen federführend mit anderen umsetzen würde, besteht die Neigung, sich mit Vorschlägen und Initiativen sogar zurückzuhalten. Das aber dürfe nicht sein. Deshalb haben sie bei Greaterthan nun Austauschrunden geschaffen, in denen gerade diese Frage nach Führung und Umsetzung erst einmal tabu ist.

Alles in allem zeigt sich: Auch im sechsten Jahr seines Bestehens hat Greaterthan nichts an Dynamik und Zusammenhalt eingebüßt, was für Netzwerkorganisationen die wichtigste Grundlage für Erfolg darstellt. Das Projektaufkommen wächst, die Mittel, die in rein interne Verbesserungsvorhaben fließen, konnten verdoppelt werden und die Absicherung der Beteiligten, was ausbleibende Projekterlöse oder Kompensation bei Elternzeit oder Krankheit anbelangt, wurden hochgefahren.

3.2 Fallbeispiel: Viisi oder der Primus inter Pares

Die niederländische Beratungsgesellschaft für Immobilienfinanzierung Viisi mit Sitz in Amsterdam könnte eine recht herkömmliche Vertreterin ihrer Branche sein. Schließlich weist das Geschäft der Kreditvermittlung viel Tradition auf, folgt seit Jahrzehnten sehr strengen Regeln und schultert dabei große Verantwortung gegenüber Bauherren oder Immobilienkäuferinnen, die sich ihre Träume fremdfinanzieren.

Viisi aber operiert alles andere als herkömmlich – und das liegt an seinen Gründern, hier insbesondere Tom VAN DER LUBBE. Der studierte Historiker und Politikwissenschaftler ist geprägt von seiner Befassung mit Fragen, wie sich Staaten und das Gemeinwesen organisieren. »Ich sehe mich eher als einen institutionellen Denker denn als klassischen Unternehmenslenker«, sagt der ehemalige Consultant einer großen deutschen Vermögensberatung, der sein Beraterhandwerk ursprünglich bei der Unternehmensberatung McKinsey gelernt hat. Für ihn ist klar, dass unser Verhalten nichts so sehr prägt wie der Rahmen, den wir uns und unseren Handlungen geben.

Doch noch etwas hat VAN DER LUBBE dazu bewogen, anders nachzudenken über Führung und Zusammenarbeit und damit auch über die Art, wie er sein im Jahr 2010 gegründetes Unternehmen aufstellt. Tom VAN DER LUBBE wurde 1988 auf Krebs diagnostiziert – mit einer Überlebenswahrscheinlichkeit von 20 Prozent. Dass er die klassische Wertehierarchie der Wirtschaft in seinem Unternehmen auf den Kopf stellt, ist auch hierin begründet.

Bei Viisi gilt der Grundsatz: »Der Mensch zuerst. Dann der Kunde. Zuletzt der Gesellschafter und Geldgeber.« (»People first. Customer second. Shareholders last.«) »Als Gründer haben wir immer daran geglaubt, dass wir zufriedene Kunden haben werden, wenn die eigenen Mitarbeiter zufrieden sind und wenn sie autonom entscheiden können, was für den Kunden die sinnvollste Lösung ist«, erzählt VAN DER LUBBE. »Wenn die Kunden zufrieden sind und die Firma erfolgreich ist, dann wird sich das automatisch auch positiv für die Aktionäre auswirken.«

Selbstorganisation ist bei den Finanzierungsberatern das oberste Gebot. Das bedeutet, dass so dezentral wie möglich entschieden wird, wie man die Arbeit am besten erledigt. Klassische Funktionen oder Titel gibt es nicht. Alle nennen sich Viisionaire, die zu leistende Arbeit haben sie in unterschiedliche Rollen aufgegliedert. Jeder Viisionair übernimmt eine gewisse Anzahl von Rollen. Die Rollen sind Aufgaben mit klar definierter Verantwortung, sie werden im Team gemeinsam untereinander verteilt.

Die Bezahlung ist abhängig davon, in welchem Team oder in welchem Bereich man tätig ist. Ihre Höhe ist an Marktpreisen orientiert. Sie steigt automatisch mit der Betriebszugehörigkeit. Sie ist bewusst und konsequent entkoppelt von allen Fragen von Leistung und Verhalten, da Leistung nach Auffassung der Gründer am besten auf täglicher Basis im Team selber adressiert wird und Feedback von direkten Kolleginnen viel wirkungsvoller ist als Feedback von einem Manager, der die eigentliche Arbeit gar nicht macht. Das Gehaltsmodell soll dagegen Sicherheit bieten, sowohl kurz- wie langfristig. Wer bei Viisi anheuert, weiß von Jahr zu Jahr genau, was er zu welchem Zeitpunkt verdienen wird.

Damit ist eine Grundlage geschaffen für das vielleicht wichtigste Prinzip im Alltag der niederländischen Berater und ihrer Kolleginnen im Rechnungswesen, im Personalbereich und so weiter. Führung wird nicht an Positionen geknüpft, trägt keine Züge von Überordnung und ist befreit von aller Bürokratie, die mit Führung in traditionellen Unternehmen einhergeht. Zudem wechselt Führung turnusmäßig. Wer bei Viisi in welchem Bereich oder welcher Aufgabe auch immer führt, tut dies als Erster unter Gleichen oder, wie der Historiker Tom VAN DER LUBBE es nennt, als Primus inter Pares.

Führung bei Viisi ist eine Aufgabe, die an einer Rolle hängt, in die man für ein halbes Jahr hineingewählt wird. Das gilt für die Sprecherin im Team der Geschäftsleitung genauso wie für Führungsrollen in Fachbereichen oder in Beratungsteams.

Das System ist an Organisationsmodelle der sogenannten Soziokratie und Holakratie angelehnt.[94] Führungsrollen bei Viisi weisen gegenüber klassischen Führungsrollen zwei Besonderheiten auf:

- Es gibt nicht nur eine definierte Führungsrolle in Teams und Vorhaben, sondern die klassische Führungsrolle ist aufgeteilt in vier Rollen.
- Manche dieser Führungsrollen würden aus dem Blickwinkel klassischer Führungs- und Organisationsprinzipien gar nicht als Führungsrolle angesehen werden.

Die vier in jedem Team und Vorhaben zu besetzenden Führungsrollen sind:

1. Die oder der **Lead Link**. Eine Rolle, die dem klassischen Chefverständnis noch am nächsten kommt. In dieser Rolle muss die gewählte Person ein halbes Jahr lang dafür Sorge tragen, dass Beschlüsse im Team gefasst, mit anderen im Unternehmen abgestimmt und für das eigene Team oder Vorhaben nötige Ressourcen beschafft werden.
2. Die oder der **Rep Link**. Diese Person vertritt das Team, seine Anliegen in anderen Zirkeln, hier insbesondere im Zirkel des obersten Managementteams (Rep steht für *representative*). Diese Rolle ähnelt damit in ihren Aufgaben der des Lead Links – und das ist gewollt. Gerade diese Doppelung führt zu konsequenteren Absprachen und Klärungen auch innerhalb des Teams oder Projekts (*checks and balances*).

3. Die oder der **Facilitator** (Moderator). Eine Rolle, deren immenser Führungsgehalt oft gar nicht erkannt wird. Diese Person muss ein halbes Jahr lang alle Zusammenkünfte moderieren, bei Interessenkonflikten vermitteln, für Ergebnisse und nicht zuletzt auch für effektive Zusammenarbeit sorgen.
4. Die oder der **Secretary**. Diese Person würde schon allein aufgrund ihres Titels und ihrer Rollenbeschreibung in klassischen Organisationen nicht als führungsrelevant angesehen. Doch auch in dieser Rolle wird geführt und über die Richtung bestimmt. Denn was wie protokolliert wird, entscheidet darüber, was gilt. Der Akt, etwas in Worte zu fassen und einem Beschluss seine letzte Gestalt zu geben, ist – und das wissen auch Menschen in traditionellen Organisationen – durchaus ein Ausdruck von Macht und Führung. Auch hier muss eine Gruppe hinter Formulierungen, Zuspitzungen und Interpretationen gebracht werden.

Dieser institutionelle Rahmen verändert nicht nur Haltung und Handeln mit Blick auf Führung und Zusammenarbeit. Er sorgt auch dafür, dass Führung entdramatisiert, auf Augenhöhe gelebt und konsequent durchgewechselt wird. Gerade letzteres ist für Tom VAN DER LUBBE besonders wichtig: »Die Grundidee ist, dass alle Kolleginnen und Kollegen alle Rollen reihum übernehmen, auch die koordinierende. Es gilt: Rotation vor Erfahrung! Nicht die Person, die die meiste Erfahrung in einer Rolle hat, soll die Rolle übernehmen. Sondern jeder soll reihum in jeder Rolle einmal Verantwortung tragen.«

Damit ist das rollierende System der Führung bei Viisi auch ein großes Übungs- und Trainingsfeld. Alle sind angehalten, sich in Sachen Führung und Zusammenarbeit fortzuentwickeln und besser zu werden. Sie gewinnen ein besseres Verständnis für die Herausforderungen in den einzelnen Rollen und verinnerlichen, dass das Führen und Folgen eine Gemeinschaftsleistung ist. Diese Praxis hat auch geholfen, eher zurückhaltenden, introvertierten Kolleginnen und Kollegen Führungsaufgaben schmackhaft zu machen. »Gerade Frauen neigen dazu, sich mit Blick auf Führung zu unterschätzen und eher zurückzunehmen. Diese Scheu hilft unser System zu überwinden«, so VAN DER LUBBE.

Damit gilt für Führung bei Viisi ganz allgemein: »Leadership bedeutet unserem Verständnis nach in erster Linie, Verantwortung für die eigenen Rollen zu übernehmen und erst in zweiter Instanz eine Tätigkeit, in der koordiniert oder angeleitet wird. Wir sehen Führung als etwas, das wir nicht anders leben, als wir es in der Familie oder im Freundeskreis täten. Dort gilt: Wo Leadership gebraucht wird, muss Leadership gezeigt werden.«

Die wechselnden Führungsrollen, da sind sich die Gründer sicher, machen das Unternehmen beweglicher. »Man ist weniger verhaftet in einem strikten hierarchischen Organigramm und es ist einfacher, Wachstum zu meistern und Krisen zu bewältigen«, so Tom VAN DER LUBBE. »Die kontinuierlichen Wechsel helfen uns zudem, mit jedem neuen Turnus besser zu werden und unseren Horizont zu erweitern.«

Was aber braucht es, damit dieses System des wechselseitigen Führens und Folgens im Alltag auch gelingt? Tom VAN DER LUBBE nennt folgende Aspekte:

1. **Der Wille, autonom zu arbeiten** und für sich und seine Aufgaben Verantwortung zu übernehmen, ist das A und O.
2. **Freiwilligkeit ist das oberste Prinzip.** Alles Handeln muss aus innerem Antrieb heraus geschehen und eben nicht über Führungszulagen, Boni oder Statusfragen incentiviert werden.
3. **Rollen und Verantwortlichkeiten sind klar definiert** und für alle ersichtlich. Dadurch werden Probleme, Reibungsflächen und Ineffizienzen leichter besprechbar.
4. **Nähe und Verständnis füreinander sind unentbehrlich.** Wer Rollen durchwechseln will, Arbeit und Aufgaben gerecht und angemessen verteilen will (die private Situation muss hierbei mitgedacht werden), muss im Gegenüber den ganzen Menschen sehen, seine Situation möglichst umfassend einschätzen und ihm vertrauen.

Und was haben sie bei Viisi über die Jahre in ihrem System des wechselseitigen Führens und Folgens gelernt? Tom VAN DER LUBBE zählt diese Punkte auf:

- **Man muss keine Haltung künstlich herbeiführen.** Neue Mitarbeitende passen sich automatisch an das System an, so wie man sich in anderen Organisationen auch an die jeweilige Kultur anpasst. Die Haltung ändert sich allein dadurch, dass man im System der verteilten Führung agiert und die Regeln und Rollen beachtet.
- **Angst davor, aufgrund von *Shared Leadership* schwerfälliger zu werden, ist unbegründet.** Im Gegenteil. Meetings, Entscheidungen und Absprachen laufen mit der Zeit routinierter und zielorientierter. Die Qualität der Zusammenarbeit, die Übernahme von Verantwortung und die Bereitschaft, sich einzubringen, steigen.
- **Der Vernunft der Gruppe kann man vertrauen.** Gerade in der Coronakrise und dem sich anschließenden Ukraine-Krieg, die sich beide auch massiv auf das Viisi-Geschäft auswirkten, erwies sich das System als robust und mitdenkend. In diesen Notsituationen zeigte sich, dass die Teams automatisch die Arbeit neu verteilen, wenn sich die Umstände ändern. So wurde zum Beispiel auch der Grundsatz *Rotation over Experience* verworfen. Die Teams wählten stattdessen jene Kolleginnen in die entsprechenden Rollen, für die diese die meiste Erfahrung mitbrachten.
- **Das Thema Führung verschwindet mit der Zeit ganz hinter Fragen der Zusammenarbeit.** »Wenn uns etwas gelingt, kann meist niemand genau sagen, auf wessen Führungsleistung das jetzt zurückgeht – zumal ja ohnehin immer alle führen und folgen. Es interessiert ehrlich gesagt auch keinen, viel relevanter ist der gemeinsame Erfolg«, so Tom VAN DER LUBBE.

Das Herangehen der Viisi-Gründer zahlt sich aus. In den Niederlanden ist das Unternehmen viermal hintereinander als *Great Place to Work* ausgezeichnet worden, im europäischen Wettbewerb gelangten die Berater aus Amsterdam im Jahr 2021 auf Platz 1. Kundinnen bescheinigen Viisi auf einer Skala von 1 (sehr unzufrieden) bis 10 (sehr zufrieden) mit dem Durchschnittswert 9,8, dass sie sich bestens betreut und aufgehoben fühlen. Dass sie als Kundinnen in der internen Wertehierarchie von Viisi nur auf Platz 2 nach den Mitarbeitenden rangieren, tut ihrer Zufriedenheit keinen Abbruch. Eher gilt das Gegenteil: *People first* und der Grundsatz *Primus inter Pares* scheinen sich auf die Leistung und das Kundenerlebnis in der Tat positiv auszuwirken.

3.3 Fallbeispiel: Atruvia oder das Nebeneinander von Tribe und People Lead

Partizipation und gemeinschaftliche Verantwortung haben nirgends so viel Tradition wie in der Welt der genossenschaftlich organisierten Wirtschaftsunternehmen. Wenig verwunderlich daher, dass die Verantwortlichen des IT- und Digitalisierungsdienstleisters der Genossenschaftsbanken Atruvia AG mit Sitz in Karlsruhe sich 2020 auf diese Grundsätze besannen. Damals beschlossen sie, die Arbeitswelt und Führungsstruktur im Unternehmen den Herausforderungen einer immer komplexeren, sich schnell wandelnden Wirtschaftswelt anzupassen. Immerhin 5.000 Mitarbeitende sind davon betroffen.

Das Unternehmen setzt dabei bewusst auf geteilte Führung. In einem Beitrag für das Onlineportal der Zeitschrift Human Resource Manager erklärt Personalvorstand Jörg Staff: »In stark wissensverarbeitenden Industrien funktioniert es nicht mehr, alles Wissen, alle Skills und Fähigkeiten zur Führung in einer Person zu vereinen. Wir sprechen daher von *Shared Leadership*. Geteilte Führung funktioniert ähnlich wie in einer guten Jazzband und kann zu ebenso großartigen Resultaten führen – allerdings nur, wenn das Mindset und die Rahmenbedingungen stimmen.«[95]

Genau hier setzt Marc Wagner an. Er ist als Senior Vice President und Lead für das Servicefeld *MitarbeiterExperience* (#MaX) bei Atruvia für die Etablierung einer ganzheitlichen Employee Experience und Umsetzung einer agilen Arbeitswelt verantwortlich. Im Zentrum der Transformation der Atruvia in agile Strukturen steht ein Organisationsmodell, das auf die Trennung von fachlicher und personenbezogener Führung setzt. In jedem Team gibt es, angelehnt an das Führungsmodell des schwedischen Musikstreaming-Anbieters Spotify, einen *Tribe Lead* (englisch *tribe, Stamm, Gruppe*) und einen *People Lead.*

Der Tribe Lead im Team oder Bereich ist für das jeweilige Produkt beziehungsweise Service und Ergebnis zuständig. Er kümmert sich um die Budgetplanung und Qualitätssicherung und trägt die fachliche Gesamtverantwortung für die Wertschöpfung in Richtung Kundin. Der People Lead setzt die Rahmenbedingungen für erfolgreiches Arbeiten, kümmert sich um die persönliche und fachliche Weiterentwicklung der Teammitglieder und ist Coach, Feedbackgeber und Mediator in einem.

Das bewirkt in mehrfacher Hinsicht ein Umdenken und eine Haltungsänderung mit Blick auf Führung und Zusammenarbeit bei Atruvia:

- Die Doppelspitze demonstriert, dass Führung sich sehr wohl teilen lässt und lebt für alle sichtbar vor, wie das gelingen kann.
- Die Verteilung von fachlicher und personenorientierter Führung auf zwei Personen ermöglicht es den Rolleninhaberinnen, in ihre herausfordernden Führungsaufgaben tiefer einzutauchen, als es jene traditionellen Führungskräfte könnten, die beide Aufgabenbereiche in sich vereinen.
- Die Arbeit mit Menschen, ihren Bedürfnissen, ihren Potenzialen und Wünschen wird durch die prominente Besetzung mit einer nur dafür zuständigen Führungsrolle aufgewertet und als wichtiger Bestandteil von Führung ins Bewusstsein gerückt.
- Das Unternehmen kann kontinuierlich an der Veränderungsfähigkeit der Mitarbeitenden und der Weiterentwicklung des internen Betriebssystems arbeiten.
- Der Wert von Expertise – sei es in der businessorientierten Produkt- und Serviceentwicklung, sei es in der menschenorientierten Personal- und Organisationsentwicklung – rückt stärker in den Fokus, wenn es darum geht, wer welche Art von Führungsaufgabe übernehmen sollte.

Gerade der zuletzt genannte Aspekt führt auch zu einer weiteren Anpassung im Organisationsdesign gegenüber klassischen Führungssystemen. Bei Atruvia können reine Fachexpertinnen bis in die Ebene unterhalb des Vorstands aufsteigen und dort auf Strategie und Geschäftsentwicklung einwirken. Das ist in traditionellen Unternehmen in der Regel jenen vorbehalten, die klassische Managerkarrieren in der Kombination aus Bereichs- und Personalverantwortung durchlaufen.

Doch bereits das Zusammenspiel von Tribe Lead und People Lead hält Hürden bereit, die es zu überwinden gilt. Marc Wagner nennt die Folgenden:

- **Das Zusammenspiel der beiden muss gelingen** und als positives Modell für geteilte Führung wahrgenommen werden. Das bedingt, dass sowohl People Lead als auch Tribe Lead sich in die Aufgaben und Herausforderungen des anderen hineindenken und lernen, dessen Sprache zu sprechen.
- **Beide Rollen müssen als gleichwertig angesehen und auch so behandelt werden** (was zum Beispiel auch eine Angleichung im Gehalt nach sich zieht).
- **Diese Rollenteilung muss** vor dem Hintergrund, dass Führung über Jahrzehnte hin in nur einer Hand lag, von allen Beteiligten **akzeptiert und für gut befunden werden.**

- **Es gilt klarzumachen, dass geteilte Führung nicht weniger, sondern sogar mehr Führung bedeutet** – und damit auch die Bereitschaft aller Beteiligten erfordert, gleich zwei Führungspersonen in ihren Gebieten zu folgen.
- Über diesen internen Transformations- und Umgewöhnungsprozessen darf nicht der **Blick auf die Anforderungen von Kundinnen- und Marktseite** verloren gehen (worauf der Tribe Lead in der Anfangsphase besonders achten muss).

Damit hat sich Atruvia nicht vollständig vom klassischen Managermodell verabschiedet. Die IT-Dienstleister haben aber mit der Doppelspitze aus Tribe und People Lead die Erwartungen an das Verhalten von Managern, die alleinverantwortlich agieren, verändert. So sagt Marc Wagner, der als Senior Vice President am Ende des Tages doch verantwortlich für alles ist, was in seinem Bereich *MitarbeiterExperience* passiert: »Wenn es irgendwo knallt, halte ich als Verantwortlicher natürlich den Kopf hin. Meine wichtigste Aufgabe ist es aber, in meinem Bereich für Vertrauen und Zusammenhalt zu sorgen, Impulse zu geben, Barrieren abzuräumen und die Kolleginnen und Kollegen machen zu lassen.«

Ob das gut funktioniert, erkennt Marc Wagner daran, dass in Teamrunden mit externen Gästen ihn diese nicht mehr als Verantwortlichen identifizieren. »Eines meiner größten Projekte, die Schaffung unseres neuen New-Work-Arbeitsumfelds samt gelebter, neuer Arbeitskultur sowie unser unternehmensweites Total-Workforce-Management-Projekt, haben zwei Mitarbeitende ohne formale Führungsposition vorangetrieben. Die beiden hatten von mir nicht mehr als ein, zwei Ideen mitbekommen. Alles Weitere haben sie selbst in die Hand genommen«, berichtet Wagner. »Es gab Runden, da wurden ich und andere zu unseren fähigen Chefs beglückwünscht.«

Auf dieser Basis darf Atruvia hoffen, Schritt für Schritt dem Ideal nahezukommen, dass Menschen unabhängig von Position und Jobfunktion immer dann, wenn es ihnen nötig erscheint, die Initiative ergreifen, Verantwortung übernehmen, Wege und Lösungen gestalten und dafür Mitmachende gewinnen. Da es neben der Änderung im Organisationsdesign und dem Vorbild der geteilten Führung zwischen Tribe und People Lead noch des Erwerbs neuer Skills bedarf, setzt Atruvia auf Trainings zu Führung und Zusammenarbeit, die alle im Unternehmen durchlaufen.

»Der Weg zu Shared Leadership ist eine Lernreise, die wir mit eigenen Formaten unterstützen«, betont Marc Wagner. Man folge dem Grundsatz »Leadership geht alle an« und bietet für alle neu geschaffenen Rollen spezifische Lernreisen und Formate an, um nicht nur die erforderlichen Fähigkeiten zu erlernen, sondern direkt aktiv mit Kollegen und Kolleginnen anzuwenden.

Die Reise zu einer neuen Kultur des Führens und Folgens hat bei Atruvia erst begonnen. Marc Wagner macht sich keine Illusionen, dass noch einige Etappen vor ihm und seiner Organisation liegen. »Wir müssen insbesondere noch besser davon wegkommen, dass Menschen in Jobfunktionen und klassischen Karrierepfaden denken.« An ihre Stelle sollten Überlegungen treten, in welchen Rollen und Projekten man den besten Nutzen für das Unternehmen und sich selbst erzielen könne.

Über Zufriedenheit, Ansehen und Erfolg jeder Einzelnen dürfe nicht entscheiden, ob der Aufstieg in der formalen Hierarchie gelingt. »Sich fachlich und persönlich weiterzuentwickeln und bei allem, was ich bei Atruvia tue, bestmöglich Wirkung zu entfalten: Darum muss es gehen.« Dieser Wandel im Denken und in der Gestaltung der nötigen Rahmenbedingungen ist gewaltig. Aber Atruvia hat ihn angepackt.

Die Belegschaft scheint das zu honorieren. So ist beispielsweise die Weiterempfehlungsrate in den letzten zwei Jahren auf mehr als 90 Prozent gestiegen. Auch die Zufriedenheitswerte der Mitarbeitenden haben sich im Vergleich zur Zeit vor der Transformation massiv verbessert. Und auch am Arbeitsmarkt zahlt sich die Transformation aus – mit einer kununu-Bewertung von 4,5 in 2022 (gegenüber 3,8 in 2019) zählt Atruvia mittlerweile zu den Spitzenunternehmen im IT-Bereich.

Dazu trägt nach Marc Wagner nicht zuletzt die intensive Begleitung der Mitarbeitenden bei ihrer jeweils ganz persönlichen Transformationsreise durch die People Leads bei.

3.4 Fallbeispiel: cosee oder die Magie sozialer Dichte

Wenn jemand prädestiniert scheint für *Shared Leadership*, dann sind es die Softwareentwickler der cosee GmbH aus Darmstadt. Die stetig wachsende Softwareschmiede mit heute circa 50 Mitarbeitenden baut digitale Produkte wie Web Apps oder Mobile Apps mit und für Kunden diverser Branchen.

In Sachen Führung seien die Darmstädter allerdings recht konventionell gestartet, erzählt Mitgründer, Gesellschafter und Chief Technology Officer Konstantin Diener: »Wir drei Gründer haben alles entschieden, von den Einstellungen und Gehältern über Technologiefragen, Produktaspekte bis hin zu Arbeitsorganisation und Budgetfragen – weil wir es nicht besser wussten und anders kannten. Wir hatten einen beruflichen Hintergrund als Forscher und IT-Berater und haben uns an dem orientiert, was man so über Unternehmensführung weiß und hört.« Doch das führte schnell in die Sackgasse. Das Unternehmen wuchs und damit wuchsen auch die Aufgaben. Die drei Gründer erwiesen sich immer öfter als Flaschenhals. Sie entfernten sich zunehmend vom Alltagsgeschäft und liefen Gefahr, schlecht informierte Entscheidungen zu treffen. Zudem waren da Mitarbeitende, die gestalten wollten und ohnehin in der täglichen Auseinandersetzung mit anspruchsvollen Kundinnen ihre Führungs- und Gestaltungskraft in den Projekten beweisen mussten.

»Wir begannen daher bald, Führung auf Rollen zu verteilen«, erinnert sich Konstantin Diener. Pate stand das in der Softwareentwicklung weit verbreitete und ausgiebig erprobte Scrum-Modell, das cosee im Einklang mit den eigenen Bedürfnissen erweitert hat.

Eine dieser Rollen ist der Product Owner. Diese Person sorgt bei cosee für die fachliche beziehungsweise inhaltliche Führung. Darunter fällt, dass das Ziel im Blick bleibt, Prioritäten gesetzt werden, nichts in Vergessenheit gerät und das Team die Probleme und Bedürfnisse der Nutzer versteht und dafür zielgerichtet das passende Produkt baut.

Neben den Product Ownern übernehmen auch die Scrum Master Führungsaufgaben. Die Person, die diese Rolle innehat, ist für das Team da, hilft Hindernisse zu beseitigen, konzipiert und moderiert in der Regel die Team-Retrospektiven, organisiert und begleitet zweiwöchentliche Entwicklungsgespräche mit den Teammitgliedern und wacht über den Probezeit- und den Bewerbungsprozess. Die ergänzende Bezeichnung *Servant Leader* beschreibt es treffend.

Das Team selbst soll in diesen Strukturen bestmöglich eigenverantwortlich und selbstorganisiert mit den Kunden großartige digitale Produkte entwickeln. Auch soll es die gemeinsam vereinbarten Vorhaben in zweiwöchentlichen Arbeitsphasen (*sprints*) verlässlich und in hoher Qualität verwirklichen. Enger Austausch in täglichen Kurzbesprechungen (*daily scrum*) sowie eine Rückschau nach Abschluss einer Arbeitsphase (*retrospective*) sorgen dafür, dass Absprachen überprüft, Probleme diskutiert und beseitigt werden und die Gruppe zusammenwächst.

Allein diese Arbeitsweise stellt neue, andere Anforderungen an Führung und Zusammenarbeit. Arabella Berger, die bei cosee eine von derzeit sechs Scrum Mastern ist, betont: »Wir legen Wert darauf, dass jeder Mitarbeiter Verantwortung übernimmt und diese aktiv angeht. Führung ist bei uns daher nichts, das einem auferlegt wird, sondern etwas, das man im Rahmen seiner Rolle ergreift. So wird die Führung dynamisch in kleinen Experimenten weiterentwickelt.«

Ein kleines Experiment, in dem sich Mitarbeitende ohne formale Führungsaufgabe ausprobieren können, kann die Übernahme einer Moderation von Meetings oder Workshops sein. Doch auch größere Projekte sind möglich. So hat eine Werkstudentin ein mehrtägiges Offsite mit mehr als dreißig Personen von A bis Z organisiert. »Die Kollegin hatte nur eine sehr grobe Aufgabenbeschreibung und hat die Details selbst festgelegt. Hinterher haben wir alle gestaunt. Wenn man Menschen machen lässt, dann machen sie auch«, sagt Konstantin Diener.

Doch braucht es dazu einiges an Ermutigung, Fähigkeiten und Unterstützung. Konstantin Diener verweist besonders auf die Herausforderungen rund um Selbstführung. »Die eigenverantwortliche Zeiterfassung, die in unserem Projektgeschäft bares Geld wert ist, hat eine Weile gebraucht, bis sie verlässlich funktioniert hat. Dadurch ist uns manchmal schon Umsatz verlorengegangen.«

Und selbst in einem selbstorganisierten Setting und mit Mitarbeitenden, die die richtige Haltung und einiges an Erfahrung mitbringen, tun sich Grenzen auf. Zum Beispiel beim Thema Gehalt. Bei der Verteilung der Boni versuchten die Gründer einmal, die Teams das selbst regeln zu lassen. Nach intensiver Diskussion gaben die Kollegen diese Aufgabe an die Gründer zurück. Man traue sich keine gerechte Verteilung zu, den Gründern aber schon, lautete die Begründung.

Also nahm sich das Führungstrio des Themas wieder an – experimentierte aber an einer anderen Stelle beim Gehalt. Alle Mitarbeitenden sollten ihren Kollegen (nicht aber sich selbst) anonym und geheim Vergütungspunkte geben. Ein Satz von Leitfragen sollte diese Aufgabe erleichtern:

- Mit wem arbeite ich gerne zusammen?
- Wer handelt gemäß unserer Werte?
- Wer hat sich in den letzten ein bis zwei Jahren persönlich weiterentwickelt?
- Wer hilft seinem Team?
- Wer arbeitet an der Firma? Wer repräsentiert die Firma nach außen?

Die Punkte fungieren seitdem als eine zusätzliche Sicht, die die Überlegungen der Gründer zur Gehaltsentwicklung einzelner Teammitglieder komplettiert. Denn die Gewissheit, dass man als Mitarbeiter nicht allein über die Vergütung einer Kollegin entscheidet, ist ein wichtiger Faktor, damit sich möglichst viele an dem Prozess beteiligen. »Da gibt es immer große Hemmschwellen, ob man das als Kollege wirklich beurteilen kann und ob man damit nicht Unmut stiftet«, hat Konstantin Diener beobachtet. »Wir betonen dann immer, dass es eine rein subjektive Einschätzung ist, die unsere subjektiven Einschätzungen anreichert und nicht allein über die Gehaltsentwicklung entscheidet. Es ist aber besser, mehr Eindrücke zu haben als nur die der Gründer.«

Hieran zeigt sich, wie wichtig und auch emotional besetzt die Frage ist, wer was entscheidet und wer wofür verantwortlich ist. Das wird deshalb bei cosee immer wieder mithilfe eines Delegation Boards[96] gemeinsam besprochen und geregelt. Auf diese Weise haben sich über die Zeit Abläufe herausgeschält, die hohe Eigeninitiative und Gestaltungsfreiraum eröffnen und dennoch Verantwortung dort verortet, wo sie auch getragen werden kann.

So steuern zum Beispiel Teams den Bewerbungsprozess selbst. Wird eine Stelle ausgeschrieben und die ersten Bewerbungen laufen ein, kann jede sie in der Intranetlösung einsehen. Bekommt eine Bewerbung mindestens zwei *Daumen hoch*, führt das Team ein Gespräch und organisiert selbst, wer daran teilnimmt und wann es stattfindet. Unterstützt wird dieses Vorgehen von einem selbst entwickelten Tool, das optimal an den selbstorganisierten Bewerbungsprozess angepasst ist.

Da es dennoch immer wieder zu Nachlässigkeiten kam, haben die Scrum Master entschieden, dass sie die Governance für diesen Prozess übernehmen. Sie haben nun ein Auge auf die Fristen und Prozessschritte. Auch das Tool wird immer weiter an die Bedürfnisse des Prozesses angepasst. Absagen an Bewerbende, die nicht vollständig überzeugt haben, übernehmen allerdings nach wie vor die Teammitglieder persönlich. »Dafür werden wir immer wieder von den Bewerbern gelobt, die das als sehr vertrauensvoll und immer gut begründet empfinden«, so Konstantin Diener.

Bei Trennungen liegt ebenfalls die Entscheidung beim Team. Es muss die Initiative ergreifen, Aussprachen organisieren und Entscheidungen begründen. Die Steuerung des Prozesses übernehmen die Scrum Master. Die rechtsverbindliche Trennung dagegen vollzieht die Geschäftsführung. »Erstes Ziel, wenn es im Team nicht mehr stimmt, ist immer, eine Möglichkeit in einem anderen Team zu finden. Erst wenn das nicht funktioniert, sprechen wir als Geschäftsführung formal die Kündigung aus«, so Konstantin Diener. Hieran zeigt sich erneut, dass Verantwortung bei cosee von mehreren Personen übernommen und nicht allein auf die Person der formalen Führungskraft abgeladen wird.

Auch Feedback hat einen hohen Stellenwert. Das gilt sowohl für die spontan im Team gegebene Rückmeldung als auch das formalisierte Feedback zwischen Teammitgliedern und den Scrum Mastern. Die Verantwortung und Prozessgestaltung liegt bei den Scrum Mastern. Diese führen, gestützt auf ein Frageraster, alle zwei Wochen Gespräche mit den Kolleginnen und Kollegen. Im Mittelpunkt stehen Aspekte der Selbstreflexion sowie der aktuellen Stimmung und Befindlichkeit:

- Was ist dir gut gelungen?
- Was hast du gelernt?
- Was ist dir nicht gut gelungen?
- Worüber hast du dich gefreut?
- Was hat dich geärgert?

Weil es aber immer auch um Fragen von Skills und fachlicher Weiterentwicklung geht, die Scrum Master mit psychologischem oder soziologischem Hintergrund nicht adäquat besprechen können, haben sie bei cosee zweimal im Jahr ein Gespräch mit dem Chief Technology Officer hinzugefügt.

All diesen Bemühungen um intensiven Austausch, große persönliche Nähe und geregelte Prozesse basieren auf der Überzeugung, dass nur so die Einsatzbereitschaft mitdenkender und mitgestaltender Kolleginnen und Kollegen zu gewährleisten ist: »Am Ende des Tages sind es immer die drei Faktoren nach Dan Pink[97], die dazu führen, dass Menschen engagiert und mit Begeisterung bei der Sache sind: das Streben nach Autonomie, die Frage nach dem Sinn und Zweck sowie der Drang, sich zu verbessern! Alles drei stellen wir durch intensive Kommunikation und entsprechende Rahmenbedingungen sicher.«

Zu diesen Rahmenbedingungen zählen sie bei cosee die folgenden:

- **Psychologische Sicherheit gewähren und die Mitarbeitenden zur Eigeninitiative ermächtigen.** Scrum Masterin Carolin Huck dazu: »Verteilte Führung fußt auf einem allgemeinen Vertrauen, dass jeder im Rahmen seiner Möglichkeiten sein Bestes gibt und kommuniziert, wenn er an seine Grenzen kommt und Unterstützung braucht.«
- **Führungskräfte beschäftigen, die Freiraum geben und sich zurücknehmen.** »Wer bei uns als formaler Vorgesetzter führt, muss wissen, wann man sich besser zurücknimmt, wenn Verantwortung an einen herangetragen wird, von der man glaubt, dass sie auch andere übernehmen könnten«, so Carolin Huck.
- **Für emotionale Nähe und persönliche Vertrautheit sorgen.** »Wenn sich die Leute kennen und schätzen, wird alles einfacher«, sagt CTO Konstantin Diener.

Gerade die soziale Dichte hat sich als Kernelement erwiesen, wenn verteilte Führung und ein hoher Grad an Selbstorganisation und Eigenverantwortung gelingen sollen. Das zeigte sich gerade in der auch für cosee schwierigen Zeit der Corona-Schutzmaßnahmen. In diesen Monaten haben auch die Darmstädter fast ausschließlich von zuhause gearbeitet und sich kaum mehr persönlich getroffen.

»Wenn Menschen eng miteinander arbeiten und sich immer wieder auch persönlich treffen, dann wächst das Vertrauen, Verhalten und Entwicklungen im Team werden für alle berechenbarer, es treten weniger Konflikte auf, es wird intensiver und lockerer kommuniziert und auf diese Weise werden auch Probleme einfacher und schneller gelöst«, hat Konstantin Diener beobachtet. Wenn ein Kollege beispielsweise in Teamsitzungen immer mal wieder aufbraust, könne man das besser akzeptieren und damit umgehen, wenn man dasselbe Verhalten auch im quasi informellen, vertraulichen Rahmen erlebt hat.

»Soziale Dichte im Unternehmen ist für mich so etwas wie das Immunsystem der Organisation«, sagt Konstantin Diener. »Es hilft, mit Störungen besser klarzukommen und macht oft ein Eingreifen von formalen Führungskräften unnötig.« Doch gibt es daran auch eine Schattenseite zu beachten. »Wer wie wir viel für soziale Dichte tut, muss sich auch bewusst sein, dass er damit alle Brandmauern zwischen Menschen und Teams einreißt.« Denn gerade Unzufriedenheit verbreite sich in Gruppen, die eng zusammenarbeiten, wie ein Lauffeuer.

Dagegen helfe allerdings ein Frühwarnsystem, wie es das System verteilter Führung bei cosee bereitstellt. Die Team-Retros, die zweiwöchentlichen Gespräche mit den Scrum Mastern und nicht zuletzt der intensive Austausch im Arbeitsprozess sorgen dafür, dass Brandherde früh erkannt und meist auch erfolgreich beseitigt werden können. »Kommunikation und Nähe sind deshalb für uns das A und O, wenn verteilte Führung gelingen soll«, fasst Konstantin Diener seine Erfahrung zusammen. Und ergänzt: »Überhaupt hat Führung im klassischen, ja fast heroischen Sinne bei uns nicht mehr die Bedeutung wie in traditionellen Unternehmen. Führung passiert und man muss nur erkennen, wann und wo das der Fall ist und es dann unterstützen.«

3.5 Fallbeispiel: SAP oder die Kunst der Doppelspitze

Wer an umfassende Unternehmenssoftware denkt, der denkt automatisch an SAP. 1972 als Fünf-Personen-Unternehmen gestartet, ist SAP heute Marktführer bei betriebswirtschaftlichen Softwarelösungen und ein multinationaler Player mit über 105.000 Mitarbeitenden. Aber nicht nur bei Themen um ein integriertes Datenmanagement, auch in Fragen von Führung einer Organisation strebt SAP nach intelligenten und innovativen Lösungen.

Bestes Beispiel sind Stefanie Junghans und ihre Kollegin Stephanie Fehringer. Die beiden Managerinnen teilen sich die Position als Head of Organizational Development für die Business Unit SAP S/4HANA bei SAP. Das klingt zunächst nicht spektakulär. Das Besondere daran ist: Beide sind buchstäblich eine Doppelspitze. Sie agieren in ihrer Rolle als Leitung wie eine Person.

Es handelt sich bei diesem Führungsmodell um echtes *Top-Sharing* (wir haben in Kapitel 1 davon gesprochen) und Co-Leadership. Stefanie Junghans und ihre Kollegin tragen denselben Titel. Sie teilen, ganz wie wir es anhand der Systematik von Endres und Weibler in Kapitel 1.5.2 beschrieben haben, Aufgaben- und Verantwortungsbereich in allen Hinsichten, die mit einer Leitungs- und Managementrolle verbunden sind.

»Es werden nicht nur einfach gewisse Führungsaufgaben an jemanden delegiert. Nein, wir teilen buchstäblich die Verantwortung«, erläutert Stefanie Junghans im Gespräch. Das ist vor allem deswegen interessant, weil nicht nur Führungsaufgaben, sondern auch Managementaufgaben komplett geteilt werden. Vielleicht erinnern Sie sich, dass wir im ersten Kapitel zwischen Managementfunktion und Leadership-Rolle unterschieden haben. Unser Hauptaugenmerk lag auf dem Teilen der Leadership-Rollen, was sich dynamisch aus der Situation und der Bearbeitung der Aufgaben heraus ergibt.

Im Fall von SAP geht man noch einen Schritt weiter und teilt auch die Managementfunktion, also alles, was beispielsweise mit Personal- oder Budgetverantwortung zu tun hat. Diese Mischform aus *Top-Sharing* und funktionaler Doppelspitze ist ein gutes Beispiel dafür, wie Verantwortung geteilt werden kann.

Aber natürlich müssen einige Fragen und Themen geklärt werden, bevor dieses Co-Leadership-Modell in die Tat umgesetzt werden kann. Dem Führungstandem war insbesondere klar, dass die Kommunikation und die Abstimmung miteinander eine herausragende Rolle spielen.

Werfen wir dazu gleich einen Blick auf die konkrete Praxis. Wie läuft diese Abstimmung im Alltag ab? Hier einige Eckpunkte:

- Morgens trifft sich Stefanie Junghans mit ihrer Kollegin zu einem 30-minütigen Start-the-Day-Meeting, um die wichtigsten Punkte für den anstehenden Tag zu besprechen.
- Abends schicken sich die beiden Sprachnachrichten mit den wichtigsten Infos zu den Geschehnissen des Tages.
- Außerdem benutzen sie Tools wie SharePoint, um sich gegenseitig immer auf dem Laufenden zu halten.
- Sie haben ein transparentes Ablagesystem (mithilfe von Microsoft OneDrive und Teams) geschaffen, das den beiden hilft, sich gegenseitig die wichtigsten Informationen zur Verfügung zu stellen.

Ein ganz wichtiges organisatorische Strukturmittel ist, dass die beiden Managerinnen zu jedem Thema konkret ausmachen, wer den *Lead* dafür innehat. Informationen laufen dann speziell bei der Themen-Leaderin zusammen.

Eine zentrale Voraussetzung für den Erfolg dieses Modells von Co-Leadership ist laut Stefanie Junghans, dass man als Doppelspitze gemeinsame Ziele verfolgt: »Die geteilten Ziele sind ausschlaggebend dafür, dass man als Leitungsteam gesehen wird.«

Aber nicht nur das. Man muss darüber hinaus auch ein gemeinsames Verständnis von Führung haben und sich auf Führungsregeln einigen. Um welche Art von Führungsregeln geht es da?

Eine zentrale Rolle in der täglichen Führungsarbeit von Stefanie Junghans und ihrer Tandempartnerin spielt die bereits oben erwähnte Einführung der Themen-Lead-Struktur. Daraus erwächst nämlich eine Reihe ganz pragmatischer Regeln:

- So müssen die Teammitglieder nicht an beide Chefinnen gleichermaßen berichten, sondern nur an diejenige aus dem Führungstandem, die jeweils den thematischen Lead hat.
- Braucht ein Teammitglied eine Entscheidung oder Erlaubnis, dann wendet man sich an den Themen-Lead.

- Auch innerhalb des Teams gibt es die Rolle des thematischen Leads. Teammitglieder mit Themen-Lead haben dann den Hut für das Thema auf und in dieser Rolle nehmen sie an Teammeetings oder an Gesprächen mit wichtigen Stakeholdern teil. Auf diese Weise wird die Sichtbarkeit jedes einzelnen im Team auch nach außen garantiert. (Der aufmerksamen Leserin dürfte aufgefallen sein, dass dieses Themen-Lead-Modell über Co-Leadership hinausführt in ein umfassenderes *Shared-Leadership*-Konzept. Denn auch innerhalb des Teams wird es dadurch möglich, dass Führen und Folgen dynamisch wechseln.)
- Mitarbeitergespräche, die einmal im Quartal stattfinden, um die Performance zu besprechen, werden von beiden Managerinnen geführt. Eine führt das Gespräch aus der Sicht des thematischen Leads (sie ist direkte Ansprechpartnerin und thematisch gesehen am nächsten dran), die zweite führt es aus einer ferneren Perspektive auf Basis ihrer Beobachtungen und Einschätzungen. Auf diese Weise wird das Feedback im Mitarbeitergespräch auf eine umfassendere Datenbasis gestellt und es ergibt sich ein objektiv gültigeres Bild.

Um all die grundlegenden Fragen zu den gemeinsamen Zielen, zur Kommunikation untereinander und zum gemeinsamen Führungsverständnis zu klären, war es im Prozess der Co-Leadership-Einführung sehr wichtig, dass beide Chefinnen zusammen ein Coaching nutzen konnten. In den gemeinsamen Sitzungen konnten sich Stefanie Junghans und Stephanie Fehringer aufeinander eingrooven. Welche Ziele und Werte werden geteilt? Wo tickt jede ein bisschen anders? Sich als Personen gut kennenzulernen, um Entscheidungen und Handlungsweisen der jeweils anderen zu verstehen, ist ein unabdingbarer Schritt für erfolgreiches Co-Leadership.

Dieser intensive Austausch über Ziele und Wertvorstellungen erfordert ein hohes Maß an Selbstreflexion und die Bereitschaft zu ehrlichem und offenem Feedback. »Man muss über sich selbst nachdenken können. Und man muss den Mut haben, den Spiegel vorgehalten zu bekommen und bewertet zu werden. Das muss man alles aushalten«, so Stefanie Junghans im Gespräch.

Aktives, gegenseitiges Feedback ist eine Grundvoraussetzung für Co-Leadership. Es ist Basis für den Aufbau von gegenseitigem Vertrauen. Das wiederum kann nur funktionieren, wenn man untereinander ausreichend Lust besitzt, miteinander zu kommunizieren und in den gemeinsamen Austausch zu gehen: »Man muss immer im Diskurs bleiben.«

Das betrifft im Grunde nicht nur die Partnerin, mit der man die Führungsverantwortung teilt, sondern auch das gesamte Team. Auch mit dem Team muss es enge Feedbackschleifen geben. »Wir leben eine offene Feedbackkultur mit uns und unserem Team«, betont Stefanie Junghans. Jede im Team holt sich aktiv Feedback zu bestimmten Situationen oder Themen ein, es wird dabei aktiv nach Feedback gefragt.

Wenn man sich aktiv Feedback von einem Gesprächspartner holt, dann hat dies den großen Vorteil, dass sofort ein klarer Bezug zu einer spezifischen Situation hergestellt werden kann. Feedback wird dadurch konkret, anschaulich und nachvollziehbar. Dieses Vorgehen, aktiv darum zu bitten, bringt jede in die Rolle der Ratsuchenden. So bitten die beiden Chefinnen zum Beispiel nach einem Mitarbeitergespräch um Feedback bei der Mitarbeiterin, mit der sie gerade das Gespräch geführt haben, oder sie fragen gezielt um Rat vor einem anstehenden, wichtigen Termin.

Die Notwendigkeit zur Abstimmung untereinander ist ein beständiges, gegenseitiges Geben und Nehmen. Stefanie Junghans stellt daher auch heraus: »Man muss dabei auch mal zurückstecken.« Nach einem Beispiel gefragt, an welche Situationen sie dabei denkt, erläutert sie: »Zum Beispiel kann man nicht zu jedem Termin zu zweit gehen, wenn man sich vorher darüber einig ist, dass das unproduktiv ist. Das bedeutet, dass man sich dann auch bei Meetings, die mit wichtigen Stakeholdern stattfinden, an diese Regel halten muss. Das ist manchmal natürlich blöd, weil man gerne gemeinsam im Mittelpunkt stehen möchte. Hier haben wir die Regelung, dass diejenige, die den Themen Lead hat, immer ›Vorrang‹ besitzt.«

Für funktionierendes Geben und Nehmen ist es entscheidend, Macht abzugeben oder der anderen Macht zu überlassen. Macht besteht für Stefanie Junghans dabei darin, allein eine Entscheidung zu treffen, ohne sich gegenüber anderen rechtfertigen zu müssen.

Auch dieser Einsatz von Macht muss in einem Co-Leadership-Modell fair verteilt sein. »Wenn nur einer immer versucht, die Entscheidung im Alleingang zu treffen und der andere zum Nachgeben gezwungen ist, dann ist die ganze Idee des Co-Leadership zum Scheitern verurteilt«, erklärt Stefanie Junghans.

Auf die Frage, worauf *das Führungstandem gegenüber dem Team achten muss,* gibt sie eine sehr inspirierende Antwort: »Gegenüber dem Team ist es wichtig, wirklich als ein Führungsduo gesehen zu werden und auch so aufzutreten. Da es für die Teammitglieder zu Anfang ungewöhnlich war, zwei Chefinnen zu haben, war es von großer Bedeutung, mit dem Team zu besprechen, welche Sorgen und Wünsche es bezüglich des neuartigen Führungsmodells gibt. Das Team hat zwar prinzipiell positiv reagiert, aber es gab am Anfang viele Fragezeichen, wie es funktionieren kann. Es wurde daher in Workshops besprochen: Was findet ihr gut? Worüber macht ihr euch Sorgen? Nachdem wir uns diese Punkte angehört haben, sind wir zum Team zurück und wir haben erklärt: Folgendes tun wir, um diese Sorgen aufzulösen. Dabei haben wir das Team auch intensiv mitbestimmen lassen.«

Stefanie Junghans und ihre Kollegin haben das Team aktiv beteiligt, um gemeinsam zu Lösungen zu kommen und Zweifel oder Sorgen auszuräumen. Hier eine kleine Auswahl von Fragen, die aufkamen und die Antworten, die man darauf gefunden hat:

- Frage: *Muss man immer die »Erlaubnis« von beiden einholen?*
  - Antwort: Nein, muss man nicht. Direkte Ansprechpartnerin ist immer die Themen-Leaderin.
- *Wer ist mein direkter Ansprechpartner und muss ich mit meinen Themen immer zu beiden gehen, damit meine Arbeit sichtbar genug ist?*
  - Die Themen-Leaderin stellt auch die zentrale Ansprechpartnerin dar.
- *Wie klappt asynchrones Arbeiten?*
  - Es wird ein digitales Ordnungssystem mit einer klaren Struktur eingerichtet. Es gibt außerdem feste Zeiten zur Abstimmung untereinander.
- *Wie wird sichergestellt, dass beide Chefinnen alle Informationen haben?*
  - Es ist nicht entscheidend, dass beide Chefinnen exakt dieselben Informationen haben. Man muss durch ein kluges Notizen- und Ablagesystem nur sicherstellen, dass man stets Zugriff auf die wichtigen Informationen bekommt.

Zu Beginn des Co-Leadership-Modells wurden häufiger Feedbackrunden mit dem Team zum Thema *Co-Leadership* durchgeführt. Heute wird das nur noch einmal im Jahr gemacht, weil das Team sich an das Modell gewöhnt hat.

Die Abstimmung untereinander, die Abstimmung mit dem Team – das sind zwei entscheidende Erfolgsvoraussetzungen. Aber dies reicht nicht aus. Es muss noch mehr hinzukommen. Es müssen auch passende organisatorische Rahmenbedingungen gesetzt werden: »Zuerst müssen natürlich Planstellen dafür geschaffen werden. Es muss die Bereitschaft im Unternehmen da sein, mehr Geld dafür auszugeben«, führt Stefanie Junghans dazu aus.

Das Top-Management muss für dieses Modell offen sein und anerkennen, dass es jetzt zwei Personen, das heißt zwei Persönlichkeiten, gibt, die als ein Leitungsteam auftreten. Man muss dabei immer als Führungsteam behandelt werden. Es ist nicht möglich, dass man seitens des Top-Managements nur zu einer Person aus dem Führungstandem eine Kommunikationslinie hält. Das alles setzte natürlich auch einen entsprechenden Lernprozess bei der oberen Führungsebene voraus.

Auch auf die Frage, welcher Nutzen für das Unternehmen durch Co-Leadership entsteht, hat Stefanie Junghans einige interessante Antworten parat:

- »Es ergibt sich insgesamt ein besserer Führungsstil, weil Führung partizipativer wird. Führung findet nämlich in intensiver Auseinandersetzung und Abstimmung mit der Kollegin wie auch mit dem Team statt.
- Die Folge sind auch bedachtere Entscheidungen, weil mehr als nur ein Kopf wesentlich an der Entscheidungsfindung beteiligt ist und jede aus dem Führungstandem relevante unterschiedliche Blickwinkel in den Entscheidungsprozess einbringt. Das zwingt zu mehr argumentativem Austausch und zu einer umfassenderen Bewertung der Entscheidungssituation.
- Die Mitarbeitenden sind zufriedener, weil man mehr Ressourcen zur Verfügung hat, sich um sie zu kümmern. Man hat mehr Zeit für Gespräche und den Gedankenaustausch.
- Die Mitarbeiterentwicklung wird effektiver, weil vier Augen mehr und auch anders sehen als zwei. Feedback an die Teamkollegen wird auf eine breitere Basis gestellt und dadurch objektiver.
- Teilt man sich die Führung, kann man auch inhaltlich noch intensiver mitarbeiten. Das heißt, die eigene inhaltliche Kompetenz geht in der Führungsrolle nicht ganz verloren. Als Expertin kann man sich zu verschiedenen Themen mit größerer Intensität einbringen als es möglich wäre, wenn man sich hauptsächlich um Führungsarbeit zu kümmern hätte.
- Das Teilen der Führungsrolle entlastet die Führungskraft von der Bürde, alles allein verantworten zu müssen.
- Insgesamt handelt es sich dabei auch um ein System, um Mitarbeitende leichter an das Unternehmen zu binden und zu halten. Es gibt nämlich Mitarbeitende, die eine Führungsrolle ausüben wollen, aber nicht in Vollzeit oder in vollem Aufgabenumfang. Es ist ein Führungskonzept, das daher in unsere moderne Zeit passt.«

Das Modell des Co-Leadership hat natürlich auch seine Grenzen. Es ist stark abhängig davon, wie die beiden Persönlichkeiten miteinander harmonieren und zueinander passen. Man muss in der Lage sein, sich einigen zu können. Auf die Frage, ob es auch Fälle gab, bei denen sie und ihre Kollegin sich nicht einig werden konnten, antwortet Stefanie Junghans: »Als Tandem MUSS man eine Einigung finden. Natürlich gab und gibt es immer wieder Fälle, wo wir an verschiedenen Punkten starten – durch Gespräche, Zuhören, Argumentieren kommen wir dann aber zu einer Entscheidung. Ich nehme gerne das Beispiel der Eltern: Es muss eine Entscheidung dazu getroffen werden, ob das Kind ein Tattoo haben darf. Man kann es nicht *nicht* entscheiden. So ist das manchmal auch in der Arbeit als Tandem.«

Stefanie Junghans und Stephanie Fehringer zeigen uns echtes Co-Leadership. Als Exempel ist ihre Art zu führen auch deswegen lehrreich, weil Co-Leadership als ein Einstieg verstanden werden kann, um dann einen Schritt weiterzugehen und das noch umfassendere Konzept des *Shared Leadership* zu etablieren. Bevor man Führung auf viele Köpfe verteilt, verteilt man sie zunächst auf zwei Personen. Man lotet dadurch die Chancen, Erfolgsbedingungen und Grenzen geteilten Führens aus. Danach braucht es nicht mehr viel, auch den nächsten Schritt zu tun und wechselseitiges Führen und Folgen zum Breitensport im ganzen Team zu machen.

3.6 Fallbeispiel: Anonymus AG oder wie man Shared Leadership den Garaus macht

Dieses Fallbeispiel hätte das Prädikat *Best Practice* verdient. Doch während wir unser Buch konzipierten, nahm die Entwicklung unseres Beispielunternehmens eine unvorhergesehene Wendung. Infolge externer Krisen verschlechterte sich die wirtschaftliche Lage, ein in Teilen neues Management trat an – und drehte vieles zurück, was in unserem Unternehmen vorbildlich in Sachen *Shared Leadership* aufgebaut worden war.

Das folgende Gespräch kann daher nur anonymisiert geschrieben werden. Die Anonymus AG ist ein stark wachsendes, Venture-Capital-finanziertes Softwareunternehmen mit Sitz in Deutschland. Unsere Ansprechperson ist eine gestandene Fachkraft Organisationsentwicklung (OE m/w/d).

Du hast bei deinem Arbeitgeber eine Kultur verteilter Führung vorangetrieben. Was war der Grund dafür?

OE (m/w/d): In vielen Unternehmen, in die ich hineinschauen durfte, sah ich immer wieder dasselbe: Führungskräfte, die aufgrund der Masse an Aufgaben überfordert sind, und Teams, die für ihre Aufgaben nicht mehr brennen. Der häufigste Grund dafür ist, dass sie keinen Sinn mehr in ihren Handlungen sehen, weil sie in ihren Aufgaben und Projekten immer wieder ausgebremst werden oder nicht genügend Freiraum erfahren. Dieses Muster wollten wir bei der Anonymus AG durchbrechen. Uns war es wichtig, dass sich Führung leicht anfühlt und die Übernahme oder Verteilung von Verantwortung Spaß macht.

Was habt ihr alles getan, um das zu erreichen?

OE (m/w/d): Uns war es vor allem wichtig, dass alle Mitarbeitenden über Führung und Zusammenarbeit in Schulungen dasselbe erfahren wie unsere Führungskräfte. Wir wollten eine einheitliche Unternehmenssprache entwickeln, die alle verbindet. Und das geht nur, wenn auch alle denselben Wissenstand zu relevanten Fragen von Führung und Zusammenarbeit haben.

Worauf bezieht sich dieses geteilte Wissen und die geteilte Sprache?

OE (m/w/d): Zum Beispiel auf die Art, wie Entscheidungen getroffen werden, wie Feedback gegeben wird, wie Aufträge geklärt, Projektteams gebildet oder auch Mitarbeitergespräche geführt werden. Dazu schulen die meisten Unternehmen ausschließlich ihre Führungskräfte. Das kam für uns nie infrage. Für uns standen Führungskräfte und Mitarbeitende auf einer Ebene. Sie haben nur unterschiedliche Rollen. Ein Software-Architekt hat eine andere Rolle als eine Leiterin Software Architecture und eine UX Designerin eine andere Rolle als ein Teamleiter UX. Aber mehr Unterschied sehen wir da nicht.

Hast du ein Beispiel für ein solches geteiltes Seminar?

OE (m/w/d): Wir haben zum Beispiel Teams mit ihren Führungskräften gemeinsam zu Mitarbeitergesprächen geschult. Neben einem Theorieteil bestand die Möglichkeit, dass sie sich anhand von Leitfragen darüber unterhalten, wo sie gegebenenfalls auf Herausforderungen stoßen werden und wie sie dann in einem Mitarbeitergespräch damit umgehen wollen. Das war sehr wertvoll für alle, denn man hat die unterschiedlichen Perspektiven auf das Thema erlebt. Das hat einen richtigen Energieschub erzeugt. Die Mitarbeitenden konnten wahrnehmen, wie wertvoll sie für das Unternehmen sind. Darüber hinaus haben wir unsere Führungskräfte durch ein mehrstufiges Entwicklungsprogramm geführt und kurze Zeit später auch allen Mitarbeitenden dieselben Inhalte vermittelt.

Warum habt ihr das Entwicklungsprogramm nicht gleich mit den Mitarbeitenden gemeinsam durchgeführt?

OE (m/w/d): Wir hatten uns diese Frage auch gestellt. Wir kamen jedoch zu dem Entschluss, dass es diese Differenzierung an einzelnen Stellen noch braucht. Führungskräfte haben auch bei uns nach wie vor Aufgaben, die nur von ihnen ausgeführt werden. Beispielsweise wie man eine Vision und eine Strategie erarbeitet und auf diese Weise einen orientierenden Rahmen für das Team schafft. Auch mit Blick auf ihre disziplinarische Verantwortung einschließlich Ermahnungen, Abmahnungen, Kündigungen gibt es natürlich auch bei verteilter Führung noch Unterschiede. Genau zu diesen Punkten haben wir fokussiert die Führungskräfte geschult. Im Nachgang betrachtet hätten wir die anderen Schulungsinhalte zu verteilter Führung, Kommunikation, Delegation, Change, Resilienz et cetera auch gemeinsam mit den Mitarbeitenden durchführen können. Wir hatten jedoch einen straffen Zeitplan und das Schulungsprogramm war bereits konzipiert und terminiert. Hätten wir alles nochmals umgeworfen, hätte uns das weitere zwei Monate an Verzögerung gekostet. Das wollten wir vermeiden.

Woran machst du fest, dass die Initiativen gegriffen haben und sich die Kultur tatsächlich in Richtung Shared Leadership bewegt hatte?

OE (m/w/d): Die Führungskräfte kamen auf uns zu und schwärmten davon, welche Energie unser Herangehen in ihrem Bereich freigesetzt hat. Sie berichteten darüber, dass Mitarbeitende ihre Konflikte durch professionelles Feedback selbst lösten. Auch beobachteten die formalen Führungskräfte, dass die Kolleginnen und Kollegen Projekte eigenständig anstießen, um Probleme zu lösen. Weiterhin freuten sie sich, dass die Kolleginnen und Kollegen ihre Ressourcen und crossfunktionalen Aufträge zunehmend selbst klärten. Die Führungskräfte beobachteten ebenfalls, dass einzelne Mitarbeiter eine enorme Entwicklung gemacht hatten. Aus Mitarbeitenden, die in der Organisation lange nicht sichtbar waren, wurden richtige Expertinnen, die teamübergreifend geschätzt und zu ihrem Spezialthema häufig angefragt wurden.

Und was haben die Mitarbeitenden berichtet?

OE (m/w/d): Sie berichteten darüber, dass sie ihre Arbeit als sinnvoller und nützlicher erfuhren und mehr gestalten konnten. Auch beschrieben sie, dass sich das Miteinander merklich verbessert hatte. Sie unterstützten sich gegenseitig in ihrer Entwicklung, schützten und promoteten sich gegenseitig. Jeder machte den anderen durch seine eigenen Stärken wieder stark. Die kurz darauf angesetzte Mitarbeiterumfrage hat dies nochmals bestätigt. Die höchsten Bewertungen gab es in der Rubrik Führung und Zusammenarbeit.

Jetzt siehst du die Felle bei der Anonymus AG davonschwimmen und Shared Leadership in Gefahr. Was ist passiert?

OE (m/w/d): Ein Bereich hatte sich bei uns komplett in der Schattenwirtschaft bewegt. Wir hatten schon länger beobachtet, dass der Bereich Herausforderungen in der Führung hat und haben daher immer wieder entweder einzelne Teams oder auch die Führungskräfte zu den jeweiligen Problemen abgeholt und ihnen Tipps und Tricks mit auf den Weg gegeben. Es erschien so, als wären die Themen gelöst. Als wir jedoch eine nähere Analyse machten, mussten wir feststellen, wie schlimm es eigentlich um diesen Bereich steht. Es fehlte der komplette orientierende Rahmen. Keiner wusste, was das Zielbild ist. Die Rollen waren nicht klar. Es wurde ständig von oben herab umorganisiert, ohne irgendetwas von unseren Praktiken der verteilten Führung auch nur im Ansatz zu berücksichtigen. Und jedes Team hatte eine andere Vorgehensweise. Kurzum, es wurden fatale Fehler in der Führung und der Organisationsentwicklung gemacht.

Wie habt ihr in der Organisationsentwicklung darauf reagiert?

OE (m/w/d): Wir haben angefangen, die Themen aufzuarbeiten. Doch dann kam der Ukrainekrieg und kurze Zeit später die Rezessionsphase. Das war heftig. Hinzu kam, dass das Management sich zu großen Teilen neu aufgestellt hat und sich neu positionieren musste. Alles in allem sehr herausfordernde Aufgaben. Es war ein wirklich ungünstiger Zeitpunkt, um die Themen aufzuarbeiten.

Was ist es genau, was bei euch geteilte Führung in Gefahr brachte?

OE (m/w/d): Auf einmal begann das Management, implizit den Mitarbeitenden pauschal die Schuld für alles zu geben, was nicht lief. Auch wenn dies nie deutlich ausgesprochen wurde, so spürte doch jeder diese neue Tonlage. Denn jeder Manager hatte auf einmal gegenüber seinen Mitarbeitenden einen anderen Sprachgebrauch. Es ging nicht mehr um Mitverantwortung. Es ging um Kontrolle der Aufgaben, Rechtfertigung der Leistung, Anweisungen, die nicht diskutiert oder hinterfragt werden durften. Auch wurden aus Kostengründen ebene jene Trainings und Formate zu Führung und Zusammenarbeit gestrichen.

Gab es weitere Effekte, die die Kultur verteilter Führung unterliefen?

OE (m/w/d): Ja, auf einmal hat das Management die Problemstellung eines Bereiches auf alle anderen Bereiche übertragen, obwohl diese gut aufgestellt und erfolgreich waren. Grundsätzlich wurde alles infrage gestellt, was bisher etabliert wurde. Man hat an dem gesamten Konstrukt gezweifelt und insofern auch an *Shared Leadership*. In dieser neuen Welt voller Misstrauen und Verdächtigungen fühlten sich die Mitarbeitenden nicht mehr sicher. Sie durften nicht mehr mitentscheiden, wurden nicht mehr beteiligt. Zudem verschlechterte sich die Marktlage, sodass die Mitarbeiter noch unruhiger wurden und sich irgendwann nicht mehr trauten, Dinge offen anzusprechen. Es herrschte die größtmögliche psychologische Unsicherheit, die man in einem Unternehmen erzeugen kann. Das alles hatte seinen Ursprung in der Angst und Unsicherheit, die das Management nach unten weitergab. Man wollte die Fäden wieder in der Hand halten und erreichte dadurch das Gegenteil.

Hast du ein Beispiel für diese verunsichernden Verhaltensweisen, die verteilter Führung schaden?

OE (m/w/d): Klar. Das Management hatte begonnen, sich zunehmend zu isolieren. Pläne wurden geschmiedet, wie man wieder aus der Krise kommt. Maßnahmen wurden abgeleitet, um sie dann zur Umsetzung in die Bereiche zu delegieren. Ganz klassisch top down. Kurze Zeit darauf stellte man fest, dass die Pläne nicht umsetzbar waren, da sie an der Realität vorbeigingen und das eigentliche Problem der Verunsicherung dadurch nicht gelöst wurde. Es hat schlichtweg die frühzeitige Einbindung gefehlt. Mühevoll erarbeitete Pläne mussten wieder verworfen werden. Seit der Einführung von Agilität wissen wir jedoch, dass sich Komplexität nur mit agilen Vorgehensweisen beherrschen lässt und nicht mit einem Wasserfallmodell. Das hat man nach einigen

Monaten dann auch verstanden und seine Methoden wieder in Richtung Agilität gedreht. Die Haltung gegenüber den Mitarbeitenden blieb jedoch dieselbe. Es ging weiterhin darum, eng zu führen. Darüber hinaus wurde ein kausaler Zusammenhang vom Problem zur Lösung gezogen. Es fielen Sätze wie: »Die Performance im Unternehmen stimmt nicht, folglich stimmt die Performance der Mitarbeiter nicht, folglich müssen wir Low Performer identifizieren und uns von ihnen trennen.« Auf solchem Boden gedeiht keine Vertrauenskultur und noch viel weniger *Shared Leadership*. Im Gegenteil: Oben hat man die Lösung und unten, so vermutet man, sind die Leute zu inkompetent, sie erfolgreich umzusetzen.

Was sind deinem Erleben nach die Motive und Treiber hinter allen Maßnahmen, die dazu führten, dass Shared Leadership keine Chance mehr bei euch hatte?

OE (m/w/d): Da würde ich, wie gesagt, Angst und Unsicherheit im Management nennen. Vor allem mit Blick darauf, in angespannter Lage etwas falsch zu machen. Dabei würde gerade in einer solcher Situation die gemeinschaftliche Arbeit an der Problemanalyse und an einer aussichtsreichen Lösung enorme Dynamik entfachen. Ein weiteres Problem war sicher, dass Managerinnen und Manager an Bord kamen, die noch nie Berührung mit einer Kultur verteilter Führung hatten und diese von uns unzureichend ausgegleist wurden.

Und wie reagierte die Belegschaft auf diesen Stimmungswechsel?

OE (m/w/d): Wie geschildert griff Unsicherheit um sich. Der Flurfunk sprang mit Macht an und produzierte allerhand krude und verwirrende Mutmaßungen, wohin das alles steuert und woher es kommt. Ein eigentlich super eingespieltes Team aus Management und Belegschaft fiel zunehmend auseinander, es gab wieder das leidige »wir und die«. Kein Wunder, dass sich viele Mitarbeitende gerne ins Homeoffice zurückzogen und auch nach Corona wenig Lust dazu verspürten, wieder ins Büro zu kommen. Objektiv und zweifelsfrei zeigte auch die darauf folgende Mitarbeiterumfrage, dass die Stimmung im Keller war und gerade die Dimension *Führung und Zusammenarbeit* gelitten hatte. Besonders schlecht fielen all jene Bewertungen aus, die sich um die Arbeit der Managerinnen und Manager drehten. Da schwang sicher auch Enttäuschung mit, weil man ein anderes Führungsmodell schätzen gelernt hatte.

Welche Entwicklung würde das Unternehmen deiner Meinung nach nehmen, wenn es die Kultur verteilter Führung weiterleben würde?

OE (m/w/d): Ich bin mir ziemlich sicher, dass alle Beteiligten trotz der immensen externen Herausforderungen besser in der Lage wären, gemeinsam Lösungen zu finden und aus dem Tal wieder herauszukommen. Es gäbe nach wie vor die Sicherheit, dass man Kritik äußern dürfe, Vorschläge einbringen und Initiativen ergreifen könne, wo es dem Unternehmen dient. Die Mitarbeitenden würden sich nicht so ohnmächtig und ausgeliefert vorkommen, sondern hätten den Mut und das Vorschussvertrauen zu gestalten. Statt Spaltung hätten wir immer noch ein Wirgefühl, das uns trägt. Selbst das Management könnte entspannter sein. Denn wir haben ja alle immer unter der Annahme operiert, dass alle – auch Managerinnen und Manager – Fehler machen dürfen. Und genau deshalb erschien es uns ja sinnvoll, Führung und Verantwortung zu teilen und bestmöglich die Kräfte zu bündeln. Stattdessen regierte uns nun eine negative Sicht auf die Welt und unsere Mitarbeitenden. Es fühlte sich so an, als würden wir alle von unseren Problemen aufgesogen werden.

Was hättest du tun können oder müssen, um diesen Rückschritt zu vermeiden?

OE (m/w/d): Ich hätte noch schneller in der Operationalisierung von *Shared Leadership* sein müssen. Wir hätten dadurch die Chance gehabt, beim Eintreten der Krise schon stabiler zu sein. Man hätte sich insofern nicht so leicht verunsichern und destabilisieren lassen. Auch hätten wir unsere Manager besser zu unserer bestehenden Kultur aufgleisen und beim Aufkommen von Gegensätzlichkeiten schneller intervenieren müssen.

Würdest du bei einer anderen Firma wieder in die Richtung Shared Leadership gehen wollen?

OE (m/w/d): Shared Leadership ist definitiv nicht für jedes Unternehmen etwas – und ich würde es auch nirgends einführen wollen, nur weil es sich fortschrittlich und angesagt anfühlt. Es kommt immer darauf an, dass die beteiligten Menschen in dieser Kultur verteilter Führung und geteilter Verantwortung Chancen erkennen. Wenn sie nicht bereit sind, den ganzen Weg zu gehen, um diese Chancen zu realisieren, hat es keinen Sinn. Da ich jedoch nur in solchen Unternehmen arbeiten möchte, die dazu bereit sind, würde ich die Frage klar bejahen. Was in Sachen Haltung, Skills und Rahmenbedingungen zu tun wäre, da könnte ich jedenfalls bestens auf die gemachten Erfahrungen bei der Anonymus AG zurückgreifen.

4 Tools und Inspiration zum Thema Shared Leadership

Im Folgenden haben wir Materialien zusammengetragen, die Ihnen helfen, das Modell *Shared Leadership* besser zu verstehen, in Einzelfragen tiefer zu bohren sowie *Shared Leadership* erfolgreich anzuwenden und in Unternehmen einzuführen.

4.1 Hilfreiche Tools & Trainings

Wie in den vorigen Kapiteln gezeigt, müssen Menschen, die *Shared Leadership* erfolgreich praktizieren wollen, über bestimmte Skills verfügen und einige Kommunikationsmethoden beherrschen. Diese vermitteln Trainings, die man sich aus unterschiedlichen Bereichen zusammenstellen kann (siehe Kapitel 1.5.4). Wir möchten hier einige herausgreifen, die in direktem Bezug zu diesem Buch stehen.

- Die Haufe Akademie bietet seit 2023 in ihrem Programm einen Kurs gezielt zu *Shared Leadership* an, der von den Autoren dieses Buches entwickelt wurde. Näheres auf https://www.haufe-akademie.de/34134 (abgerufen am 09.02.2023).
- Die Autoren dieses Buches haben mit Kollegen zusammen ein Reflexions- und Trainingsprogramm unter dem Titel *CollActive Leadership* entwickelt, das in Organisationen aller Art zum Einsatz kommen kann. Näheres auf https://www.auctority.net/leistungen/ (abgerufen am 09.02.2023).
- Ein Kartenset zur Reflexion verteilten Führens und Folgens haben Hermann Arnold, Randolf Jessl und Jakob Hinrichs unter dem Namen *Giggen* konzipiert. Näheres auf https://shop.haufe.de/prod/giggen (abgerufen am 09.02.2023).
- Die Kommunikationsmethoden des U-Boot-Kapitäns der US Santa Fe aus Kapitel 1.1 lassen sich mithilfe des packenden Virtual Reality Games *VR Dive* in Gruppen erproben und trainieren. Näheres auf https://www.resourceful-humans.com/the-vr-dive (abgerufen am 09.02.2023).
- Ein gutes Modell der Annäherung an Selbstführung, Selbstorganisation, Vernetzung und Persönlichkeitsentwicklung in Organisationen ist *Working Out Loud*. Näheres auf https://www.workingoutloud.com/ (abgerufen am 09.02.2023).

Weitere hilfreiche und anregende Plattformen zur Vertiefung von Aspekten gelingenden *Shared Leaderships* sind aus unserer Sicht die Folgenden:

- Die Initiative *School of Participation* macht Mut und vermittelt Skills, um in allen Bereichen des gesellschaftlichen Lebens die Initiative zu ergreifen und in Führung zu gehen. Näheres auf https://www.school-of-participation.com/ (abgerufen am 09.02.2023).
- Ebenfalls auf Selbstreflexion, Persönlichkeitsentwicklung und die Fähigkeit, die Initiative zu ergreifen und Veränderung zu bewirken, zielt das Open Source Project

Inner Development Goals ab. Näheres auf https://www.innerdevelopmentgoals.org/ (abgerufen am 09.02.2023).

- Die Initiative *Good Organisations* von Professorin Antoinette Weibel und Ex-ING-Manager Otti Voigt reflektiert und fördert, was gute Organisationen ausmacht. Näheres auf https://goodorganisations.com/ (abgerufen am 09.02.2023).
- Der Internetkonzern Alphabet mit seinem Flaggschiff Google erprobt und erforscht intensiv, wie gute Führung und Zusammenarbeit in modernen Organisationen gelingen. Ihre Erkenntnisse vermitteln sie auf der Plattform *Re:work With Google*. Näheres auf https://rework.withgoogle.com/ (abgerufen am 09.02.2023).
- Die in vielerlei Hinsicht für *Shared Leadership* nutzbaren Praktiken aus dem Umfeld von Holakratie und Soziokratie finden sich auf diesen Seiten gut aufbereitet: https://www.sociocracyforall.org/, https://www.soziokratie.org/, https://unternehmensdemokraten.de/ (jeweils abgerufen am 09.02.2023).

4.2 Inspirierende Monografien

Arnold, Hermann (2016): Wir sind Chef. Wie eine unsichtbare Revolution Unternehmen verändert. Haufe.

Baecker, Dirk. (1994): Postheroisches Management. Ein Vademecum. Merve.

Baron, Jonathan (2008): Thinking and Deciding, 4th edition, Cambridge University Press.

Battilana, Julie, Casciaro, Tiziana (2022): Power, for All. How it really works, and why its everyones Buisness. Simon and Schuster.

Baumann-Habersack, Frank H. (2021): Mit transformativer Autorität in Führung. Die Führungshaltung für das 21. Jahrhundert. 3. Auflage. Springer Gabler.

Bocheński, Joseph M. (1974): Was ist Autorität? Freiburg i. Br., Basel, Wien: Herder.

Bock, Laszlo. (2016): Work Rules! Wie Google die Art und Weise, wie wir arbeiten und leben, verändert. Vahlen.

Bohm, David (1996): On Dialogue. Routledge.

Bohns, Vanessa. (2021): You Have More Influence Than You Think. How We Underestimate Our Power of Persuasion. W. W. Norton & Company.

Botter, Jacob, Kolind, Lars. (2012): Unboss. Jyllands-Postens Forlag.

Chance, Zoe. (2022): Influence is your superpower! The science of winning hearts, sparking change, and making good things happen. Random House.

Chermack, Thomas J. (2022): Using Scenarios. Berrett-Koehler Publishers.

Cialdini, Robert B. (2021): Influence. The Psychology of Persuasion. Harper Collins Publ. USA.

Clark, Timothy R. (2020): The 4 Stages of Psychological Safety. Berrett-Koehler Publishers.

Cohen, Allan R., Bradford, David L. (2017): Influence Without Authority. Wiley; 3rd edition.

Doerr, John (2018): Measure What Matters. Penguin.

Edmondson, Amy C. (2019): The Fearless Organization. Wiley.

Endres, Sigrid; Weibler, Jürgen (2019): Plural Leadership. Eine zukunftsweisende Alternative zur One-Man-Show. 1. Auflage 2019. Wiesbaden: Springer Fachmedien Wiesbaden GmbH; Springer (essentials).

Eschenburg, Theodor. (1976): Über Autorität. Suhrkamp Taschenbuch.

Franklin, Benjamin (2005): The Autobiography of Benjamin Franklin, Digireads.com Publishing.

Galef, Julia (2021): The Scout Mindset, Penguin Random House.

Grant, Adam (2014): Give and Take. Why helping others drives our success. Penguin Books.

Grant, Adam (2022): Think Again: Die Kraft des flexiblen Denkens. Piper Verlag.

Greenleaf, Robert K., Spears, Larry C., Vaill, Peter B. (2014): The Power of Servant Leadership. ReadHowYouWant.

Häusling, André (Hrsg.) (2018): Agile Organisationen. Transformationen erfolgreich gestalten – Beispiele agiler Pioniere. 1. Auflage. Freiburg, München, Stuttgart: Haufe.

Hofstede, Geert, Hofstede, Gert Jan, Minkov, Michael (2017): Lokales Denken, globales Handeln. Interkulturelle Zusammenarbeit und globales Management. Beck im dtv.

Hollander, Edwin P. (2008): Inclusive Leadership. The essential leader – follower relationship. (applied psychology series) Routledge.

Kahneman, Daniel. (2013): Thinking, Fast and Slow. Farrar, Straus and Grioux.

King, Patrick (2020): Better small talk. Independently Published.

Kotter, John P. (2014): Accelerate: Building Strategic Agility for a Faster-Moving World. Harvard Business Review Press.

Lafley, A. G. ., Martin, Roger L. (2013): Playing To Win: How Strategy Really Works. Harvard Business Review Press.

Laloux, Frederic, Wilber, Ken (2014): Reinventing organisations. A guide to creating organizations inspired by the next stage in human consciousness. Neslon Parker.

Lehner, Johannes M., Ötsch, Walter O. (2006): Jenseits der Hierarchie. Status im beruflichen Alltag aktiv gestalten. Wiley-VCH Verlag GmbH & Co. KGaA.

Lopez, Shane J., Teramoto Pedrotti, Jennifer, Snyder C.R. (2019): Positive Psychology: The Scientific and Practical Explorations of Human Strenghts, 4th edition, SAGE Publications.

Marquet, L. David. (2013): Turn the Ship Around. A true Story of turning followers into leaders. Penguin Books LTD (UK). – Deutsche Ausgabe (2020): Reiß das Ruder rum. Eine wahre Geschichte über Führung und darüber, wie Mitarbeiter zu Mitgestaltern werden. Dpunkt.verlag.

Matthiesen, Kai, Muster, Judith, Laudenbach, Peter (2022): Die Humanisierung der Organisation. Wie man dem Menschen gerecht wird, indem man den Großteil seines Wesens ignoriert. Vahlen.

Meyer, Erin (2014): The Culture Map. Breaking through the invisible boundaries of global business. PublicAffairs.

Moore, Don A., Bazerman, Max H. (2022): Decision Leadership: Empowering Others To Make Better Choices, Yale University Press.

Nerdinger, Friedrich, Blickle, G., Schaper, N. (2014): Arbeits- und Organisationspsychologie, Springer-Lehrbuch.

Neuberger, Oswald (2002): Führen und führen lassen: Ansätze, Ergebnisse und Kritik der Führungsforschung. Uni-Taschenbücher M. 6. Auflage.

Newmark, Catherine (2020): Warum auf Autoritäten hören? Dudenverlag.

Olberding, Amy (2019): The Wrong of Rudeness: Learning Modern Civility From Ancient Chinese Philosophy, Oxford University Press.

Origgi, Gloria (2017): Reputation. What it is and why it matters. Princeton University Press.

Osterloh, Margit, Weibel, Antoinette (2006): Investition Vertrauen. Prozesse der Vertrauensentwicklung in Organisationen. Springer.

Pearce, Craig L., Conger, Jay A. (Eds.) (2003): Shared Leadership: Reframing the Hows and Whys of Leadership. SAGE Publications, Inc.

Petry, Thorsten (Hrsg.) (2019): Digital Leadership. Freiburg, München, Stuttgart: Haufe.

Pigliucci, Massimo (2017): How To Be A Stoic. Basic Books.

Pink, Daniel H. (2020): Drive. Was Sie wirklich motiviert. EcoWing.

Pfeffer, Jeffrey (2022): 7 Rules of Power. Surprising--But True--Advice on How to Get Things Done and Advance Your Career. Matt Holt.

Pfläging, Niels, Hermann, Silke (2019): OpenSpace Beta. Das Handbuch für organisationale Transformation in nur 90 Tagen. Vahlen.

Porath, Christine (2016): Mastering Civility: A Manifesto for the Workplace. Hachette Book Group.

Quinn, Robert E., Spreitzer, Gretchen M. (2001). A Company of Leaders. Five disciplines for unleashing the power in your workforce. Jossey-Bass

Raelin, Joseph A. (2003): Creating leaderful organizations. How to bring out leadership in everyone. Berrett-Koehler Publishers.

Rau, Ted J., Koch-Gonzalez Jerry (2018): Many Voices One Song: Shared Power With Sociocracy. Sociocracy For All.

Reckwitz, Andreas (2018): Die Gesellschaft der Singularitäten. Zum Strukturwandel der Moderne. 6. Auflage. Berlin: Suhrkamp.

Reichenbach, Roland (2011): Pädagogische Autorität. Macht und Vertrauen in der Erziehung. Stuttgart: W. Kohlhammer (Bildung, Erziehung und Sozialisation).

Rosling, Hans (2018): Factfulness. London. Hodder & Stoughton.

Schein, Edgar H. (2016): Organizational Culture and Leadership. Wiley.

Schein, Edgar H., Schein, Peter A. (2018): Humble Leadership. The Power of Relationships, Openness, and Trust. Berret-Koehler Publishes.

Schermuly, Carsten C. (2021): New Work – Gute Arbeit gestalten. Psychologisches Empowerment von Mitarbeitern. Freiburg, München, Stuttgart: Haufe.

Schermuly, Carsten C. (2022): New Work Utopia. Die Zukunftsvision einer neuen Arbeitswelt. Freiburg; München, Stuttgart: Haufe.

Seligman, Martin (2011): Flourish. Nicholas Brealey Publishing.

Sofsky, Walter, Paris, Rainer (1994): Figurationen sozialer Macht. Autorität – Stellvertretung – Koalition. Suhrkamp Taschenbuch Wissenschaft.

Spillane, Robert, Joullie, Jean-Etienne (2022): Beyond Managerialism. Power, Authority and Rethoric at Work. De Gruyter.

Spreitzer, Gretchen M., Quinn, Robert E. (2001): A Company of Leaders – Five Disciplines for Unleashing the Power in Your Workforce. Jossey-Bass Inc.

Verhaeghe, Paul (2016): Autorität und Verantwortung. Antje Kunstmann.

Werther, Simon (2014): Geteilte Führung. Ein Überblick über den aktuellen Forschungsstand. Gabler Essentials.

4.3 Relevante Zeitschriftenartikel

Barley, S. R. (1996): Technicians in the Workplace: Ethnographic Evidence for Bringing Work into Organizational Studies. Administrative Science Quarterly 41 (3), S. 404.

Barnett, R. C., Weidenfeller, N. K. (2016): Shared Leadership and Team Performance. Advances in Developing Human Resources, 18(3), S. 334–351.

Bastardoz, N. & Vugt, M. (2019): The nature of followership: Evolutionary analysis and review. The Leadership Quarterly. 30. S. 81–95.

Bjugstad, K., Thach, E.C., Thomposen, K.J., Morris, A. (2006): A Fresh Look at Followership: A Model for Matching Followership and Leadership Styles. Institute of Behavioral and Applied Management Sonoma State University.

Bruch, H., Krebs, B. (2021): Shared Leadership: Voraussetzungen, Chancen und Risiken. PERSONALquarterly 04/21, S. 6–8.

Bruch, H., Barton, L. (2021): Shared Leadership und hierarchische Führung: Wirkung auf Energie, Erfolg und Innovation. PERSONALquarterly 04/21, S. 9–15.

Carson, J. B., Tesluk, P. E., Marrone, J. A. (2007): Shared leadership in teams: An investigation of antecedent conditions and performance. Academy of Management Journal, 50(5), S. 1217–1234.

Cheng, J. & Tracy, J. & Foulsham, T. & Kingstone, A., Henrich, J. (2012): Two Ways to the Top: Evidence That Dominance and Prestige Are Distinct Yet Viable Avenues to Social Rank and Influence. Journal of personality and social psychology. 104. 10.1037/a0030398.

Denis, J.-L., Langley, A., Sergi, V. (2012): Leadership in the Plural. The Academy of Management Annals 6 (1), S. 211–283.

Dirks, K., de Jong, B. (2022): Trust Within the Workplace: A Review of Two Waves of Research and a Glimpse of the Third. Annual Review of Organizational Psychology and Organizational Behavior (9). S. 247–276.

Drescher, G., Garbers Y. (2016): Shared Leadership and Commonality: A policy-capturing study. The Leadership Quarterly (27), S. 200–217.

French, J., Raven, B. (1959): The Bases of Social Power. Studies in Social Power, D. Cartwright, Ed., pp. 150-167. Ann Arbor, MI: Institute for Social Research.

Gerpott, F.H., Kerschreiter, R. (2021): Wer führt hier wen und wozu führt das? Eine 3x3-Matrix (in-)formeller Führung: In: PERSONALquarterly 04/21, S. 22–27.

Gerpott, F., Lehmann-Willenbrock, N., Voelpel, S., Vugt, M. (2019): It's not just what is said but also when it's said: A temporal account of verbal behaviors and emergent leadership in self-managed teams. The Academy of Management Journal. 10.5465/amj.2017.0149.

Gichuhi, J.M. (2021): Shared Leadership and Organizational Resilience: A Systematic Literature Review. International Journal of Organizational Leadership, 2021, Volume 10, Issue Special Issue 2021, S. 67–88.

Green, D. R. (1999): Leadership as a function of power. In: Proposal Management, S. 54–56.

Hoegl, M., Gemuenden, H. G. (2001): Teamwork Quality and the Success of Innovative Projects: A Theoretical Concept and Empirical Evidence. Organization Science 12(4), S. 435–449.

Hofmann, J. (2021): Führung unterm Brennglas – Wie sich das Rollenbild im New Normal verändern wird, https://blog.iao.fraunhofer.de/fuehrung-unterm-brennglas-wie-sich-das-rollenbild-im-new-normal-veraendern-wird/ (abgerufen am 15.02.2023).

Hollander, E.P. (1986): On the central role of leadership processes. Applied Psychology, 35, S. 39–52.

Hollander, E. P. (1992): The Essential Interdependence of Leadership and Followership. Current Directions in Psychological Science, vol. 1, no. 2, 1992, S. 71–75.

Hollander, E.P. (1992b). Leadership, followership, self, and others. Leadership Quarterly, 3, S. 43–54.

Jessl, R. (2021): Echte Follower gewinnen. In: People & Work, Heft 2/2021, S. 18–21.

Jessl, R., Scheuermann, A., Reimund, W. (2019): Freiwillig folgen. In: Personalmagazin 12/2019, S. 44–49.

Jessl, R., Scheuermann, A. (2018): Thought Leader. Vordenker statt Vorgesetzte. In: changement 2/2018, S. 16–20.

Jessl, R., Reckwitz, A. (2018): Die Ungleichheit nimmt eklatant zu. Personalmagazin 10/2018, S. 6–10.

Jessl R., Kotter, J. (2016): Ein völlig neues Spiel, in: Personalmagazin 7/2016.

Joester, Wiebke (o. J.): Agile Führung messen: Agile Leadership Inventory, https://hr-pioneers.com/2022/08/agile-fuehrung-messen/ (abgerufen am 15.02.2023).

Joullié, J. E., Gould, A. M., Spillane, R., Luc, S. (2021): The language of power and authority in leadership. Leadership Quarterly, 32(4), 1–12. [101491].

Kelley, R. (1988): In Praise of Followers. Harvard Business Review online, https://hbr.org/1988/11/in-praise-of-followers (abgerufen am 15.02.2023).

Kama-Welle, P. (o.J.): Führung geht alle an, https://www.bosch.de/news-and-stories/we-lead-bosch/ (abgerufen am 15.02.2023).

Kim, K.-H., Guinote, A. (2021): Cheating at the Top: Trait Dominance Explains Dishonesty More Consistently Than Social Power. Personality and Social Psychology Bulletin, 0(0).

Klasmeier, K.N., Rowold, J. (2022): A diary study on shared leadership, team work engagement, and goal attainment. Journal of Occupational and Organizational Psychology, Volume 95, Ausgabe 1 2022. S. 36–59, Projektnummer: F 2436.

Kluger, A., Itzchakov, G. (2022): The Power of Listening at Work. Annual Review of Organizational Psychology and Organizational Behavior (9), S. 121–146.

Krebs, V. (2007): Managing the 21st Century Organization. IHRIM Journal (Volume XI, Number 4), S. 2–8.

Kretschmer, W., Loth, U. (2020): Fast jeder Zweite führt – ein Gespräch mit Ulrich Loth https://www.changex.de/Article/interview_loth_fast_jeder_zweite_fuehrt (abgerufen am 15.02.2023).

Lee, M. Y., Edmondson, A. C. (2017): Self-managing organizations: Exploring the limits of less-hierarchical organizing. In: Research in Organizational Behavior 37, S. 35–58.

Lehner, J. M. (2009): Statusverhalten in der Organisation im Spannungsverhältnis von formaler und informaler Hierarchie. Managementforschung 19/2009, S. 69–103.

Luhmann, N. (2018): Unterwachung. In: Lukas, E., Tacke, V. (Hrsg.): Schriften zur Organisation 1. Springer VS, Wiesbaden, https://doi.org/10.1007/978-3-658-22503-2_21 (abgerufen am 15.02.2023).

Mayer, R. C., Davis, J. H., Schoorman, F. D. (1995): An Integrative Model of Organizational Trust. The Academy of Management Review 20 (3), S. 709. DOI: 10.2307/258792.

München, A-P., Bruch, H.(2018): Shared Leadership heißt nicht Laissez-faire, https://www.haufe.de/personal/hr-management/fuehrung-40-shared-leadership_80_477870.html (abgerufen am 15.02.2023).

Nordbäck, E. S., Espinosa, J. A. (2019): Effective Coordination of Shared Leadership in Global Virtual Teams. Journal of Management Information Systems, 36:1, S. 321–350.

Norton, W., Murfield, M., Baucus, M. (2014): Leader Emergence: The Development of a Theoretical Framework. Leadership & Organization Development Journal. 35. S. 513–529.

Offord, M., Gill, R., Kendal, J. (2019): The effects of prestige on collective performance and information flow in a strictly hierarchical institution, Palgrave communications., 5, S. 4.

O'Toole, J., Galbraith, J., Lawler, E. E. (2002): When Two (or More) Heads are Better Than One: The Promise and Pitfalls of Shared Leadership. California Management Review, 44(4), S. 65–83.

Pearce, C. (2004): The Future of Leadership: Combining Vertical and Shared Leadership to Transform Knowledge Work. Academy of Management Executive. 18. S. 47–57.

Pearce, C. L., Conger, J. A., Locke, E. A. (2007): Shared leadership theory. Management Department Faculty Publications. 74.

Purvanova, R. K., Charlier, S. D., Reeves, C. J. et al. (2020): Who Emerges into Virtual Team Leadership Roles? The Role of Achievement and Ascription Antecedents for Leadership Emergence Across the Virtuality Spectrum. J Bus Psychol.

Reihlen, M., Lesner, M. (2012): Führungssysteme: Eine machtpolitische Analyse. In: Bianka Knoblach (Hrsg.): Macht in Unternehmen. Wiesbaden: Gabler Verlag, S. 99–116.

Schermuly, C.C., Meifert, M. (2022): Auf dem Weg ins postagile Zeitalter? Personalmagazin (Haufe), Ausgabe 9, S. 24–30.

Sievers, B., Welker, C., Hasson, U., Kleinbaum, A. M., Wheatley, T. (2020): How consensus-building conversation changes our minds and aligns our brains.

Spillane, R., Joullié, J.-E. (2021): The decline of authority and the rise of managerialism. Organization. doi:10.1177/13505084211061242.

Spreitzer, G. M. (2006): Empowerment. In Rogelberg, S. (Hrsg.): Encyclopedia of Industrial and Organizational Psychology. Thousand Oaks, CA: Sage Publications, S. 202–206.

Tretter, S. A. (2015): Geteilte Führung: Sind zwei Köpfe besser als einer oder verderben zu viele Köche den Brei? In Brodbeck, F. C. (Hrsg.): Evidenzbasierte Wirtschaftspsychologie (3). Ludwig-Maximilians-Universität München.

Tuckman, B. W. (1965): Developmental sequence in small groups. Psychological Bulletin. 63, S. 384–399.

Wang, D., Waldman, D. A., Zhang, Z. (2014): A meta-analysis of shared leadership and team effectiveness. The Journal of Applied Psychology, 99(2), S. 181–198.

Werther, S., Brodbeck, F. (2014): Geteilte Führung als Führungsmodell: Merkmale erfolgreicher Führungskräfte. In PERSONALquarterly, 1/14, S. 22–27.

Wu, Q., Cormican, K., Chen, G. (2020): A Meta-Analysis of Shared Leadership: Antecedents, Consequences, and Moderators. Journal of Leadership & Organizational Studies, 27(1), S. 49–64.

Wunderer, R. (1996): Führung und Zusammenarbeit – Grundlagen innerorganisatorischer Beziehungsgestaltung. Zeitschrift Für Personalforschung/German Journal of Research in Human Resource Management, 10(4), S. 385–409.

Zhu, J., Liao, Z., Yam, K. C., Johnson, R. E. (2018): Shared leadership: A state-of-the-art review and future research agenda. Journal of Organizational Behavior, 39(7), S. 834–852.

Zinko, R., Ferris, G. R., Blass, F. R., Dana Laird, M. (2007): Toward a Theory of Reputation in Organizations, Martocchio, J. J. (Hrsg.) Research in Personnel and Human Resources Management (Research in Personnel and Human Resources Management, Vol. 26), Emerald Group Publishing Limited, Bingley, S. 163–204.

4.4 Praktische Ratgeber

Edmüller, Andreas, Wilhelm, Thomas (2020): Manipulationstechniken – So wehren Sie sich. Haufe Verlag.

Edmüller, Andreas, Wilhelm, Thomas (2015): Moderation. Haufe Verlag.

Fürstberger, Gunther, Ineichen, Tanja (2016): Commitment gewinnen als laterale Führungskraft. Haufe Verlag.

Häusling, André; Römer, Esther; Zeppenfeld, Nina (2019). Praxisbuch Agilität. Tools für Personal- und Organisationsentwicklung. 2. überarbeitete und erweiterte Auflage. Haufe Verlag.

Jiranek, Heinz, Edmüller, Andreas (2003): Konfliktmanagement – als Führungskraft Konflikten vorbeugen, sie erkennen und lösen. Haufe Verlag.

Marquet, L. D. (2020): Leadership Is Language. The Hidden Power of What You Say – and What You Don't. Portfolio Penguin.

Oestereich, Bernd; Schröder, Claudia (2016): Das kollegial geführte Unternehmen. Ideen und Praktiken für die agile Organisation von morgen. 1. Aufl. Vahlen.

Resümee und Dank

Shared Leadership ermöglicht einen neuen Blick auf Führung und Zusammenarbeit und räumt mit einigen Mythen und Missverständnissen rund um Führung auf.

Es ist alles andere als die nächste schillernde Erzählung, was Leadership im 21. Jahrhundert ausmacht und wie Führung in unserer Welt gelingt. Schon vom Ansatz her ist *Shared Leadership* in seinem Anspruch viel bescheidener: Nicht die einzelne Führungskraft steht im Mittelpunkt des Leitungshandelns, sondern die vielen diversen Mitdenkerinnen und Mitentscheider in einem Team, die im gemeinsamen Zusammenwirken den Erfolg erst ermöglichen.

Shared Leadership ist ein Phänomen, zu dem es bereits einiges an robuster Forschung – darunter einige Metastudien – gibt und an dem weiter intensiv geforscht wird. *Shared Leadership* ist auch ein Trend, der angesichts der Herausforderungen unserer Wirtschaftswelt an effektive Führung und Zusammenarbeit an Relevanz gewinnen wird.

Shared Leadership ist aber auch eine Praxis von Führung und Zusammenarbeit, die in Ansätzen immer schon existierte und die sich auch in älterer Leadership-Literatur beschrieben findet, wo sie nicht als *Shared Leadership* bezeichnet wird. In erfolgreichen Teams gab es schon immer geteiltes Führen, auch wenn noch niemand es so genannt hat.

Dennoch gibt es in Theorie und Praxis noch viele offene Fragen. Einige von ihnen haben wir versucht in diesem Buch zu beantworten. Wir haben die umfangreiche Literatur (das meiste davon in englischer Sprache) gesichtet und nach Kräften verarbeitet.

Wir haben aber auch viel unserer eigenen Erfahrungen und Überlegungen einfließen lassen – sowohl aus unserer Arbeit als Berater und Trainer in Führungsfragen wie aus unserer Zeit als praktisch tätige Führungskräfte.

Unser Ziel war es, ein Buch für Praktiker in Unternehmen und Organisationen zu schreiben, das

- die nötigen theoretisch-konzeptionellen Grundlagen erklärt
- ein Vorgehen skizziert, wie man zu einer Kultur verteilter Führung gelangt
- ein Framework an Skills, Methoden und Formaten liefert (unser Modell der vier Räume), das es ermöglicht, *Shared Leadership* erfolgreich in Organisationen aller Art zu praktizieren
- Einblick in die Praxis in Organisationen gibt, die *Shared Leadership* bereits leben
- nützliche weitere Quellen rund um *Shared Leadership* erschließt.

Wir sind überzeugt: *Shared Leadership* ist eine Frage der entsprechenden Haltung, hinreichender Skills und adäquater Rahmenbedingungen, die ausgebildet werden können.

Die Schaffung einer Kultur mit entsprechenden Praktiken rund um *Shared Leadership* kann in Organisationen aller Art und zu jedem Zeitpunkt behutsam und in kleinen Schritten angepackt werden. Sie ist kein Privileg bestimmter Branchen, Unternehmensgrößen oder Reifegraden – auch wenn sich jene Unternehmen leichter tun, sie einzuführen, die weniger an hierarchisch-direktivem Führungsballast mit sich herumtragen.

Wir haben sicher Dinge übersehen, Fehler gemacht oder das eine oder andere noch unzureichend ausgeleuchtet. Wir freuen uns über jeden Hinweis und jeden Verbesserungsvorschlag dazu. Wie Sie uns erreichen, lesen Sie im Abschnitt *Die Autoren*.

Auch dieses Buch ist nicht das alleinige Werk der beiden Autoren, deren Namen das Titelblatt ziert. Viele Menschen haben uns Anregungen gegeben, Aspekte mit uns diskutiert, Passagen gegenlesen, uns im Schreibprozess begleitet oder uns nach Kräften den Rücken freigehalten. Ihnen allen möchten wir von Herzen danken.

Besonderer Dank gebührt:

Hermann Arnold, der in dem von ihm gegründeten Unternehmen Umantis früh mit Führungskräftewahlen experimentiert, Randolf die Formel vom *Führen und Folgen* schmackhaft gemacht und mit ihm das Kartenspiel *Giggen* als Reflexionsinstrument rund ums verteilte Führen und Folgen entwickelt hat.

PD Dr. Andreas Edmüller, passionierter Gipfelstürmer und scharfsinniger Philosoph, der zusammen mit Thomas *Projekt Philosophie* gegründet hat und der an vielen Ideen und praktischen Methoden, die in dieses Buch eingeflossen sind, maßgeblich beteiligt war.

Christoph Pause (Haufe New Management Blog) und Reiner Straub (Herausgeber Haufe Personalmagazin), die als langjährige Weggefährten in der Berichterstattung rund um People Management und Führung Randolf wesentliche und fortwährende Denkanstöße zum Thema gegeben haben.

Joachim Rotzinger und Christian Steiger, die während der gemeinsamen Zeit im Business Board der Haufe Group mit Randolf neue Wege von Führung und Zusammenarbeit erkundet haben.

Dr. Christina Guthier, Prof. Dr. Sonja Würtemberger und Andreas Scheuermann, die mit den Autoren dieses Buches unter dem Dach der Auctority Leadership Group ein Trainingsprogramm zu *CollActive Leadership* entwickelt haben, das Erkenntnisse dieses Buches und angrenzende Themen für die praktische Anwendung in der Personalentwicklung erschließt

Prof. Dr. Markus-Oliver Schwaab, Professor für Personalmanagement an der Hochschule Pforzheim, der die Genese dieses Buches gleichermaßen kritisch und wohlwollend begleitet hat.

Prof. Dr. Antoinette Weibel vom Forschungsinstitut für Arbeit und Arbeitswelten an der Universität St. Gallen (Schweiz), die als führende Vertrauensforscherin nicht nur die Grundlagen für vieles in diesem Buch gelegt hat, sondern Randolf auch durch die Einrichtung eines Moduls *Führungskraft statt Führungskräfte* im Rahmen des CAS Strategische Personalführung ein Forum verschafft hat, wesentliche Aspekte dieses Buches mit Praxisvertretern zu diskutieren.

Den Personalverantwortlichen und Teilnehmern des CAS Strategische Personalführung an der Executive School der Universität St. Gallen, die in Randolfs Kurs *Führungskraft statt Führungskräfte* alljährlich mit kritischen Nachfragen, guten Ideen und vielen Anregungen zur Entwicklung vieler Aspekte dieses Buches beigetragen haben.

Den Inputgebern unserer Fallbeispiele Francesca Pick (Greaterthan), Tom VAN DER LUBBE (Viisi), Konstantin Diener (cosee), Marc Wagner (Atruvia), Stefanie Junghans (SAP), die unsere konzeptionellen Gedanken mit ihren Erfahrungen in der Praxis gespiegelt und mit ihrem Blick auf die Herausforderungen bereichert haben.

Unserer Produktmanagerin Kerstin Erlich und unserer Lektorin Juliane Sowah, die inhaltliche Komplexität mit knappem Zeithorizont virtuos übereinbekommen haben sowie unserer Grafikerin Sabine Reissner, die wirren Grafiken Form und Kontur verliehen hat.

Alles in allem ist daher auch dieses Buch ein Ergebnis von gelebtem *Shared Leadership*.

Die Autoren

Prof. Dr. Thomas Wilhelm

Als Mitbegründer von Projekt Philosophie in München gehört er zu den Pionieren der philosophischen Beratung. In den letzten drei Jahrzehnten begleitete er mehr als 10.000 Manager und Business Professionals in Seminaren, Workshops und Coachings zu den Themen Leadership, Kommunikation und interkulturelle Zusammenarbeit. Dabei sind auch mehrere Bücher zu verschiedenen Themen entstanden: *Argumentieren, Schutz vor Manipulation, Moderation und Ethik*. Er ist außerdem als Mediator und Konfliktmanager tätig. Seit 2020 unterrichtet er an der Internationalen Hochschule SDI in München, wo er Anfang 2023 zum Professor für Interkulturelles Coaching, Beratung und Leadership berufen wurde.

- Kontakt: thomas.wilhelm@projekt-philosophie.de
- Internet: www.projekt-philosophie.de

Randolf Jessl

Der gelernte Journalist ist Gründer und Geschäftsführer der Beratungsagentur Auctority GmbH in Freiburg i. Br. Er begleitet Fach- und Führungskräfte der Wirtschaft, Wissenschaft und Verwaltung in Fragen von Leadership und Kommunikation. Zudem berät er Unternehmen bei der Personal- und Organisationsentwicklung sowie in Sachen strategischer Kommunikation. Seine Arbeit baut auf zwei Dekaden praktische Führungserfahrung in der Medienbranche sowie auf der intensiven Befassung mit Forschung, Trends und Konzepten rund um Leadership auf. Diese hat er als Fachjournalist, Autor und Chefredakteur einer führenden HR-Zeitschrift über Jahrzehnte verfolgt. Randolf Jessl gibt unter dem Titel *Führungskraft statt Führungskräfte* einen Kurs zu strategischer Personalführung an der Executive School der Universität St. Gallen und einen zu *Shared Leadership* im offenen Programm der Haufe Akademie.

- Kontakt: raj@auctority.net
- Internet: www.auctority.net

CollActive Leadership Programm

Prof. Dr. Thomas Wilhelm und Randolf Jessl haben zusammen mit den Kollegen Prof. Dr. Sonja Würtemberger, Dr. Christina Guthier und Andreas Scheuermann von der Auctority Leadership Group ein Trainingsprogramm zur Einführung und Festigung von Haltungen und Praktiken rund um *Shared Leadership* entwickelt, das in Organisationen aller Art zum Einsatz kommen kann.

Nähere Informationen dazu auf https://www.auctority.net/leistungen/.

Stichwortverzeichnis

Endnoten

1 Marquet (2013), *Turn the Ship Around! A True Story of Turning Followers Into Leaders.* S. 38.

2 Marquet (2013), *Turn the Ship Around! A True Story of Turning Followers Into Leaders*, S. 5.

3 Das Buch ist bislang nichts ins Deutsche übersetzt. Der Titel im Deutschen würde etwa lauten: *Führen heißt Sprechen. Die geheime Kraft dessen, was du sagst – und was du nicht sagst.*

4 Zitiert nach http://www.planetlyrik.de/juergen-theobaldy-zu-bertolt-brechts-gedicht-fragen-eines-lesenden-arbeiters/2021/08/ (abgerufen am 09.02.2023).

5 Siehe Denis, Langley, Sergi (2012), *Leadership in the Plural*, S. 250.

6 Ausführlich dazu O'Toole, Galbraith, Lawler (2002), *When Two (or more) Heads are Better Than One: The Promise and Pitfalls of Shared Leadership* sowie Denis, Langley, Sergi (2012), *Leadership in the Plural.*

7 Siehe dazu Hollander (1992), *The Essential Interdependence of Leadership and Followership.*

8 Siehe dazu Pressemitteilung unter https://www.porsche-consulting.com/de/home/news/kuendigungsgrund-der-chef/ (abgerufen am 09.02.2023).

9 Siehe dazu Unternehmensblog der Deutschen Employer Branding Akademie unter www.employerbranding.org/magazin/insights/kultur-hat-bindekraft-zum-arbeitgeber (abgerufen am 09.02.2023).

10 Bjugstad et al. (2006), *A Fresh Look at Followership.*

11 Der US Bestseller-Autor Dan Pink hat das in die Formel *autonomy, mastery and purpose* gebracht. Siehe Pink (2020), *Drive. Was Sie wirklich motiviert.* Bestätigt wird das in einer ethnografischen Studie von Stephen Barley. Siehe Barley (1996), *Technicians in the Workplace. Ethnographic Evidence for Bringing Work into Organizational Studies.*

12 Siehe dazu Hollander (1992) oder auch Norton, Murfield, Baucus (2014), *Effective Coordination of Shared Leadership in Global Virtual Teams.*

13 Matthiesen, Muster, Laudenbach (2022), *Die Humanisierung der Organisation. Wie man dem Menschen gerecht wird, indem man den Großteil seines Wesens ignoriert*, S. 177.

14 Ebd.

15 Krebs (2007), *Managing the 21 st Century Organization*. Siehe dazu auch Battilana & Casciaro (2022), *Power, for All.* Auch sie verweisen auf die Macht von Menschen, die gut vernetzt sind und berufen sich dabei auf Forschung von David Krackhardt (Seite 70 ff). Auch in ihrer Untersuchung der Kommunikationswege und Einflusssphären auf einem Schiff der Royal Navy kommen Offord, Gill, Kendal (2019, *The effects of prestige on collective performance and information flow in a strictly hierarchical institution)* zum Ergebnis: *«While these findings do not show that rank, as a transcendental social construct, is unimportant for the efficient day-to-day running of the Royal Navy, it does suggest that informal prestige can have an important effect on both leadership efficacy and information transmission on operations.«*

16 Siehe dazu auch die Ausführungen zu P. G. Northouse (*Leadership: Theory and practice*) in Gichuhi (2021), *Shared Leadership and Organizational Resilience: A Systematic Literature Review*, S. 78: *«Arguably, a person becomes a leader when followers perceive them as one.«*

17 Siehe Nerdinger, Blickle, Schaper (2014), *Arbeits- und Organisationspsychologie*, S. 84. Interessanterweise definieren Autoren wie Battilana & Casciaro (*Power, for all*) Macht auf dieselbe Weise.

18 Ausführlich dazu Cialdini (2021), *Influence. The Psychology of Persuasion.*

19 Siehe Kahneman (2013), *Thinking, Fast and Slow.*

20 Etwas zu *rahmen* meint, eine Sache in einen Kontext und einen Bedeutungszusammenhang zu stellen, der diese Sache in ein positives oder negatives Licht rückt. Das Vorgehen wird auch als *framing* bezeichnet. Nach Chance (2022), *Influence is your superpower*, gibt es drei Rahmen (*frames*), die besonders stark und aktivierend auf Menschen einwirken: Eine Herausforderung ist machbar (*manageable*), ein Sachverhalt ist geheimnisumwoben und lässt sich offenlegen (*mysterious*), eine Aufgabe ist gigantisch und revolutionär (*monumental*).

21 Siehe Chance (2022), *Influence is your superpower.*

22 French & Raven (1959), *The Bases of Social Power*.

23 Die Literatur zu Autorität ist umfangreich und unübersichtlich. Die für unsere Konzeption maßgeblichen Autoren finden sich mit ihren Werken im Literaturverzeichnis. Es sind dies Bochenski, Eschenburg, Verhaeghe, Fromm, Sennett, Spillane/Joullie, Reichenbach, Newmark, Baumann-Habersack.

24 Siehe Jessl, Scheuermann, Reimund (2019), *Freiwillig folgen*.

25 Aufschlussreich hierzu die Forschung zu Hochstatus- und Niedrigstatussignalen, die in den Dimensionen Sprache-Mimik-Gestik-Raum-Zeit wirken und gut dargestellt sind bei Lehner (2009), Statusverhalten in der Organisation im Spannungsverhältnis von formaler und informaler Hierarchie, S. 79.

26 Die Unterscheidung von Autorität (*auctoritas*) und Macht (*potestas*) geht auf den Sprachgebrauch im alten Rom zurück. Häufig zitiert wird dazu Augustus: »Ich überragte alle anderen an *auctoritas*, obwohl ich nicht mehr Amtsbefugnisse (*potestas*) hatte als meine Kollegen im Magistrat.« (zitiert nach Eschenburg 1976, *Über Autorität*, S. 27). Neuere Konzeptionen von »horizontaler Autorität« (siehe dazu Verhaeghe 2016, *Autorität und Verantwortung*) bauen auf dieses der Macht entgegengesetzte Autoritätsverständnis auf.

27 Sofsky & Paris (1994, *Figurationen sozialer Macht*) sehen ein Spannungsfeld aus »Generalisierungstendenz« (Autorität strahlt auf weitere Bereiche als den der Kernautorität ab) und einer »limitierten Autorität«, siehe S. 30 f. Wir neigen der Auffassung zu, dass Autorität auf ihren Kern von Sachkenntnis und Amtsbefugnis limitiert ist und Abstrahleffekte meist Ausdruck von persönlichem Charisma sind.

28 Reichenbach (2011, *Pädagogische Autorität*) spricht mit Blick auf dieses Vorschussvertrauen gegenüber Autoritäten von einem »Autoritätsglauben« (ausführlich dazu S. 27 f.).

29 Mayer, Davis, Schoorman (1995), *An Integrative Model of Organizational Trust*.

30 Hollander (1992b), *Leadership, followership, self, and others, S. 48 ff.*

31 Siehe dazu die vorzügliche Darstellung bei Batillana & Casciaro (2022), *Power, for All*, S. 19 ff. sowie Endres & Weibler (2019), *Plural Leadership*, S. 26.

32 Kim & Guinote (2021), *Cheating at the Top. Trait Dominance Explains Dishonesty More Consistently Than Social Power*.

33 Die im Literaturverzeichnis genannten Werke von Schein, Verhaeghe, Spillane & Joullie, Sofsky & Paris können (zumindest in Teilen) als Auseinandersetzung mit Phänomenen von *Shared Leadership* gelesen werden, ohne dass dieses Konzept dort ausdrücklich erwähnt ist.

34 Endres & Weibler (2019), *Plural Leadership. Eine zukunftsweisende Alternative zur One-Man-Show*, S. 42.

35 Ebd.

36 Eine ausführliche Übersicht über Definitionsversuche seitens der Wissenschaft findet sich bei Werther (2014), *Geteilte Führung. Ein Überblick über den aktuellen Forschungsstand*, S. 11.

37 Pearce & Conger (2003), *All those years ago: The historical underpinnings of shared leadership*, S. 1.

38 Oestereich & Schröder (2016), *Das kollegial geführte Unternehmen. Ideen und Praktiken für die agile Organisation von morgen*, S. vii.

39 Ebd., S. vi.

40 Endres & Weibler (2019), *Plural Leadership*, S. 6.

41 Endres & Weibler (2019), Plural Leadership, S. 6.

42 Metaphern aus der Musikwelt zum Zusammenspiel von Führen und Folgen sind beliebt und aufschlussreich. Atruvia-Personalvorstand Jörg Staff (siehe Kapitel 3.3) nutzt sie in einem Blogbeitrag für die Online-Ausgabe des Magazins Human Resource Manager, um die *Shared-Leadership*-Praktiken beim IT-Dienstleister aus Karlsruhe zu beschreiben, https://www.humanresourcesmanager.de/leadership/shared-leadership-mehr-power-im-team/ (abgerufen am 09.02.2023). Sie liegen auch dem Kartenspiel *Giggen* zugrunde, das wir in Kapitel 4.1 vorstellen.

43 Die Leadership-Forscher Endres & Weibler von der Fernuniversität Hagen haben Führung in interorganisationalen Netzwerken qualitativ untersucht und ihre Erkenntnisse in Endres & Weibler (2019), *Plural Leadership*, verarbeitet.

44 Siehe die Ausführungen zu M. P. Follets Buch *Creative Experience* bei Denis, Langley, Sergi (2012), *Leadership in the Plural*, S. 255.

45 Schermuly & Meifert, (2022), *Auf dem Weg ins postagile Zeitalter?* In Personalmagazin 9/2022.

46 IAO-Studie zu Connected Work, zitiert nach dem Blogbeitrag von Josephine Hofmann (30.06.2021), *Führung unterm Brennglas – Wie sich das Rollenbild im New Normal verändern wird*, https://blog.iao.fraunhofer.de/fuehrung-unterm-brennglas-wie-sich-das-rollenbild-im-new-normal-veraendern-wird/ (abgerufen am 09.02.2023).

47 Spreitzer, G. M. (2006), *Empowerment*.

48 Zitiert nach *Führung geht alle an. Im Gespräch mit Petra Kama-Welle*, Bosch-Unternehmensblog, https://www.bosch.de/news-and-stories/we-lead-bosch/ (abgerufen am 09.02.2023).

49 Viele Menschen stoßen sich am Begriff *folgen*, weshalb die sanftere Formel von *Führung und Zusammenarbeit* gegenüber *Führen und Folgen* in offizieller Kommunikation bevorzugt werden sollte.

50 Unsere Zusammenstellung stützt sich auf Forschung, die referiert wird bei Gichuhi (2021), Wang, Waldman & Zhang (2014), Gerpott et al. (2019) sowie Barnett & Weidenfeller (2016).

51 Anzumerken ist an dieser Stelle, dass Repräsentationsaufgaben sich unter dem Einfluss von sozialen Medien und anderen Präsentationsplattformen ebenfalls zunehmend auf viele Schultern verteilen und nicht länger nur von formalen Führungskräften wahrgenommen werden. Unternehmensprogramme unter Schlagworten wie *Corporate Influencer*, *Employee Advocacy* oder *Markenbotschafter* fördern dies aktiv.

52 Die Ausrichtung des *scientific management* nach Frederick Winslow Taylor Anfang des 20. Jahrhunderts ist für uns Ausdruck dieses Expertenanspruchs an Management.

53 Siehe dazu auch das Interview mit Führungsforscherin Heike Bruch in PERSONALquarterly (4/2021) und Klasmeier & Rowold (2022), *A diary study on shared leadership, team work engagement, and goal attainment*.

54 Dargestellt und zitiert nach Blogbeitrag *Agile Führung messen: Agile Leadership Inventory* auf https://hr-pioneers.com/2022/08/agile-fuehrung-messen/ (abgerufen am 09.02.2023).

55 München & Bruch, (2018). *Shared Leadership heißt nicht Laissez-faire*, https://www.haufe.de/personal/hr-management/fuehrung-40-shared-leadership_80_477870.html (abgerufen am 30.12.2022).

56 Gerpott & Kerschreiter (2021), *Wer führt hier wen und wozu führt das? Eine 3x3-Matrix (in-)formeller Führung*, S. 22 ff.

57 Eine solche Haltung wird auch als *Servant Leadership* beschrieben in Anlehnung an Greenleaf, Spears & Vaill (2014), *The Power of Servant Leadership*.

58 Auch bei klassischer formaler Führung kann diese akzentuierte Übergabe von Führung und Verantwortung hilfreich sein, wenn Chefs die Leitung in gewissen Bereichen an andere delegieren.

59 Es kann durchaus sein, dass eine Gruppe beschließt, sehr straff geführt zu werden, weil das langwierige Diskussionen und Entscheidungsprozesse für alle reduziert und man dem Leader umfassende Kompetenzen zutraut: »Sag uns, was wir tun sollen, und alles wird gut.«

60 Tuckman (1965), *Developmental sequence in small groups*.

61 Dargestellt nach https://management30.com/practice/delegation-poker/ (abgerufen am 09.02.2023).

62 Zitiert und übersetzt nach https://www.linkedin.com/posts/ariane-reinhart_ownership-activity-6901871228349755392--axZ/ (abgerufen am 09.02.2023). Der Originaltext im Englischen: »On the one hand, #ownership is vital in order to react quickly and flexibly as a company in today's fast-changing times. On the other hand, it is also important for increasing employee satisfaction. By taking on responsibility, our employees feel connected and experience a substantial purpose in their work.«

63 Siehe dazu Continental Integrated Sustainability Report 2021, https://cdn.continental.com/fileadmin/__imported/sites/corporate/_international/german/hubpages/10_20presse/studien_und_publikationen/technologie_dossiers/nachhaltigkeit/continental_sustainability-report_2021-en.pdf (abgerufen am 09.02.2023).

64 Kelley (1988), In Praise of Followers, https://hbr.org/1988/11/in-praise-of-followers (abgerufen am 10.02.2023).

65 Schermuly (2022), *New Work Utopia. Die Zukunftsvision einer neuen Arbeitswelt*, S. 92.

66 Diesen Mechanismus gibt es auch in hierarchischen Systemen. Der Soziologe Niklas Luhmann spricht hier von »Unterwachung« des Chefs durch die Untergebenen. Er ordnet sie jenen Verhaltensweisen zu, die zwar offiziell weder vorgesehen noch erwünscht, aber unerlässlich zur Stabilisierung und Effektivität eines hierarchischen Systems sind. Siehe Luhmann (2018), Unterwachung.

67 Dass Führung sich nicht nur auf das Verhalten derjenigen beschränkt, die andere führen, ist ein Grundpfeiler der meisten Führungslehren. Der Einfluss, den organisationale Rahmenbedingungen ausüben, wird in Anschluss an Wunderer (1996), *Führung und Zusammenarbeit – Grundlagen innerorganisatorischer Beziehungsgestaltung* als »indirekte Führung« bezeichnet. Er liegt auch den Ausführungen von Spreitzer (2006) zu Empowerment zugrunde.

68 Werther & Brodbeck (2014), *Geteilte Führung als Führungsmodell: Merkmale erfolgreicher Führungskräfte.*

69 Ebd., S. 26.

70 Ebd.

71 Zu nennen wären Judge & Piccolo (2004); Nicolaides et al (2014); Wang, Waldman & Chang (2014); D'Innocenzo et.al. (2016); Zhu et.al. (2018) und Wu et al. (2020).

72 Tretter (2015), *Geteilte Führung: Sind zwei Köpfe besser als einer oder verderben zu viele Köche den Brei?*

73 Endres & Weibler (2019), *Plural Leadership*, S. 23 ff.

74 Siehe dazu Hofstede, Hofstede & Minkov (2017), *Lokales Denken, globales Handeln* und auch Meyer (2014), *The Culture Map*.

75 Siehe dazu Hofstede, Hofstede & Minkov (2017), *Lokales Denken, globales Handeln* sowie die Länderlisten, https://clearlycultural.com/geert-hofstede-cultural-dimensions/ (abgerufen am 09.02.2023).

76 Ein Reflexions- und Trainingsprogramm, das viele Teile des in Kapitel 2 dargelegten Programms beinhaltet, haben die Autoren dieses Buchs zusammen mit Kolleginnen unter dem Titel *CollActive Leadership* entwickelt. Näheres dazu unter »Die Autoren« am Ende des Buches.

77 Porath (2016), *Mastering Civility. A Manifesto for the Workplace*.

78 Siehe Porath (2016).

79 Der englische Philosoph John Locke (1632–1704) beschreibt diese Theorie in seinem klassischen Werk *An Essay Concerning Human Understanding.*

80 S. Edmondson (2019). The Fearless Organization.

81 Doerr (2018), *Measure What Matters*.

82 Seligman (2011). Flourish.

83 Der Stoizismus wurde in Athen von Zenon von Kition (heutiges Zypern) Anfang des 3. Jahrhunderts v. Chr. gegründet. Der Name (griechisch στοὰ ποικίλη – »bunte Vorhalle«) geht auf eine Säulenhalle (Stoa) auf der Agora, dem Marktplatz Athens, zurück. Dort trafen sich die Anhänger Zenons, um mit ihm seine Lehren zu diskutieren. Die berühmtesten Vertreter waren Epiktet (ein ehemaliger Sklave), Seneca (ein berühmter Dramaturg, Redenschreiber und Berater römischer Kaiser, u. a. Nero) und Marcus Aurelius (ein römischer Kaiser).

84 Hier finden Sie ganz ähnliche Fragen wie bei dem Thema *Leadership-Ideal*.

85 Eine gute Buchempfehlung ist Chermack (2022), *Using Scenarios*. Berrett-Koehler Publishers.

86 Wer das überprüfen möchte, dem sei das Buch *Factfulness* von Hans Rosling (2018) empfohlen.

87 Wer mehr zum Thema unfaire Taktiken und Manipulation erfahren möchte, den verweisen wir auf das Buch *Manipulationstechniken – Erkennen und abwehren* von Edmüller & Wilhelm (2020).

88 Folgende Passage ist dem Buch *Manipulationstechniken – So wehren Sie sich* von Edmüller & Wilhelm (2020) entnommen.

89 Siehe dazu Endres & Weibler (2014), *Plural Leadership*.

90 Siehe dazu Werther (2014), *Geteilte Führung*.

91 Siehe Sofsky & Paris (1994), *Figurationen sozialer Macht*, S. 1 ff.

92 Schein (2016), *Organizational Culture and Leadership*, S. 120 ff.

93 Ebd., S. 120 f. (Übersetzung durch die Autoren).

94 Nützliche Einführungen präsentieren wir in Kapitel 4.1.

95 Zitiert nach https://www.humanresourcesmanager.de/leadership/shared-leadership-mehr-power-im-team/ (abgerufen am 30.12.2022).

96 Siehe dazu Kapitel 1.5.7 (Entscheiden nach dem Delegation-Poker-Modell) sowie 2.8.

97 Siehe dazu Pink (2020), *Drive. Was Sie wirklich motiviert.*

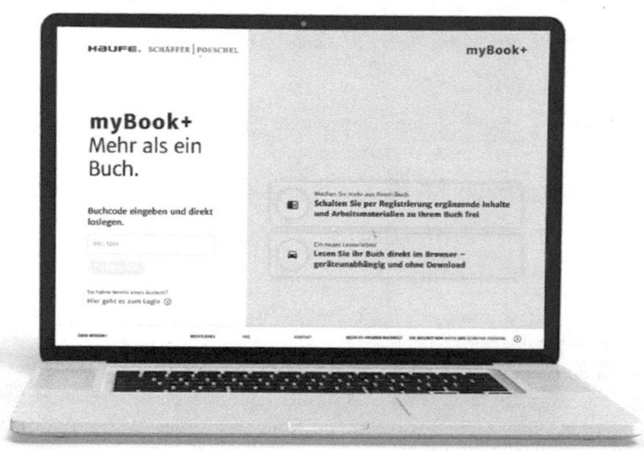

Ihre Online-Inhalte zum Buch: Exklusiv für Buchkäuferinnen und Buchkäufer!

▶ **https://mybookplus.de**

▶ Buchcode: ENU-80592

PI10624167

7663175